ESV ERICH SCHMIDT VERLAG

Unternehmens-finanzierung

Praxisorientierte Einführung in die Corporate Finance

Von

Prof. Dr. Stefanie Hehn
und
Prof. Dr. Markus Hehn

2. Auflage

ERICH SCHMIDT VERLAG

Bibliografische Information der Deutschen Nationalbibliothek
Die Deutsche Nationalbibliothek verzeichnet diese Publikation in der Deutschen Nationalbibliografie; detaillierte bibliografische Daten sind im Internet über http://dnb.d-nb.de abrufbar.

Weitere Informationen zu diesem Titel finden Sie im Internet unter
ESV.info/978-3-503-23681-7

1. Auflage 2019
2. Auflage 2023

ISBN 978-3-503-23681-7

www.ESV.info

Druck und Weiterverarbeitung: Docupoint, Barleben

Vorwort zur zweiten Auflage

Vier Jahre nach dem Erscheinen der ersten Auflage wird mit dem vorliegenden Buch eine Erweiterung und Überarbeitung vorgelegt. Die wissenschaftlichen Erkenntnisse und Rahmenbedingungen haben sich zumindest teilweise deutlich weiterentwickelt und so ist eine Aktualisierung notwendig geworden. Die Neuauflage basiert auch auf den weitergehenden Erfahrungen (u. a. auch durch die neuartigen Lehrformate während der Corona-Pandemie), die die beiden Autoren im Rahmen ihrer Lehrtätigkeiten an den Hochschulen in Mainz und Ludwigshafen gewonnen haben. Außerdem konnten die Rückmeldungen einiger Fachkollegen, die das Lehrbuch dankenswerterweise ebenfalls in ihren Veranstaltungen verwenden, berücksichtigt werden.

Die zunehmende Digitalisierung führt auch zu neuen Herausforderungen, aber auch interessanten Alternativen in der Unternehmensfinanzierung. So thematisiert ein Unterkapitel der neuen Ausgabe die noch sehr junge und innovative Finanzierungsform des Initial Coin Offerings (ICO), die zunehmend insbesondere für technologiebasierende Unternehmen eine neue Finanzierungsalternative darstellt.

Ein anderer nicht minder beachtenswerter und nicht weniger aktueller Themenkomplex ist die Nachhaltigkeit. Der stark ansteigenden Bedeutung des nachhaltigen Wirtschaftens und des Bereichs Sustainable Finance wird dieses Buch durch das Kapitel 4.3 „Nachhaltige Finanzierungen“ gerecht.

Die bewährte Konzeption des Lehrbuchs mit den Inhaltskapiteln, dem Aufgaben- und Lösungsteil wurde beibehalten. An dieser Stelle möchten wir den Studierenden unserer Lehrveranstaltungen erneut für ihre Fragen und Hinweise, die die Weiterentwicklung maßgeblich unterstützt haben, danken. Wieder gilt unser besonderer Dank unseren beiden Kindern, Maximilian und Katharina, die zwar als Quintaner und Grundschülerin inhaltlich noch keinen Bezug zur Thematik haben, aber nun schon die grundlegende Bedeutung eines Lehrbuchs kennen und während der Neuauflage erneut großes Verständnis für die Tätigkeit ihrer Eltern aufgebracht haben.

Weiterhin sind wir selbstverständlich auch bei dieser Auflage wieder dankbar für Anregungen und Denkanstöße für zukünftige Weiterentwicklungen und wünschen viel Freude und Erkenntnisgewinn bei der Lektüre.

Mainz und Ludwigshafen am Rhein, im Mai 2023

Professor Dr. Stefanie Hehn *Professor Dr. Markus Hehn*

Vorwort zur ersten Auflage

Die moderne, immer komplexer und globaler werdende Wirtschaft ist von finanziellen Sachverhalten, Interessen, Daten und Vertragsbeziehungen durchdrungen. Geld und Kapital und damit auch die Notwendigkeit der Finanzierung bilden die Grundlage jeder wirtschaftlichen Tätigkeit. Die internationalen Finanzströme übertreffen heutzutage in ihrem Volumen die Güter- und Leistungsströme der Volkswirtschaften um ein Vielfaches. Dabei wurde nicht nur das Finanzmanagement von Unternehmen immer wichtiger, sondern auch die Schaffung neuer, innovativer Finanzierungsquellen. Unternehmensfinanzierungen beinhalten dabei neben den klassischen Formen der Eigenkapital- und Fremdkapital-Finanzierung auch Sonderformen wie die Gewinnung von Mezzanine-Kapital, die zwischen Eigen- und Fremdkapital angesiedelt sind.

Aber auch innerhalb der beiden grundsätzlichen Finanzierungsformen haben sich in der jüngeren Vergangenheit innovative Instrumente entwickelt. Während Private Equity in der betriebswirtschaftlichen Praxis schon länger eine große Bedeutung erlangt hat, wird es in den meisten Lehrbüchern nur am Rande erwähnt. Die zunehmende Bedeutung von Crowdfunding in der Unternehmensfinanzierung geht mit der wachsenden Digitalisierung des Wirtschaftslebens und damit auch der Finanzbranche einher. Viele Lehrbücher sparen diese interessante und sich kontinuierlich weiterentwickelnde Finanzierungsform jedoch bislang aus.

Unsere Lehrtätigkeit an verschiedenen Hochschulen und die damit einhergehende Interaktion mit den Studierenden haben in uns den Wunsch reifen lassen, ein aktuelles Lehrbuch zu erstellen. Dabei wollten wir aber auch sehr bewusst unsere langjährigen praktischen Erfahrungen aus der Finanzbranche einbringen, um einen sehr großen Praxisbezug herzustellen. Insofern folgt das hier vorliegende Lehrbuch dem Ehrgeiz, als Grundlage für ansprechende und zugleich anspruchsvolle Lehrveranstaltungen zu dienen. Darüber hinaus soll es jedem interessierten Praktiker Nutzen stiften.

Danken möchten wir den Studierenden der beiden Hochschulen Mainz und Ludwigshafen, ohne deren Fragen und Hinweise in den Lehrveranstaltungen dieses Lehrbuch nicht entstanden wäre. Besonders bedanken möchten wir uns bei unseren Kindern Maximilian und Katharina, die während der Entstehung dieses Buches Verständnis für die zeitaufwendige Tätigkeit ihrer Eltern aufbringen mussten.

Wir wünschen Ihnen eine erkenntnisreiche und gewinnbringende Lektüre und viel Erfolg bei der praktischen Umsetzung. Dankbar sind wir für Anregungen zur inhaltlichen und didaktischen Verbesserung.

Mainz und Ludwigshafen am Rhein, im Februar 2019

Professor Dr. Stefanie Hehn *Professor Dr. Markus Hehn*

Inhaltsübersicht

Inhaltsverzeichnis

1 Grundlagen der Unternehmensfinanzierung

Die Unternehmensfinanzierung ist eine wesentliche Aufgabe und ein entscheidender Faktor für den nachhaltigen Erfolg von Unternehmen am Markt geschehen. Die aktuellen Entwicklungen auf den Finanzmärkten zeigen dies anschaulich. Erst durch die Finanzierung, verstanden als die Aufnahme und Beschaffung von Kapital, wird das unternehmerische Wirken ermöglicht und der betriebliche Transformationsprozess im Unternehmen zum Leben erweckt. Die Finanzierung stellt so im übertragenen Sinn die Verbindung zwischen Unternehmen und Finanzmarkt dar und kann als Lebensader im Sinne der Versorgung mit finanziellen Mitteln verstanden werden.

Unternehmen im betriebswirtschaftlichen Sinne zeichnen sich durch ihre Teilnahme am marktwirtschaftlichen System und dem Streben nach Gewinn aus. Nach allgemeinem Verständnis bezeichnet ein Unternehmen dabei eine wirtschaftlich-finanzielle und rechtliche Einheit, die dem erwerbswirtschaftlichen Prinzip der Gewinnerzielung folgt. Dies ist insb. abzugrenzen gegen über etwa einem öffentlichen Betrieb. Eine eigene Rechtsträgerschaft (z. B. GmbH, AG) ist dabei Grundvoraussetzung. Erst dadurch entsteht eine wirt schaftlich-finanzielle Einheit in seiner spezifischen Struktur der Eigentümerverhältnisse, die ihre definierte Absicht bzw. ihren Zweck verfolgt.

Umgangssprachlich werden für Unternehmen oft **Unternehmung** oder **Betrieb** synonym gebraucht. Die zentralen Unterschiede dabei sind:

1. Die Rechtsträgerschaft: Ein Betrieb ist stets einem sog. Rechtsträger zugeordnet. Es ist jedoch auch möglich, dass mehrere Betriebe (im technischen Sinn) sich zu einem Unternehmen (z. B. Holdinggesellschaft) zusammensetzen. Das Unternehmen wird dann schließlich durch den Handelsnamen des Kaufmanns (die sog. Firma bzw. der Firmenname, bspw. BASF) und die jeweilige Rechtsform charakterisiert.
2. Ebenfalls wesentlich zu erwähnen ist, dass ein Unternehmen nicht durch seine örtliche Positionierung definiert wird, auch wenn der Unternehmensstandort und die räumliche Ausdehnung des Unternehmens meist identisch zu denen des Betriebs sind; ein Betrieb ist immer örtlich verankert.
3. Auch finanzwirtschaftlich ist das Unternehmen vom Betrieb zu differenzieren. Erst durch die Unternehmensrechnung, die im Gegensatz zur Betriebsrechnung (Kosten- und Leistungsrechnung) eine kaufmännische Aufwands- und Ertragsrechnung darstellt, entsteht eine finanzielle Einheit.

Folgt man der Systematisierung des Wirtschaftsrechts, so lassen sich nach den Eigentumsverhältnissen folgende Unternehmen unterscheiden:
a) private Unternehmungen,
b) sog. gemischt-wirtschaftliche Unternehmungen, die von der öffentlichen Hand (Staat) oder einer öffentlich-rechtlichen Körperschaft betrieben werden, während das Kapital von Privaten zu Verfügung gestellt wird und
c) rein öffentliche Unternehmungen.

Eine weitere Einteilung von Unternehmung wird häufig nach der **Rechtsform** vorgenommen. Unternehmen können in den nachfolgenden Rechtsformen firmieren:
a) Einzelkaufmann,
b) Personengesellschaft, wie eine offene Handelsgesellschaft (OHG), Kommanditgesellschaft (KG), Partnerschaftsgesellschaft (PartG) oder eine Europäische Wirtschaftliche Interessenvereinigung (EWIV),
c) Kapitalgesellschaft, etwa eine Aktiengesellschaft (AG), Kommanditgesellschaft auf Aktien (KGaA), Gesellschaft mit beschränkter Haftung (GmbH) oder eine Societas Europaea (SE),
d) Genossenschaft mit beschränkter Haftung und mit unbeschränkter Haftung,
e) Stiftung und
f) Versicherungsverein auf Gegenseitigkeit (VVaG).

In Deutschland gab es im Jahr 2021 insgesamt 3.390.704 Unternehmen[1], die entweder als Personengesellschaft (z. B. als eingetragener Kaufmann (e. K.), OHG oder KG) oder als Kapitalgesellschaft (z. B. als GmbH, AG oder SE) geführt werden. Die Unterschiede zwischen den Gesellschaften werden sowohl in der Praxis als auch dementsprechend in diesem Lehrbuch relevant im Zuge der Möglichkeiten der Kapitalbeschaffung, also bei der Finanzierung des Unternehmens, was in den nachfolgenden Kapiteln näher betrachtet werden wird. Denn allen diesen Unternehmen gemein ist die grundsätzliche Notwendigkeit der Kapitalbeschaffung.

Die Notwendigkeit der Kapitalbeschaffung ergibt sich bereits aus dem betrieblichen Transformationsprozess, der nachfolgend in Abb. 1 schematisch dargestellt ist. Typischerweise stellen Unternehmen Güter (z. B. Schrauben,

---

[1] Vgl. Anzahl der Unternehmen in Deutschland nach Beschäftigtengrößenklassen im Jahr 2021, https://de.statista.com/statistik/daten/studie/237346/umfrage/unternehmen-in-deutschland-nach-rechtsform-und-anzahl-der-beschaeftigten/, Abruf vom 05.04.2023.

Autos) oder Dienstleistungen (z. B. Beratung oder Finanzdienstleistungen) her und bieten diese anderen Unternehmen, privaten Haushalten oder dem Staat auf den verschiedenen Absatzmärkten an. Kurz gefasst sind Unternehmen durch die Erstellung und Verarbeitung von Leistungen gekennzeichnet. Diese betrieblichen Prozesse (Unternehmensprozesse oder auch betriebliche Transformationsprozesse) führen zu Einzahlungen und Auszahlungen.

Einzahlungen führen zu einer Zunahme der liquiden Mittel. Der Begriff „liquide Mittel" stammt aus dem Rechnungswesen und meint den Kassenbestand und die Bankguthaben (Sichtguthaben) des Unternehmens. Als Einzahlungen werden nun alle tatsächlichen Zahlungsmittelzuflüsse der Unternehmung bezeichnet, die zu einer Erhöhung des Barbestandes bzw. des Sichtguthabens führen.

Auszahlungen bezeichnen demgegenüber die tatsächlichen Zahlungsmittelabflüsse, die aus der Unternehmung in einer bestimmten Periode rausfließen. Die Auswirkungen von Auszahlungen beschränken sich somit auf den Rückgang an liquiden Mitteln.

Durch das Anbieten der Güter oder Dienstleistungen an den Absatzmärkten an anderen Unternehmen, private Haushalten oder an den Staat erzielen die Unternehmen sog. Einnahmen.

Einnahmen bezeichnen eine Erhöhung des Geldvermögens[2], also die tatsächlichen Zuflüsse aus Sicht des Unternehmens[3]. Es lassen sich zwei grundsätzliche Arten von Einnahmen differenzieren: kapitalfreisetzende und kapitalzuführende Einnahmen. Fließen dem Unternehmen vorher gebundene liquide Mittel zu, handelt es sich um kapitalfreisetzende Einnahmen. Zum Beispiel: Verkauf von Anlagevermögen; Umsatzerlöse. Demgegenüber spricht man von kapitalzuführenden Einnahmen, wenn der Unternehmung entweder von außen (Gläubiger/Anteilseigner) oder von innen (nicht ausgeschüttete Gewinne) neues Kapital zugeführt wird.

Ausgaben bezeichnen die Abnahme des Geldvermögens des Unternehmens. Sie führen per definitionem zu tatsächlichen Abflüssen. Somit wird

[2] Das Geldvermögen setzt sich zusammen aus dem Zahlungsmittelbestand (Kasse und Sichteinlagen bzw. Bankguthaben) sowie den Geldforderungen abzüglich der Geldverbindlichkeiten.

[3] Die tatsächlichen Zuflüsse des Unternehmens werden um die Verbindlichkeiten vermindert und um Forderungen ergänzt.

über Ausgaben der Gesamtgegenwert aller zugeführten Güter bzw. der bezogenen Leistungen dargestellt und nicht nur der Abfluss von Liquidität, wie dies bei einer Auszahlung der Fall wäre. Vor dem Hintergrund der Finanzierung kann man des Weiteren auch hier kapitalbindende und kapitalentziehende Ausgaben voneinander abgrenzen. Kapitalbindende Ausgaben stehen dem Unternehmen entweder durch Umsatzerlöse oder durch die Tilgung bereits gewährter Kredite wieder als Einnahmen zur Verfügung, während kapitalentziehende Ausgaben nicht zu Einnahmen zu einem späteren Zeitpunkt führen.

Demgegenüber stehen die verschiedenen Ausgaben der Unternehmen, die dem Unternehmen etwa für die Beschaffung von Maschinen und Rohstoffen oder die Bezahlung der eingesetzten Arbeitskräfte anfallen. Um die erstmalige Produktion, die Erweiterung der Leistungserstellung oder den laufenden Betrieb zu finanzieren, können Unternehmen sich auf verschiedenen Finanzmärkten mit Kapital versorgen.

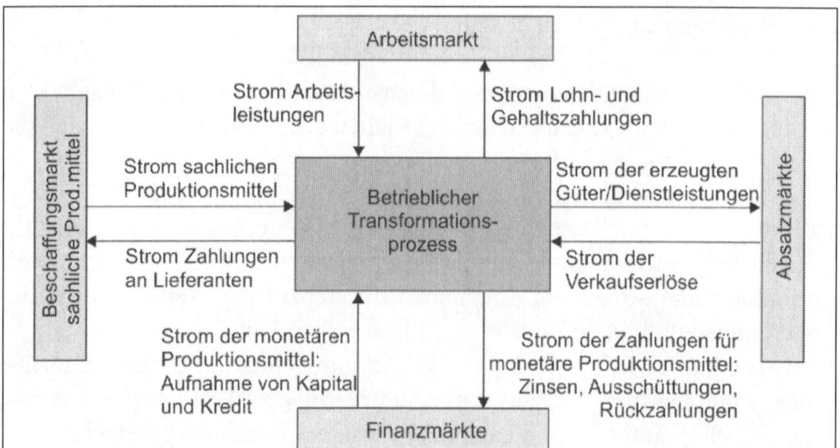

Abbildung 1: Die Unternehmung im Markt

Quelle: Eigene Darstellung.

Während der leistungswirtschaftliche Bereich mit dem Austausch von Gütern und Dienstleistungen in die Beschaffung von sachlichen Produktionsmitteln und deren Absatz auf den Absatzmärkten eingeteilt wird (vgl. Abb. 1) kann man den finanzwirtschaftlichen Bereich, also die Finanzmärkte, ebenfalls unterteilen. In der betriebswirtschaftlichen Literatur werden die Finanzmärkte allgemein in den Bereich Kapitalbeschaffung (**Finanzierung**), Kapitalverwendung (**Investition**) und Kapitaltilgung unterteilt.

Dabei umfasst die Lehre der Finanzwirtschaft die Theorie und die Technik der Kapitalbeschaffung und der Kapitalanlage und schließt dabei auch die Themengebiete Akquisition (Gewinnung) und die Verwendung von finanziellen Mitteln ein.

Bevor jedoch die Thematik der Finanzierung eingehend betrachtet wird, werden zunächst die wesentlichen Begrifflichkeiten definiert und voneinander abgegrenzt.

Zur weiteren Vertiefung der Finanzierungstheorie wird dabei zunächst der Begriff des **Kapitals** genauer erläutert. In den Wirtschaftswissenschaften ist Kapital nicht durch einen Begriff umfassend definierbar. In der Volkswirtschaftslehre wird Kapital, Arbeit und Boden als **dritter gesamtwirtschaftlicher Produktionsfaktor** bezeichnet. In der Betriebswirtschaftslehre steht der Begriff für Eigen- oder Fremdkapital im Kontext der Mittelherkunft auf der Passivseite der Unternehmensbilanz.

> Gängige **Kapitalbegriffe** in der Literatur:
>
> **Klassischer Kapitalbegriff**: Kapital zeigt die Herkunft des investierten Geldes im Unternehmen; es umfasst die Gesamtheit der Verpflichtungen gegenüber Eigentümern und Gläubigern.
>
> **Monetärer Kapitalbegriff**: Als Kapital bezeichnet man die Geldmittel, die Unternehmen eingesetzt sind.

Kapital in der volkswirtschaftlichen Betrachtung
Aus volkswirtschaftlicher Sicht stellt Kapital einen Produktionsfaktor, d. h. der Bestand an Produktionsmitteln, der für die Güter- und Dienstleistungsherstellung in einer Volkswirtschaft genutzt werden kann (Kapitalstock), dar. Durch das Zusammenwirken der Produktionsfaktoren inklusive dem Kapital wird das sog. Bruttoinlandsprodukt einer Volkswirtschaft (d. h. ihre mögliche Leistungsfähigkeit) erwirtschaftet.

Kapital in der betriebswirtschaftlichen Betrachtung
Auch aus betriebswirtschaftlicher Sicht hat Kapital einen bedeutenden Stellenwert. In der Bilanz ist Kapital auf der **Passivseite** aufgeführt und repräsentiert die deklarierten **Ansprüche an das Vermögen** einer Unternehmung (einschließlich Abgrenzungsposten). Die Passivseite der Bilanz trifft somit die Aussage zur Finanzierung als der Mittelherkunft und damit über die Kapitalstruktur des Unternehmens (vgl. auch Abb. 2). Die Betrachtung der

Passivseite, also die Seite der Kapitalherkunft, gibt Auskunft darüber, wie, d. h. aus welchen Finanzierungsquellen, die Aktiva eines Unternehmens finanziert sind. Im Gesellschaftsrecht und der Bilanzsprache wird somit Kapital als die Summe der bilanzierten Passiva verstanden. Dabei hat das Unternehmen bei der Bilanzerstellung die sog. gesetzliche Passivierungspflicht zu erfüllen, wonach es sämtliche Positionen des Eigen- und des Fremdkapitals in seiner Bilanz zu deklarieren hat.

In dem vorliegenden Lehrbuch wird die betriebswirtschaftliche Bedeutung des Kapitals verwendet. Dabei wird Kapital als knappes Gut verstanden und so zum Gegenstand der betriebswirtschaftlichen Investitionstheorie, die rationale Entscheidungen im Sinne der Wirtschaftlichkeit von Investitionen trifft.

AKTIVA	PASSIVA
Anlagevermögen	Eigenkapital
Umlaufvermögen	Fremdkapital

Abbildung 2: Schematische Darstellung einer Bilanz
Quelle: Eigene Darstellung.

Kapital und Liquidität sind dabei keinesfalls gleichbedeutend. Mit dem Begriff der **Liquidität** drückt man aus, inwieweit ein Unternehmen in der Lage bzw. bereit ist, die laufenden Zahlungsverpflichtungen gegenüber Dritten fristgerecht und betragsgenau zu erfüllen.

Das nachfolgende Beispiel veranschaulicht den wesentlichen Unterschied zwischen Kapital und Liquidität.

Beispiel:
Eine Unternehmung erwirbt Güter (Waren) bei einem Lieferanten im Gesamtwert von 30.000 €. Nach Übergabe der Ware stellt der Lieferant an das Unternehmen eine Rechnung, die innerhalb von 14 Tagen zu begleichen ist.

Gemäß seiner Bilanz verfügt das Unternehmen über Eigenkapital in Höhe von 3 Mio. €. Da dieses jedoch in Maschinen, Grundstücken und Gebäuden gebunden ist, kann das Unternehmen nicht di rekt über die in der Bilanz ausgewiesenen 3 Mio. € Eigenkapital verfügen – sofern die Anlagegüter, z. B. Maschinen, Grundstücke oder Gebäude, nicht veräußert werden.

Das Unternehmen kann also nur die Rechnung der Güter (Waren) bei seinem Lieferanten bezahlen mittels Kapital, das hochliquide und damit schnell verfügbar ist. Im konkreten Fall, d. h. zur Begleichung der vorliegenden Rechnung, müsste das Unternehmen mindestens 30.000 € liquide Mittel, etwa Bargeld oder täglich verfügbare Sichteinlagen haben, womit es sofort seine Verbindlichkeiten begleichen könnte.

Obwohl das Unternehmen grundsätzlich über die 3 Mio. € Eigenkapital verfügt, läuft es Gefahr, insolvent zu werden, wenn es seine Zahlungsverpflichtungen nicht erfüllen kann.

Aufbauend auf dem Begriff des Kapitals und des Konzepts der Bilanz werden nun die wesentlichen Begriffe Investition und Finanzierung vorgestellt und erläutert.

Investition bezeichnet die Umwandlung von Kapital in Vermögenswerte. Im Allgemeinen zählen nur langfristige Kapitalbindungen zu Investitionen (Kauf von Maschinen, Erwerb eines Grundstücks etc.). Auszahlungen wie Lohn-/ und Gehaltszahlungen oder Mietzahlungen, die nicht einmalig, sondern laufend anfallen, bezeichnet man typischerweise als Aufwand und nicht als Investitionen.

Vermögensbestimmter Investitionsbegriff: Investition ist die Umwandlung von Kapital in Vermögen.

Zahlungsbestimmter Investitionsbegriff:
Der idealtypische Zahlungsstrom einer Investition beginnt mit einer Auszahlung, sog. Anfangsauszahlung und weist in den Folgeperioden Einzahlungen bzw. Einzahlungen und Auszahlungen auf.

Mögliche Investitionsprojekte sind dabei:
- Errichtung eines Büro- und Verwaltungsgebäudes,
- Kauf einer neuen Maschine oder Erweiterung einer bestehenden Anlage,
- Einleitung eines Markteintritts eines Produkts,
- Fort- und Weiterbildung des Personals,
- Forschungs- und Entwicklungsmaßnahmen,
- Kauf von Wertpapieren oder
- Investitionen in den Fuhrpark.

Die nachfolgende Abb. 3 zeigt die Zahlungsströme einer typischen Investition, beginnend mit einer Anfangsauszahlung und gefolgt von zumeist positiven Einzahlungsüberschüssen (EZÜ) und einem Restwert (RW) am Ende der geplanten Investitionsdauer.

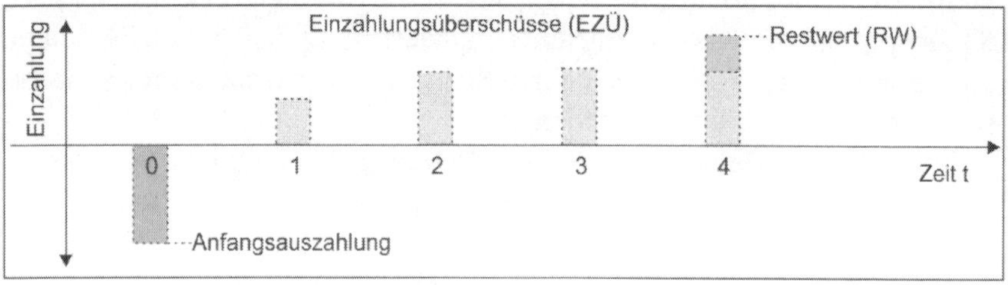

Abbildung 3: Systematisierung einer Investition durch Zahlungsströme
Quelle: Eigene Darstellung.

Wie aus der obigen Systematisierung ersichtlich ist, wird die Beurteilung der Vorteilhaftigkeit einer Investition nicht durch die Investitionsaktivität als „solche" vorgenommen. Etwa werden weder die konkreten technischen Rahmenbedingungen oder das Leistungsvermögen einer neuen technischen Anlage in das Kalkül einbezogen. Stattdessen werden lediglich die mit der Investition verbundenen finanziellen Konsequenzen und deren Auswirkungen auf das Endvermögen des Unternehmens berücksichtigt, entweder im Hinblick auf erfolgswirksame Erträge und Aufwendungen oder aber im Hinblick auf Zahlungsströme (hier: Auszahlungen und Einzahlungen).

Typischerweise sind dabei die beiden miteinander verbundenen Probleme zu lösen:

– Wie werden unterschiedliche Zahlungszeitpunkte berücksichtigt?
– Wie sollte entschieden werden, wenn es mehrere unterschiedliche Zahlungsströme zur Auswahl gibt?

Eine Investition bzw. die mit ihr verbundenen Zahlungsströme kann allerdings auch in einer tabellarischen Form dargestellt werden.

	t_0	t_1	t_2	t_3
Investitionsalternative A	-800	+200	+200	+600

Wie bereits dargestellt kommt der Investitionsbegriff nicht ohne die Kapitalbeschaffung, also die **Finanzierung** aus.[4] Für die Durchführung von

[4] Neben Geld kann eine Finanzierung dadurch bestehen, dass geldwerter Güte (z. B. Rechte, Sachgüter) zugeführt werden. Dann wäre es zugleich auch eine Investition.

Investitionen muss zunächst Kapital beschafft, also finanziert, werden. Es resultiert ein sog. Kapitalbedarf. Sämtliche betriebliche Prozesse können nur funktionieren, wenn die notwendige Finanzausstattung zum Erwerb der benötigten Produktionsfaktoren vorhanden ist. Die Verkaufserlöse aus dem Absatz prozess ermöglichen zu einem späteren Zeitpunkt die Rückführung des eingesetzten Kapitals. Der Güterprozess und der Finanzprozess sind untrennbar miteinander verbunden. Allgemein wird die Finanzierung (Kapitalbeschaffung) neben der Investition (Kapitalverwendung) und dem Zahlungsverkehr (Kapitalverwaltung) somit als die dritte finanzwirtschaftliche Funktion eines Unternehmens verstanden.

Finanzierung beinhaltet in einem weit gefassten Finanzierungsbegriff alle Maßnahmen zur Wahrung und Erreichung des **finanziellen** Gleichgewichts der Unternehmung. Dabei befinden sich Unternehmen im finanziellen Gleichgewicht, wenn gemäß den finanzwirtschaftlichen Zielen (vgl. Kapitel 1.2) eine ausreichende Liquidität unter Beachtung des Hauptziels der (z. B. Rentabilität) gewährleistet ist. In diesem Sinne umfasst die Finanzierung nicht nur die Kapitalbeschaffung in Form von Geld oder geldwerten Mitteln, sondern auch die Umschichtung, Absicherung und die Reduktion von Kapital.[5]

Vermögensbestimmter (klassischerer) Finanzierungsbegriff:
Unter Finanzierung versteht man die Beschaffung von Kapital.

Zahlungsbestimmter Finanzierungsbegriff:
Finanzierung bezeichnet einen Cash Flow, der mit einer Einzahlung startet und der in den Folgeperioden Auszahlungen oder Auszahlungen und Einzahlungen bringt.

Analog zur Darstellung einer Investition mit Hilfe von Zahlungsströmen (vgl. Abb. 3) lässt sich auch eine typische Finanzierung schematisch darstellen. Wichtig ist, dass spiegelverkehrt zu einer Investition eine Finanzierung idealtypisch zunächst eine Einzahlung aufweist, der in späteren Zeitpunkten Auszahlungen folgen (ggf. eine Schlussrate am Ende der Finanzierungslaufzeit). Abb. 4 zeigt die Zahlungsströme einer typischen Finanzierung.

---

[5] Vgl. Becker, H.P./Peppmeier, A. (Investition und Finanzierung 2018), S. 3.

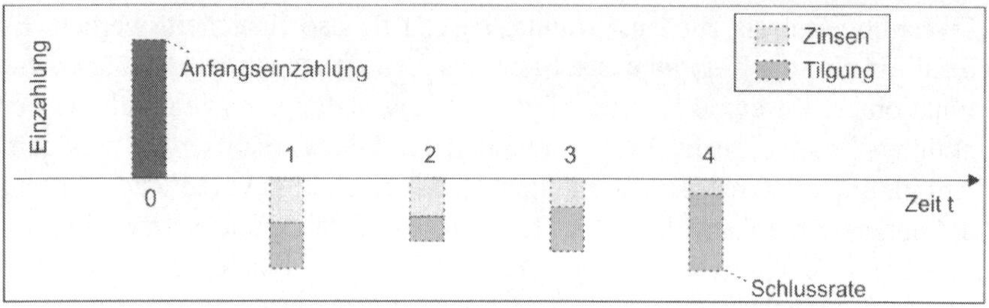

Abbildung 4: Systematisierung einer Finanzierung anhand von Zahlungsströmen
Quelle: Eigene Darstellung.

Sowohl die **Investitionen** wie auch die **Finanzierungen** fließen in die beiden Seiten der Bilanz (Aktiv- und Passivseite) und müssen sich wertemäßig entsprechen. Ohne Finanzierung (Mittelherkunft) ist keine Investition (Mittelverwendung) möglich: Ohne Mittelverwendungsmöglichkeiten lassen sich Finanzierungsfragen und -möglichkeiten nicht sinnvoll prüfen; ebenfalls lassen sich ohne Finanzierungsmöglichkeiten keine Investitionsentscheidungen realisieren.

Die Bilanz zeigt auf ihrer Aktivseite die Mittelverwendung, wobei Investitionen i. d. R. direkte Implikationen auf das Anlage- und zudem indirekte Auswirkungen auf das Umlaufvermögen haben (vgl. Abb. 5). Es handelt sich bei der Investition und der Finanzierung also sprichwörtlich um zwei Seiten einer Medaille, die sich in der Ausgeglichenheit der Bilanz und damit der Entsprechung der Summe der Aktiva (Mittelverwendung) mit der Summe der Passiva (Mittelherkunft) zeigen. Unter Summe der Aktiva bzw. Summe der Passiva versteht man jeweils die Summe der entsprechenden Bilanzpositionen pro Seite der Bilanz, also der Bilanzsumme.

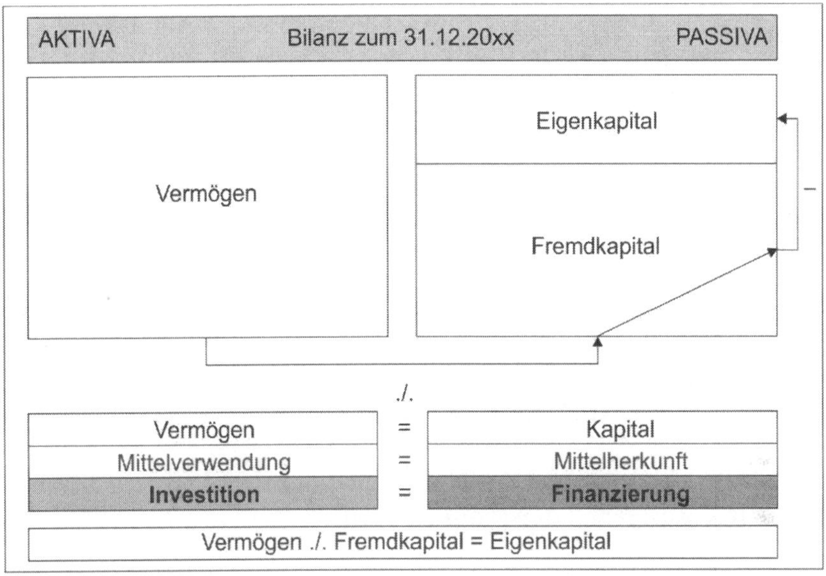

Abbildung 5: Zusammenhang zwischen Investition und Finanzierung via Bilanzgliederung

Quelle: Eigene Darstellung.

Da über den Finanzierungsbegriff in der Literatur keine Eindeutigkeit herrscht, leitet sich die Finanzierung in diesem Lehrbuch gemäß der klassischen Lehre am oben dargestellten Kapitalbegriff aus der Bilanz ab. Der Begriff der Finanzierung sei also im weitesten Sinn definiert als Kapitalbeschaffung bzw. der Generierung von finanziellen Mitteln.

Die nachfolgenden Unterkapitel klassifizieren die Finanzierungen nun sinnvoll und nutzen dazu die folgenden Kriterien:

1) Nach der Art/Form der Kapitalbeschaffung bzw. der Herkunft der finanziellen Mittel;
2) Nach der Rechtsstellung des Kapitalgebers (Anteilseigener im Gegensatz zu einem Gläubiger) in die Unterteilung der Finanzierung in Eigen- und Fremdfinanzierung;
3) Nach der Dauer der Kapitalbereitstellung in unbefristete oder befristete Finanzierung oder
4) Nach der Verwendung bzw. der Nutzung des beschafften Kapitals (vgl. Kapitel 2).

Eine in der Betriebswirtschaftslehre zentrale Unterscheidung ist zwischen **Fremd- und Eigenkapital** zu treffen. Grundsätzlich kann ein Unternehmen eine Finanzierungsmaßnahme entweder mit Fremdkapital (im Rahmen einer Fremdfinanzierung) oder mit Eigenkapital (im Rahmen einer Eigenfinanzierung) umsetzen.

Nach der Kapital**herkunft** wird des Weiteren in Außenfinanzierung (Kapital wird von außen zugeführt, z. B. durch ein Kreditinstitut oder durch Einlagen von Eigentümer/Gesellschaftern) und in Innenfinanzierung unterschieden.

Daneben können noch die **Fristigkeit** oder der **Anlass/Zweck der Finanzierung** Unterscheidungskriterien sein. Diese unterschiedlichen Systematisierungen werden im nachfolgenden Kapitel ausführlich dargestellt.

1.1 Systematisierung der Finanzierung

Die wesentlichen Systematisierungen, mit Hilfe derer sich das Kapital des Unternehmens differenzieren lässt, sind
- die **Haftung** (bzw. Rechtsstellung des Kapitalgebers, vgl. Kapitel 1.1.1),
- die **Herkunft** (der Finanzierungsmittel, vgl. Kapitel 1.1.2),
- die **Fristigkeit** (Dauer der Finanzierung, vgl. Kapitel 1.1.3) und
- die Verwendung bzw. die **Nutzungsmöglichkeiten** (etwa bei Gründung eines Unternehmens oder im Rahmen einer Wachstumsfinanzierung, vgl. Kapitel 2).[6]

Unterteilt man die Finanzierungsmöglichkeiten zunächst nach dem Kriterium der **Haftung bzw. Rechtsstellung des Kapitalgebers**, lassen sich zwei wesentliche Gruppen bilden: Eigen- und Fremdfinanzierung.

Eigenfinanzierung ist v. a. dadurch gekennzeichnet, dass die **bisherigen** Eigentümer (Gesellschafter) des Unternehmens weiteres Eigenkapital zur Verfügung stellen (Beteiligungsfinanzierung) oder ihnen zustehende Gewinnanteile in der Unternehmung belassen (Thesaurierung) und nicht ausschütten lassen. Desweitern versteht man unter Eigenfinanzierung, wenn neue An-

[6] Wenngleich diese möglichen Systematisierungen grundsätzlich unabhängig voneinander sind, bestehen doch bestimmte Wechselzusammenhänge. So steht dem Unternehmen Eigenkapital i. d. R. unbegrenzt zur Verfügung, während Fremdkapital typischerweise eine bestimme Laufzeit hat und damit auch einer Begrenzung unterliegt. In den folgenden Unterkapiteln werden die verschiedenen Systematisierungen einzeln anschaulich dargestellt.

teilseigner dazukommen, die neues Eigenkapital einbringen. Demgegenüber meint **Fremdfinanzierung** jede Form der Zuführung von finanziellen Mitteln, bei der der Kapitalgeber eine Gläubigerposition gegenüber dem Unternehmen erlangt (Kreditfinanzierung).

Folgt die Unterteilung der Finanzierungsmöglichkeiten dem Kriterium der **Herkunft** der Finanzierungsmittel, lassen sich ebenfalls zwei Gruppen bilden: Von **Außenfinanzierung** spricht man, wenn das Kapital von unternehmens**externen** Quellen stammt und somit von außerhalb der Unternehmung zugeführt wird. Dabei ist irrelevant, ob die von außen eingebrachten Mittel eigen- oder fremdfinanziert sind. Lediglich relevant ist die Herkunft. Von **Innenfinanzierung** spricht man demgegenüber, wenn die Deckung des Kapitalbedarfs unternehmens**intern** erfolgt, etwa aus der Einbehaltung von aus der Umsatztätigkeit entstandenen Gewinnen oder aus Vermögensumschichtungen.

Diese beiden Einteilungen, bei denen nach der Herkunft des Kapitals und nach der Haftung bzw. genauer gesagt nach den Eigentumsverhältnissen unterschieden wird, sind die in der Literatur am gebräuchlichsten Systematisierungen:[7]

- Nach der Kapitalherkunft lassen sich Außen- und Innenfinanzierung unterscheiden.
- Wird zwischen Eigen- und Fremdkapitalfinanzierung differenziert, so berücksichtigt man die Rechtsstellung des Kapitalgebers; also auch die Haftung.

Die nachfolgende Übersicht stellt mögliche Ansätze der Systematisierung der Finanzierungsformen gegenüber.

[7] Vgl. Bieg, H./Kußmaul, H./ Waschbusch, G. (Finanzierung 2023), S. 31 ff.

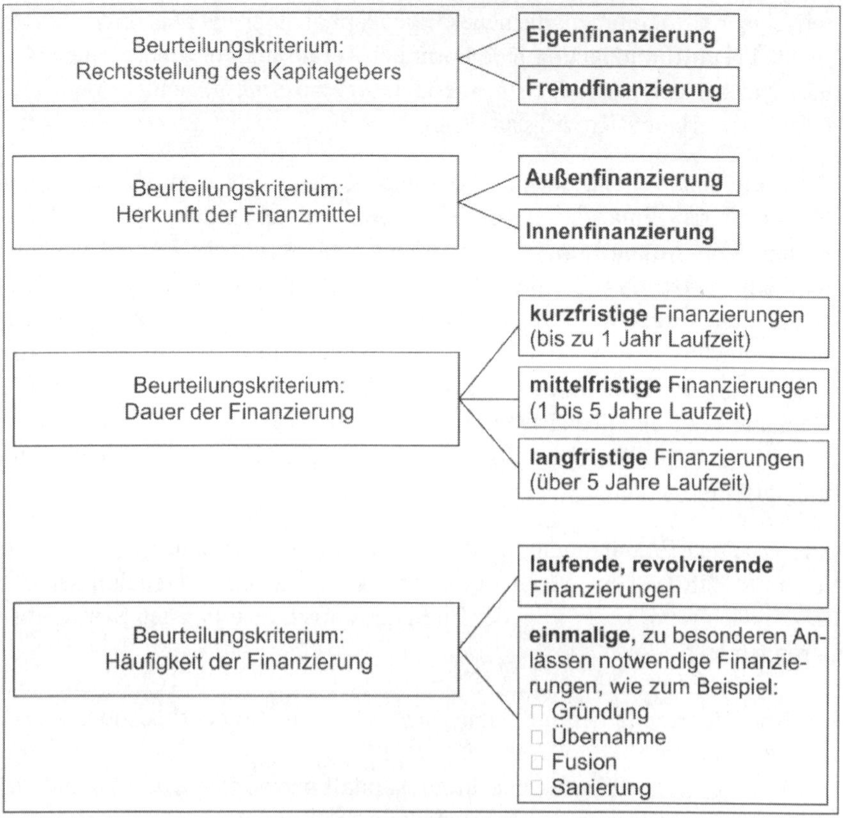

Abbildung 6: Systematisierung der Finanzierungsformen
Quelle: Eigene Darstellung.

Im Sinne einer Einordnung und der Einteilung in Außen- und Innenfinanzierung soll Abb. 7 einen ersten Überblick liefern.

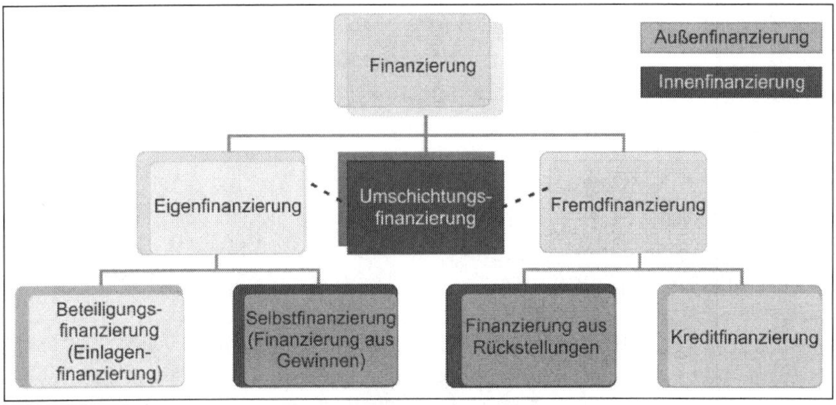

Abbildung 7: Systematisierung der Finanzierungsformen nach der Mittelherkunft

Quelle: Eigene Darstellung.

Im folgenden Unterkapitel wird zunächst der zentrale Unterschied zwischen Eigen- und Fremdfinanzierung behandelt, also der Systematisierung nach den Eigentumsverhältnissen und der Haftung folgend.

1.1.1 Eigen- und Fremdfinanzierung

Zunächst erfolgt die Einteilung der Finanzierungsmöglichkeiten nach der **Rechtsstellung des Kapitalgebers** (also der Haftung bzw. den Eigentumsverhältnissen) in Eigen- und Fremdfinanzierung (Gesellschafter versus Gläubiger des Unternehmens). Diese zentrale Unterscheidung, die in der Betriebswirtschaftslehre sehr gebräuchlich ist, basiert auf der bereits in Kapitel 1.1 vorgestellten Bilanzgliederung und der damit verbundenen Differenzierung in Fremd- und Eigenkapital. Zur Veranschaulichung soll erneut die nachfolgende exemplarische Bilanz (vgl. Abb. 8) dienen.

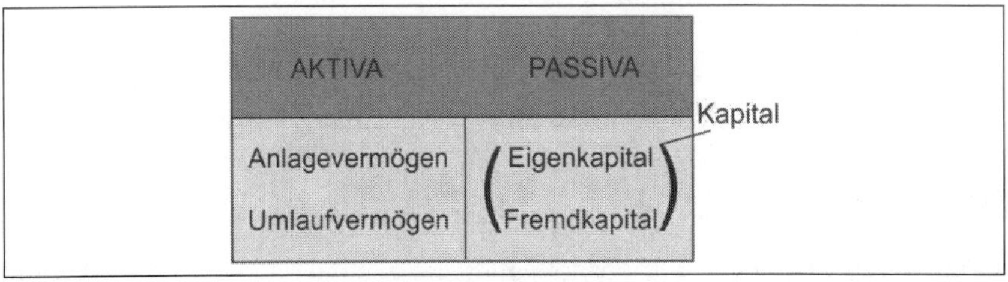

Abbildung 8: Systematisierung der Finanzierungsformen mit Hilfe der Bilanz

Quelle: Eigene Darstellung.

Als Passiva in der Bilanz werden das beschaffte, abstrakte Kapital in den Positionen des Eigen- und des Fremdkapitals ausgewiesen (vgl. Abb. 8). Dieser Einteilung liegt die Frage zugrunde: Welche Bedingungen sind mit dem Geld verbunden?

Kurz gesagt geht es etwa darum, in welcher Form Kapital dem Unternehmen zugeführt wird: eigen- oder fremdfinanziert? Sind dem Kapitalgeber Mitsprache- oder Kontrollrechte eingeräumt? In welcher Form haftet das eingezahlte Kapital für das Unternehmen?

Die Einteilung in Eigenkapital und Fremdkapital folgt der Rechtsposition, d. h. der Haftung des Kapitalgebers: Eigenkapitalgeber sind am Erfolg des Unternehmens (Gewinn und Verlust) beteiligt. Die Kapitalüberlassung ist typischerweise unbefristet. Kommt es zu einer Insolvenz des Unternehmens, so haben Eigenkapitalgeber grundsätzlich keinen rechtlichen Anspruch auf Rückzahlung ihres investierten Kapitals.

Fremdkapitalgeber, die als Gläubiger bezeichnet werden, hingegen überlassen ihr Kapital nur zeitlich befristet. Sie haben einen rechtlichen Anspruch auf Rückzahlung des eingebrachten Kapitals inklusive eines Entgelts, i. d. R. dem Fremdkapitalzins. Wird das Unternehmen während der Dauer der Kapitalüberlassung insolvent, dann werden Gläubigerforderungen vorrangig bedient, d. h. das Risiko des Zahlungsaufalls ist für Fremdkapitalgeber im Vergleich zu Eigenkapitalgeber deutlich geringer.

Zudem wird bei der Begriffsdefinition häufig auch nach
a) Dauer und Gewinnanspruch und
b) Funktion des Kapitals
unterschieden.

Während nach a) Eigenkapital grundsätzlich unbefristet zur Verfügung steht und eine Gewinnbeteiligung nur im Fall eines vom Unternehmen erzielten Reingewinns vorgesehen ist, steht Fremdkapital grundsätzlich als lang-, mittel- oder kurzfristiger Kredit i. d. R. mit festem Anspruch auf Verzinsung zur Verfügung. Selbst wenn das Unternehmen einen ausgewiesenen Verlust erleidet, hat der Fremdkapitalgeber ggf. einen darüber hinausreichenden Zinsanspruch.

Nach b) wird zwischen betriebsnotwendigem Kapital und Ergänzungskapital unterschieden.

Betriebsnotwendiges Kapital bezeichnet Kapital, das für den originären Betriebszweck des Unternehmens unabdingbar ist. Ist die Betriebsnotwendigkeit nicht gegeben, spricht man von Ergänzungskapital.

Die nachfolgende Tabelle grenzt Eigen- und Fremdkapital hinsichtlich des Rechtsverhältnisses, der Haftung, des Entgelts, der Mitbestimmung, der Verfügbarkeit und des Interesses bzw. der Motivation des Kapitalgebers gegeneinander ab:

	Eigenkapital	Fremdkapital
Rechtsverhältnis	Beteiligungsverhältnis	Schuldverhältnis
Haftung	Eigenkapitalgeber haftet mindestens mit Einlage und je nach Rechtsform auch mit Privatvermögen	Fremdkapitalgeber haftet nicht
Entgelt	am Gewinn und Verlust beteiligt	erhält Zinsen
Mitbestimmung	Eigenkapitalgeber grundsätzlich zur Mitbestimmung berechtigt	keine Mitbestimmung vorgesehen
Verfügbarkeit	grundsätzlich zeitlich unbefristet	zeitlich begrenzt
Interesse	am Erhalt und der positiven Entwicklung des Unternehmens	nur an Rückzahlung des Kapitals

Zusammengefasst sind die Merkmale von Fremdkapital, insb. in der Abgrenzung zu Eigenkapital, im Wesentlichen:

- **Rechtsverhältnis**: Während die Bereitstellung von Eigenkapital ein Beteiligungsverhältnis begründet, entsteht durch die Zurverfügungstellung von Fremdkapital ein Schuldverhältnis.
- **Haftung**: Der Fremdkapitalgeber haftet als Gläubiger des Unternehmens nicht, während der Eigenkapitalgeber je nach Rechtsform zumindest mit seiner Einlage und ggf. auch mit seinem kompletten Privatvermögen haftet. Bei Kapitalgesellschaften haftet der Eigenkapitalgeber nur mit seiner

Einlage. Bei Personengesellschaften haftet er als e. K. oder als Gesellschafter einer OHG mit seinem privaten Vermögen. Komplizierter wird es bei der KG, bei der es einen Vollhafter (Komplementär) und einen Kommanditisten (Teilhafter) gibt, wobei der Vollhafter mit seinem Privatvermögen haftet und der Teilhafter lediglich mit seiner Einlage. Folglich bestimmen auch die Vollhafter die Geschicke des Unternehmens. GmbH&Co. KG und die KGaA sind besondere Unternehmensformen. Bei erstgenannter Rechtsform fungiert eine GmbH als Vollhafter. Da die GmbH haftungsbeschränkt ist, haftet hier keine private Person mit ihrem Privatvermögen. Bei der KGaA gibt es private Vollhafter, die Kommanditisten Anteile sind börsennotiert und können folglich einfacher gehandelt werden. In der Praxis nutzen insb. Familienunternehmen, deren ursprüngliche Gesellschafter weiterhin allein über das Unternehmen bestimmen möchten, diese Möglichkeit der Kapitalbeschaffung. Prominente Beispiele sind in Deutschland die Henkel KGaA oder Merck KGaA.

- **Entgelt**: Das Fremdkapital wird grundsätzlich mit einer festen Verzinsung vergütet und der Fremdkapitalgeber ist nicht am Gewinn oder Verlust des Unternehmens beteiligt. Eigenkapitalgeber haben keinen Anspruch auf eine feste Verzinsung, sondern partizipieren am Gewinn bzw. Verlust.
- **Mitbestimmung**: Faktisch ist der Fremdkapitalgeber nicht zur Mitbestimmung berechtigt, allerdings können ihm in bestimmten Konstellationen Mitbestimmungsrechte eingeräumt werden. Daneben haben Gläubiger typischerweise keine Möglichkeit, die Unternehmenspolitik zu beeinflussen, wie dies bei Gesellschaftern der Fall ist. Das Unternehmen bleibt in seiner Entscheidungsbefugnis unabhängig. Die fehlenden Mitentscheidungs- und Eigentumsrechte der Gläubiger werden jedoch mit einem höheren Gläubigerschutz kompensiert: Fremdkapitalgeber werden bei einer Insolvenz vorrangig aus der Insolvenzmasse bedient; ihre Ansprüche ggf. vor den Eigenkapitalgebern befriedigt. Demgegenüber verfügt der Eigenkapitalgeber über Mitbestimmungsrechte; diese können aber in der Praxis eingeschränkt werden.
- **Verfügbarkeit**: Das Fremdkapital ist i. d. R. in seiner Verfügbarkeit durch die vereinbarte Laufzeit begrenzt. Über Eigenkapital kann das Unternehmen unbegrenzt verfügen.
- **Steuerliche Berücksichtigung:** Fremdkapitalzinsen sind steuerlich als Aufwand absetzbar (mit Einschränkungen bei der GewSt). Ausschüttungen an die Eigenkapitalgeber sind in Deutschland steuerlich nicht absetzbar; der Gewinn wird voll belastet.

- **Umfang:** Die Höhe des gewährten Fremdkapitals orientiert sich an der Risikoeinschätzung der Fremdkapitalgeber und den zur Verfügung gestellten Sicherheiten. Das Eigenkapital ist durch die Bereitschaft und/oder die finanzielle Kapazität der aktuellen und möglicher zukünftiger Gesellschafter begrenzt.
- **Interesse:** Der Fremdkapitalgeber möchte sein Kapital erhalten und zudem eine attraktive Verzinsung generieren. Der Eigenkapitalgeber ist aufgrund seiner Beteiligung am Unternehmen an dessen langfristiger Entwicklung interessiert.
- **Liquidierung des Unternehmens:** Der Fremdkapitalgeber hat ein Recht auf Rückzahlung seines Kapitals inklusive Verzinsung. Im Insolvenzfall erhält er unter Umständen nur einen Teil des Kapitals zurück. Der Eigenkapitalgeber hat nur dann einen anteiligen Anspruch auf Kapitalrückzahlung, wenn das Vermögen das Fremdkapital des Unternehmens übersteigt.

Die konstituierenden Merkmale der Kapitalgabe, also die Unterschiede zwischen Eigenkapital und Fremdkapital, sind entsprechend charakterisierend für die Finanzierungen mittels Eigenkapital, der sog. **Eigenfinanzierung**, sowie der Finanzierung mittels Fremdkapital, der sog. **Fremdfinanzierung**. Kurz gesagt bezieht sich also die Unterscheidung zwischen Eigen- und Fremdkapitalfinanzierung dementsprechend primär auf die unterschiedlichen Haftungs- und Eigentumsverhältnisse.

Die nachfolgende Abb. 9 grenzt die Finanzierungsformen voneinander ab.

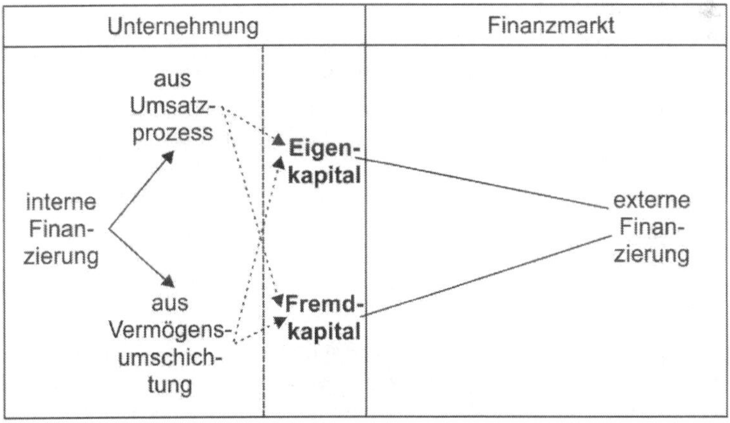

Abbildung 9: Eigen- versus Fremdfinanzierung
Quelle: Eigene Darstellung.

Wie aus Abb. 9 hervorgeht, erhält das Unternehmen bei der **Fremdfinanzierung** Kapital von den Gläubigern, meistens von **außen**. Neben der (externen) Kreditfinanzierung stellt auch die (interne) Finanzierung aus der Bildung von Rückstellungen eine Fremdfinanzierung dar.[8] Eigenfinanzierungen können dabei durch interne Finanzierungen (vgl. nachfolgendes Kapitel 1.1.2 als Innenfinanzierungen) im Unternehmen selbst Kapital freisetzen. Dazu können etwa der betriebliche Umsatzprozess oder aber Vermögensumschichtungen dienen.

An einem Beispiel betrachten wir zunächst das Wesen der Fremdfinanzierung, die (meist) eine Form der Außenfinanzierung (externe Finanzierung) darstellt.

Beispiel für eine Fremdfinanzierung:
Die AMI CAT Tiernahrungs-GmbH benötigt eine neue Produktionsmaschine mit einer Investitionssumme in Höhe von 25.000 €. Da AMI CAT nicht über das notwendige Kapital verfügt, muss es dieses über eine Form der Außenfinanzierung extern von einem dritten Kapitalgeber (z. B. einem Kreditinstitut) im Rahmen einer Kreditfinanzierung aufnehmen. Als Folge wird die Kredit-Bank Gläubiger von AMI CAT mit der ausstehenden Kreditforderung in Höhe von **25.000 €**.

Die Aufteilung des Kapitals in Eigen- und Fremdkapital bezeichnet man allgemein als **Kapitalstruktur**. In der Betriebswirtschaftslehre bedient man sich Kennzahlen als Maßzahlen, die zur Quantifizierung und transparenten Einschätzung der Situation des Unternehmens dienen. Da ein Unternehmen sicherstellen sollte, dass es die Zahlungsansprüche seiner Gläubiger jederzeit erfüllen kann, dienen Kennzahlen zur Kapitalstruktur dazu, Erkenntnisse über die Finanzierung des Unternehmens zu liefern. Es geht dabei primär um die Abschätzung des Finanzierungsrisikos, insb. des sog. Insolvenzrisikos.

Konkret dienen hierzu v. a. die drei prominenten Kapitalstrukturkennzahlen Eigenkapitalquote, Fremdkapitalquote und Verschuldungsgrad.

---

[8] Rückstellungen werden als Fremdkapital qualifiziert, da sie wegen ihrer späteren, allerdings ungewisser Zahlungsverpflichtung gebildet werden und damit eine Verbindlichkeit des Unternehmens darstellen. In der Verursacherperiode werden sie, um eine periodengerechte Erfolgsermittlung zu gewährleisten, gewinnmindernd und damit Eigenkapitalwirksam gebucht. Die dadurch geschmälerte Gewinnermittlung resultiert in einer Verminderung der Auszahlung dieser Periode. Vgl. Baetge, J./Kirsch, H. J./ Thiele, S. (Bilanzen 2017), S. 417 ff.

Die folgende Relation bestimmt dabei die **Eigenkapitalquote**:

$$Eigenkapitalquote = \frac{Eigenkapital}{Gesamtkapital}$$

Inhaltlich gilt sie als einer der Indikatoren für die Bonität des betrachteten Unternehmens. Eine **hohe Eigenkapitalquote** (im Umkehrschluss: eine geringe Fremdkapitalquote) bedeutet ein niedrigeres Risiko, dass das Unternehmen zahlungsunfähig werden könnte; verringert aber u. U. auch die Eigenkapitalrentabilität. Die unterschiedliche rechtliche Stellung des Kapitals und der Anteil am Gesamtkapital in den Unternehmen lassen Rückschlüsse auf die Solvenz und die Möglichkeit, weiteres Kapital generieren zu können, zu. Im Extremfall kann mit Hilfe der errechneten Kennzahl sogar eine Überschuldung des Unternehmens konstatiert werden. Gleichzeitig gilt in puncto Mitbestimmung und Unabhängigkeit des Unternehmens, je höher die Eigenkapitalquote ist, desto unabhängiger ist das Unternehmen von Gläubigern.

Die Fremdkapitalquote gibt Auskunft, wie hoch der Fremdkapitalanteil eines Unternehmens ist. Nachstehend die Formel zur Ermittlung:

$$Fremdkapitalquote = \frac{Fremdkapital}{Gesamtkapital}$$

Die Fremdkapitalquote misst dabei das Verhältnis von Fremdkapital zu Gesamtkapital und ermöglicht Aussagen über die *Verschuldung* eines Unternehmens. Im Gegensatz zur Eigenkapitalquote ist ein Unternehmen mit hoher Fremdkapitalquote tendenziell gefährdeter für mögliche Zahlungsunfähigkeit bzw. Überschuldung. Je höher die Fremdkapitalquote, desto riskanter ist die Finanzierung. Unternehmen mit einem hohen leistungswirtschaftlichen Risiko sollten einen niedrigen Verschuldungsgrad wählen, mit anderen Worten, die Eigenkapitalquote möglichst hochhalten.

Für ein Unternehmen bedeutet eine hohe Fremdkapitalquote zusammenfassend also v. a.:

- eine verminderte Kreditwürdigkeit
- höhere Fremdkapitalzinsen,
- ein gestiegenes Überschuldungsrisiko, da gleichzeitig das Eigenkapital gering ist, was im Falle der Fälle als Verlustpuffer dienen könnte;
- weniger Dispositionsfreiheiten und Unabhängigkeit, da das Unternehmen bei seiner Finanzierung in erheblichem Maß von Gläubigern abhängt.

Eine hohe Fremdkapitalquote hat jedoch einen positiven Einfluss auf die Eigenkapitalrentabilität. Dieser als Leverage-Effekt bezeichneter Wirkungszusammenhang wird in Kapitel 1.2.1.2 vorgestellt.

Allgemein beträgt die Summe von Eigenkapitalquote und Fremdkapitalquote immer 1 oder 100 %.

Die dritte relevante Kapitalstrukturkennzahl ist der **Verschuldungsgrad** (vgl. auch Kapitel 1.2.1.2).

$$Statischer\ Verschuldungsgrad = \frac{\text{Fremdkapital}}{\text{Eigenkapital}}$$

Der Verschuldungsgrad (der statische Verschuldungsgrad) ermöglicht als Quotient zwischen Fremd- und Eigenkapital die Beurteilung der Finanzierungsstruktur eines Unternehmens. Je höher diese Kennzahl, desto höher ist ceteris paribus auch das Kredit- und Ausfallrisiko aus Sicht der Kapitalgeber, aber auch desto höher die Abhängigkeit von Gläubigern.

Zahlenbeispiel: Ein Hilfsstofflieferant von AMI CAT verfügt über ein Gesamtkapital in Höhe von 1.270.000 €, wovon 720.000 € Eigenkapital und 550.000 € Fremdkapital betragen. Somit folgt die Fremdkapitalquote als:

$$Fremdkapitalquote = \frac{550.000\ €}{1.270.000\ €} \approx 0{,}433 \approx 43{,}3\ \%$$

Die korrespondierende Eigenkapitalquote ist dabei:

$$Eigenkapitalquote = \frac{720.000\ €}{1.270.000\ €} \approx 0{,}5669 \approx 56{,}7\ \%$$

Ebenfalls lässt sich anhand dieses Zahlenbeispiels der Verschuldungsgrad bestimmen.

$$Statischer\ Verschuldungsgrad = \frac{550.000\ €}{720.000\ €} \approx 0{,}7639 \approx 76{,}4\ \%$$

Die Fremdfinanzierung hat also für das Unternehmen positive wie auch negative Implikationen:

Zunächst zu den **Vorteilen** der Fremdfinanzierung. Aus Sicht der Unternehmensführung wird die Aufnahme von Fremdkapital häufig als vorteilhaft erachtet, weil das Unternehmen an Gläubiger grundsätzlich keine Mitsprache- oder Kontrollrechte übertragen muss. Somit haben die Kapitalgeber keinen direkten, unmittelbaren Einfluss auf die Unternehmensstrategie und -führung, so dass das Unternehmen seine Unabhängigkeit bewahrt.

Zudem kann das Unternehmen bei einem Kredit aufgrund der vereinbarten Kredithöhe und Laufzeit seine finanzielle Belastung sehr gut vorhersehen und kalkulieren. Zugleich, im Vergleich zu anderen Finanzierungsformen, befindet sich das finanzierte Investitionsobjekt unmittelbar im Besitz des Unternehmens. Nachteilig aus Unternehmenssicht ist jedoch, dass durch die Fremdkapitalaufnahme die Eigenkapitalquote sinkt, während der Verschuldungsgrad ansteigt. Das ist nachteilig, da v. a. der Eigenkapitalanteil für die Fremdkapitalkonditionen ausschlaggebend ist.

Die Vorzüge von Fremdkapital liegen dabei darin, dass Fremdkapitalzinsen aus Unternehmenssicht vom steuerlichen Unternehmensergebnis als Aufwendungen abzugsfähig sind. Dies senkt ceteris paribus die Steuerbemessungsgrundlage und das Unternehmen spart Steuern, indem der zu versteuernde Gewinn sinkt.[9] Bei dem sog. positiven Leverage-Effekt steigt die Eigenkapitalrentabilität des Unternehmens mit zunehmender Verschuldung unter gewissen Voraussetzungen (vgl. Kapitel 1.2.1.2).

Ein erheblicher **Nachteil** der Fremdfinanzierung besteht in der Liquiditätsbelastung des Unternehmens. Weil die Laufzeit von Krediten typischerweise begrenzt ist und die vereinbarten Kreditzahlungen zu festen Terminen erfolgen müssen, muss das Unternehmen sicherstellen, dass es während der Laufzeit sämtliche Zahlungen an seine Gläubiger durchführen kann. Dazu ist eine mitunter aufwendige Liquiditätsplanung erforderlich. Diese Problematik verschärft sich bei sehr hoher Verschuldung und kann sogar die finanzielle Stabilität des Unternehmens gefährden: Ist das Unternehmen wirtschaftlich angeschlagen, so steigt bei hohem Verschuldungsgrad und dadurch aufgrund der hohen Zins- und Tilgungsverpflichtungen das Insolvenzrisiko. Demgegenüber kann das Unternehmen mit Eigenkapital langfristiger planen.

Grundsätzlich gilt, dass das unternehmerische Risiko mit steigender Fremdkapitalquote zunimmt, da die Gefahr steigt, in Krisensituation die fälligen Zahlungen im Kontext der Fremdfinanzierung nicht mehr leisten zu können. Dieses Risiko steigt mit zunehmender Verschuldung.

---

[9] Vgl. Perridon, L./Steiner, M./Rathgeber, A. (Finanzwirtschaft der Unternehmung 2022), S. 601.

Ein weiteres Problemfeld, das mit hoher Fremdfinanzierung einhergeht, betrifft die Kreditwürdigkeit des Kapitalnehmers, die sich in der Fähigkeit, die ausstehenden Zahlungsverpflichtungen unter dem Kreditvertrag betragsgenau und fristkonform zu erfüllen, ausdrückt. Da bestehende Kreditverpflichtungen sich negativ auf die Bonität auswirken, wird diese also durch die bereits eingegangene Verschuldung mitbestimmt. Somit können die Kosten für zusätzliche Kredite sehr hoch sein bzw. die Neuvergabe an Krediten kann gänzlich unterbleiben.

Demgegenüber steht die **Eigenfinanzierung**. Zu der Eigenfinanzierung gehören die (externe) Einlagenfinanzierung sowie die (interne) stille und offene Selbstfinanzierung. In allen Fällen wird dem Unternehmen neues/zusätzliches Eigenkapital zugeführt; sei es wie bei der Einlagenfinanzierung von außen oder wie bei der Selbstfinanzierung von innen durch z. B. den Verzicht von Gewinnausschüttungen (offene Selbstfinanzierung) oder die Verhinderung von Gewinnentstehung und -verwendung (stille Selbstfinanzierung).

Zur Darstellung der Eigenfinanzierung ist zu erwähnen, dass
- das gewährte Kapital dem Unternehmen meist langfristig überlassen wird;
- das Unternehmen keine liquiditätsmäßige Belastung eingeht. Es gibt keine Rückzahlungsverpflichtung, wie dies etwa bei Fremdkapital der Fall ist;
- die Eigentümer für das Unternehmen haften und so sowohl am Gewinn als auch an seinem Verlust finanziell beteiligt werden. Erwirtschaftet ein Unternehmen Gewinne und schüttet diese aus, so profitieren die Anteilseigner von einer positiven Rendite. Macht ein Unternehmen hingegeben Verluste, sinkt i. d. R. auch der Wert der Anteile der Anteilseigener und es besteht eine Verlustgefahr;
- als Konsequenz der jeweiligen Rechtsform die Anteilseigner entweder voll, d. h. sogar mit ihrem Privatvermögen haften oder aber sie haften nur „beschränkt“ (z. B. GmbH oder AG).
- den Eigenkapitalgebern **Mitbestimmungs- und Kontrollrechte** am Unternehmen eingeräumt werden.

Diese Eigenschaften führen zu den nachfolgenden **Vorteilen der Eigenfinanzierung**: Durch die Finanzierung mittels Eigenfinanzierung, d. h. ohne Fremdkapitalgeber, erhöht sich die Eigenkapitalquote. Dies steigert die Substanz des Unternehmens, was sich positiv auf künftige Fremdkapitalaufnahmen auswirken wird. Gleichzeitig ermöglicht eine hohe Eigenkapitalquote eine vergleichsweise hohe Dispositionsfreiheit. So führt nicht jeder marginale Finanzierungsbedarf zur Abstimmung mit Gläubigern. Zudem reduziert sich die Gefahr der Zahlungsunfähigkeit. Das Unternehmen kann nach eigenem Ermessen in wirtschaftlich schlechten Zeiten die Ausschüttung von Gewinnen, etwa in Form von Dividenden, an die Anteilseigner unterlassen.

Anwendungsbeispiel:
Die AMI CAT GmbH finanziert einen Geschäftswagen durch Kapitaleinlagen der Eigentümer. Aufgrund der Eigenschaften des Eigenkapitals muss AMI CAT das Kapital nicht unbedingt schnellstmöglich und in regelmäßigen Raten (Zins und Tilgung) zurückzuzahlen. Hätte AMI CAT den Geschäftswagen hingegen über einen Bankkredit finanziert, so müsste es etwa monatlich die vereinbarten Kreditzahlungen leisten. Käme AMI CAT nun – warum auch immer – in wirtschaftliche Schwierigkeiten und hätte Probleme beim Kapitaldienst, so würde das bei einer Eigenfinanzierung nicht zu einem Zahlungsverzug führen. Bei einer Fremdfinanzierung über einen Kredit wäre dies jedoch vertraglich vereinbart.

Ein wesentlicher **Nachteil der Eigenfinanzierung** liegt in der fehlenden Abzugsfähigkeit der auszuschüttenden Gewinne. Das Unternehmen kann also nicht seinen Gewinn um die Zinslast mindern, um seine Steuerlast zu reduzieren.

Zahlenbeispiel: Ein Zulieferer der AMI CAT GmbH hat einen Umsatz von **1.800.000 €** erzielt. Im abgelaufenen Jahr war eine neue Produktionsmaschine fällig, die Anschaffungskosten von insgesamt **250.000 €** verursacht hat. Ein Zinssatz von 4 % p. a. für das Fremdkapital wird unterstellt.

Nachfolgend wird aufgezeigt, welche Auswirkungen die Finanzierung, Eigenfinanzierung oder Kapitalbeschaffung mittels eines Kredits auf den Gewinn von AMI CAT hat.

	Eigenfinanzierung	**Fremdfinanzierung**
Umsatz	1.800.000 €	1.800.000 €
Kosten	1.660.000 €	1.670.000 €
Gewinn (vor Steuern)	140.000 €	130.000 €

In der obigen Übersicht wird angenommen, dass die Zinsaufwendungen der Fremdfinanzierung 10.000 € betragen, wodurch die Kosten in diesem Falle um 10.000 € höher sind. Diese Aufwendungen in Höhe von 10.000 € können den Gewinn reduzieren. Die Verminderung des Gewinns vor Steuern um 10.000 €, der die Bemessungsgrundlage der Besteuerung darstellt, sinkt AMI CATs zu zahlende Steuerlast.

Des Weiteren sind Eigenkapitalbeschaffungskosten typischerweise höher als dies für Fremdkapital der Fall ist. Dies liegt darin begründet, dass Anteilseigner aufgrund des höheren Risikos ihrer Kapitalüberlassung i. d. R. eine höhere Rendite fordern.

Beispiel: Ein Investor möchte **10.000 €** anlegen. Seine Bank bietet ihm als Anlageform zum einen ein sicheres, festverzinsliches Wertpapier mit einer garantierten Verzinsung von 1,2 % an. Alternativ empfiehlt die Bank ihm den Kauf von Aktien eines Unternehmens, das in der Vergangenheit stets eine Dividendenrendite von 4 % erzielt hat. Hier manifestiert sich der Zielkonflikt zwischen Sicherheit und Rentabilität. Während die Aktie zweifelsohne rentabler zu sein scheint, birgt dieses Investment aber auch deutlich mehr Risiko. Im Worst Case erleidet der Investor einen Totalverlust, während bei der sicheren Wertpapieranlage dies nahezu ausgeschlossen ist.

Als Einteilung der Finanzierungsmöglichkeiten ist die Unterscheidung in Eigen- und Fremdfinanzierung sehr eingängig und sinnvoll. Diese Einteilung soll somit das zentrale Gliederungsprinzip des vorliegenden Lehrbuchs darstellen.

Eine Zwischenstellung zwischen Fremdkapital und Eigenkapital nimmt das sog. **Mezzanine-Kapital** bzw. die Mezzanine-Finanzierung (vgl. Kapitel 4.3) ein. Es stellt grundsätzlich ebenfalls eine Form der Außenfinanzierung dar, die gewisse typische Merkmale von Eigenkapital mit typischen Merkmalen von Fremdkapital miteinander verknüpft und vereint.[10]

Nachfolgend wird die Einteilung in Innen- und Außenfinanzierung erläutert.

---

[10] Vgl. Bieg, H./Kußmaul, H./ Waschbusch, G. (Finanzierung 2023), S. 281 ff.

1.1.2 Innen- und Außenfinanzierung

Eine weitere grundsätzliche und sehr gebräuchliche Systematisierung der Finanzierungsformen folgt der **Kapitalherkunft**. Während die Unterteilung in Eigenkapital und Fremdkapital auf die rechtliche Stellung des Kapitals abzielt, wird bei der Kapitalherkunft danach unterschieden, ob das Kapital aus dem Unternehmen selbst (Innenfinanzierung) oder von außerhalb der Unternehmenssphäre (Außenfinanzierung) stammt. Das elementare Unterscheidungsmerkmal in Innen- und Außenfinanzierung ist dabei, ob dem Unternehmen zusätzliche Mittel von außen zufließen oder nicht. Es wird also eine starke Trennung zwischen dem Unternehmen selbst und den Kapitalgebern notwendig.

Eine **Innenfinanzierung** kann sowohl als Eigenkapital als auch in Form einer Finanzierung aus Gewinnen (Selbstfinanzierung) oder auch als Fremdkapital durch Bildung von Rückstellungen erfolgen. Das Unternehmen selbst ist also Quelle der Kapitalbeschaffung. Eine Innenfinanzierung durch Kapitalfreisetzung kann sowohl rechtlich zum Eigen- als auch zum Fremdkapital zählen. Als Mischform gilt die sog. Mezzanine-Finanzierung, die in Kapitel 4.3 dargestellt werden wird.[11]

Bei der **Außenfinanzierung** werden finanzielle Mittel aus unternehmensexternen Quellen zugeführt. D. h. Kapital gelangt von außen in die Unternehmenssphäre, welches nicht aus den Umsätzen des Unternehmens stammt. Dies kann wie bereits dargestellt entweder in Form von Eigenkapital (Kapitaleinlagen; Eigenfinanzierung von außen) oder in Form von Fremdkapital (etwa durch Kreditfinanzierung von außen) erfolgen:

Eine Außenfinanzierung mittels Eigenkapital liegt vor, wenn aktuelle oder neue Gesellschafter dem Unternehmen eine Kapitaleinlage zur Verfügung stellen. Somit lässt sich die Außenfinanzierung mittels Eigenkapital, also die Eigenfinanzierung von außen nochmals in die sog. Einlagen- und die Beteiligungsfinanzierung unterscheiden. Differenzierungsgrundsatz ist die Rechtsform.[12]

---

[11] Vgl. Bösch, M. (Finanzwirtschaft 2022), S. 175 ff.

[12] Die Bereitstellung von Einlagen durch Einzelunternehmer oder Gesellschafter einer Personengesellschaft wird als Einlagenfinanzierung bezeichnet. Eine Beteiligungsfinanzierung liegt vor, wenn die Gesellschafter ihr Eigenkapital in das Unternehmen investieren, wobei die Beteiligungsanteile verbrieft sein können.

Im Rahmen dieser Finanzierungsform ermöglicht das Unternehmen, Kapitalgebern sich zu beteiligen. Die Außenstehenden, bspw. Aktionäre, erhalten entsprechend ihrer Kapitalgabe einen gewissen Anteil am Unternehmen. Erwirtschaftet das Unternehmen Gewinne, werden sie am Gewinn beteiligt und erhalten zudem meist Mitsprache- und Kontrollbefugnisse.

Demgegenüber stellt eine Außenfinanzierung in Form von Fremdkapital jegliche Kreditfinanzierung z. B. über Bankdarlehen oder Anleihen dar.

Über den Kredit erhält das Unternehmen auch Kapital in Form liquider Mittel. Es kann diese liquiden Mittel im Unternehmen verwenden und bspw. neu investieren. Als Gegenleistung muss es für die Bereitstellung des Fremdkapitals Zinsen zahlen. Der Vorteil gegenüber der Beteiligungsfinanzierung aus Unternehmenssicht ist dabei, dass die Gläubiger typischerweise keine Mitsprache- oder Kontrollbefugnisse eingeräumt bekommen.

Wie bei den meisten Alternativen gibt es auch bei der Wahl um die Herkunft des Kapitals Vor- und Nachteile zu beachten. Die nachfolgende Diskussion stellt die wesentlichen Argumente für und wider der Zuführung von externem Kapital im Sinne der Außenfinanzierung der unternehmensautarken Innenfinanzierung gegenüber.

Innenfinanzierung: Vor- und Nachteile

Wird das Kapital im Unternehmen, d. h. von innen, bereitgestellt, kann das Unternehmen weitgehend eigenständig und autonom entscheiden und handeln. Das Unternehmen wird in der Unternehmensführung nicht durch Kreditgeber oder Gesellschafter beeinflusst und kontrolliert. Außerdem fallen bei Innenfinanzierungen keine Gebühren oder Provisionen an. Der Aufwand dieser Finanzierungsformen ist sehr gering.

Außenfinanzierung: Vor- und Nachteile

Die Außenfinanzierung ermöglicht dem Unternehmen weiter zu wachsen und Investitionen zu realisieren. Demgegenüber führt eine Außenfinanzierung allgemein zu einer Abhängigkeit von den Kapitalgebern von außen.

Die nachfolgende Übersicht (Abb. 10) zeigt die **Außenfinanzierung** eingeteilt in Beteiligungs- und Kreditfinanzierung. Auf die jeweiligen Unterfälle wird nachfolgend detailliert eingegangen.

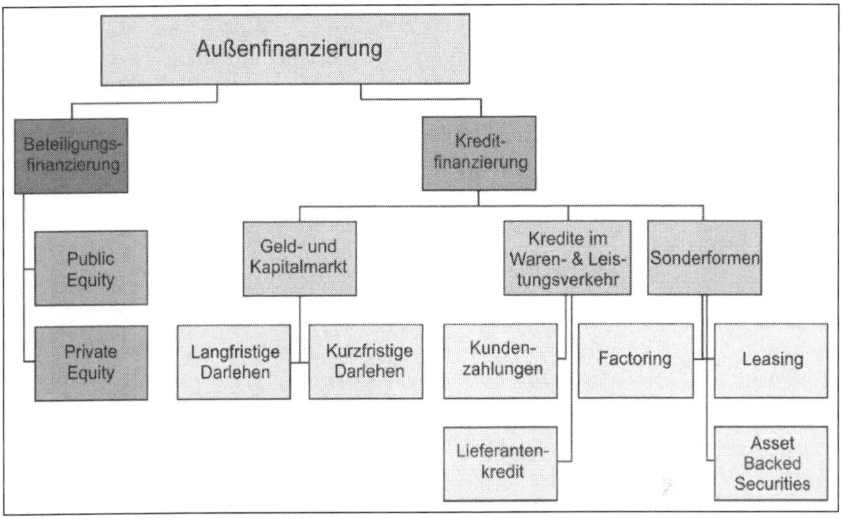

Abbildung 10: Formen der Außenfinanzierung
Quelle: Eigene Darstellung.

Die obige Systematisierung unterteilt die Ausprägungen der Außenfinanzierung zunächst in Arten der Eigenfinanzierung und in Arten der Fremdfinanzierung. Die Kreditfinanzierung ist dabei eine Fremdfinanzierung als Außenfinanzierung.

Nachdem nun die wesentlichen Merkmale und Einteilungen der Außenfinanzierung behandelt wurden, wird nun die **Innenfinanzierung** diskutiert. Es geht also um die Finanzierung aus eigener Kraft durch den Kapitalaufbau aus (inner-)betrieblichen Vorgängen. Die zufließenden bzw. freiwerdenden liquiden Mittel sind dabei auf unternehmenseigene Prozesse wie betriebseigene Umsatzprozesse oder Kapitalumschichtungsaktivitäten selbst zurückzuführen. Im Rahmen der Innenfinanzierung finanziert sich ein Unternehmen also „von innen" aus eigener Kraft. Dies kann mittels unternehmenseigener Aktiva oder aus Überschüssen des operativen Geschäfts erfolgen.

Dazu sind zwei Grundvoraussetzungen unabdingbar:

1) Der Zufluss an liquiden Mittel in einer Periode aus dem betriebseigenen Umsatzprozess oder aber aus der Umschichtung von Aktiva (Vermögensgegenständen) stellt die erste Bedingung dar.
2) Zweitens darf in der gleichen Periode entweder gar kein oder nur ein vergleichsweise niedriger zahlungswirksamer Aufwand diesem Zufluss entgegenstehen.

Die Beschaffung von Kapital mittels Innenfinanzierung kann dabei einerseits aus unternehmenseigenen Umsatzprozessen erfolgen, woraus eine Überschussfinanzierung ermöglicht wird, oder aber aus Kapitalfreisetzungsprozessen, die eine Umschichtungsfinanzierung bedeuten.

Die nachfolgende Übersicht (Abb. 11) zeigt die Formen der Innenfinanzierung eingeteilt in Überschuss- und Umschichtungsfinanzierung.

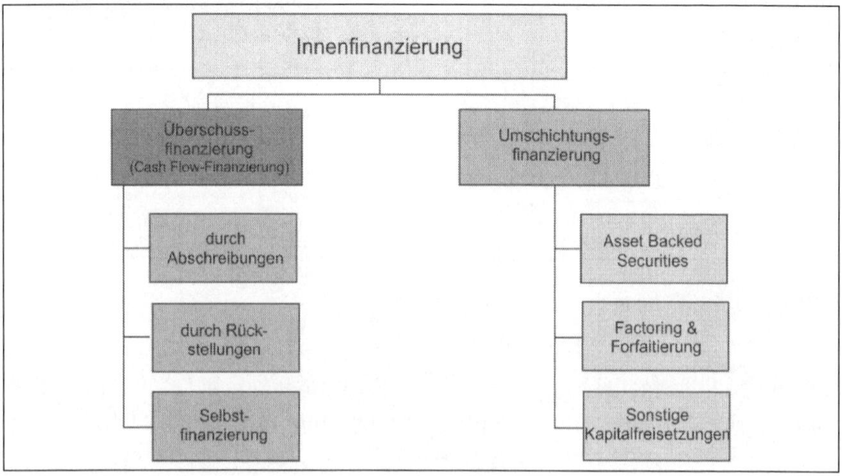

Abbildung 11: Formen der Innenfinanzierung
Quelle: Eigene Darstellung.

Grundsätzlich gilt, dass bei der **Überschussfinanzierung** als Teil der Innenfinanzierung die Ermittlung der Überschüsse einer Periode zentral ist. Diese werden aus den betriebsgewöhnlichen Erträgen der Umsatzprozesse der jeweiligen Periode bestimmt. Die Überschussfinanzierung ist nur dann möglich, wenn die Erträge zu tatsächlichen Einzahlungen, also einem Zahlungsstrom (Cash Flow), geführt haben. Der Überschuss besteht dann letztlich aus den liquiden Mitteln, die dem Unternehmen verbleiben, nachdem von den Erträgen die auszahlungswirksamen Aufwendungen und ggf. der ausgeschüttete Gewinn abgezogen wurde.

Da die Überschussfinanzierung nah an der Zahlungsstrombetrachtung liegt, wird sie zumeist auch als *Cash Flow-Finanzierung* bezeichnet.

Die Überschussfinanzierung ihrerseits lässt sich nochmals in die Finanzierung durch Abschreibungen, durch Rückstellungen und im Rahmen der Selbstfinanzierung unterteilen:

(Überschuss-)Finanzierung durch Abschreibung

Im Kontext der Überschussfinanzierung können Vermögensumschichtungen mit Hilfe von Abschreibungen durchgeführt werden. Kalkulatorische Abschreibungen können so die Substanz des Unternehmensvermögens sichern. Für vom Unternehmen benutzte und bereits abgenutzte Maschinen soll in der Kosten- und Leistungsrechnung durch kalkulatorische Abschreibungen Kapital für spätere Ersatzinvestitionen vorgehalten werden. Somit kann eine Investition aus den Kosten der Abschreibung finanziert werden, ohne dass von außen neues Kapital aufgenommen werden muss.

Abschreibungen verkörpern die Wertminderungen von abnutzbaren Anlagevermögensgegenständen in einer Periode. Sie erfassen also Wertminderungen, die sich aufgrund von Verschleiß, Abnutzung oder Veralterung von Vermögensgegenständen als periodenbezogener Aufwand in der GuV bzw. in der Kostenrechnung ergeben und verteilen also die Wertminderungen über die gesamte Nutzungsdauer der Vermögensgegenstände. Demnach stellen sie einen Aufwands- bzw. Kostenfaktor dar. Die Abschreibungen setzen das in den eigentlichen Vermögensgegenständen gebundene Kapital planmäßig bezogen auf die Nutzungsdauer frei und stellen somit dem Unternehmen darüber gewissermaßen liquide Mittel zur Verfügung.[13]

Die Innenfinanzierung durch Abschreibungen kann zwei Finanzierungseffekte ausnutzen (vgl. Abb. 12).

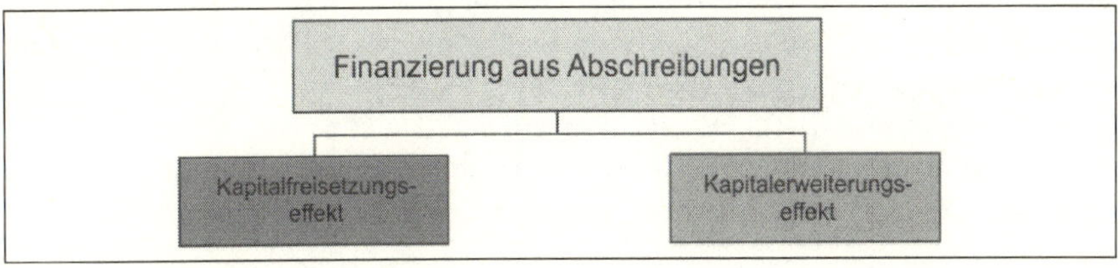

Abbildung 12: Finanzierungseffekte der Finanzierung durch Abschreibungen

Quelle: Eigene Darstellung.

Um den für die Innenfinanzierung notwendigen Finanzierungseffekt zu erhalten, ist es zwingend notwendig, dass Abschreibungen bei den Verkaufs-

[13] Vgl. Baetge, J./Kirsch, H. J./Thiele, S. (Bilanzen 2017), S. 258 ff.

preisen als Kostenkomponente mitberücksichtigt worden sind. Sofern nun der Verkaufspreis der Produkte mindestens die produkteigenen Selbstkosten übersteigt, können die Beträge der Abschreibungen, die in den Absatzpreisen enthalten sind, dem Unternehmen durch den Umsatzprozess zufließen (Einzahlungen in Form liquider Mittel).

Kapitalfreisetzungseffekt

Der sog. Kapitalfreisetzungseffekt im Rahmen der Finanzierung durch Abschreibungen basiert darauf, dass das in den Anlagen gebundene Kapital freigesetzt wird und dem Unternehmen in Form von liquiden Mitteln zur Verfügung steht.

Dazu sind müssen die nachfolgenden Voraussetzungen erfüllt sein:

- Die Gegenwerte der angesetzten Abschreibungen sind bereits durch den Umsatzprozess generiert worden und als Zahlungen geflossen,
- die eingenommenen Preise aus dem Warenabsatz sind hoch genug, um die gesamten kalkulatorischen Abschreibungen zu enthalten und
- die Abschreibungsgegenwerte sind mindestens so hoch wie der echte Wertverzehr des Unternehmens durch die Güterproduktion.

Falls das Unternehmen die wie folgt generierten freigesetzten Mittel (als Einzahlungen zugeflossene Abschreibung) nicht sofort wieder investieren muss, um etwa eine Ersatzbeschaffung zu tätigen, wird das vormals in den Anlagegegenständen gebundene Kapital freigesetzt. Das Unternehmen kann je nach Bedarf und wirtschaftlicher Lage nun die unternehmerische Entscheidung selbst treffen, in den Folgeperioden das Abschreibungsobjekt zu ersetzen, ohne dass es Kapital von außen benötigt. Es steht dem Unternehmen frei, die liquiden Mittel auch anderweitig zu verwenden. Es muss nicht zwangsläufig eine Ersatzinvestition getätigt werden.

Der **Kapitalfreisetzungseffekt** wird dabei durch die Nutzungsdauer und die gewählte Abschreibungsmethode des Vermögensgegenstandes beeinflusst.

Die Wahl des Abschreibungsverfahrens hängt zunächst am Abschreibungsverlauf. Grundsätzlich kann das Unternehmen entweder die Abschreibungen kontinuierlich auf das Jahr verteilen oder aber eine einmalige Jahresabschreibung am Jahresende durchführen. Der Kapitalfreisetzungseffekt der Finanzierung ist bei kontinuierlicher Abschreibung größer.

Auch die Abschreibungsmethode ist wesentlich für den Finanzierungseffekt. Die gängigsten Abschreibungsmethoden sind die lineare, die degressive und die degressiv-lineare Abschreibung. Im Vergleich zur linearen Abschreibung hat die degressive Abschreibung den größeren Kapitalfreisetzungseffekt. Insgesamt jedoch geht die stärkste Auswirkung auf die Generierung von liquiden Mitteln durch Abschreibung mit der Mischform, der degressiv-linearen Abschreibung einher.[14]

Kapazitätserweiterungseffekt

Der auch als Lohmann-Ruchti-Effekt bezeichnete Kapazitätserweiterungseffekt durch Abschreibungen kommt dadurch zum Tragen, dass dauerhaft freigesetzte, liquide Mittel für gleichartige Erweiterungsinvestitionen sogar schon vor Ende der Nutzungsdauer genutzt werden können. Das durch die Abschreibung freigesetztes Kapital kann also für Ersatz- und sogar auch für vorzeitige Erweiterungsinvestitionen genutzt werden. Dies gelingt, indem die Abschreibung in die Preiskalkulation eingeht und durch die kostendeckenden Absatzpreise im Rahmen des Umsatzprozesses dem Unternehmen Liquidität zufließt, dem kein Mittelabfluss gegenübersteht; die Abschreibung setzt schließlich das im Vermögensgegenstand gebundene Kapital frei und führt zu dem beschriebenen Finanzierungseffekt. Dieser Spielraum für Neuanschaffungen ermöglicht eine Kapazitätserweiterung. Letztgenannte macht also nicht bei der Reinvestition halt, sondern ermöglicht eine Ausweitung der Anlagen, sog. Periodenkapazität, sogar ohne die Zuführung von externem Kapital.[15] Bei unterjähriger Abschreibung dient die folgende Formel zur Ermittlung der Erweiterung der Kapazität mittels des Kapazitätsmultiplikators k:

$$k = \frac{2n}{(n+1)}$$

Dabei steht n für eine gleichbleibende Anlagennutzungsdauer

Die Wirkungsweise soll am nachfolgenden Beispiel dargestellt werden:
AMI CAT GmbH erwirbt 5 neue Maschinen zu Anschaffungskosten von je 4.000 €. Die Maschine hat jeweils eine Nutzungsdauer von 4 Jahren. Die

[14] Dieser Effekt tritt auf, da der Wechsel von degressiv auf linear in dem Abschreibungsjahr erfolgt, in dem der lineare Abschreibungsbetrag erstmals höher ist als der mit der degressiven Abschreibungsmethode bestimmte.

[15] Vgl. Zantow, R./Dinauer, J./Schäffler, C. (Finanzwirtschaft des Unternehmens 2016), S. 298.

Abschreibungsmethode ist linear, so dass sich eine jährliche lineare Abschreibungshöhe pro Maschine von 1.000 € ergibt.
Somit kann AMI CAT bereits nach Ablauf des ersten Jahres sofort die erste Erweiterungsanschaffung tätigen. Aus den 5.000 € Abschreibungsgegenwerten (5*1.000 €) bereits nach einem Jahr kann es sofort eine neue Maschine für 4.000 € anschaffen; es verbleiben sogar noch 1.000 € liquide Mittel, die es kumuliert in der nächsten Periode für eine weitere Anschaffung einer Maschine nutzen kann. Insgesamt stehen AMI CAT dann nach der zweiten Periode aus den Periodenabschreibungen der zweiten Periode und dem Liquiditätsüberschuss aus der ersten Periode 7.000 € liquide Mittel zur Verfügung. AMI CAT kauft demnach eine weitere Maschine nach der zweiten Periode. Am Ende der dritten Periode hat AMI CAT aus den Periodenabschreibungen dieser Periode plus der Liquiditätsüberschüssen der Vorperiode insgesamt 10.000 € zur Verfügung, so dass sogar die Anschaffung von 2 neuen Maschinen gelingt.
Auch in den Folgenjahren werden die Rückflüsse für den Erwerb neuer Maschinen bzw. von Ersatzinvestitionen genutzt. Der Kapazitätserweiterungsmultiplikator beläuft sich gemäß der obigen Formel auf

$$k = \frac{2 * 4}{(4+1)} = 1{,}6$$

D. h. die Kapazitätserweiterung kann durch den Lohman-Ruchti-Effekt um das 1,6fache gesteigert werden. Bei einem Ausgangsmaschinenpark bestehend aus 5 Maschinen kann die gesamte Erweiterung auf 8 Maschinen (1,6 * 5) durchgeführt werden.

(Überschuss-)Finanzierung durch Rückstellungen

Im Kontext der Überschussfinanzierung sind Rückstellungen (vgl. Abb. 13) eine weitere Möglichkeit der Innenfinanzierung, die grundsätzlich als Fremdfinanzierung gilt. Denn wie Kredite stehen auch Rückstellungen auf der Passivseite der Bilanz und werden dem Fremdkapital zugerechnet.

Unter einer Rückstellung versteht man eine Verbindlichkeit, bei deren Bildung sowohl die Höhe als auch der Zeitpunkt der Fälligkeit ungewiss sind. Im handelsrechtlichen Jahresabschluss dienen Rückstellungen einer periodengerechten Erfolgsrechnung; die Bildung von Rückstellungen wird der in der Zukunft zu leistenden Ausgabe der Periode zurechenbar gemacht, in der sie auch angefallen ist.

Nach § 249 HGB können Rückstellungen gebildet werden für:
- ungewisse Verbindlichkeiten (z. B. Pensionsrückstellungen),
- drohende Verluste aus schwebenden Geschäften,
- unterlassene Aufwendungen (etwa Instandhaltungsmaßnahmen), sofern diese innerhalb bestimmter Fristen während der Folgeperiode nachgeholt werden sowie
- andere Aufwandsrückstellungen, die detailliert beschrieben werden.

Wenn ein Unternehmen bspw. in eine rechtliche Streitigkeit involviert ist, so ist zum Zeitpunkt des Prozessauftaks der Prozessausgang noch ungewiss; die etwaigen Kosten sind noch völlig unklar. Als vorsichtiger Kaufmann bildet das Unternehmen bereits jetzt eine Rückstellung, da es davon ausgehen muss, dass im schlimmsten Fall Kosten anfallen werden. Bei Prozessende, wenn Klarheit über die Kostensituation herrscht, werden die gebildeten Rückstellungen aufgelöst. Hat das Unternehmen keine Kosten oder geringere Kosten als die Rückstellung zu tragen, kann das Kapital, das in den Rückstellungen gebunden war, vom Unternehmen anderweitig verwendet werden. Sind Kosten und Rückstellungen identisch, werden die Rückstellungen für die Zahlung der Kosten verwendet. Sofern die tatsächlichen Kosten die Rückstellungen übersteigen, müssen neben den Rückstellungen weitere Mittel aufgewendet werden.

Diese Form der Innenfinanzierung stellt gleichzeitig eine (innerbetriebliche) Fremdfinanzierung dar. Der Grund: Analog zu Darlehen oder Krediten werden Rückstellungen als Passiva bilanziert und dem Fremdkapital zugerechnet.

Der Finanzierungseffekt der Innenfinanzierung aus Rückstellungen ergibt sich durch die Fristigkeit der entsprechenden Rückstellung. Die finanziellen Mittel aus den Rückstellungen stehen nur für den Zeitraum zwischen Bildung und Auflösung zur Verfügung.

Dieser Finanzierungseffekt von Rückstellungen sei an einem Beispiel veranschaulicht.

Das Unternehmen AMI CAT GmbH habe einen liquiditätswirksamen Gewinn in Höhe von 100.000 € erwirtschaftet. Die unternehmenseigene Steuerquote betrage 25 %.

	ohne Rückstellungen		mit Rückstellungen	
	GuV	liquide Mittel	GuV	liquide Mittel
Gewinn vor Steuern und Rückstellungen	100.000	+100.000	100.000	+100.000
Rückstellungen			40.000	
Gewinn (vor Steuern)	100.000		60.000	
Steuern (25 %)	25.000	-25.000	15.000	-15.000
Gewinn (nach Steuern)	75.000	-75.000	45.000	-45.000
Finanzierungsvolumen		0		40.000

Ohne die Bildung von Rückstellungen fließen AMI CAT der Gesamtbetrag in Höhe von 100.000 € als Steuerzahlung (25.000 €) und der Gewinn ggf. als Ausschüttung (75.000 €) komplett ab und stehen dem Unternehmen damit nicht mehr zur Verfügung. Wird jedoch eine Rückstellung gebildet, verbleihen liquide Mittel in Höhe von 40.000 €. Dies ist der Finanzierungseffekt durch die Rückstellungen, der sich aus diesem Mittel der Innenfinanzierung ergeben hat. Der Gewinn und damit die mögliche Ausschüttung sind um 30.000 € niedriger (vor der Bildung der Rückstellung betrug der Gewinn 75.000 €, nach Bildung der Rückstellung lediglich 45.000 €) und einer um 10.000 € niedrigeren Steuerzahlung (vor Bildung der Rückstellung betrug die Steuerlast 25.000 €, nach Bildung der Rückstellung nur noch 15.0000 €).

Selbstfinanzierung (als Form der Überschussfinanzierung)

Im Kontext der Überschussfinanzierung als Form der Innenfinanzierung stellt die Selbstfinanzierung (vgl. Abb. 13) die letzte Variante dar. Die Selbstfinanzierung gilt als Eigenfinanzierung. Es werden die erwirtschafteten Gewinne im Unternehmen behalten, anstatt sie auszuschütten. So wird die Selbstfinanzierung auch gelegentlich als Finanzierung aus einbehaltenen Gewinnen bezeichnet. Deshalb nennt man diese Form der Innenfinanzierung gelegentlich auch Gewinnthesaurierung, da Kapital gebildet wird durch die Nicht-Ausschüttung realisierter Gewinne. Durch die Einbehaltung der Gewinne erhalten Unternehmen finanziellen Spielraum, den sie etwa zur Durchführung neuer Investitionen nutzen können. Als Arten der Selbstfinanzierung ist eine offene oder eine stille Selbstfinanzierung (vgl. Abb. 13) möglich.

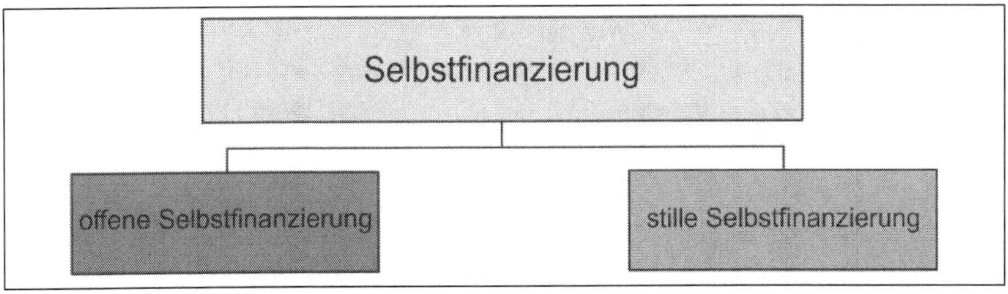

Abbildung 13: Arten der Selbstfinanzierung
Quelle: Eigene Darstellung.

Bei der sog. **offenen Selbstfinanzierung** findet zwar die buchhalterische Gewinnermittelung des realisierten Gewinns komplett statt, jedoch wird die Ausschüttung nicht vollständig durchgeführt.

Die **stille Selbstfinanzierung** ist nicht unmittelbar, d. h. nicht *offen* an der externen Rechnungslegung zu erkennen. Vielmehr ist ein detaillierter Einblick erforderlich. Der Finanzierungseffekt tritt bei der Bildung sog. stiller Reserven ein. Dazu werden im Wesentlichen Vermögensgegenstände zu niedrig bewertet, während Verbindlichkeiten im Gegenzug zu hoch angesetzt werden.[16]

Die Wirkungsweise soll erneut an einem Zahlenbeispiel verdeutlicht werden. Die AMI CAT Tiernahrungs-GmbH hat letztes Jahr 2.300.000 € als Gesamtumsatz erwirtschaftet. Im gleichen Geschäftsjahr sind folgende Aufwendungen angefallen:

- Personalkosten: 0,5 Mio. €
- Aufwendungen für Roh-, Hilfs- und Betriebsstoffe: 1.200.000 €
- Sonstige Aufwendungen: 250.000 €

Durch einfachen Abzug der Gesamtaufwendungen in Höhe von 1.950.000 € vom Gesamtumsatz verbleibt vor Steuern 350.000 € Gewinn, der nun als Ausschüttung an die Anteilseigner von AMI CAT verwendet werden könnte.

Allerdings hat die AMI CAT gleichzeitig einen dringenden Investitionsbedarf für eine Produktionsmaschine, die einem Investitionsvolumen von 50.000 € bedarf. Der nicht-ausgeschüttete Gewinn (Gewinnthesaurierung) könnte also auch als offene Selbstfinanzierung genutzt werden, um diese Investition durchzuführen und die Produktionsmaschine anzuschaffen. Das

---

16 Vgl. Zantow, R./Dinauer, J./Schäffler, C. (Finanzwirtschaft des Unternehmens 2016), S. 292.

heißt im konkreten Zahlenbeispiel, dass AMI CAT an seine Anteilseigner nun 300.000 € als Gewinn ausschütten und mit den verbleibenden thesaurierten 50.000 € die Produktionsmaschine anschaffen kann. Bilanziell ist nach den Vorschriften von § 266 Abs. 3 HGB die Gewinnrücklage in der Bilanz zu aktivieren.

In der betrieblichen Praxis kann diese Gewinnthesaurierung von den Unternehmensanteilseignern bzw. Geschäftsführern durch sog. Gewinnverwendungs- bzw. -ausschüttungsbeschlüsse beschlossen werden. Zudem ist die Form der offenen Selbstfinanzierung vom Gesetzgeber eingeräumt (siehe etwa § 268 Abs. 8 HGB oder § 150 AktG. Bei Kapitalgesellschaften kann der kumulierte Gewinn (offenen Selbstfinanzierung), ggf. auch der der letzten Jahre, aus dem Bilanzposten „Gewinnrücklagen" die Summe der offenen Selbstfinanzierung (kumulierter Gewinn) abgeleitet werden.

Die grundsätzliche Wirkungsweise der Gewinnthesaurierung soll an einem weiterführenden Beispiel vertieft werden.

Erneut wird die AMI CAT Tiernahrungs-GmbH herangezogen. Letztes Jahr wurde 1.800.000 € Umsatz erzielt, dem Gesamtaufwendungen von insgesamt 1.400.000 € gegenüberstehen. Der erwirtschaftete Gewinn aus der Summe von Umsatz und Gesamtaufwendungen in Höhe von 400.000 € könnte prinzipiell ausgeschüttet werden. Allerdings hat es bei AMI CAT einen Fehler in der Produktion gegeben, wodurch das Unternehmen befürchten muss, dass Kunden Gewährleistungsansprüche geltend machen könnten. Als vorsichtiger Kaufmann bildet AMI CAT dafür Rückstellungen in Höhe von 200.000 €. Als weitere Konsequenz und zur Behebung der Fehler in der Produktion entscheidet AMI CAT strategisch, seine Technik zu erneuern. Die neue Anlage wird das Unternehmen eine Investitionssumme in Höhe von 100.000 € kosten.

Zur Finanzierung und damit Ermöglichung der Investition thesauriert AMI CAT weitere 100.000 € ihres Gewinns. Somit ergibt sich die nachfolgende finanzielle Situation von AMI CAT im abgelaufenen Geschäftsjahr:

Art	**Betrag**
Umsatz	1.800.000 €
Aufwendungen	1.400.000 €
Vorsteuergewinn	400.000 €
Rückstellungen	200.000 €
Gewinnthesaurierung	100.000 €
neuer Vorsteuergewinn	100.000 €

Der Gewinn ist um **300.000 €** gesunken. Im Folgejahr hat es sich ergeben, dass die Gewährleistungsansprüche der Kunden auf nur **50.000 €** gesunken und damit deutlich niedriger als erwartet sind. Somit kann AMI CAT die Rückstellung in Höhe von 150.000 € erneut auflösen. Dies setzt erneut Finanzierungsmittel von insgesamt **150.000 €** frei, die dem Unternehmen für Investitionszwecke zur Verfügung stehen.

Am Beispiel konnten die beiden unterschiedlichen Formen der Innenfinanzierung, der Finanzierung aus Rückstellungen durch die ertragswirksame Rückstellungsauflösung von 150.000 € sowie die Thesaurierung der 100.000 € (Gewinn) veranschaulichen.

Was ist die Motivation für AMI CAT, eine offene Selbstfinanzierung in Form einer Gewinnthesaurierung vorzunehmen?

Hauptargument für diese Form der Innenfinanzierung ist die Tatsache, dass sie nicht belastend ist für die Liquidität des Unternehmens. Denn in den Folgejahren fallen nicht, wie etwa bei der Fremdfinanzierung, Zins- und Tilgungszahlungen für das Unternehmen an. Desweitern ist die Langfristigkeit des Kapitals vorteilhaft, da keine zeitliche Begrenzung wie etwa bei einer Fremdkapitalfinanzierung und der damit verbundenen vereinbarten Rückzahlung zum Ende der Laufzeit vorliegt. Außerdem entstehen AMI CAT keine Kapitalbeschaffungskosten (Kreditkosten, Gebühren).

Daneben bleibt dem Unternehmen auch seine Dispositionsfreiheit bzw. Unabhängigkeit im Unternehmen uneingeschränkt, da sich die Mitbestimmungsrechte im Unternehmen nicht ändern. Im Gegensatz dazu wäre dies etwa bei der Beschaffung von zusätzlichem Eigenkapital von außen eine mögliche Folge.

Allerdings gibt es bei der offenen Selbstfinanzierung auch einige Nachteile zu bedenken. Diese betreffen weniger das Unternehmen selbst, als vielmehr die Anteilseigner. Bei Gewinnthesaurierung verringert sich die Rendite der Anteilseigner auf ihr investiertes Kapital. Abschwächend zu erwähnen ist, dass das Unternehmen grundsätzlich das einbehaltene Kapital im Unternehmen produktiv verwendet kann, so dass davon ausgegangen werden kann, dass in den Folgejahren der Gewinn des Unternehmens steigen sollte, was wiederum positiv für das Unternehmen wie auch die Anteilseigner ist.

Zurückkommend auf die Einteilung der Innenfinanzierung in Überschuss- und Umschichtungsfinanzierung (vgl. Abb. 13) wird nun die **Umschich-**

tungfinanzierung besprochen. Wie der Name vermuten lässt, wird Kapital freigesetzt, ohne dass zusätzliches Kapital geschaffen wird. Stattdessen werden Finanzmittel generiert, indem bisher im Unternehmen gebundenes Kapital umgeschichtet wird. Diese Umwandlung kann durch eine Reduktion der Kapitalbindung, dem Verkauf von Vermögensgegenständen, aber auch durch Abschreibungen erfolgen. Dabei sind die Möglichkeiten und damit die Maßnahmen einer derartigen Kapitalfreisetzung, sowohl im Anlagevermögen wie auch im Umlaufvermögen, die im Ergebnis für das Unternehmen in geschaffene finanzielle Mittel mündet, vielfältig und hängen stark von der Art des jeweiligen Unternehmens ab.

Zu den gebräuchlichsten Maßnahmen zur **Verringerung der Kapitalbindung** im Unternehmensvermögen zählen:

- Abbau des Forderungsbestandes, indem die den Kunden gewährten Zahlungsziele verkürzt werden. Dazu kann ein rigideres Mahnwesen oder aber der Forderungsverkauf (Factoring) eingesetzt werden,
- Abbau der Vorratshaltung durch Bestandsoptimierung oder durch „just-in-time"-Bezug,
- Leasing statt Kauf von Vermögensgegenständen des Anlagevermögens.

Anschließend soll die Umschichtungsfinanzierung mit ihren Möglichkeiten anhand von klassischen Beispielen veranschaulicht werden.

Beispiel: Kapitalfreisetzung durch Verringerung der Kundenforderungen des Unternehmens (Umlaufvermögen)

Unsere bekannte AMI CAT Tiernahrungs-GmbH erzielt jährliche Umsatzerlöse von 12 Mio. €. Dabei beträgt die durchschnittliche Zeit, bis die Kunden ihre Forderungen aus den von AMI CAT gestellten Rechnungen begleichen, insgesamt 60 Tage. In der Bilanzposition „Forderungen aus L+L" sind folglich insgesamt 2 Mio. € gebunden (60/360 * 12 Mio. €). Damit beträgt die sog. Kapitalbindung im konkreten Fall für AMI CAT also 2 Mio. €.

Nachstehend finden Sie die verkürzte Bilanz **vor** der Kapitalfreisetzung:

Aktiva			Passiva
Anlagevermögen	3.000.000	**Eigenkapital**	2.000.000
Umlaufvermögen		**Fremdkapital**	
Vorräte	1.000.000	Pensionsrückstellungen	2.000.000
Forderungen aus L+L[17]	2.000.000	Verbindlichkeiten aus L+L[18]	1.000.000
Kasse, Bank	1.000.000	Bankdarlehen (> 1 Jahr)	2.000.000
	7.000.000		**7.000.000**

Nun kommen der Finanzierungseffekt durch Umschichtungsfinanzierung und der damit erzielbaren Kapitalfreisetzung zur Anwendung.

Gelingt es AMI CAT, die momentan von den Kunden übliche durchschnittliche Zahlungsfrist von 60 Tagen für ausstehende Rechnungen durch Maßnahmen zu halbieren, zeigt sich bereits ein deutlicher Effekt: Der Forderungsbestand sinkt auf 1.000.000 €.

In der Konsequenz wurden 1 Mio. € Kapital durch die Maßnahme freigesetzt, die dem Unternehmen zum Schuldendienst oder aber zu Investitionszwecken zur Verfügung stehen. Im vorliegenden Beispiel wird AMI CAT die Kapitalfreisetzung zur Rückzahlung eines Bankdarlehens verwenden.

Nachstehend finden Sie die verkürzte Bilanz **nach** der Kapitalfreisetzung:

Aktiva			Passiva
Anlagevermögen	3.000.000	**Eigenkapital**	2.000.000
Umlaufvermögen		**Fremdkapital**	
Vorräte	1.000.000	Pensionsrückstellungen	2.000.000
Forderungen aus L+L	1.000.000	Verbindlichk. aus L+L	1.000.000
Kasse, Bank	1.000.000	Bankdarlehen (> 1 Jahr)	1.000.000
	6.000.000		**6.000.000**

---

[17] Forderungen aus Lieferung und Leistung.

[18] Verbindlichkeiten aus Lieferung und Leistung.

Eine weitere Möglichkeit in diesem Zusammenhang, Kapital freizusetzen im Rahmen einer Umschichtungsfinanzierung, besteht durch die Veräußerung von Vermögen (Desinvestition von nicht betriebsnotwendigen Immobilien oder von Wertpapieren). Diese Möglichkeit wird in diesem Lehrbuch jedoch nur der Vollständigkeit halber erwähnt und nicht weiter vertieft, da es sich um keine eigentliche Finanzierung, sondern eher um eine geschäftspolitische Entscheidung handelt.

Im Rahmen einer Sale-and-lease-back-Transaktion kann das Unternehmen Teile des Anlagevermögens (z. B. Maschinen) verkaufen, wodurch finanzielle Mittel eingenommen werden können. Anschließend werden die Teile des Anlagevermögens vom Unternehmen wieder „zurück" geleast.

Besonders hervorzuheben ist, dass bei dieser Finanzierungsform das Unternehmen eine sehr hohe Eigenständigkeit hat, die notwendigen Maßnahmen selbst, d. h. aus eigener Kraft, umsetzen zu können. Gleichermaßen behält es sich somit seine Unabhängigkeit und ist etwa nicht auf externe Kapitalgeber angewiesen. Wirtschaftlich vorteilhaft ist weiterhin, dass diese Form der Finanzierung niedrigere direkte Finanzierungskosten nach sich zieht. Die anfallenden Kosten beziehen sich vielmehr auf die unternehmensinterne Organisation, wie etwa die Optimierung von Lagerhaltung und Beständen oder aber das Mahnwesen.

1.1.3 Fristigkeiten der Finanzierungsausprägungen

Bei der Fristigkeit (verstanden als die Dauer der Kapitalüberlassung) wird zunächst zwischen der **unbefristeten** Zurverfügungstellung (i. d. R. beim Eigenkapital) und der **befristeten** Überlassung, wie sie für die Finanzierung mit Fremdkapital üblich ist, unterschieden. Die befristeten Finanzierungen können in die drei Zeithorizonte „kurzfristig", „mittelfristig" und „langfristig" eingeteilt werden (vgl. Abb. 14).

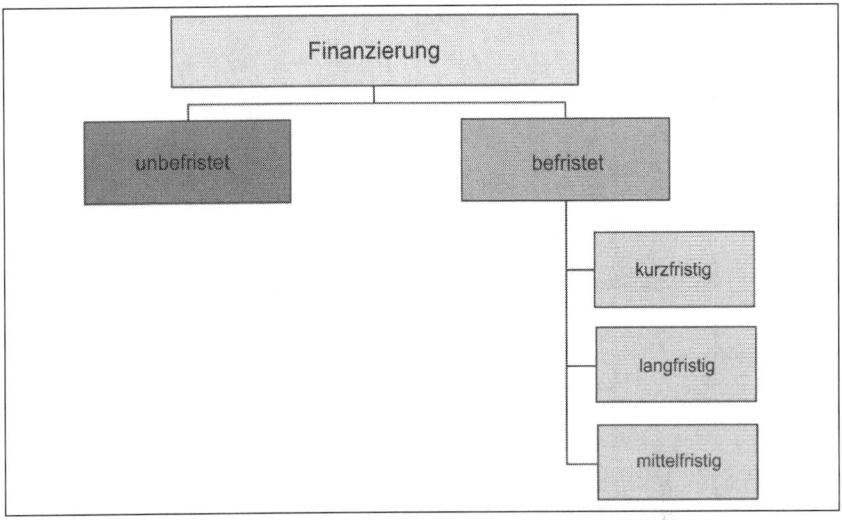

Abbildung 14: Finanzierungen nach Dauer der Kapitalbereitstellung
Quelle: Eigene Darstellung.

Auch bei Finanzierungsformen spielt der Faktor **Zeit** eine wesentliche Rolle für sämtliche finanzwirtschaftliche Überlegungen. In Abhängigkeit davon, wie lange die Finanzierung zur Verfügung steht, unterscheidet man zwischen

- unbefristeter Finanzierung (z. B. mittels Eigenkapital) sowie
- befristeter Finanzierung:
- kurzfristig: bis zu 1 Jahr
- mittelfristig: zwischen 1 und 5 Jahren sowie
- langfristig: mehr als 5 Jahre[19]

Bei einer unbefristeten Finanzierung steht das Kapital dem Unternehmen ohne zeitliche Begrenzung zur Verfügung, z. B. in Form einer Beteiligungsfinanzierung. Demgegenüber wird das Kapital bei einer befristen Finanzierung zeitlich begrenzt überlassen. Hierbei deckt „kurzfristig" eine Laufzeit unter einem Jahr ab und kann bspw. ein Lieferantenkredit sein. „Mittelfristig" umfasst Laufzeiten zwischen einem und fünf Jahren und kann typischerweise durch Bankdarlehen oder Anleihen abgebildet werden. Auch die befristete langfristige Finanzierung kann durch Bankkredite oder entsprechend

[19] Die Einteilung nach der Dauer der Kapitalbereitstellung kann dabei entweder nach der ursprünglichen, initialen Überlassungszeit oder nach der verbleibenden Restlaufzeit erfolgen. Für das finanzwirtschaftliche Kriterium der Liquidität ist typischerweise ausschließlich die Restlaufzeit relevant.

langlaufende Anleihen geleistet werden. Von langfristigen Finanzierungen wird ab einer Laufzeit von fünf Jahren gesprochen (vgl. Abb. 15).[20]

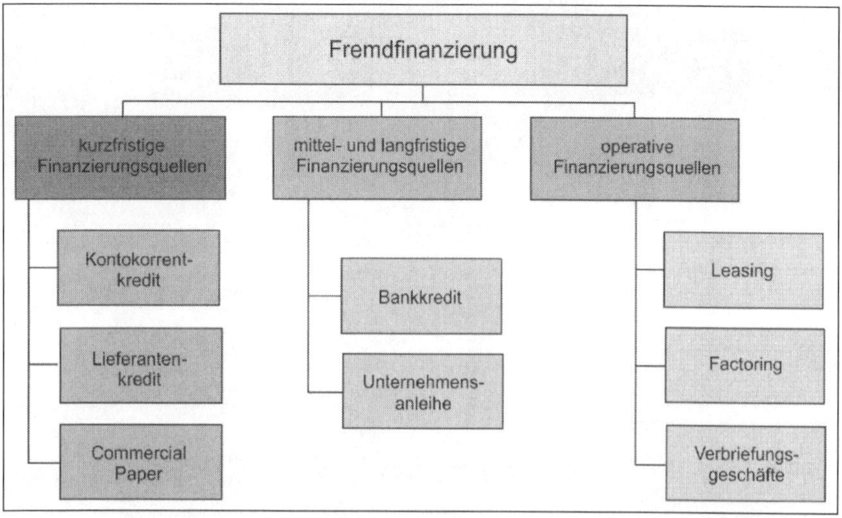

Abbildung 15: Fristigkeiten der Finanzierungsausprägungen
Quelle: Eigene Darstellung.

Da die Anlässe, zu denen Unternehmen im Marktgeschehen Kapital benötigen, sehr unterschiedlich sind, haben die Banken und Kreditinstitute eine Vielzahl an unterschiedlichen Kreditarten geschaffen. Die Fristigkeit führt zu einer Unterscheidung in kurz-, mittel- und langfristige Finanzierungen. Daneben werden zudem sog. operative Finanzierungsquellen unterschieden, die im weiteren Verlauf diskutiert werden.

Kurz- und mittelfristig wird überwiegend das Umlaufvermögen finanziert, während Anlagegüter meist durch langfristige Kredite finanziert werden.

Die in der Unternehmenspraxis gebräuchlichsten Formen **kurzfristiger Kredite** sind der Kontokorrentkredit (Überziehung eines Kontos bei einem Kreditinstitut) sowie der Lieferantenkredit.

Der **Kontokorrentkredit** ist der gebräuchlichste und weitverbreitetste kurzfristige Bankkredit. Im Rahmen des Kontokorrentkredits kann der Kreditnehmer sein Kontokorrent-(Giro-)Konto bis zu einem definierten, vereinbar-

[20] Vgl. Perridon, L./Steiner, M./Rathgeber, A. (Finanzwirtschaft der Unternehmung 2022), S. 433.

ten Höchstbetrag im Soll führen. Der Gläubiger räumt dem Unternehmen also einen Kreditrahmen ein, den es abhängig vom eigenen Bedarf in flexibler Höhe nutzen kann. Kommt es zu einem Zahlungseingang auf dem Kontokorrent-(Konto), so reduziert sich der Kontokorrentkredit, während jede Auszahlung vom Konto diesen erhöht. Der Kreditnehmer, also das Unternehmen zahlt taggenau Kreditzinsen nur für die effektiv genutzte Finanzierungsmöglichkeit. Auch wenn der Kontokorrentkredit zu den kurzfristigen Finanzierungsformen zählt, wird er vom Kreditinstitut typischerweise auf unbestimmte Zeit gewährt. Er ist jedoch durch das Kreditinstitut jederzeit kündbar. Aus Sicht des Unternehmens sehr vorteilhaft ist die sehr hohe Flexibilität. Das Unternehmen kann über Inanspruchnahme und Verwendung des Kredits innerhalb des eingeräumten Kreditrahmens frei entscheiden. Die Kreditkosten sowie die Höhe des Kreditrahmens hängen von der Geschäftsbeziehung und der Kreditwürdigkeit des Kreditnehmers ab. Auch ist zu erwähnen, dass im Vergleich zu anderen Finanzierungsformen, die Zinsen für den Kontokorrentkredit vergleichsweise hoch sind. Eine detaillierte Darstellung des Kontokorrentkredits leistet Kapitel 4.2.3.1.2.

Im Gegensatz zum Kontokorrentkredit erhält der Kreditnehmer beim Lieferantenkredit nicht unmittelbar liquide Mittel. Vielmehr wird ein Zahlungsziel eingeräumt, wodurch sich die von ihm geforderte Zahlung an den Lieferanten zeitlich verschiebt. Die Wirkungsweise eines Lieferantenkredits wird im Kapitel 4.2.3.1.1 ausführlich dargestellt.

In Europa und v. a. in Deutschland ist nach wie vor der Bankkredit als **mittel- bis langfristige** Fremdfinanzierung unangefochten die häufigste und wichtigste Form der Finanzierung für Unternehmen. Typischerweise dienen langfristige Bankkredite als Investitionskredite zur Finanzierung des Anlagevermögens (Grundstücke, Gebäude, Maschinen, Anlagen usw.) und haben zumeist eine Laufzeit von mindestens 5 bis zu 30 Jahren. Die Kreditgeber von langfristigen Krediten beharren i. d. R. auf dingliche Sicherheiten in Form von Grundpfandrechten an Grundstücken oder Gebäuden (Realkredite).

Demgegenüber werden mittelfristige Kredite zur Finanzierung der kurzlebigeren Güter des Anlagevermögens verwendet, wie bspw. für die Erweiterung des Fuhrparks. Kurzfristige Kredite dienen meist zur Finanzierung des Umlaufvermögens (z. B. Kauf von Waren oder Rohstoffen).

Die Rückzahlungsbedingungen von Bankdarlehen lassen sich in sog. Annuitätendarlehen, Tilgungsdarlehen oder endfällige Darlehen unterteilen, die in Kapitel 4 ausführlich vorgestellt werden.

Des Weiteren gehören ebenfalls sog. **operative Finanzierungformen**, worunter etwa Leasing, Factoring und Verbriefungsgeschäfte fallen, zur Fremdfinanzierung. Bei diesen sind die Kapitalbeschaffung und damit die Finanztransaktion nicht isoliert, sondern direkt mit dem operativen Geschäft des Unternehmens sowie mit dem für das operative Geschäft notwendigen Betriebsvermögen verbunden.

Leasing hat dabei für Unternehmen eine sehr hohe Bedeutung. Leasing beschreibt die Finanzierung von Vermögensgegenständen, die ein Leasinggeber dem Unternehmen zur betrieblichen Nutzung überträgt. Häufige Leasinggegenstände sind Fahrzeuge, Maschinen oder Betriebs- und Geschäftsausstattung. Dabei bleibt der Leasinggeber rechtlicher Eigentümer der Leasinggegenstände. Im Gegenzug zahlt der Leasingnehmer dafür regelmäßige Leasingraten. Aus Unternehmenssicht sind jedoch die Gesamtkosten des Leasings über die ganze Laufzeit zu beachten. Ein Leasingvertrag kann teurer als ein Bankkredit sein, mit dem dann die Gegenstände gekauft werden könnten. Allerdings kann Leasing aufgrund der Abzugsfähigkeit steuerlich interessant sein.

Beim **Factoring** verkauft ein Unternehmen (fortlaufend) gewisse Forderungen an einen sog. Factor ab. Diese zumeist kurzfristigen Forderungen werden von einer Bank oder Spezialgesellschaft, dem Factor, über die gesamte Vertragslaufzeit abgekauft. Ab dann übernimmt der Factor nicht nur das Mahn- und Rechnungswesen für den erworbenen Forderungsbestand, sondern beim sog. „echten Factoring" auch das Ausfallrisiko. Beim „unechten Factoring" haftet das verkaufende Unternehmen weiterhin.

Nachdem die unterschiedlichen, nach Fristigkeit eingeteilten Finanzierungsinstrumente jeweils kurz dargestellt wurden, wird nun das in der Finanzwirtschaft grundlegende Prinzip der Fristigkeit bzw. Fristenkongruenz vorgestellt.

Gemäß dem Postulat der **Fristenkongruenz** sollte eine Entsprechung der zeitlichen Struktur und der zeitlichen Bindung des aufgenommenen Kapitals (Kapitalherkunft) und der finanzierten Vermögensgegenstände (Kapitalverwendung) erzielt werden.[21] Kurz gesagt sollten langlebige Vermögensgegen-

---

[21] Vgl. Becker, H.P./Peppmeier, A. (Investition und Finanzierung 2018), S. 14

stände auch langfristig finanziert sein und vice versa. Nur so können Finanzierungs- und Kapitalbindungsdauer in Einklang gebracht werden. Die Fristigkeit des Kapitals sollte also der Fristigkeit des angelegten Vermögens entsprechen, um eine sog. fristenkongruente Finanzierung sicherzustellen.

Nachdem die grundsätzlichen Systematisierungen der Finanzierung durchgeführt wurde, werden nun die finanzwirtschaftlichen Zielsetzungen vorgestellt und diskutiert werden.

Die sog. „Goldene Finanzierungsregel" (im Bankensektor auch „Goldene Bankregel" genannt) fordert:

Langfristig gebundenes Vermögen sollte mittels langfristigem Kapital finanziert sein.

Es ergeben sich folgende relative Kennzahlen:

$$\frac{\text{Langfristiges Vermögen}}{\text{Langfristiges Kapital}} \leq 1$$

$$\frac{\text{Kurzfristiges Vermögen}}{\text{Kurzfristiges Kapital}} \geq 1$$

1.2 Zielsetzungen der Unternehmensfinanzierung

Traditionell werden die Ziele Rentabilität, Liquidität und Sicherheit, ergänzt um das Ziel der Unabhängigkeit, als die grundlegenden und damit primären Ziele der Finanzwirtschaft bezeichnet, die ein Unternehmen bei seinen Entscheidungen berücksichtigen und abwägen sollte (vgl. Abb. 16). Im Rahmen einer wertorientierten Unternehmensführung kommen zu den primären finanzwirtschaftlichen Zielen, die v. a. die Steigerung des Shareholder Values gemessen insbes. an dem Ausmaß der (kurzfristigen) Steigerung des Eigenkapitals anstreben, weitere Ziele hinzu. Diese längerfristig orientierten Zielsetzungen stehen im Kontext einer Wertorientierung und betreffen die Unternehmenssteuerung (Value Based Management), die Leistungsmessung, die Kapitalmarktdarstellung aber auch Aspekte der Corporate Governance und schließen dabei insb. ethische, soziale und nachhaltigkeitsbezogene Gesichtspunkte ein.

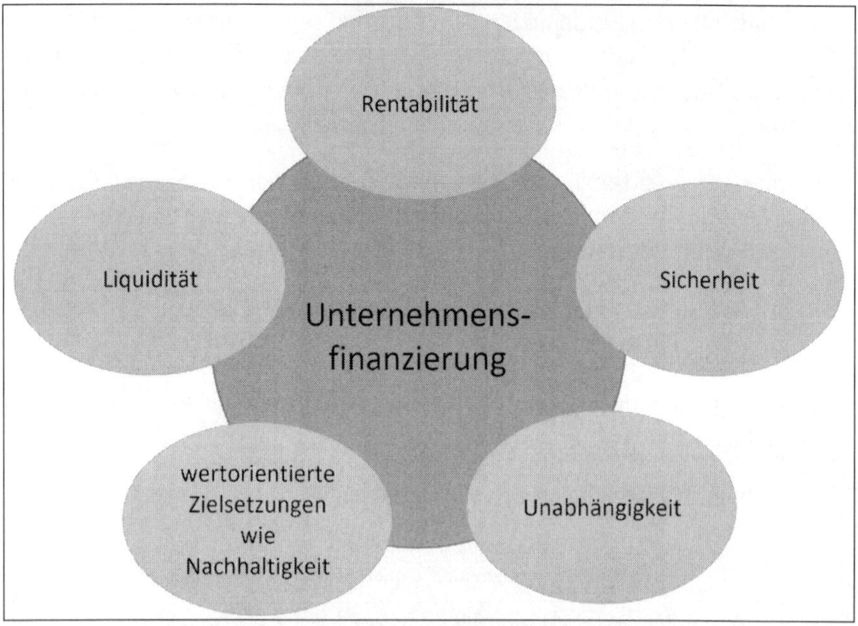

Abbildung 16: Zielsetzungen der Unternehmensfinanzierung
Quelle: Eigene Darstellung.

Die Ziele stehen zumindest partiell in einem Widerspruch zueinander und es können Zielkonflikte bestehen, d. h. die Ziele sind konfligierend: Z. B. ist zumeist eine hohe Rendite/Rentabilität gegenläufig zum Ziel der Liquidität oder der Sicherheit. Zum besseren Verständnis werden nachfolgend die jeweiligen Ziele vorgestellt und diskutiert.

1.2.1 Rentabilität

Der Rentabilität kommt bei den rein finanzwirtschaftlichen Zielen eine besondere Bedeutung zu, da hierüber häufig der Erfolg des Unternehmens bemessen wird. Denn das Primärziel erwerbswirtschaftlich geführter Unternehmen ist die Erzielung einer höchstmöglichen Rentabilität. Grundsätzlich kann das Gewinnziel absolut oder relativ definiert werden.[22]

[22] Vgl. Hutzschenreuter, T. (Allgemeine Betriebswirtschaftslehre 2022), S. 49 ff.

Exkurs: Absolute Gewinndefinitionen

Jahresüberschuss: Saldo sämtlicher Erträge und Aufwendungen.
Betriebsgewinn: Gewinn zur Erfüllung des Unternehmenszwecks; wird ermittelt als Jahresüberschuss minus neutralem Ergebnis (Finanzergebnis und außerordentliches Ergebnis).
Kapitalgewinn: Gewinn vor Zinsen.

Eine relative Definition verwendet meist eine Ergebnisgröße im Verhältnis zum eingesetzten Kapital als Bezugsgröße.

Als **Ergebnisgrößen** eignen sich dabei:
- Gewinn: Jahresüberschuss aus der Gewinn- und Verlustrechnung (GuV), Earnings before interest and taxes (EBIT), Earnings before interest and taxes, depreciation and amortisation (EBITDA), Betriebsergebnis aus der Kosten- und Leistungsrechnung
- Cash Flow: Einzahlungsüberschuss von zahlungswirksamen Erträge gegen zahlungswirksame Aufwendungen
- Zinsen: Entgelt für Eigenkapital oder für Fremdkapital

Als **Bezugsgrößen** fungieren üblicherweise:[23]
- Eigenkapital,
- Fremdkapital,
- Gesamtkapital,
- eingesetztes Kapital (Projektkapital) sowie
- Umsatz: Absatzerlöse des Unternehmens aus seiner typischen Geschäftstätigkeit.

Für die langfristige Existenz des Unternehmens ist die Rentabilität von entscheidender Bedeutung, da eine nicht existente oder mangelhafte Rentabilität das Unternehmen vom Markt verschwinden lässt. Die i. d. R. in Prozent angegebene Rentabilität des gesamten Unternehmens wie auch einer einzelnen Investition lässt sich mittels Kennzahlen ermitteln. Die Kennzahlen zeigen die „Verzinsung“ des Kapitals (Kapitalrentabilität) oder den Gewinn im Verhältnis zum Umsatz (Umsatzrentabilität). Diese Rentabilitätskennziffern dienen der besseren Einschätzung der Rentabilität und werden im nachfolgenden Unterkapitel vorgestellt.

---

[23] Bei Kapital werden typischerweise Jahresdurchschnittswerte verwendet.

1.2.1.1 Rentabilitätskennziffern

Gewinn (definiert als Jahresüberschuss, EBIT, Betriebsergebnis oder Gewinn) oder Cash Flow werden zur Messung der Rentabilität zumeist in Relation zum eingesetzten Gesamtkapital, zum verwendeten Eigenkapital oder dem Umsatz gesetzt (vgl. Kapitel 1.2.1). Die ermittelten Kennzahlen können zum Vergleich mit anderen Unternehmen, mit den vergangenen Werten des Unternehmens oder aber mit der eigenen Planung herangezogen werden. Hierüber ist eine Aussage zum Unternehmenserfolg möglich. Der Eigenkapitalrentabilität ist insb. für die Beurteilung von Investitionsprojekten entscheidend. Sie zeigt auf, wie sich das vom Investor zur Verfügung gestellte Eigenkapital verzinst. Demgegenüber wird bei der Betrachtung der Gesamtkapitalrentabilität auch das Fremdkapital mitberücksichtigt.[24] Die Umsatzrentabilität sagt aus, wie hoch die Gewinnmarge ist, oder vereinfacht ausgedrückt: Wie viele Cent Gewinn erwirtschaftet das Unternehmen mit jedem Euro Umsatz?

$$Eigenkapitalrentabilität\ (\%) = \frac{Gewinn * 100}{durchschnittliches\ Eigenkapital}$$

Die **Eigenkapitalrentabilität** drückt die sich i. d. R. von Jahr zu Jahr verändernde relative „Verzinsung“ des eingesetzten Kapitals, konkret des Eigenkapitals, aus.

Hat ein Unternehmen etwa eine Eigenkapitalrentabilität von 8 %, so sagt dies z. B. aus, dass pro 1.000.000 € Eigenkapital jeweils 80.000 € Gewinn erwirtschaftet werden.

Bei der Interpretation ist anzumerken, dass die Eigenkapitalrendite dabei nicht zwangsläufig der Rendite des Eigenkapitalgebers ist, da diese vielmehr von individuellen Faktoren, wie der Ausschüttungsquote des Unternehmens abhängt.

Beispiel:
Unser Unternehmen AMI CAT GmbH, das vollständig eigenfinanziert ist, hat als einzigen Aktivposten eine Immobilie. Diese ist mit 1 Mio. € bilanziert und wird von AMI CAT vollständig fremdvermietet.

24 Vgl. Zantow, R./Dinauer, J./Schäffler, C. (Finanzwirtschaft des Unternehmens 2016), S. 524 f.

Zum 1. Januar 2022 sieht die Bilanz von AMI CAT wie folgt aus:

Aktiva			Passiva
Anlagevermögen	1.000.000	**Eigenkapital**	1.000.000
	1.000.000		**1.000.000**

AMI CAT erwirtschaftet aus der Vermietung der betreffenden Immobilie jährlich einen Gewinn in Höhe von 80.000 €. Diese 80.000 € resultieren aus dem Saldo von Mieterträgen (100.000 €) und der Abschreibung (20.000 €). Im Beispiel werden etwaige weitere Kosten oder Steuern nicht berücksichtigt.

Demnach sieht eine verkürzte GuV des Unternehmens wie folgt aus:

Verkürzte GuV	
Mieterlöse	100.000
- Abschreibungen	- 20.000
= Gewinn (Jahresüberschuss)	**80.000**

Zu Jahresbeginn ergibt sich:

$$Eigenkapitalrentabilität\ (\%) = \frac{Gewinn * 100}{durchschnittliches\ Eigenkapital}$$

$$= \frac{80.000\ € * 100}{1.000.000\ €} = 8\ \%$$

Unter der Annahme, die von AMI CAT eingenommenen Mieterlöse von 100.000 € sind als Sichtguthaben verbucht, dann mindern die 20.000 € Abschreibungen die Buchwerte. Der Buchwert des Anlagevermögens beträgt dann nur noch 980.000 €, während das Eigenkapital auf 1.080.000 € angestiegen ist.

Die sich ergebende Bilanz zum 31. Dezember 2022 von AMI CAT ist dann:

Aktiva			Passiva
Anlagevermögen	980.000	**Eigenkapital**	1.080.000
Bankguthaben	100.000		
	1.080.000		**1.080.000**

Konkret ergibt sich daraus:

$$Eigenkapitalrentabilität\ (\%) = \frac{Gewinn * 100}{durchschnittliches\ Eigenkapital}$$

$$\frac{80.000\ € * 100}{1.080.000\ €} = 7{,}4\ \%$$

Das **durchschnittliche Eigenkapital** lässt sich wie folgt berechnen:

$$durchschnittliches\ Eigenkapital = \frac{Anfangsbestand\ EK + Schlussbestand\ EK}{2}$$

Daneben gibt die **Gesamtkapitalrentabilität** bzw. Gesamtkapitalrendite an, wie das gesamte in einem Unternehmen eingesetzte Kapital „verzinst" ist. Zur Ermittlung der Gesamtkapitalrentabilität werden sowohl das Eigenkapital als auch das Fremdkapital berücksichtigt. Zur Berechnung bedient man sich der nachfolgenden Formel:

$$Gesamtkapitalrentabilität\ (\%) = \frac{(Gewinn + Zinsen) * 100}{durchschnittliches\ Gesamtkapital}$$

Dabei entspricht der Gewinn dem Jahresüberschuss (nach Steuern). Die Fremdkapitalzinsen, die bei der Ermittlung des Gewinns vormals abgezogen wurden, müssen nun addiert werden. Nur so wird gleichermaßen die Vergütung der Gläubiger wie auch der Anteilseigner (über den Gewinn) berücksichtigt. Bei der Berechnung der Gesamtkapitalrentabilität werden Gewinn + Zinsen ins Verhältnis zum Gesamtkapital gesetzt, da die Fremdkapitalzinsen Aufwendungen darstellen, die zuvor den Gewinn geschmälert haben; d. h. ohne sie wäre der Gewinn höher.

Beispiel:
Wir führen das obige Beispiel von AMI CAT GmbH weiter. Noch immer besteht das Anlagevermögen lediglich aus der vermieteten Immobilie, die einen Wert von 1 Mio. € hat. Der Jahresgewinn beträgt erneut 80.000 € (Mieterträge abzüglich der Abschreibung).

$$Gesamtkapitalrentabilität\ (\%) = \frac{(Gewinn + Zinsen) * 100}{durchschnittliches\ Gesamtkapital}$$

$$\frac{(80.000\ € + 0) * 100}{1.000.000\ €} = 8\ \%$$

Nehmen wir weiterhin an, dass das Gesamtkapital nun zur Hälfte aus Fremdkapital (Bankdarlehen über 0,5 Mio. € mit jährlichen Zinsen von 5 %):

Aktiva			Passiva
Anlagevermögen	1.000.000	**Eigenkapital**	500.000
		Fremdkapital	500.000
	1.000.000		**1.000.000**

Durch die veränderte Kapitalstruktur und die mit dem Darlehen verbundene Zinszahlung (25.000 € Zinszahlung: 5 % auf 500.000 € Darlehenssumme) sinkt der der Gewinn auf 55.000 €.

Demnach sieht eine verkürzte GuV des Unternehmens wie folgt aus:

Verkürzte GuV	
Mieterlöse	100.000
- Abschreibungen	- 20.000
- Zinsaufwand	- 25.000
= Gewinn (Jahresüberschuss)	**55.000**

Dann errechnet sich die Gesamtkapitalrendite wie folgt:

$$Gesamtkapitalrentabilität\ (\%) = \frac{(Gewinn + Zinsen) * 100}{durchschnittliches\ Gesamtkapital}$$

$$\frac{(55.000\ € + 25.000\ €) * 100}{1.000.000\ €} = 8\ \%$$

Bei der Interpretation des Ergebnisses ist zu bedenken, dass die Gesamtkapitalrentabilität alle Kapitalgeber betrachtet. Dazu muss im Zähler der Formel der Zinsaufwand dazu gerechnet werden. Im Falle der Eigenkapitalrentabilität wird nur betrachtet, was die Eigenkapitalgeber auf ihr eingebrachtes Eigenkapital an Gewinn erhalten. Da aber hier das gesamte Kapital einfließen muss, besteht der Zähler aus allen Vergütungen, die die Kapitalgeber erhalten; 55.000 € Gewinn der Anteilseigner plus 25.000 € Fremdkapitalzinsen. Im Nenner wird sachlogisch durch das Gesamtkapital geteilt.

Nimmt ein Unternehmen Fremdkapital auf, verändert sich die Eigenkapitalrentabilität (vgl. Leverage-Effekt), während dies aber die Gesamtkapitalrentabilität nicht ändert. Es wurde ja lediglich die Kapitalstruktur, nicht aber die Effizienz, etwa des operativen Geschäfts, verändert. Damit kann die Gesamtkapitalrentabilität als Vergleichs- und Effizienzmaßstab für Unternehmen herangezogen werden.

Allerdings sei ergänzend erwähnt, dass eine Fremdfinanzierung die Steuerlast eines Unternehmens in der Praxis entscheidend beeinflusst. Dies liegt an der steuerlichen Abzugsfähigkeit der Fremdkapitalzinsen, wodurch sich Gewinn und Gesamtkapitalrentabilität ändern.

Eine weitere Kennziffer, die Gesamtkapital- und Eigenkapitalrentabilität zusammenführt, ist der **Return on Investment** (ROI). Diese Kennzahl misst den Ertrag/Gewinn in Relation zur eingesetzten Investitionssumme. Der ROI unterscheidet sich von der Gesamtkapitalrentabilität, indem er neben der Kapitalrendite des Unternehmens auch die Renditen einzelner Investitionen berücksichtigt.

Der ROI wird häufig als Umsatzrendite × Kapitalumschlag ermittelt, während Gewinn/Umsatz als Umsatzrendite und Kapitalumschlag als Umsatz/(eingesetztes) Kapital ausgedrückt wird. Dies ist gleichbedeutend (bei Kürzung durch Umsatz) mit dem ROI, verstanden als Gewinn/(eingesetztes) Kapital. Die sich ergebende Berechnungsformel ist dann:

$$Return\ on\ Investment\ (\%) = \frac{Gewinn}{Eigenkapital + Fremdkapital}$$

Beispiel:
Im Rahmen eines Projektes investiert AMI CAT GmbH 1.000.000 € in eine Maschine; die jährlichen Einnahmen (Umsätze) aus erzeugten Produkten betragen 120.000 €. Da keine Kosten anfallen, beläuft sich der Gewinn auf 120.000 €. Somit ergibt sich ein ROI von 12 % (120.000 € / 1.000.000 €).

Hier wird Ertrag/Gewinn nicht wie im Rechnungswesen verstanden, da hier keine Abschreibungen berücksichtigt werden. Vielmehr gilt die reine Betrachtung der Cash Flows: 120.000 € fließen ins Unternehmen rein, 1.000.000 € werden investiert.

Zur Ermittlung des ROI (Umsatzrendite × Kapitalumschlag) benötigt man ja auch die Umsatzrendite. Diese ist definiert als Gewinn/Umsatz und der Kapitalumschlag als Umsatz/(eingesetztes) Kapital; wenn man den Umsatz kürzt, ist der ROI: Gewinn/(eingesetztes) Kapital.

Eine weitere prominente Rentabilitätskennziffer stellt die **Umsatzrentabilität**, auch Umsatzrendite genannt, dar. Sie berechnet sich i. d. R. dadurch, dass der Gewinn (Jahresüberschuss nach Steuern) eines Unternehmens geteilt wird durch den Umsatz. Anhand dieser Kennzahl lässt sich Effizienz beurteilen. So wird das Jahresergebnis, d. h. die den Umsatz übersteigenden Aufwendungen, in Relation zum Umsatz bzw. den Umsatzerlösen gesetzt.

$$Umsatzrentabilität\ (\%) = \frac{Jahresergebnis * 100}{Umsatzerlöse}$$

> Als Jahresergebnis werden dabei neben dem Gewinn (d. h. dem Jahresüberschuss nach Steuern laut GuV (**Nettoumsatzrendite**)) zum Teil auch andere Gewinngrößen wie z. B.
> – der Jahresüberschuss vor Steuern (EBT) (Bruttoumsatzrendite),
> – das Betriebsergebnis (EBIT) oder
> – das EBITDA verwendet.

Dies ermöglicht und erleichtert die Vergleichbarkeit zu Unternehmen, auch wenn sie sich in puncto Finanzierungsstruktur oder Besteuerungen unterscheiden. Des Weiteren werden als Umsatzerlöse häufig die in der GuV verwendeten Umsatzwerte genutzt, d. h. der zu Verkaufspreisen bewertete Absatz des Unternehmens. Anzumerken ist, dass die Umsatzrentabilität sehr stark branchenabhängig ist. Traditionell haben bspw. Lebensmitteleinzelhändler eine deutlich geringere Umsatzrentabilität als produzierende Unternehmen.

Beispiel:
Um die Umsatzrentabilität exemplarisch zu berechnen, benötigt man eine GuV. Die nachfolgende GuV ist nach dem Gesamtkostenverfahren (§ 275 Abs. 2 HGB) erstellt:

GuV (nach dem Gesamtkostenverfahren)			
	1.	**Umsatzerlöse**	10.000.000
+/-	2.	Erhöhung oder Verminderung des Bestandes an fertigen u. unfertigen Erzeugnissen	+ 2.000.000
+	3.	andere aktivierte Eigenleistungen	+ 1.000.000
+	4.	sonstige betriebliche Erträge	+ 200.000
	5.	Materialaufwand	
-		a) Aufwendungen für Roh-, Hilfs-, und Betriebsstoffe und für bezogene Waren	3.000.000
-		b) Aufwendungen für bezogene Leistungen	200.000
	6.	Personalaufwand	
-		a) Löhne und Gehälter	4.000.000
-		b) soziale Abgaben und Aufwendungen für Altersversorgung und für Unterstützung	1.000.000
	7.	Abschreibungen	
-		a) auf immaterielle Vermögegensgegenstände des Anlagevermögens & Sachanlagen	1.000.000
-		a) auf Vermögegensgegenstände des Umlaufvermögens, soweit sie die in der Kapitalgesellschaft üblichen Abschreibungen überschreiten	0
-	8.	Sonstige betriebliche Aufwendungen	2.000.000
=		**Betriebsergebnis (EBIT)**	**2.000.000**
+	9.	Erträge aus Beteiligungen	100.000
+	10.	Erträge aus anderen Wertpapieren und Ausleihungen des Finanzanlagevermögens	150.000
+	11.	sonstige Zinsen und ähnliche Erträge	100.000
-	12.	Abschreibungen auf Finanzanlagen und auf Wertpapiere des Umlaufvermögens	50.000
-	13.	Zinsen und ähnliche Aufwendungen	800.000
=	**14.**	**Ergebnis der gewöhnlichen Geschäftstätigkeit**	**1.500.000**
+	15.	Außerordentliche Erträge	200.000
-	16.	Außerordentliche Aufwendungen	100.000
=	17.	Außerordentliches Ergebnis	100.000
-	18.	Steuern vom Einkommen und Ertrag	400.000
-	19.	Sonstige Steuern	0
=	**20.**	**Jahresüberschuss**	**1.200.000**

Das Unternehmen erzielt somit einen Umsatz in Höhe von 10.000.000 €, der Jahresüberschuss nach Steuern beträgt 1.200.000 €.

Entsprechend berechnet sich die Umsatzrentabilität wie folgt:

$$Umsatzrentabilität\ (\%) = \frac{Jahresergebnis * 100}{Umsatzerlöse} = \frac{1.200.00\ € * 100}{10.000.000\ €} = 12\ \%$$

Fasst man nun die wesentlichen oben dargestellten Rentabilitätskennziffern zusammen ergibt sich folgende Tabelle:

Rentabilitätskennziffer	*Zähler*	*Nenner*
Eigenkapitalrentabilität	Gewinn	Eigenkapital
Gesamtrentabilität	Gewinn + Zinsen	Gesamtkapital
ROI	Gewinn	Gesamtkapital
Umsatzrentabilität	Gewinn	Umsatz

1.2.1.2 Steigerung der Eigenkapitalrentabilität durch den Leverage-Effekt

Stellt sich ein Unternehmen die Frage nach einer geeigneten im Ideal einer optimalen Kapitalstruktur, ist zunächst der Rückgriff auf den bereits vorgestellten Verschuldungsgrad (vgl. Kapitel 1.1.1) wichtig.

Diese wesentliche Bilanzstrukturkennzahl wird in der Literatur häufig auch als Verschuldungskoeffizient, Kapitalanspannungsgrad oder Debt-Equity-Ratio bezeichnet und dient wie bereits beschrieben der Beurteilung der Kreditwürdigkeit eines Unternehmens. Üblich ist die Unterteilung in den sog. statischen und dynamischen Verschuldungsgrad.

$$Statischer\ Verschuldungsgrad = \frac{\text{Fremdkapital}}{\text{Eigenkapital}}$$

Der bereits vorgestellte **statische Verschuldungsgrad** stellt dabei die Relation von Fremdkapital zu Eigenkapital dar. Grundsätzlich gilt, dass mit steigendem Verschuldungsgrad das Risiko der Überschuldung zunimmt. Dies hindert potenzielle Kreditgeber ab einem gewissen Verschuldungsgrad von der Vergabe weiterer Kredite, bzw. sie werden über höhere Zinsen eine Risikoprämie vom Unternehmen verlangen.

Im Gegensatz dazu gibt der **dynamische Verschuldungsgrad** die Anzahl der Jahre an, die es braucht bis die Verschuldung effektiv abgebaut ist. Während in der Praxis hierfür eine Größenordnung von 3,5 als angemessen gilt, wäre ein branchenspezifischer Vergleich sinnvoller.

$$Dynamischer\ Verschuldungsgrad = \frac{\text{Effektivverschuldung}}{\text{CashFlow}}$$

mit Effektiverschuldung = Gesamtverbindlichkeiten minus montäres Umlaufvermögen

Als **optimaler** Verschuldungsgrad wird das Verhältnis von Fremd- zu Eigenkapital bezeichnet, das die geringsten durchschnittlichen Kapitalkosten aufweist, verstanden. Ignoriert man dabei Steueraspekte und geht von den Annahmen

- vollkommene Informationen,
- vollkommene Kapitalmärkte,
- keine Transaktionskosten,
- rationales Handeln der Marktteilnehmer und
- der Möglichkeit der Einteilung aller Unternehmen ihrem relativen Geschäftsrisiko entsprechend in Ertrags- bzw. Risikoklassen

aus, so gilt die These von **Modigliani und Miller**. Nach diesem Irrelevanztheorem der Kapitalstruktur kommen Modigliani/Miller zu dem Ergebnis (vgl. Abb. 17), dass es keinen optimalen Verschuldungsgrad gibt. Nach ihrem Theorem sind die durchschnittlichen Kapitalkosten wie auch der Marktwert der Unternehmung unabhängig von der Kapitalstruktur.

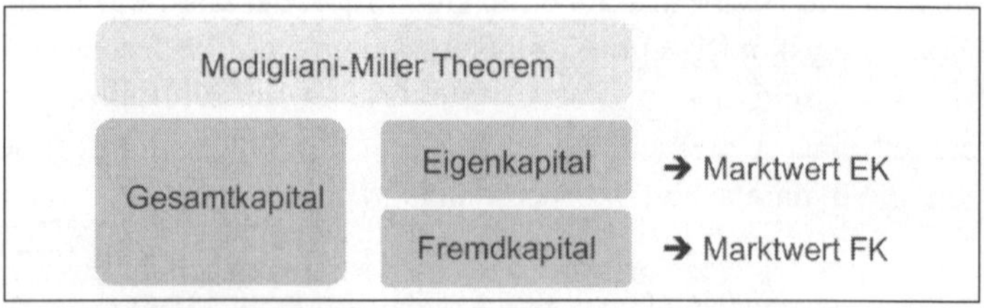

Abbildung 17: Modigliani-Miller Theorem

Quelle: Eigene Darstellung.

Für finanzwirtschaftliche Entscheidungen zentral ist insb. die Beziehung zwischen Verschuldungsgrad und Eigenkapitalrendite. Diesen Zusammenhang nennt man **Leverage-Effekt** oder Financial Leverage-Effekt.[25] Er drückt die sich aufgrund der steigenden Verschuldung verändernde Eigen-

[25] Vgl. Perridon, L./Steiner, M./Rathgeber, A. (Finanzwirtschaft der Unternehmung 2022), S. 575 ff.

kapitalrentabilität aus. Die Eigenkapitalrentabilität erhöht sich dabei, wenn der Eigenkapitalanteil zu Gunsten von Fremdkapital sinkt. Der Leverage-Effekt beschreibt somit den Zusammenhang zwischen Verschuldungsgrad und Eigenkapitalrentabilität.[26]

> Leverage-Effekt:
> Die Eigenkapitalrentabilität steigt mit zunehmenden Verschuldungsgrad, solange die Gesamtkapitalrentabilität über dem Fremdkapitalzinssatz liegt.
>
> $$r_{EK} = \mathrm{r_{GK}} + \frac{\mathrm{FK}}{\mathrm{EK}} (\mathrm{r_{GK}} - \mathrm{r_{FK}})$$
>
> rEK = Eigenkapitalrentabilität, rGK = Gesamtkapitalrentabilität, FK = Fremdkapital, EK = Eigenkapital, rFK = Fremdkapitalzinssatz

Dieser positive Effekt, der eine Steigerung der Eigenkapitalrentabilität bei Zunahme des Verschuldungsgrad ermöglicht, ist solange umsetzbar, solange die Gesamtkapitalrentabilität über dem Fremdkapitalzinssatz liegt. Er wird in der nachfolgenden Abbildung (Abb. 18) schematisch dargestellt.

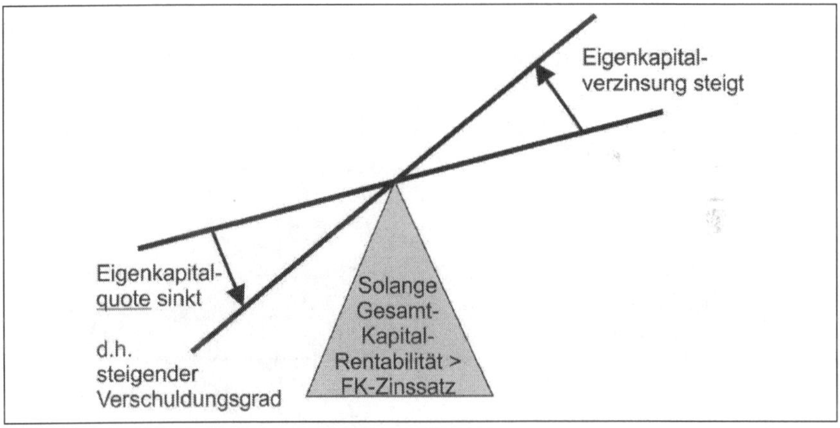

Abbildung 18: Schematische Darstellung des Leverage-Effekts

Quelle: Eigene Darstellung.

[26] Vgl. Bösch, M. (Finanzwirtschaft 2022), S. 399 ff.

Herleitung des Zusammenhangs:
Kann eine Investition sowohl mit Eigen- als auch mit Fremdkapital finanziert werden und stehen die Fremdkapitalzinsen fest, dann ergibt sich die Gesamtrendite wie folgt.

$$\text{Gesamtrendite} = \textit{Rendite des Eigenkapitals} + \textit{Kosten des Fremdkapitals}$$

$$\mathrm{r_{GK}} * GK = r_{EK} * EK + r_{FK} * FK$$

$$r_{EK} = \frac{\mathrm{r_{GK}} * \mathrm{GK} - \mathrm{r_{FK}} * \mathrm{FK}}{\mathrm{EK}}$$

$$\mathrm{r_{EK}} = r_{GK} + \frac{FK}{EK} * (r_{GK} - r_{FK})$$

Fallunterscheidung mit konstantem r_{GK} und r_{FK}:

$$Fall\ 1: r_{GK} > r_{FK} \quad V \uparrow \rightarrow r_{EK} \uparrow \quad \rightarrow positiver\ Leverage\ Effekt$$

$$Fall\ 2: r_{GK} < r_{FK} \quad V \uparrow \rightarrow r_{EK} \downarrow \quad \rightarrow negativer\ Leverage\ Effekt$$

$$Fall\ 3: r_{GK} = r_{FK} \quad V :\uparrow \rightarrow r_{EK} = r_{GK}$$

Die nachfolgende Abb. 19 zeigt den Zusammenhang in Form des positiven Leverage-Effekts zwischen Eigenkapitalrentabilität und Verschuldungsgrad (Fall 1) grafisch.

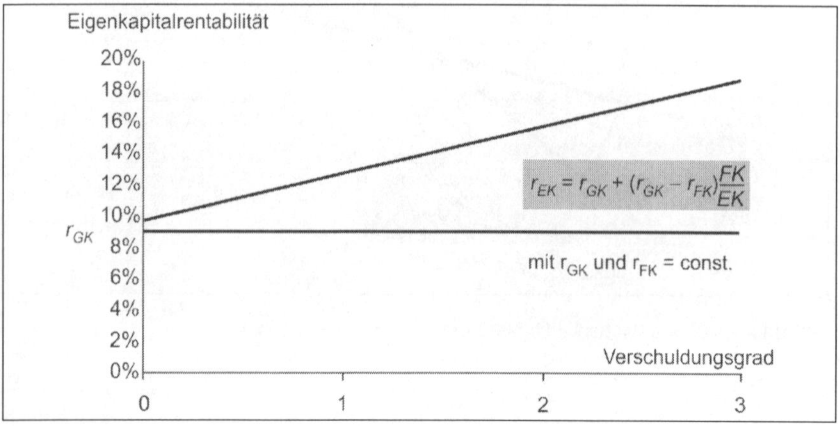

Abbildung 19: Grafische Darstellung des positiven Leverage-Effekts

Quelle: Eigene Darstellung.

Jedoch hat dieser Effekt auch seine Grenzen, da mit einer zu hohen Verschuldung und damit mit einem sehr niedrigen Eigenkapitalanteil ein hohes Risiko der Gesamtfinanzierung einhergeht. In der Praxis nimmt also der positive Leverage-Effekt nicht unbegrenzt zu, denn die Gläubiger verlangen mit steigender Verschuldung einen zunehmenden Risikoaufschlag als Prämie, was die Fremdkapitalkosten steigen lässt.

Der Leverage-Effekt wird nachfolgend an Beispielen verdeutlicht.

Beispiel 1 zur Berechnung des Leverage-Effekts:
In der Bilanz von AMI CAT GmbH wird ein Eigenkapital von 600.000 € und ein Fremdkapital von 400.000 € ausgewiesen, während der jährliche Gewinn 40.000 € beträgt. Damit beträgt die Eigenkapitalrentabilität:

$$\frac{Gewinn}{Eigenkapital} = \frac{40.000\text{ €}}{600.000\text{ €}} = 6{,}66\ \%$$

Im Gegensatz dazu kann nun Eigenkapital durch Fremdkapital (Zinssatz 5 %) teilweise substituiert werden, so dass die neue Kapitalstruktur aus 300.000 € Eigenkapital und 700.000 € Fremdkapital besteht. Dies reduziert den Gewinn um 15.000 (300.000 € mit 5 %) auf 25.000 €.

Es ergibt sich eine Eigenkapitalrentabilität von:

$$\frac{Gewinn}{Eigenkapital} = \frac{25.000\text{ €}}{300.000\text{ €}} = 8{,}33\ \%$$

Das Beispiel veranschaulicht, wie durch die Aufnahme von Fremdkapital die Eigenkapitalrentabilität gehebelt wurde; und dies, zumal ökonomisch der tatsächliche Gewinn durch die höhere Zinslast geringer ausfällt und zudem das Unternehmen von außen betrachtet mit einer geringeren Eigenkapitalquote von jetzt nur noch 30 % (zuvor 60 %) hinsichtlich seiner Kapitalstruktur und Kapitaldecke schlechter aussieht.

Beispiel 2 zur Berechnung des Leverage-Effekts:
Ein Unternehmen investiert 5.000.000. € zum Kauf einer Maschine, welche eine jährliche Gesamtkapitalverzinsung von 500.000 € erwirtschaftet. Ermitteln Sie die entsprechende Eigenkapitalrentabilität, abhängig von den drei alternativen Finanzierungen

- 50 % eigen- und 50 % fremdfinanziert, bei einem Fremdkapitalzins von 5 %;

- 20 % eigen- und 80 % fremdfinanziert bei unveränderten Fremdkapitalkonditionen;
- zu 20 % mit Eigenkapital und zu 80 % mit Fremdkapital finanziert, wobei der Fremdkapitalzins diesmal 13 % beträgt.

Lösung:

1. $$r_{EK} = 10\,\% + \frac{2.500.000\,€}{2.500.000\,€}(10\,\% - 5\,\%) = 15\,\%$$

2. $$r_{EK} = 10\,\% + \frac{4.000.000\,€}{1.000.000\,€}(10\,\% - 5\,\%) = 30\,\%$$

3. $$r_{EK} = 10\,\% + \frac{4.000.000\,€}{1.000.000\,€}(10\,\% - 13\,\%) = -2\,\%$$

Aus der obigen Darstellung geht hervor, dass ein zunehmender Verschuldungsgrad für die Eigenkapitalrentabilität positive wie auch negative Implikationen haben kann. So besteht die **Leverage-Chance** oder der positive Leverage-Effekt darin, dass der positive Klammerterm ($r_{GK} - r_{EK}$) genutzt werden kann.

Die Steigerung der Eigenkapitalrentabilität ist jedoch nur erzielbar, wenn der Fremdkapitalzins geringer als die Gesamtrentabilität ist. In diesem Fall manifestiert sich der positive Leverage-Effekt.

Im 2. Beispiel zeigt sich, dass die zweite Kapitalstruktur den Leverage-Effekt ausnutzt, so dass sich die Eigenkapitalrentabilität um 15 % erhöht.

Der 3. Fall im zweiten Beispiel spiegelt das **Leverage-Risiko** wider, denn nun ist der Zins für Fremdkapital höher als die Gesamtkapitalrentabilität.[27]

Allgemein formuliert ist das Leverage-Risiko dann vorhanden, wenn der Klammerterm der allgemeinen Leverage Formel einen negativen Wert erreicht. Dann nimmt die Eigenkapitalrentabilität mit steigender Verschuldung ab.

Durch Anwendung des Leverage-Effekts kann der Eigenkapitalgeber die eigene Risikoposition reduzieren und dadurch mehrere verschiedene Investitionsvorhaben mit seinem vorhandenen Eigenkapital durchführen. Somit kann der Investor dank des Leverage-Effektes das Diversifikationsprinzip gemäß

[27] Vgl. Perridon, L./Steiner, M./Rathgeber, A. (Finanzwirtschaft der Unternehmung 2022), S. 577.

Markowitz einfacher anwenden. Eine vermehrte Verwendung von Fremdkapital führt zudem zur Verringerung oder sogar Vermeidung von Mitbestimmungsrechten von externen Eigenkapitalgebern. Auf die von dem Unternehmen zu tragende Steuerlast wirkt sich die Substitution von Eigenkapital durch Fremdkapital ebenfalls positiv aus, da Fremdkapitalzinsen im Gegensatz zu Zahlungen an die Eigenkapitalgeber steuermindernd wirken.

1.2.2 Liquidität

Allgemein werden unter Liquidität liquide Mittel in Geldeinheiten verstanden. Die Liquidität umfasst etwa Bilanzposten wie Kasse, Bankguthaben oder aber Sichtguthaben (§ 266 Abs. 2 B. IV. HGB). Auch kurzfristig verwertbare Wertpapiere (sonstige Wertpapiere nach § 266 Abs. 2 B. III. 2. HGB) werden z. T. als liquide Mittel betrachtet.[28]

Im finanzwirtschaftlichen Kontext wird unter dem Begriff Liquidität die grundsätzliche Zahlungsfähigkeit eines Unternehmens verstanden: Ein Unternehmen sollte jederzeit in der Lage zu sein, seine Zahlungsverpflichtungen termingenau und betragskonform begleichen zu können. In diesem Sinne ist die Liquidität also mit Zahlungsfähigkeit gleichzusetzen. In der finanzwirtschaftlichen Literatur leitet sich daraus folgende Liquiditätsbedingung ab:

$$Zahlungsmittelbestand + Einzahlungen \geq Auszahlungen$$

Somit ist ein wichtiges Kriterium für ein Unternehmen, wie schnell und wie gut es seine Aktiva liquidieren und damit in Geld verwandeln kann (sog. Liquidierbarkeit der Aktiva).

Die Sicherstellung der Liquidität als finanzwirtschaftliches Ziel hat für Unternehmen einen hohen Stellenwert, ähnlich wie das Unternehmensziel der Rentabilität. Leider sichert in der Praxis eine hohe Rentabilität einer Maßnahme nicht unbedingt deren Liquidität. Im Gegenteil: Häufig sind Rentabilitätsstreben und Liquiditätsstreben gegenläufig. Es handelt sich um konfligierende finanzwirtschaftliche Ziele. Etwa erfüllen Einlagen auf einem Bankkonto zwar zu hohem Maße das Ziel der Liquidität, sie sind jedoch kritisch zu sehen vor dem Ziel der Rentabilität, wenn bspw. das Unternehmen

[28] Vgl. Franke, G./Hax, H. (Finanzwirtschaft des Unternehmens und Kapitalmarkt 2009), S. 15 f.

einen deutlich höheren Zinssatz und so eine deutlich höhere Rentabilität erwirtschaften kann, wenn es die Anlagen längerfristig tätigt.

Zur differenzierten Beurteilung der Liquidität eines Unternehmens werden entsprechende Kennzahlen (Liquiditätsgrade) herangezogen. Diese werden im nachfolgenden Unterkapitel vorgestellt und angewendet.

1.2.2.1 Statische Liquiditätsanalyse

Liquiditätsgrade (auch als Liquiditätskennzahlen bezeichnet) sind Teil der statischen Liquiditätsanalyse. Sie messen die statische, zeitpunktbezogene Liquidität eines Unternehmens, um Aussagen treffen zu können, ob ein Unternehmen als liquide gilt oder ob Zahlungsschwierigkeiten drohen.[29]

Liquiditätsgrade lassen sich unmittelbar aus der Bilanz berechnen, beschränken sich entsprechend auf die bilanzierten Zahlungsverpflichtungen (und verwenden bei ihrer Berechnung die Bilanzbestände in Höhe und Art des Bilanzausweises). Sie messen, inwiefern Verbindlichkeiten gedeckt sind. Somit basiert die statische Liquiditätsanalyse also auf bilanziellen Bestandsgrößen, d. h. aus Aktiva und Passiva der Bilanz zu einem Stichtag. Der zugrundeliegende Gedanke ist hierbei, dass vorhandene Bilanzbestände Aussagen für künftige Zahlungsströme erlauben:

- Aktiva: Je längerfristiger (kurzfristiger) ein Vermögensgegenstand bzw. eine Bilanzposition der Aktivseite gebunden ist, umso später (früher) fließen dem Unternehmen die korrespondierenden Einzahlungen zu.
- Passiva: Je längerfristig (kurzfristiger) das Kapital, desto später (früher) werden die korrespondierenden Auszahlungen fällig.

Abhängig davon, welche liquiditätsnahen Bilanzposten in die Betrachtung einfließen, unterscheidet man die folgenden Liquiditätskennzahlen, die häufig als Liquiditätsgrade bezeichnet werden. Man unterscheidet drei Liquiditätsgrade:

Liquidität 1. Grades (Barliquidität, cash ratio),
Liquidität 2. Grades (einzugsbedingte Liquidität, quick ratio) sowie die
Liquidität 3. Grades (umsatzbedingte Liquidität, current ratio).

[29] Vgl. Zantow, R./Dinauer, J./Schäffler, C. (Finanzwirtschaft des Unternehmens 2016), S. 520.

Zur Ermittlung der Liquidität 1. Grades setzt man die liquiden Mittel ins Verhältnis zum kurzfristigen Fremdkapital (kurzfristige Verbindlichkeiten). Um die Liquidität 2. Grades zu berechnen, wird das Verhältnis aus der Summe von liquiden und kurzfristigen Forderungen zum kurzfristigen Fremdkapital gebildet. Schließlich wird bei der Liquidität 3. Grades das gesamte Umlaufvermögen durch das kurzfristige Fremdkapital geteilt.

Konkret bedient sich die Liquidität 1. Grades folgender Formel:

$$Liquidität\ 1. Grades = \frac{flüssige\ Mittel}{\text{kurzfristige Verbindlichkeiten}}$$

Es ist anzumerken, dass die kurzfristigen Verbindlichkeiten v. a. die Verbindlichkeiten aus L+L, aber auch kurzfristige sonstige Verbindlichkeiten, kurzfristige Verbindlichkeiten gegenüber Kreditinstituten oder kurzfristige sonstige Rückstellungen bzw. Steuerrückstellungen umfassen. Gemäß einer groben Regel sollte die Liquidität 1. Grades dabei zwischen 10 bis 30 % liegen.

Die Liquidität 2. Grades folgt der Formel:

$$Liquidität\ 2. Grades = \frac{flüssige\ Mittel + kurzfristige\ Forderungen\ Wertpapiere\ des\ Umlaufvermögens}{\text{kurzfristige Verbindlichkeiten}}$$

Zu den kurzfristigen Forderungen gehören dabei i. d. R. insb. Forderungen aus L+L (§ 266 Abs. 2 B. II. 2. HGB) sowie ggf. weitere kurzfristige Forderungen (z. B. eine USt-Forderung) nach § 266 Abs. 2 B. II. 4. HGB. Auch Wertpapiere des Umlaufvermögens können berücksichtigt werden, wenn sie etwa innerhalb kürzester Zeit veräußert werden können (z. B. börsengehandelte Aktien). Als Richtwert gilt in der Praxis ein Liquiditätsgrad 2. Grades zwischen 100 % und 120 % als solide. Dann kann das Unternehmen die kurzfristig fälligen bzw. zurückforderbaren Verbindlichkeiten auch kurzfristig bedienen.

Schließlich berechnet sich die Liquidität 3. Grades wie folgt:

$$Liquidität\ 3. Grades = \frac{flüssige\ Mittel + kurzfristige\ Forderungen + Vorräte}{\text{kurzfristige Verbindlichkeiten}}$$

Auch die für die Berechnung erforderlichen Vorräte sind der Bilanz (§ 266 Abs. 2 B. I. HGB) zu entnehmen. Die Liquidität 3. Grades sollte idealerweise über 120 % sein.

Alle hier genannten Richtwerte der Liquiditätsgrade sind jedoch nur grobe Indikationen, die abhängig von Unternehmen, Branche oder Konjunkturzyklus sind. Insgesamt gilt, je höher die jeweiligen Liquiditätsgrade ausfallen, desto besser wird die kurzfristige statische Liquidität eines Unternehmens beurteilt.

Nun folgt die Anwendung der theoretisch dargestellten Liquiditätsgrade an einem praktischen Beispiel.

Beispiel zur Berechnung der Liquiditätsgrade
Zum 31. Dezember 2022 liegt für das Unternehmen die folgende Bilanz vor:

Aktiva			Passiva
Anlagevermögen	840.000	**Eigenkapital**	500.000
Umlaufvermögen		**Fremdkapital**	
Vorräte	60.000	Pensionsrückstellungen	200.000
Forderungen aus L+L	40.000	Verbindlichkeiten aus L+L	100.000
Kasse, Bank	60.000	Bankdarlehen (> 1 Jahr)	200.000
	1.000.000		1.000.000

Als kurzfristige Verbindlichkeiten gelten die Verbindlichkeiten L+L, während die Bilanzpositionen Pensionsrückstellungen und Bankdarlehen als langfristig anzusehen sind.

Zur Berechnung der drei Liquiditätsgrade werden nun die Berechnungsformeln angewendet.

Berechnung Liquiditätsgrad 1. Grades

$$Liquidität\ 1.\ Grades = \frac{60.000\ €}{100.000\ €} = 60\ \%$$

Berechnung Liquiditätsgrad 2. Grades

$$Liquidität\ 2.\ Grades = \frac{(60.000\ € + 40.000\ €)}{100.000\ €} = 100\ \%$$

Berechnung Liquiditätsgrad 3. Grades

$$Liquidität\ 2.\ Grades = \frac{(60.000\ € + 40.000\ € + 60.000\ €)}{100.000\ €} = 160\ \%$$

Allerdings sind die Liquiditätsgrade, wenn auch einfach zu berechnen, auch kritisch zu beurteilen. Die Problemfelder sind:

- aufgrund ihrer Zeitpunktbetrachtung sind die Bestandsgrößen, die bei Bilanzerstellung festgestellt werden, oftmals bereits bei ihrer Ermittlung veraltet/überholt.
- die Liquiditätsgrade beziehen sich auf die Bilanz zu einem gewissen Stichpunkt und vernachlässigen dabei zwangsläufig sämtliche laufende Zahlungsverpflichtungen wie Gehälter oder Mieten, die erst bei ihrer Fälligkeit liquiditätswirksam werden.
- auch können anhand der Liquiditätsgrade keine exakten Fälligkeiten abgelesen werden, so dass die Zeitstruktur nicht adäquat abgebildet wird. Sind etwa Lieferantenrechnungen am 1. Januar fällig, wird nicht erfasst, dass möglicherweise die zur Deckung notwendigen kurzfristigen Forderungen erst später eingehen und zu einem Liquiditätszufluss führen.
- des Weiteren werden etwaige Kreditlinien, die mögliche Liquiditätsprobleme mindern könnten, nicht berücksichtigt.

Für eine angemessene Unternehmenssteuerung wäre eine dynamische, zeitraumbezogene Betrachtung der Liquidität notwendig. Eine Finanzplanung bzw. Liquiditätsplanung könnte den Kapitalbedarf und potenzielle Engpässe bei der Liquidität frühzeitig ausmachen. Denn die Aufgabe der Finanzplanung besteht darin, kostengünstige Finanzierungsinstrumente auszuwählen und zugleich die künftig anfallenden Zahlungsströme im Ideal so koordinieren zu können, dass weder Über- noch Unterliquidität eintritt.[30]

Im Gegensatz zu den vorgestellten Liquiditätsgraden als Bilanzkennzahlen der kurzfristigen Liquiditätsanalyse gibt es sog. **Deckungsgrade**, die **mittel- bis langfristige Kennzahlen** der statischen Liquiditätsanalyse darstellen.

Ob lediglich Eigenkapital als langfristige Finanzierungsform gilt, oder ob zudem langfristiges Fremdkapital berücksichtigt werden darf, macht den Unterschied zwischen Deckungsgrad A und Deckungsgrad B. So wird bei der Untersuchung der langfristigen Bilanzpositionen zunächst im „Deckungsgrad A“ (entspricht Anlagendeckungsgrad I) das Eigenkapital dem entsprechenden Anlagevermögen der Aktivseite gegenübergestellt.[31]

---

[30] Vgl. Wöhe, G./Döring, W./Brösel, G. (Einführung in die Allgemeine Betriebswirtschaftslehre 2016), S. 528.

[31] Vgl. Zantow, R./Dinauer, J./Schäffler, C. (Finanzwirtschaft des Unternehmens 2016), S. 519 f.

$$Deckungsgrad\ A = \frac{\text{Eigenkapital}}{\text{Anlagevermögen}} \geq 1$$

Diese Bilanzkennzahl, der Deckungsgrad A, drückt aus, ob die langfristig gebundenen Bestände des Anlagevermögens vollständig durch Eigenkapital gedeckt sind.

Hinsichtlich der Interpretation dieser Kennzahl gibt es keine allgemeingültige Aussage, auch hier sind die Richtwerte grundsätzlich branchenabhängig. So liegt die Zielquote etwa beim produzierenden Gewerbe zwischen 50 und 70 %.

Die auch als silberne Bilanzregel bekannte Formel zum Deckungsrad B (entspricht Anlagendeckungsgrad II) lautet wie folgt:

$$Deckungsgrad\ B = \frac{\text{Eigenkapital} + \text{langfristiges Fremdkapital}}{\text{Anlagevermögen}} \geq 1$$

Der Deckungsgrad B drückt die Relation zwischen Eigenkapital und langfristigem Fremdkapital zum Anlagevermögen zum Ausdruck. Ein Deckungsgrad B kleiner 1 sagt aus, dass das eigentlich langfristig verwendete Anlagevermögen lediglich durch kurzfristiges Fremdkapital gedeckt ist. Dies birgt die Gefahr der Anschlussfinanzierung oder dass andere alternative Kapitalfreisetzungen scheitern. Die strikte Einhaltung von Deckungsgrad A und B hingegen sichert die Deckung der Position des Umlaufvermögens, die definitionsgemäß dem Unternehmen nur kurzfristig zur Verfügung stehen, durch kurzfristige Verbindlichkeiten.

Der Deckungsgrad C gibt darüber Auskunft, ob die Bestände des Anlagevermögens und die Vorräte ebenfalls langfristig gedeckt sind, d. h. inwieweit Eigenkapital und langfristiges Fremdkapital gegenüberstehen.

$$Deckungsgrad\ C = \frac{\text{Eigenkapital} + \text{langfristiges Fremdkapital}}{\text{Anlagevermögen} + \text{langfristiges Umlaufvermögen}} \geq 1$$

Der Zielwert des Deckungsgrad C beträgt 100 %.

Den beschriebenen Deckungsgraden liegt – wie auch den Liquiditätsgraden – die Erfüllung der **Fristenkongruenz** zu Grunde. Die Goldene Bilanz- oder Finanzierungsregel fordert eine fristenmäßige Übereinstimmung zwischen der Kapitalaufbringung und anschließenden Kapitalrückzahlung (Finanzierung) und der Mittelverwendung (Investition) (vgl. Kapitel 1.1.3).

Zur Verdeutlichung soll folgendes Beispiel dienen. Zum 31. Dezember 2022 gilt für ein Unternehmen:

Aktiva			Passiva
Anlagevermögen	840.000	**Eigenkapital**	500.000
Umlaufvermögen		**Fremdkapital**	
Vorräte	60.000	Pensionsrückstellungen	200.000
Forderungen aus L+L	40.000	Verbindlichkeiten aus L+L	100.000
Kasse, Bank	60.000	Bankdarlehen (> 1 Jahr)	200.000
	1.000.000		1.000.000

Es ergeben sich nun die folgenden Deckungsgrade.

$$Deckungsgrad\ A = \frac{500.000\ €}{840.000\ €} \approx 0{,}6\ \leq 1$$

$$Deckungsgrad\ B = \frac{(500.000\ € + 200.000\ € + 200.000\ €)}{840.000\ €} \approx 1{,}07\ \geq 1$$

Damit wurde die Goldene Bilanzregel nicht erfüllt, da die langfristig gebundenen Aktiva, das Anlagevermögen, nicht komplett eigenkapitalfinanziert sind. Das Postulat der Goldenden Bilanzregel wird in der Praxis jedoch häufig nicht eingehalten, da die Unternehmen meist in wesentlichem Maße Fremdkapital in ihrer Kapitalstruktur haben und so auch Bestände des Anlagevermögens fremdfinanziert sind.

Die abgemilderte Form allerdings, die Silberne Bankregel, ist im vorliegenden Zahlenbeispiel erfüllt, da das Anlagevermögen durch das langfristig finanzierte Kapital gedeckt ist.

1.2.2.2 Dynamische Liquiditätsanalyse

Zwei Kritikpunkte an der statischen Liquiditätsanalyse, die Stichtagsbezogenheit und die Bestandsorientierung, werden behoben, wenn man statt der Zeitpunktbetrachtung eine Zeitraumbetrachtung durchführt. Diese Vorgehensweise mündet in den Kennzahlen der dynamischen Liquiditätsanalyse, die sowohl Aktiva als auch Passiva zeitraumbezogen analysiert. Zudem werden nun Stromgrößen berücksichtigt, die Aussagen zulassen, welche Finanzmittel das Unternehmen in seinem eigenen betrieblichen Leistungsprozess generiert und wie diese dann verwendet werden. Der Fokus liegt bei der dynamischen Liquiditätsanalyse also auf den Zahlungsflüssen, also eine Betrachtung des Cash Flows des Unternehmens.

Cash Flow (bzw. Zahlungsstrom oder Zahlungsfluss) im weiteren Sinne ist, wie bereits dargestellt, der Überschuss von Einzahlungen über den Auszahlungen zu verstehen. Somit entsteht ein positiver Cash Flow, wenn die Einzahlungen die Auszahlungen einer Periode übersteigen. Dies führt zu einer Steigerung des Zahlungsmittelsbestandes, also des Bargelds und des Bankguthabens. In der betriebswirtschaftlichen Analyse wird zumeist der operative Cash Flow betrachtet, da dieser sich auf die Zahlungen aus der laufenden Geschäftstätigkeit beschränkt und somit eine besssere Aussagekraft über die tatsächliche Situation der Aktivitäten des Unternehmens ermöglicht. Mit dem operativen Cash Flow einer Periode, ist der Überschuss der zahlungswirksamen Erträge über die zahlungswirksamenen Aufwendungen aus der laufenden Geschäftstätigkeit gemeint. Da die relevanten Größen nicht komplett zweifelsfrei über die GuV bestimmbar sind, wird in der Praxis zumeist die indirekte Ermittlung des Cash Flows durchgeführt. Anhand der GuV ist es nicht eindeutig ablesbar, ob und welche Geschäftsvorfälle der sonstigen betrieblichen Erträge und Aufwendungen berücksichtigt sind. Somit ist häufig eine indirekte Ermittlung erforderlich.

Vereinfacht und in ihrer transparentesten Form erfolgt die **indirekte Ermittlung der Cash Flows** folgendermaßen:

	Jahresüberschuss/Jahresfehlbetrag
+/-	Abschreibungen/Zuschreibungen auf Anlagevermögen
+/-	Erhöhung/Auflösunge langfristiger Rückstellungen
=	Cash Flow

Liegen sämtliche Information über die Zahlungswirksamkeit der Einzelpositionen vollständig vor, dann kommen die direkte und die indirekte Vorgehensweise zum gleichen Ergebnis. Der ermittelte Cash Flow entspricht sich also. Dies illustriert das nachfolgende Beispiel:

Beispiel der vereinfachten Cash Flow Ermittlung
Für das Unternehmen AMI CAT GmbH sind Ihnen für das Geschäftsjahr 2022 die folgenden zahlungswirksamen Erträge und Aufwendungen gegeben: Umsatzerlöse 280.000 €, Gehälter 80.000 €, Materialverbrauch 85.000 €, Zinsaufwendungen 10.000 €, Steuern 15.000 €. Zahlungsunwirk-

same Aufwendungen sind: Abschreibungen 30.000 € und Rückstellungserhöhungen 20.000 €.

Der sich ergebenende Jahresüberschuss ist damit 40.000 €.

Direkte Cash Flow Ermittlung

	Zahlungswirksame Erträge	280.000 €
-	zahlungswirksame Aufwendungen	190.000 €
=	Cash Flow	90.000 €

indirekte Cash Flow Ermittlung

	Jahresüberschuss	40.000 €
+	Abschreibungen	30.000 €
+	Rückstellungserhöhung	20.000 €
=	Cash Flow	90.000 €

Die nachfolgende Abb. 20 illustriert die indirekte Ableitung von Brutto-Cashflow, dem freien Cash Flow und weitere wichtige Kennzahlen (z. B. EBIT) anhand der GuV.

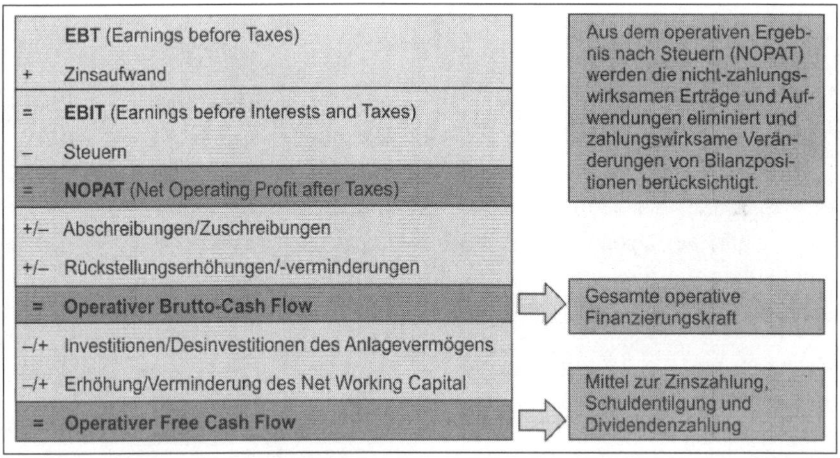

Abbildung 20: Dynamische Liquiditätsanalyse

Quelle: Eigene Darstellung.

Der operative Cash Flow kann auf zwei Arten interpretiert werden: erfolgswirtschaftliche und finanzwirtschaftlich.

Erfolgswirtschaftlich liefert er eine sehr gute Indikation für die Ertragskraft eines Unternehmen und ist in diesem Zusammenhang sogar geeigneter als der Jahresüberschuss, da letzterer durch bilanzpolitische Maßnahmen beeinflusst werden kann. In **finanzwirtschaftlicher** Hinsicht kann der Brutto Cash Flow eine Aussage treffen, welches Kapital zum Tätigen von Investitionen und zur Erhöhung des Nettoumlaufvermögens genutzt werden kann.

Im Kontext der Liquidität wird der Cash Flows als finanzwirtschaftlicher Überschuss interpretiert. So gibt der aus Abb. 20 hervorgehende (operative) Brutto-Cash Flow an, welcher Zahlungsüberschuss für Investitionen, die Erhöhung des Nettoumlaufvermögens oder zur Schuldentilgung, Zinszahlungen oder Gewinnausschüttungen dem Unternehmen zur Verfügung stehen. Der sog. (operative) Free Cash Flow zeigt, welche Beträge den Kapitalgebern zur Verfügung stehen, also zur Rückführung von Fremdkapital, zur Zahlung von Zinsen oder zu Ausschüttungen an die Eigenkapitalgeber genutzt werden können.

Zudem kann der Cash Flow auch als Quotient in einer relativen Verhältniszahl verwendet werden. Dies ist etwa der **dynamische Verschuldungsgrad**.

$$Dynamischer\ Verschuldungsgrad = \frac{Effektiverschuldung}{Cash\ Flow}$$

Die Effektiverschuldung eines Unternehmens errechnet sich aus dem Fremdkapital abzüglich des monetären Umlaufvermögens. Das montetäre Umlaufvermögen besteht wiederum aus den liquiden Mitteln (einschließlich den Wertpapieren des Umlaufvermögens) und den kurzfristigen Forderungen. Somit gibt der dynamische Verschuldungsgrad darüber Auskunft, in welchem Zeitraum die aktuellen Schulden durch einen (unterstellt) gleichbleibenden Cash Flow komplett getilgt werden können.

1.2.3 Sicherheit

Das dritte finanzwirtschaftliche Ziel ist die **Sicherheit**, welche auf die Begrenzung bzw. Vermeidung finanzieller Risiken abzielt. Somit ist es eng mit dem Begriff des **Risikos** verbunden. Neutral betrachtet ist das Risiko als Abweichung vom erwarteten Zustand zu definieren. Im umgangssprachlichen Sprachgebrauch wird aber nur die negative Abweichung als Risiko gesehen, während das Risiko der positiven Abweichung als Chance verstanden wird. Gemäß der Systemtheorie von Niklas Luhmann ist Sicherheit der angestrebte

Zustand jedes Entscheidungsträgers. Luhmann unterscheidet zwischen Risiko und Gefahr, während das Risiko auf eigenen Entscheidungen basiert, wird die Gefahr als Wirkung von außen verstanden. Anschaulich wird dieser Unterschied durch das bekannte sog. Regenschirmbeispiel: „Wenn es Regenschirme gibt, kann man nicht mehr risikofrei leben. Die Gefahr, dass man durch den Regen nass wird, wird zum Risiko, dasman eingeht, wenn man den Regenschirm nicht mitnimmt. Aber wenn man ihn mitnimmt, läuft man das Risiko ihn irgendwo liegen zu lassen."[32] In der Literatur findet man dabei eine traditionelle Interpretation. Unter Risiko wird die Gefahr bzw. Möglichkeit verstanden, eine falsche Entscheidung zu treffen, entweder aufgrund menschlichen Versagens oder aber der nicht vollständigen Information. Nach der modernen Interpretation wird unter Risiko die bereits erwähnte Abweichung des tatsächlichen Ergebnisses von einem erwarteten Ergebnis definiert. Diese Abweichung vom erwarteten Ergebnis kann dabei sowohl positiv (d. h. besser als erwartet) oder aber negativ (d. h. schlechter als erwartet) ausfallen.

Aus ökonomischer Sicht kann Risiko jede mit einer wirtschaftlichen Tätigkeit verbundene Verlustgefahr bezeichnen: Dies kann dabei entweder ein tatsächlicher, realisierter Verlust von eingesetzten Finanzmitteln oder aber die Nichtausnutzung möglicher Vorteile (Opportunitätsverluste) sein. Liegen objektive Wahrscheinlichkeitsvorstellungen über die Eintrittswahrscheinlichkeiten von Umweltzuständen vor, spricht man von Risiko im engeren Sinn.

Anlalog hierzu ist die Situation in der Finanzwirtschaft. Der Zustand der Sicherheit, also der Vermeidung von jeglichem Risiko, bedeutet zunächst die Sicherung des Kapitalerhaltes. Ein Investor möchte vermeiden, dass er weniger Kapital zurückerhält, als er in ein Vorhaben investiert hat. Zudem erwartet jeder Investor für eine Kapitalüberlassung eine bestimmte Rendite, diese Erwartung basiert i. d. R. auf Renditen der Vergangenheit. Die meisten Kapitalanlagen, die eine Rendite versprechen, sind jedoch mit einem Risiko verbunden. Dieses Risiko ist dadurch begründet, dass die Rückflüsse aus der Investition mit Unsicherheit verbunden sind. Für einen Investor ist zur Einschätzung einer Investition somit neben der erwarteteten Rendite auch das inhärente Risiko relevant.

[32] Luhmann, N. (Die Moral des Risikos und das Risiko der Moral 1993), S. 328.

1.2.3.1 Risiko und Risikomessung

Zwischen den bereits beschriebenen finanzwirtschaftlichen Zielen Rentabilität, Liquidität und Sicherheit besteht ein Spannungsfeld und gegenseitige Abhängigkeiten, ja sogar Zielkonflikte. So kann man sich einfach vor Augen führen, dass eine hohe Rentabilität (etwa einer Investitionsalternative) einhergeht mit tendentiell geringer Liquidität und v. a. einem höheren Risiko[33] (bzw. einer geringeren Sicherheit). Daneben gibt es auch finanzwirtschaftliche Risiken,welche sich

- vorrangig auswirken auf die Rentabilität (z. B. das in Kapitel 1.2.1.2 vorgestellte Leverage-Risiko),
- spezifische Liquiditätsrisiken darstellen (z. B. verspäteter Zahlungseingang durch die späte Begleichung einer Forderung aus L+L),
- die sich sowohl auf Rentabilitäts- wie auch Liquiditätsrisiken auswirken (etwa die Insolvenz eines Schuldners).

Desweiteren sind Sicherheitsziele im Kontext der Unternehmensfinanzierung sehr relevant; dies sowohl bei der Kapitalbeschaffung aber auch bei der Kapitalverwendung. Bei der **Kapitalbeschaffung** gilt es aus Unternehmenssicht abzuwägen, wie stark sich das Leverage-Risiko durch eine zunehmende Verschuldung erhöhen sollte. Demgegenüber hat das Unternehmen bei der **Kapitalverwendung** zu berücksichtigen, dass v. a. die Cash Flows aus Investitionen (Zahlungsüberschüsse) meist unsicher und schwankend sein können. Somit wird jeder Investition ein Risiko zugewiesen. Dieser Zusammenhang ist grafisch in Abb. 22 dargestellt. Eine risikofreie Investion ist allerdings auch möglich und gewährt die sog. risikofreie Verzinsung. Grundsätzich gilt ein positiver Zusammenhang zwischen Rendite und Risiko, d. h. dass eine höhere mögliche Rendite auch immer ein größeres Risiko für den Anleger bedeutet.

---

[33] Nach allgemein herrschender Meinung können Risiken daher auch als „Streuung" um einen Erwartungs- oder Zielwert betrachtet werden. So lassen sich Risiken bspw. durch die Varianz/Standardabweichung messen. Das in der Ökonomie am weit verbreitetste Risikomaß ist die Varianz, die definiert ist als

$$\mathrm{VAR}\,(X) = E(X - E(X))^2$$

und stellt demnach die erwartete (quadrierte) Abweichung zwischen dem erwarteten und dem tatsächlichen Rückfluss dar.

Generell ist steigender erwarteter Ertrag (bzw. erwartete Rendite) mit steigendem Risiko verbunden, was in Abb. 21 an der steigenden Geraden (durchgezogenen Linie) abgelesen werden kann.

Die Frage ist daher immer: Welche Ertragsaussichten sollen mit welchem Risikopotenzial erkauft werden? Anders ausgedrückt erhält der Anleger typischerweise für die Übernahmen von zusätzlichem Risiko, das über die risikofreie Verzinsung geht, eine sog. Prämie. Diese Prämie wird in der Literatur als Risikoprämie bezeichnet und stellt ein Zuschlag dar, der für mögliche wirtschaftliche Risiken eingeplant ist und als Risikozuschlag für die Übernahme von zusätzlichem Risiko gezahlt wird. Es ist also der Anteil, den ein Investor als Vergütung dafür bekommt, dass er ein bestimmtes Risiko übernimmt.

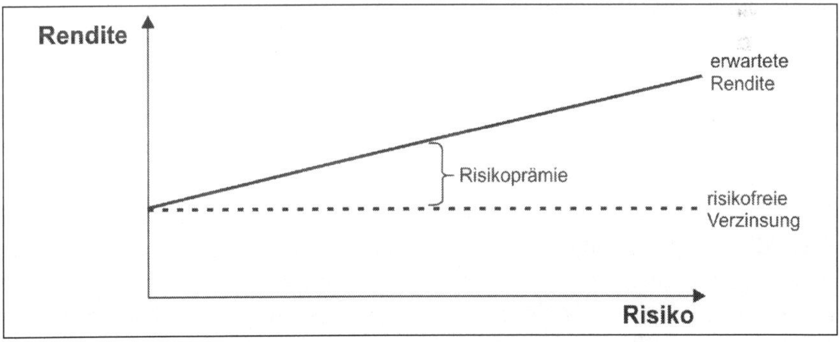

Abbildung 21: Zusammenhang zwischen Risiko und Rendite
Quelle: Eigene Darstellung.

Die risikofreie Verzinsung, die in Abb. 21 als gestrichelte Linie die Mindestverzinsung widerspiegelt, basiert auf dem sog. risikofreien bzw. risikolosen Zinssatz. Dies ist der Zins, der bei einer Kapitalanlage ohne Ausfallrisiko angesetzt wird, d. h. von einem Schuldner gezahlt wird, der nach herrschender Auffassung im Markt stets seine Zahlungsverpflichtungen pünktlich und in voller Höhe leisten kann. In der Praxis werden häufig Renditen von Staatspapieren als risikoloser Zinssatz genutzt (etwa die Geldanlage in einen ausfallsicheren Staat, wie der Bundesrepublik Deutschland).

1.2.3.2 Risikoeinstellung

Die Risikoeinstellung (engl. risk attitude) oder Risikopräferenz beschreibt den individuellen **Grad der Risikoneigung** von Entscheidern. Es werden drei grundsätzliche Arten unterteilt:

1) Risikoneutrales Verhalten bedeutet, dass sich ein Entscheider ausschließlich rational verhält und sich nur am Erwartungswert der Ergebnisse ausrichtet.
2) Risikoscheue Entscheider versuchen ihr Risiko minimal zu halten und wählen zwischen Alternativen mit gleichem Erwartungswert immer die Ausprägung mit dem niedrigsten Risiko.
3) Risikoliebende oder auch risikofreudige Personen gehen gerne riskante Position ein. Sie würden bei Alternativen mit gleichem Erwartungswert immer die Variante mit dem höchsten Risiko bevorzugen.

Gemäß Definition sucht ein risikofreudiger Investor geradezu das Risiko und verzichtet sogar auf eine mögliche Rendite zugunsten des Risikos. Der Typus eines risik7ofreudigen Investors kommt allerdings in der Realität nicht sehr häufig vor. Ein risikoneutraler Investor berücksichtigt in seinen Überlegungen das Risiko nicht. Er blendet das mögliche Risiko aus und wählt stets die Investition, die ihm den höchsten Erwartungswert verspricht. Ein risikoneutraler Investor ist zwar schon näher an der typischen Beschaffenheit eines Investors, aber auch seine Herangehensweise entspricht nicht dem klassischen Investor. Letztgenannter ist als risikoavers zu beschreiben. Er wählt bei gleichem zu erwartenden Ertrag die Investition, die das geringste Risiko birgt. Er ist somit nur bereit ein erhöhtes Risiko einzugehen, wenn ihm dieses, gemäß seiner Einschätzung, adäquat über die sog. Risikoprämie vergütet wird. In der Finanzwirtschaft wird immer von dem risikoaversen Investor ausgegangen.

Der Zusammenhang zwischen Risiko und Rendite an konkreten Anlageformen soll an dem nachfolgenden Beispiel veranschaulicht werden.

Beispiel

Bitte ordnen Sie den folgenden Anlageformen das richtige Rendite/Risikoprofil zu:

- Aktie der Siemens AG
- Staatsanleihe der Bundesrepublik Deutschland
- Aktie eines jungen Internet Start-up-Unternehmen
- Unternehmensanleihe der Siemens AG

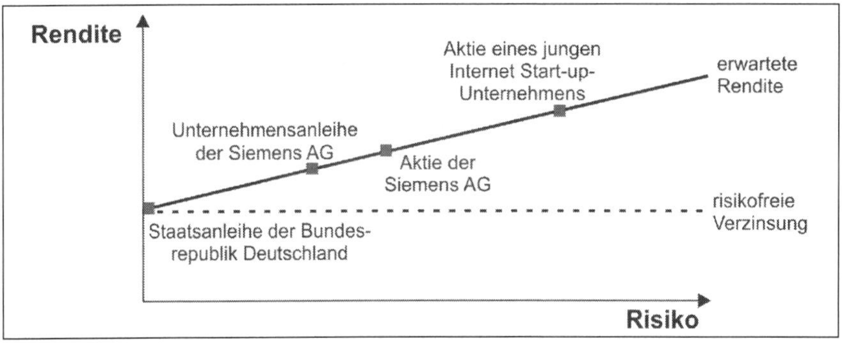

Abbildung 22: Risikoeinstellung

Quelle: Eigene Darstellung.

In Abb. 22 sind die Anlagenformen und ihr jeweiliger Zusammenhang zwischen Rendite und Risiko auf der durchgezogenen Geraden durch die kleinen Quadrate dargestellt. Ganz links auf Höhe der gestrichelten Linie steht die Staatsanleihe der Bundesrepublik Deutschland, da sie keinerlei Risiko trägt. An zweiter Stelle von links steht die Unternehmensanleihe der Siemens AG, diese ist risikoreicher als eine Staatsanleihe der Bundesrepublik Deutschland. Wenngleich ein Zahlungsausfall (i. d. R. durch Insolvenz) der Siemens AG nicht wahrscheinlich ist, so ist die Wahrscheinlichkeit des Ausfalls dieses Schuldners höher einzuschätzen als der Ausfalls des Schuldners Bundesrepublik Deutschland. Diese allgemeine Einschätzung begründet somit auch die höhere Renditeanforderung der Investoren an eine Anleihe der Siemens AG im Vergleich zur Staatsanleihe der Bundesrepublik Deutschland. An dritter Stelle von links und damit dem zweithöchsten Risiko und der zweithöchsten Renditeerwartung steht die Aktie der Siemens AG. Obwohl sowohl die Unternehmensanleihe als auch die Aktie von demselben Emittenten, der Siemens AG, begeben sind, gilt die Aktie als risikoreicher. Die Renditeerwartung bei der Überlassung von Eigenkapital ist aufgrund des damit einhergehenden höheren Risikos für den Investor größer als bei der Zuverfügungstellung von Fremdkapital. Aufgrund des höheren Risikos, dem das Eigenkapital im Vergleich zu Fremdkapital ausgesetzt ist, erwarten Investoren eine höhere Rendite bei der Überlassung von Eigenkapital verglichen mit Fremdkapital, wenngleich die tatsächliche Rendite beim Eigenkapital deutlich von der erwarteten Rendite abweichen kann. Das höchste Risiko und damit auch die höchste Renditeerwartung hat in diesem Kontext die Aktie des jungen Internet Start-up-Unternehmens. Obwohl die Aktien der Siemens AG und des jungen Start-up-Unternehmens beide dem Eigenkapital zuzurechnen sind, de jure ähnliche Ausgestaltungen und damit auch ein ähnliches rechtliches Risiko haben, werden die Risiken der Geschäftstätigkeit des Start-up-Unternehmens deutlich höher eingeschätzt (weniger Substanz, höhere Gefahr der Verdrängung etc.). Deshalb müssen Start-up-Unternehmen Investoren eine höhere erwartete Rendite bieten, damit diese das vermeintlich erhöhte Risiko eingehen.

Zusammenfassend kann gesagt werden, dass ein (risikoaverser) Investor, der zwischen verschiedenen Anlagen wählen kann, nur dann eine Investition mit höherem Risiko wählt, wenn er sich hiervon eine höhere Rendite verspricht.

1.2.4 Unabhängigkeit

Neben den drei genannten rein finanzwirtschaftlichen Zielen wird zumeist als viertes finanzwirtschaftliches Ziel die Unabhängigkeit genannt. Der Begriff der Unabhängigkeit ist in diesem Kontext als Wahrung der unternehmerischen Entscheidungsfreiheit zu verstehen, die bei Finanzierungsentscheidungen eine weitere Ziel größe ist.

Auch dieses finanzwirtschaftliche Ziel gilt sowohl für Investitions- als auch für Finanzierungsentscheidungen des Unternehmens. Im Zusammenhang mit Finanzierungsmaßnahmen spielt häufig das Streben nach Unabhängigkeit der Unternehmensführung als nicht-monetäre Zielsetzung eine wichtige Rolle.

Mit der Art der Finanzierung werden i. d. R. Entscheidungen über die Eigentumsverhältnisse getroffen, die neben der Gewinnverteilung auch maßgeblich die Verteilung der Informations-, Kontroll- und Mitspracherechte beeinflussen. So ist etwa die Aufnahmen von zusätzlichem (neuen) Eigenkapital häufig mit der Aufnahme neuer Eigentümer oder zumindest einer Verschiebung der Stimmrechtsverhältnisse zwischen den „alten“ (bisherigen) Eigentümern hin zu den „neuen“ Eigentümern verbunden. Demgegenüber ist allgemein mit der Aufnahme von zusätzlichem Fremdkapital keine derartige Verschiebung der Stimmrechtsverhältnisse verbunden, so dass die bisherigen (alten) Eigentümer durch die Fremdfinanzierung typischerweise von unveränderten Entscheidungsstrukturen und Stimmrechtsverteilungen im Unternehmen ausgehen können. Dementsprechend spielt insb. bei der Finanzierungsentscheidung die Wahrung der Unabhängigkeit der alten Eigentümer meist eine entscheidende Rolle.

Grundsätzlich kann für das Unternehmen im Rahmen der Finanzierung die größtmögliche Unabhängigkeit durch die verschiedenen Finanzierungsformen der Innenfinanzierung geleistet werden. Hierbei wird kein Kapital dem Unternehmen von außen zugeführt folglich gibt es auch keine Auswirkungen von außen auf die Entscheidungsfreiheit durch diese Finanzierungsform. Vielmehr hat das Unternehmen das hierdurch generierte Kapital selbst generiert und kann folglich auch in seinem aktuellen Set-up hierüber entsprechend verfügen. Demgegenüber kann die unternehmerische Entscheidungsfreiheit durch die verschiedenen Formen der Außenfinanzierung eingeschränkt werden. Eine Einbringung von zusätzlichem Eigenkapital durch bestehende oder neue Gesellschafter kann zu einer Veränderung der Entscheidungskonstellation auf Gesellschafterebene führen, die somit unmittelbare Auswirkungen auf die unternehmerische Unabhängigkeit hat. Weniger offensichtlich aber dennoch möglich sind in diesem Kontext Auswirkungen durch eine Zurverfügungstellung von Fremdkapital von außen (Kreditfinanzierung). Zwar stehen den Fremdkapitalgebern de jure keine Mitspracherechte im Unternehmen zu, jedoch können Fremdkapitalgeber sich, abhängig vom Volumen der Kreditmittel und der Unternehmenssituation, entsprechende Rechte vertraglich einräumen lassen. Zudem kann die Entscheidungsfreiheit durch die ggf. notwendigen Kreditsicherheiten wie bspw. Grundschulden oder Sicherungsübereignung negativ beeinflusst werden. Die erläuterten vier finanzwirtschaftlichen Ziele sind alle von hoher Bedeutung für Unternehmen, je nach Situation wird unterschiedlichen Zielen eine voneinander abweichende Wichtigkeit zugesprochen. Dies ist insb. von Relevanz, da die genannten Ziele zum Teil sehr deutlich miteinander in einem Zielkonflikt stehen und das Anstreben eines der Ziele negative Auswirkungen auf die Erreichung der anderen Ziele haben kann.

1.2.5 Wertorientierte, nachhaltige Zielsetzungen

Wertortientierte Zielsetzungen verbinden (rein) ökonomische Ziele mit Zielen der Ökologie und der Gesellschaft. Die Wertorientierung erweitert dabei die zentrale Ausrichtung an den Shareholdern und damit an der vorrangigen Maximierung des Wertes der Eigenkapitalgeber um weitere Interesse bzw. Interessengruppen (Stakeholder). Entscheidend ist dabei, dass sich neben der Anzahl der Interessengruppen v. a. der Betrachtungshorizont signifant erweitert und besonders die **nachhaltigen** sowie **langfristigen** Auswirkungen des wirtschaftlichen Handelns mit ins Kalkül einbezogen werden. Nachhaltige Ziele in der Betriebswirtschaft beziehen sich darauf, dass Unternehmen nicht nur ökonomische Ziele verfolgen, sondern auch soziale und ökologische Ziele in ihr Geschäftsmodell integrieren. Das bedeutet, dass sie neben der Erwirtschaftung von Gewinnen auch auf Nachhaltigkeit und soziale Verantwortung achten.

Ein Beispiel für nachhaltige Ziele sind Umweltziele, wie die Verringerung des CO2-Ausstoßes oder die Verwendung erneuerbarer Energien. Auch soziale Ziele, wie die Förderung von Vielfalt, Inklusion und Gleichstellung oder die Einhaltung von Arbeitsstandards und Menschenrechten, können Teil der nachhaltigen Ziele eines Unternehmens sein.

Im Kontext der Finanzwirtschaft hat sich eine eigene Disziplin, die **Sustainable Finance**, entwickelt. Auch wenn es noch keine einheitliche Definition dieses Begriffes gibt, so herrscht zumindest Einigkeit darüber, dass die aus dem Englischen als „nachhaltige Finanzwirtschaft" übersetzte Strömung, dadurch gekennzeichnet ist, dass Nachhaltigkeits-Kriterien (zumeist klassifiziert nach Umwelt-, Gesellschafts- und Unternehmensführungsbezogenen Kriterien; engl. Environmental, Social, Governance, abgekürzt mit ESG) in allen finanzwirtschaftlichen Entscheidungen und Aktivitäten umfassend sowie systematisch berücksichtigt werden. Sie betrachtet insb. die Auswirkungen von Investitionen auf Umwelt, Gesellschaft und Wirtschaft, sowohl in der Gegenwart als auch in der Zukunft. Dabei werden unter Sustainable Finance einerseits ein großes Spektrum an finanzökonomischen Konzepten und Instrumenten und anderseits der Prozess verstanden, der die Art und Weise von Investitionen verändert und damit auch die Unternehmen in qualitativer Hinsicht beeinflusst.[34] Ziel ist es, die Finanzströme so auszurichten, dass sie zur nachhaltigen Entwicklung beitragen und nicht dazu beitragen, Probleme wie Klimawandel, soziale Ungleichheit oder Umweltzerstörung zu verschärfen. Nachhaltige Finanzpraktiken umfassen unter anderem die Integration von ESG-Kriterien in Anlageentscheidungen, die Entwicklung von nachhaltigen Anlageprodukten sowie die Förderung von Transparenz und Berichterstattung über Nachhaltigkeitsaspekte in der Finanzindustrie.[35]

Zur Erreichung dieser wertorientierten Zielsetztungen, v. a. im Hinblick auf Nachhaltigkeit bei Finanzierungs- oder Managemententscheidungen erhal-

[34] Vgl. Abdel-Karim, B. M./Kollmer, F. X. (Sustainable Finance 2022), S. 11.

[35] Das Akronym SRI bedeutet in diesem Kontext Sustainable Responsible Investment, also nachhaltiges und verantwortungsbewusstes Investieren. Dabei wird SRI u. a. aufgrund der Integration von Nachhaltigkeitskriterien oft im Zusammenhang mit ESG verstanden.

ten die Finanzmärkte und damit auch die Unternehmensfinanzierung eine Schlüsselrolle. In Artikel 2 des Pariser Klimaabkommens der Vereinten Nationen aus dem Jahre 2015 wurde erstmalig verankert, dass Finanzmittelflüsse „mit einem Weg hin zu einer hinsichtlich der Treibhausgase emissionsarmen und gegenüber Klimaänderungen widerstandsfähigen Entwicklung“ in Einklang gebracht werden müssen. Zental ist dabei die geforderte Transparenz über die Nachhaltigkeitsleistung von Unternehmen, d. h. wichtige Finanzströme und entsprechende Nachhaltigkeitsinformationen müssen offengelegt werden und für die Marktteilnehmer einsehbar sein. So kann Kapital insbes. gezielt in ökologisch und sozial nachhaltige Aktivitäten statt in fossile Energien oder menschenrechtsverletzende Arbeitsverhältnisse gelenkt werden. Darüber hinaus sind diese Grundsätze auf europäischer Ebene wie auch deutsch-nationaler Ebene verankert. So hat die Europäische Union mit dem in 2018 verabschiedeten und 2021 erweiterten „Aktionsplan Sustainable Finance“ eine Strategie vorgelegt, mit der nachhaltige Investitionen innerhalb Europas gestärkt werden sollen. Auch soll durch konkrete Maßnahmen, wie etwa der EU-Taxonomie, die Finanzierung des Übergangs zu einer nachhaltigen Wirtschaft unterstützt und verbessert werden, um die Nachhaltigkeitsziele der EU, insb. die Klima- und Emissionsreduktionsziele für 2030 und 2050, zu erreichen.

In der deutschen Nachhaltigkeitsstrategie gilt Sustainable Finance als entscheidender Hebel für die Transformation im Sinne der Agenda 2030 der Vereinten Nationen. Seit dem Geschäftsjahr 2017 müssen große Unternehmen in der EU verpflichtend berichten, wie sich ihre Geschäftstätigkeit auf Umwelt und Gesellschaft auswirkt. In Deutschland wurde diese EU-Richtlinie im Rahmen des CSR-Richtlinie-Umsetzungsgesetzes implementiert, wodurch rund 550 Unternehmen in Deutschland berichtspflichtig sind. Um die Berichterstattung zu Nachhaltigkeitsaspekten kohärenter und effektiver zu gestalten, wird auf EU-Ebene seit 2021 die Corporate Sustainability Reporting Directive (CSRD) erarbeitet, die auf die sog. Non-Financial Reporting Directive (NFRD) folgt. Die neue Richtlinie mit EU-weit einheitlichen Standards, sieht eine deutliche Ausweitung der Nachhaltigkeitsberichterstattung innerhalb der EU vor: einerseits vom Umfang und der Detailtiefe der Informatinen, andererseits bezüglich der berichtspflichtigen Unternehmen.

Neben ökologischen Aspekten beinhaltet nachhaltiges Wirtschaften auch soziale Verantwortung. Insbesondere im Kontext der Globalisierung von Wertschöpfungsprozessen und Liefernetzwerken wird dabei ein besonderes Augenmerk auf der Einhaltung grundlegender Umwelt- und Menschenrechtsstandards, wie dem Verbot von Kinder- und Zwangsarbeit, gelegt. Um dem Risiko und der unternehmerischen Verantwortung in den eigenen Wertschöpfungsketten gerecht zu werden, verabschiedete der Bundestag im Juni 2021 das Gesetz über die unternehmerischen Sorgfaltspflichten zur Vermeidung von Menschenrechtsverletzungen in Lieferketten. Auf EU-Ebene sollen mit der geplanten Corporate Sustainability Due Diligence Directive (CSDDD) für große Unternehmen europaweit einheitliche Sorgfaltspflichten für Umwelt und Menschenrechte entlang der gesamten Wertschöpfungskette verpflichtend gemacht werden. Darüber hinaus hat die EU weitere regulatorische Vorgaben erlassen, um den Herausforderungen der Transparenz bzw. des Greenwashing[36] Problems entgegenzuwirken. Dazu zählen die Sustainable Finance Disclosure Regulation (SFDR), die Taxonomie-Verordnung und die-Finanzmarktrichtlinie Markets in Financial Instruments Directive (MiFID[37]).

Zusammenfassend ist zu berücksichtigen, dass die Wertorientierung, insbs. auf ESG bzw. SRI ausgerichtet, ein noch junger Bereich ist, der die erhebliche Komplexität der Finanzwirtschaft bzw. -wissenschaft mit der nicht geringeren Komplexität der Nachhaltigkeits-Wissenschaften (ihrerseits ein neuer Mix von Sozial-, Kultur- und Naturwissenschaften) vereint. Entsprechend gibt es viele Fragen mit Blick auf die Integration von Nachhaltigkeit in finanzwirtschaftlichen Entscheidungen, aber nur wenige eindeutige Antworten und etablierte Ansätze.

---

[36] Unter Greenwashing versteht man die Vermittlung eines falschen Eindrucks oder irreführender Informationen darüber, wie umweltfreundlich die Produkte eines Unternehmens sind. Greenwashing bedeutet, dass eine unbegründete Behauptung aufgestellt wird, um den Verbrauchern vorzugaukeln, dass die Produkte eines Unternehmens umweltfreundlich sind oder eine größere positive Auswirkung auf die Umwelt haben, als sie tatsächlich haben. Darüber hinaus kann Greenwashing auftreten, wenn ein Unternehmen versucht, die nachhaltigen Aspekte eines Produkts hervorzuheben, um die Beteiligung des Unternehmens an umweltschädlichen Praktiken zu verschleiern.

[37] Die EU-Richtlinie Markets in Financial Instruments Directive II hat zum Ziel, den europaweiten Wertpapierhandel zu regeln und zu harmonisieren. Im Zuge der Umsetzung des EU-Aktionsplans Finanzierung nachhaltigen Wachstums wird ab dem 2. August 2022 voraussichtlich eine verpflichtende Abfrage der Nachhaltigkeitspräferenzen in die Anlageberatung integriert. Zudem konkretisiert MiFID II die Nachhaltigkeitsmerkmale, die Fonds erfüllen müssen, um Kunden mit Nachhaltigkeitspräferenzen angeboten werden zu können. Vgl. https://www.bafin.de/DE/Verbraucher/GeldanlageWertpapiere/MiFID_II/MiFID_II_node.html, Abruf vom 06.03.2023.

Grundsätzlich sollten Unternehmen bei ihren Management- aber auch bei den Finanzierungsentscheidungen die aufgezeigten wertorientierten Zielsetzungen berücksichtigen. Dies aus Gründen der Verantwortung, der Risikominierung, aber auch um gezielt Wettbewerbsvorteile zu schaffen und zu nutzen.

Orientierung zu möglichen ESG-Indikatoren liefert u. a. die Deutsche Vereinigung für Finanzanalyse und Asset Management (DVFA), die 2007 branchenübergreifende ESG-Kriterien entwickelte. Inzwischen wurde das Kennzahlensystem durch die Einteilung in branchenspezifische ESG-Kriterien weiter präzisiert und findet auch Anwendung durch die European Federation of Financial Analysts (EFFAS). Leitlinien hierfür bietet ebenso der Deutsche Nachhaltigkeitskodex (DNK), der 2011 von Vertretern aus dem Nachhaltigkeitsrat, der Politik und dem Finanzmarkt entwickelt wurde.

Einen Überblick über mögliche Nachhaltigkeitsstrategien geben u. a. das deutsche Forum nachhaltiger Geldanlage und die europäische Organisation European Sustainable Investment.[38]

Ausschlusskriterien	**bestimmte Investments oder Investmentklassen wie Unternehmen, Branchen oder Länder werden systematisch vom Investment-Universum ausgeschlossen, wenn diese gegen spezifische Kriterien verstoßen**
Best-in-Class	Anlagestrategie, nach der – basierend auf ESG-Kriterien – die besten Unternehmen innerhalb einer Branche, Kategorie oder Klasse ausgewählt werden. Auswahl derjeinigen, die im Branchenvergleich in ökologischer, sozialer und ethischer Hinsicht die höchsten Standards setzen
Engagement	Langfristigter Dialog mit Unternehmen, um Verhalten bezüglich ESG-Kriterien zu verbessern
Impact Investment	Investitionen in Unternehmen, Organisationen oder Fonds, um neben finanziellen Erträgen auch Einfluss auf soziale und ökologische Faktoren zu nehmen
ESG-Integration	Explizite Einbeziehung von ESG-Kriterien bzw. -Risiken in die traditionelle Finanzanalyse

[38] Vgl. https://www.forum-ng.org/fileadmin/Marktbericht/2022/FNG-Marktbericht_NG_2022-online.pdf, Abruf vom 06.04.2023.

Nachhaltige Investmentfonds	Investitionen in Themen oder Assets, die mit der Förderung von Nachhaltigkeit zusammenhängen mit ESG-Bezug
Normiertes Screening	Überprüfung von Investments nach Konformität mit bestimmten internationalen Standards und Normen
Stimmrechtsausübung (Voting)	Ausübung von Aktionärsrechten (inkl. Stimmrechtsausübung) auf Hauptversammlungen, um Unternehmenspolitik bezüglich ESG-Kriterien zu beeinflussen

Tabelle: Anlagenstrategien im Überblick. Eigene Erstellung in Anlehnung an Forum Nachhaltige Geldanlagen (2022), S. 34.[39]

In der Regel werden Investmententscheidungen auf Basis mehrerer Nachhaltigkeitsstrategien getroffen. Die 2021 in Deutschland am häufigsten verwendeten Strategien sind dabei Ausschlüsse, ESG-Integration und Normbasiertes Screening, die jeweils bei über 80 % der erfassten Investments eingesetzt wurden.[40]

[39] Vgl. https://www.forum-ng.org/fileadmin/Marktbericht/2022/FNG-Marktbericht_NG_2022-online.pdf, Abruf vom 06.04.2023.

[40] ebenda.

2 Notwendigkeit der Finanzierung im Unternehmenslebenszyklus

Die Notwendigkeit der Kapitalbeschaffung ergibt sich, wie zuvor in Abb. 1 dieses Lehrbuchs illustriert, bereits aus dem betrieblichen Transformationsprozess, mit dem Unternehmen Güter (z. B. Schrauben, Autos) oder Dienstleistungen (z. B. Beratungs- oder Finanzdienstleistungen) zur Erreichung des Ziels der Erreichung von Gewinnen produzieren und anbieten.

Da diese betrieblichen Prozesse (Unternehmensprozesse oder auch betriebliche Transformationsprozesse) nicht nur zu Einzahlungen, sondern auch zu Auszahlungen führen und so das Unternehmen verschiedenen Ausgaben, z. B. für die Beschaffung von Maschinen und Rohstoffen oder die Bezahlung der eingesetzten Arbeitskräfte decken muss, entsteht ein **Kapital- bzw.** ein **Finanzierungsbedarf**.

Ein Unternehmen kann im güter- oder dienstleistungswirtschaftlichen Bereich durchaus sehr erfolgreich sein und somit etwa einen hohen Gewinn erwirtschaften, aber dennoch können dem Unternehmen gleichzeitig Liquiditätsschwierigkeiten und damit eine Zahlungsunfähigkeit, die sich im Extremfall in einer Insolvenz äußern kann, drohen. Dies ist bspw. der Fall, wenn – erkennbar u. a. an den Liquiditätsgraden – bei einem hohen Verschuldungsgrad zu viele finanzielle Mittel in Vermögensgegenständen zu langfristig gebunden sind.

Generell gilt, dass falls die Auszahlungen einer Periode die entsprechenden Einzahlungen übersteigen (vgl. Kapitel 1), wie dies insb. in der Gründungsphase eines Unternehmens der Fall ist, in welcher ein hoher Investitionsbedarf bei meist geringer Kapitalausstattung herrscht, ein **Kapitalbedarf** entsteht. Dieser Kapitalbedarf muss gedeckt werden, um Zahlungsschwierigkeiten zu vermeiden. Denn wie bereits in Kapitel 1 dargelegt, ist die Ausstattung mit Kapital für Unternehmen zwingend erforderlich, um sowohl ihren jeweiligen Betriebszweck als auch ihre Unternehmensziele zu erfüllen. Der Kapitalbedarf entsteht für notwendige Investitionen oder aber, wenn Auszahlungen und Einzahlungen zeitlich divergieren. Die Höhe des Kapitalbedarfs eines Unternehmens hängt prinzipiell sowohl von der Höhe wie auch von der zeitlichen Abfolge von Ein- und Auszahlungen zusammen. Ein entstandener oder künftiger Kapitalbedarf muss so durch die Maßnahmen der Kapitaldeckung (Kapitalbeschaffung), d. h. der **Finanzierung** ausgeglichen werden. Das nächste Kapitel stellt die Möglichkeit der Bestimmung des Kapitalbedarfs, auch abhängig von der Entwicklung des Unternehmens vor.

2.1 Bestimmung des Kapitalbedarfs

Der Kapitalbedarf wird in der sog. **Kapitalbedarfsrechnung** ermittelt. Hierin ist zunächst zwischen dem Bruttokapitalbedarf und dem **Nettokapitalbedarf** zu unterscheiden. Dabei zeigt der Bruttokapitalbedarf den gesamten Kapitalbedarf, ohne dass vorhandene Deckung gegengerechnet wird, wobei im Nettokapitalbedarf bereits die vorhandene Finanzierung sowie die jeweiligen Einzahlungen berücksichtigt ist.

In der nachfolgenden Abb. 23 sind an einem exemplarischen Beispiel in den verschiedenen Monaten anfallende Auszahlungen aufgezeigt und der Bruttokapitalbedarf (verstanden als die zu einem bestimmten Zeitpunkt aufgelaufenen Auszahlungen) ermittelt. Ergänzt um die in den verschiedenen Monaten anfallenden Einzahlungen wird dann ebenfalls der Nettokapitalbedarf (verstanden als die zu einem bestimmten Zeitpunkt anfallende Differenz zwischen Auszahlungen und Einzahlungen) errechnet.[41]

Quartal	I	II	III	IV
Auszahlungen [T€]	45	15	31,5	34,5
Bruttokapitalbedarf = kumulierte Ausgaben [T€]	45	60	91,5	126
Einzahlungen [T€]	3	10,5	28,5	33
Einzahlungen kumuliert [T€]	3	13,5	42	75
Nettokapitalbedarf der Periode = Auszahlungen minus Einzahlungen [T€]	42	4,5	3	1,5
Nettokapitalbedarf = kumulierte Differenzen der Auszahlungen und Einzahlungen [T€]	42	46,5	49,5	51

Abbildung 23: Brutto- versus Nettokapitalbedarf

Quelle: Eigene Darstellung in Anlehnung an Zantow, R./Dinauer, J./Schäffler, C. (Finanzwirtschaft des Unternehmens 2016), S. 27.

41 Vgl. Zantow, R./Dinauer, J./Schäffler, C. (Finanzwirtschaft des Unternehmens 2016), S. 27.

Zur Verdeutlichung illustriert Abb. 24 das in Abb. 23 verwendete Zahlenbeispiel zur Ermittlung des Brutto- und Nettokapitalbedarfs im Zeitablauf in einer Treppenform.

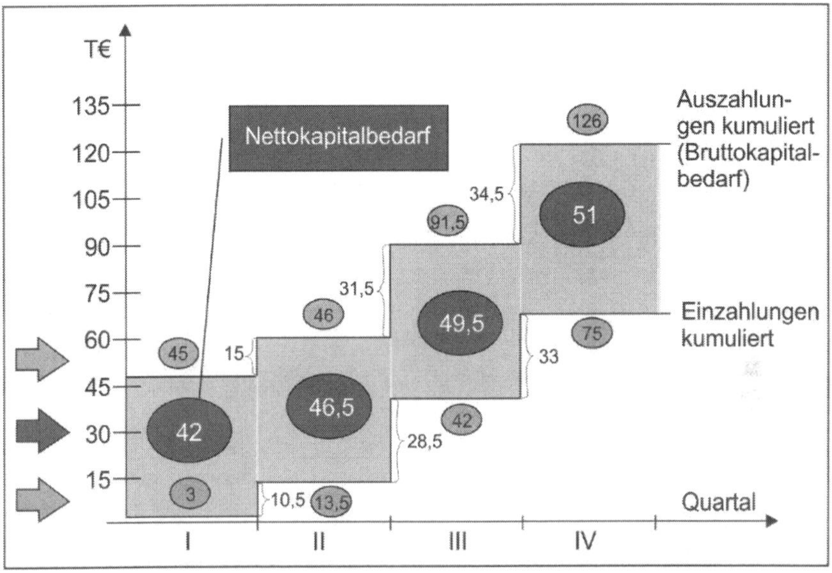

Abbildung 24: Grafische Darstellung des Brutto- und Nettokapitalbedarfs

Quelle: Eigene Darstellung in Anlehnung an Zantow, R./Dinauer, J./Schäffler, C. (Finanzwirtschaft des Unternehmens 2016), S. 28.

Wie aus Abb. 24 und auch bereits aus Abb. 23 hervorgeht, baut sich der Bruttokapitalbedarf in den ersten vier Quartalen auf und beläuft sich per Ende des letzten Quartals auf 126.000 €. Diesem Bruttokapitalbedarf stehen in diesen vier Quartalen anstehende Einzahlungen in Höhe von 75.000 € gegenüber. Rechnerisch ergibt sich per Ende des vierten Quartals eine Nettokapitalbedarf in Höhe von 51.000 €. Damit ergibt sich ein Bedarf der Finanzierung in dieser Höhe, der zur Deckung des Nettokapitalbedarfs von 51.000 € genügen muss.

Bei der Ermittlung des Kapitalbedarfs und dessen Verständnis ist die Erkenntnis wichtig, dass sowohl der absolute Kapitalbedarf als auch die zeitliche Dimension, also die Dauer der Kapitalbindung, berücksichtigt werden muss.

$$Kapitalbedarf = \frac{Umsatz\ p.a.}{Umschlagshäufigkeit\ p.a.}$$

Der aus dem Verhältnis von Umsatzerlösen zu Umschlagshäufigkeit ermittelte Kapitalbedarf spiegelt folgenden Zusammenhang wider: Der Nettokapitalbedarf ist umso geringer (höher), je höher (geringer) die Umsatzerlöse bei gegebener Umschlagshäufigkeit sind. Je langsamer die Umschlagshäufigkeit, desto höher der Nettokapitalbedarf und vice versa.

Beispiel:
Für unsere AMI CAT GmbH sei der Kapitalbedarf für das Warenlager für das kommende Jahr zu ermitteln. Der Umsatz betrage 250.000.000 € und die Umschlagshäufigkeit des Warenlagers ist 5 (5-mal im Jahr).

a) Errechnen Sie den Kapitalbedarf für das kommende Jahr:

$$Kapitalbedarf = \frac{Umsatz\ p.a.}{Umschlagshäufigkeit\ p.a.} = \frac{250.000.000\ €}{5} = 50.000.000\ €$$

b) Nun plant AMI CAT zu expandieren und eine Filiale eines Mitbewerbers für 5.000.000 € zu erwerben, ohne jedoch Mittel von außen aufzunehmen. Das Kapital soll vielmehr dadurch generiert werden, indem die Umschlagshäufigkeit des bestehenden Warenlagers erhöht wird. Wie hoch muss die Umschlagshäufigkeit im Altunternehmen zur Realisierung des Expansionsprojektes sein?
Der Kapitalbedarf im Altunternehmen für das Warenlager muss dazu um 5.000.000 € auf nun 45.000.000 € reduziert werden. Somit muss die jährliche Umschlagshäufigkeit des Lagers wie folgt erhöht werden, um das Projekt realisieren zu können:

$$Umschlagshäufigkeit\ p.a. = \frac{Umsatz\ p.a.}{Kapitalbedarf} = \frac{250.000.000\ €}{45.000.000\ €} = 5{,}56\ p.a.$$

Die Abhängigkeit von Kapitalbedarf, -bindung und -freisetzung wird im sog. Kapitalbedarf durch Außenfinanzierung ausgedrückt:

$$Kapitalbedarf\ durch\ Außenfinanzierung = Kapitalbindung > Kapitalfreisetzung$$

Ein Kapitalbedarf durch Außenfinanzierung ergibt sich dann, wenn die Kapitalbindung höher als die Kapitalfreisetzung ist. Dahinter steckt das Verständnis von Kapitalbedarf als Differenz lediglich bedingt durch leistungswirtschaftliche Cash Flows. Bei dieser Deutung wird Finanzierung verstanden als ein in der Leistungswirtschaft sich ergebender Kapitalbedarf, der als Außenfinanzierung durch Fremd- oder Eigenfinanzierung gedeckt wird.

Konzept des Unternehmenslebenszyklus

Der Kapitalbedarf, der durch Finanzierungsmaßnahmen gedeckt werden muss, ergibt sich nicht nur im Zeitablauf eines Investitionsprojektes, sondern insb. auch in der Evolution des Unternehmens. In der wirtschaftswissenschaftlichen Theorie wurde dazu das sog. **Konzept des Unternehmenslebenszyklus** als Forschungskonstrukt entwickelt. Das Unternehmenslebenszykluskonzept basiert darauf, dass die Unternehmensentwicklung einem idealtypischen Verlauf von Wachstum, Reife und Alter folgt. Generell versuchen Lebenszyklusmodelle die Unternehmensentwicklung mittels Entwicklungsprozesse aus der Biologie zu erklären. Die zugrunde gelegten prinzipiellen Phasen sind dabei Wachstum, Reife und Alter/Degeneration. Dies dient als Erklärungsansatz des allgemein zu beobachtbaren Phänomens, das Unternehmen im Markt neu entstehen, wachsen und wieder verschwinden. Der generelle sequenzielle Ablauf der idealtypischen Phasen ist auf viele Unternehmen übertragbar, auch wenn die Zeitspannen dieser einzelnen Entwicklungsphasen sehr unterschiedlich sind und auch von externen Faktoren wie Konjunkturphasen abhängen.

Allgemein lassen sich nach der jeweiligen Forschungsperspektive die folgenden Lebenszyklusmodelle unterscheiden:

1) Marktentwicklungsmodelle,
2) Metamorphose-Modelle,
3) Krisenmodelle,
4) Strukturveränderungsmodelle und
5) Verhaltensänderungsmodelle.

Marktentwicklungsmodellen liegt dabei die Annahme zugrunde, dass der Lebenszyklus von Produkten und ganzen Unternehmen synchron verläuft. Der Unternehmenslebenszyklus anhand von Absatz, Umsatz und Gewinn durchläuft die gleiche Entwicklung wie das angebotene Produkt: Mit der Sättigung des Marktes sinkt die Produktnachfrage, so dass die Nachfragerückgänge nur noch durch Preisnachlässe aufgefangen werden können, was schließlich zu Lasten des Gewinns geht.

Metamorphose-Modelle erklären die Unternehmensentwicklung als reines Durchlaufen der vorgegebenen Entwicklungsstufen. Nur die Strukturmerkmale der Organisation sind in den jeweiligen Stufen unterschiedlich. Es wird insgesamt weniger auf die gesamte Unternehmensentwicklung geachtet als vielmehr auf die Organisationsentwicklung.

Demgegenüber gehen **Krisenmodelle** davon aus, dass Unternehmen, um wachsen zu können, jeweils Kontrollkrisen in den einzelnen Phasen durchstehen müssen. Nach der herrschenden Meinung stoßen Unternehmen v. a. durch das Umsatzwachstum an Grenzen ihrer Struktur. Sowohl die Metamorphose-Modelle wie auch die Krisenmodelle orientieren sich auf die Strukturmerkmale von Organisationen und weniger auf das Zusammenspiel von Unternehmen und Markt.

Strukturänderungsmodelle fußen ebenfalls auf einem Durchlaufen von Entwicklungsphasen, die sich in punkto Organisationsstrukturen und Managementsystemen unterscheiden. Wie Krisenmodelle glauben sie, dass Strukturänderungen für zukünftiges Wachstum zwingend für den Unternehmenserfolg sind.

Verhaltensänderungsmodelle gehen als rein verhaltenswissenschaftliche Modelle davon aus, dass das Management seine Fähigkeiten bzw. sein Verhalten in Bezug auf Führung und Entscheidungsverhalten dem Unternehmen anzugleichen hat. Sonst kann das Unternehmen nicht wachsen.

Allgemein, d. h. bei jedem Modell gleichermaßen, wird der Lebenszyklus eines Unternehmens verstanden als die dynamische wirtschaftliche Entwicklung eines Unternehmens von der Gründung über das Wachstum bis hin zur Reife und möglichen Krise. Idealtypisch ist dabei das Durchlaufen der folgenden vier bzw. fünf Phasen (vgl. Abb. 25):

- Phase 1: Gründung
- Phase 2: Wachstum
- Phase 3: Reife
- Phase 4: Degeneration- vs. Revitalisierung

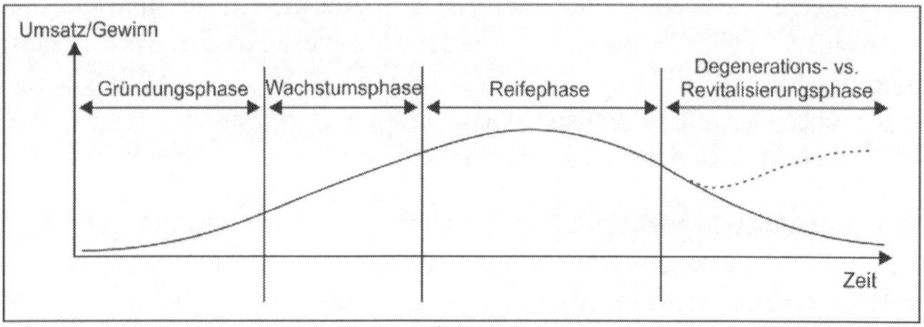

Abbildung 25: Das Konzept des Unternehmenslebenszyklus

Quelle: Eigene Darstellung.

Im Zeitablauf wird anhand der Kriterien Umsatz/Gewinn die Phase, in der sich ein Unternehmen gerade befindet, systematisiert (vgl. Abb. 25).

Grundsätzlich lassen sich dabei diese vier Phasen, die in der Realität durchaus Rückkopplungen und Sprünge in vor- und nachgelagerte Phasen aufweisen können, wie folgt beschreiben: In der Gründungsphase strebt ein junges Unternehmen an, eine überlebensfähige Organisation aufzubauen. In der sich anschließenden Wachstumsphase zielt es darauf ab, seine Marktposition zu festigen und erste/weitere Markterfolge zu erzielen. Damit geht einher, die Mitarbeiterzahl und den Umsatz erhöhen zu können. An diese Phase schließt sich eine Phase der Stabilität, die sog. Reifephase an, in der typischerweise solide betriebswirtschaftliche Ergebnisse erreicht werden. Die Reifephase ist einerseits der Höhepunkt der Unternehmensentwicklung, gleichzeitig aber auch eine Umbruchsphase. Es entscheidet sich, ob es dem Unternehmen gelingt, wieder auf Wachstumspfad zu kommen, oder aber ob sich durch fehlende Innovationen und bzw. oder gesättigte Märkte die Degenerationsphase anschließt. Die Degenerationsphase führt schließlich zu einer längeren Stagnation, die im schlimmsten Fall in die Unternehmensschließung mündet.

Folgt man also dem in Abb. 25 dargestellten idealtypischen Unternehmenslebenszyklusmodell, ergeben sich pro Lebensphase, und der damit verbundenen „typischen“ Vermögens-, Ertrags- und Finanzlage besondere Anforderungen an die Finanzierung und auch differenzierte Finanzierungsbedarfe des Unternehmens. Im Verlauf des Lehrbuches wird basierend auf den beschriebenen Lebensphasen in

1) Startup (oder Gründungs-)Unternehmen,
2) Wachstumsunternehmen,
3) Etablierte Unternehmen und
4) Krisenunternehmen

unterschieden. Eine grafische Darstellung leistet Abb. 26.

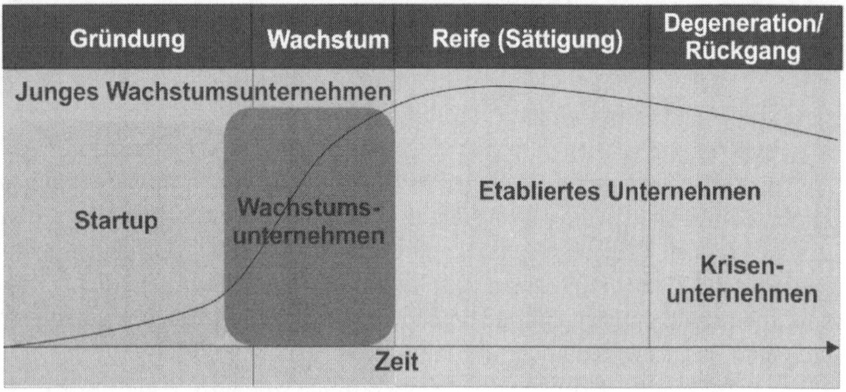

Abbildung 26: Unternehmensphasen nach dem Lebenszyklusmodell
Quelle: Eigene Darstellung.

Die Besonderheiten und Herausforderungen dieser Unternehmen, insb. in Bezug auf den Kapitalbedarf und die Notwendigkeit der Finanzierung, werden in den nachfolgenden Kapiteln beleuchtet.

2.2 Start-up-Unternehmen

Aufbauend auf dem Phasenmodell, das im vorherigen Kapitel beschrieben wurde, entsteht typischerweise der erste Kapitalbedarf eines Unternehmens anlässlich der Unternehmensgründung, also der Errichtung des sog. Start-up-Unternehmens. Als **Start-up** oder **Gründungsunternehmen** werden dabei junge, noch nicht etablierte Unternehmen bezeichnet. Typisch ist dabei weiterhin, dass diese Unternehmen erstmalig den Markt mit der Verfolgung der unternehmerischen Gewinnerzielung betreten, also neu aufgebaut werden.[42] In Deutschland besteht nach wie vor ein positiver Trend von Unternehmensgründungen. Laut Daten des Statistischen Bundesamtes liegt die Zahl der Gewerbeanmeldungen in 2017 bei 676.977; die Zahl der Abmeldungen liegt mit 637.515 um ca. 6 % niedriger als die Anmeldungen.

Aus betriebswirtschaftlicher Sicht basiert der Erfolg von Start-up-Unternehmen in der ersten Phase ihrer Geschäftstätigkeit meist auf nur wenigen Nutzenpotenzialen, die sich häufig in einem neu entstehenden Markt befinden

[42] Definitionsgemäß dient die Gründung bzw. die Errichtung eines Start-ups durch den oder die Gründer der Aufnahme der unternehmerischen Tätigkeit zum Aufbau einer selbständigen Existenz mit Gewinnerzielungsabsicht.

und/oder an Innovationen (z. B. technologischer Natur) ausgerichtet sind. Start-up-Unternehmen sind entsprechend meist sehr abhängig vom Humankapital des oder der Gründer und weisen gegenüber externen Anspruchsgruppen (Stakeholdern wie Banken oder Lieferanten) wenige Nutzenpotenziale auf. Dieses erhöhte Risiko wird verstärkt durch die Tatsache, dass in der ersten Lebensphase, der Gründungsphase (vgl. Abb. 27) zugleich sowohl das Geschäftsvolumen als auch die Margen zumeist eher gering ausfallen. Somit hat in dieser Phase auch v. a. der Unternehmensgründer ein hohes Maß, insb. im Vergleich zu etablierten Unternehmen, an wirtschaftlichen Risiken zu tragen: Das Geschäftsmodell ist neu und noch wenig etabliert bzw. es liegen kaum bis keine vergangenheitsbezogenen Erfahrungen oder Referenzdaten vor. Start-up-Unternehmen haben also meist eine nur unzureichende Ausstattung an finanziellen Mitteln, gleichzeitig aber einen hohen Investitionsbedarf bei der Errichtung des Geschäftsbetriebs.

Zentraler und häufig kritischer Erfolgsfaktor von Start-up-Unternehmen ist so die **Finanzierung der Gründungsphase** bzw. der Zugang zu Finanzmitteln.

Im Markt besteht meist die Forderung nach einer hohen Eigenkapitalfinanzierung der Start-up-Unternehmen zum Ausgleich für die erhöhten Risiken, d. h. nach einer hohen Eigenkapitalquote. Abhängig von der Rechtsform des Start-up-Unternehmens ist ein wesentlicher Anteil am Gründungskapital als Eigenkapital vorgeschrieben. So muss bei der Gründung einer Kapitalgesellschaft ein gesetzlich vorgeschriebenes Mindestkapital (Stammkapital bei der GmbH, Grundkapital bei der AG) als gezeichnetes Kapital vorhanden sein. Dieses erste Gesellschaftsvermögen besteht meist nur aus der unbedingt notwendigen Betriebs- und Geschäftsausstattung; die Finanzmittel zur Inbetriebnahmen des Geschäftsbetriebes werden dann für das gesamte Anlagevermögen genutzt. Wird das Start-up-Unternehmen als Personengesellschaften gegründet, ist kein Mindestkapital vorgeschrieben. Stattdessen fungiert mindestens eine natürliche Person als persönlich haftender Gesellschafter für die Verbindlichkeiten des Unternehmens.

Die folgende Darstellung widmet sich der bekannten Systematisierung der möglichen Finanzierungsformen, den oben genannten drei Finanzierungsphasen folgend:[43]

[43] Die moderne Finanzierungstheorie unterteilt die Finanzierungsphasen bei Start-up-Unternehmen zumeist in drei Abschnitte: Seed-Finanzierung, Start-up-Finanzierung und First-Stage Finanzierung.

Die **erste Finanzierungsphase**, die sog. Seed-Finanzierungsphase[44] (häufig auch als Early Stage-Phase bezeichnet) beginnt vor der eigentlichen Errichtung des Start-up-Unternehmens, also vor Gründung und ist damit sogar der eigentlichen Startup-Phase vorgelagert.[45] In dieser Phase sind folgende Meilensteile zu finanzieren: die Geschäftsidee inklusive Konzeptionsentwicklung, die Durchführung von Machbarkeitsstudien, die Erstellung eines sog. Business Plans[46] und dann schließlich die eigentliche Errichtung des Unternehmens. Diese Phase, die der Beschaffung von sog. **Seed Capital** dient, bedient also den ersten Kapitalbedarf in der Frühphase der Unternehmensentwicklung (also in der Vorgründungs- und Gründungsphase) und ist als Teilmenge der Gründungsfinanzierung anzusehen. Welche Finanzierungsinstrumente und -quellen in der Seed Phase anwendbar sind, wird stark von den Besonderheiten des jeweiligen Unternehmens bestimmt. Hierbei ist nochmal klar herauszustellen, dass Start-up-Unternehmen am Beginn ihres Lebenszyklus (vgl. Abb. 25) aufgrund ihrer kurzen Historie nur sehr schlecht verlässliche Prognosen der zukünftigen Entwicklung aufstellen können, was ihnen grundsätzlich die Erschließung von Finanzierungsquellen erschwert. Zudem verfügen sie kaum über Vermögenspositionen des Anlagevermögens, die etwa als Sachsicherheiten dienen könnten. Umsätze aus dem Markt sind zumeist noch nicht bzw. nur in geringem Maße vorhanden, so dass auch nur geringe Liquiditätsreserven vorliegen. Das schränkt die Zahlung laufender Entgelte stark ein.

Dennoch stehen den Start-up-Unternehmen verschiedene Finanzierungsquellen und -instrumente zur Auswahl, die nachfolgend diskutiert werden. Der üblichen Systematisierung folgend wird beim Seed Capital auch im Wesentlichen in **Fremdfinanzierung** und **Eigenfinanzierung** unterschieden.

Finanzierungsinstrumente in der Seed-Phase

- **Fremdfinanzierung**: Die Aufnahme von Fremdkapital kann in Form **öffentlicher Finanzierungsmittel** (sog. Gründungsförderung) erfolgen.

[44] Seed-Finanzierung kann auch mit Samen-Finanzierung ins Deutsche übersetzt werden. Oftmals wird auch das englische Synonym Early-Stage-Financing verwendet, was wiederum mit Frühfinanzierung übersetzt werden kann.

[45] Die Finanzierung in der Seedphase hat z. B. das Ziel einen Produkt-Prototypen zu entwickeln, der dann vom Start-up-Unternehmen auf den Markt gebracht werden kann und schließlich die Unternehmensgründung ermöglichen soll.

[46] Ein Businessplan ist ein Dokument bzw. ein Konzeptpapier, in dem die gegenwärtigen oder geplanten Aktivitäten eines Unternehmens festgehalten und die Ziele dargestellt und erläutert werden. Auch enthalten sind ein Zeitplan und eine Darstellung, wie diese Ziele innerhalb einer bestimmten Zeit erreicht werden können.

Diese als Fremdkapital konzipierten Finanzierungshilfen werden in verschiedenen Formen und Ausgestaltungsmöglichkeiten gewährt. In Deutschland sind dies zumeist **zinsgünstige Kredite, Bürgschaften oder Haftungsfreistellungen**.

Bei diesen drei grundlegenden Konzepten erfolgt die Finanzierungsunterstützung auf unterschiedliche Weise: Die zinsgünstigen Darlehen minimieren die Zinsbelastung des Start-up-Unternehmens in der Frühphase des Unternehmenslebenszyklus, die mangelnden Sicherheiten werden ausgeglichen und zudem wird die Eigenkapitalquote durch gewisse eigenkapitalähnliche Komponenten erhöht.

- Durch **zinsgünstige Kredite oder Darlehen**, deren Zins unter dem Marktniveau liegt, fällt die Zinsbelastung für das Start-up-Unternehmen vergleichsweise gering aus, was dem Unternehmen insb. in Liquiditätsengpässen in der Seed-Phase sehr entgegenkommen kann. So sind diese Förderdarlehen zumeist auf die Besonderheiten der Seed-Phase angepasst. Häufig können tilgungs- und z. T. sogar zinsfreie Startjahre eingeräumt werden. So lässt sich die Liquidität des Start-up-Unternehmens in den Anfangsjahren stärken (neben den günstigen Finanzierungskosten). Bei diesen öffentlichen Förderprogrammen ist jedoch kritisch zu sehen, dass die Verfügbarkeit eingeschränkt und die Antragstellung zum Teil langwierig und bürokratisch ist.
- Abhängig von der Ausgestaltung der öffentlichen Programme verbleibt das dem Kreditgeschäft so typische Ausfallrisiko zum Teil bei der Hausbank des Start-up-Unternehmens. Zur Minderung des Ausfallrisikos verlangt diese vom Unternehmen gewisse Sicherheiten, wie etwa Grundschulden, Bankguthaben oder auch Bürgschaften von Dritten. Programme von Förderinstituten unterstützen nun die Fremdkapitalaufnahme, indem sie sog. **Haftungsfreistellung** gewähren. Dadurch trägt das öffentliche Förderprogramm einen gewissen Anteil des Ausfallrisikos. Diese Maßnahme unterstützt die Sicherheiteneinschätzung, so dass die Hausbank des Start-up-Unternehmens eher zur Kapitalüberlassung bereit sein wird.

  Daneben könnte auch eine **Bürgschaft** gewährt werden. Die Bürgschaftsbanken der Länder bieten für Existenzgründer, Unternehmen und Freiberufler verschiedene Bürgschaften an, damit Kredite nicht an zu geringen Sicherheiten scheitern.
- Wie bereits in Kapitel 1 diskutiert, bestimmt eine gute Eigenkapitalausstattung (Eigenkapitalquote als Bilanzkennzahl) die Bonität und damit Kreditwürdigkeit eines Unternehmens. Bei vielen Existenzgründungen

und dabei insb. in einer sehr frühen Entwicklungsphase des Unternehmens ist die Eigenkapitalquote wie dargestellt jedoch typischerweise sehr gering, was die Bereitschaft der Kreditvergabe eines Fremdkapitalgebers zum Teil stark einschränkt. So sind die klassischen Fremdkapitalarten, wie etwa der Bankkredit oder das Darlehen, in der Seed-Phase kaum oder nur begrenzt umsetzbar, da Start-up-Unternehmen meist über keine oder nur geringe Sicherheiten verfügen. Bankkredite bedingen zumeist die persönliche Haftung des Gründers oder angegliederter Personen als Sicherheit. Für die klassischen Kreditfinanzierungsmöglichkeiten sei auf das vierte Kapitel dieses Lehrbuches verwiesen.

Allerdings schaffen auch hier Förderprogramme Abhilfe, die Darlehen in Form von sog. Nachrangdarlehen oder anderen eigenkapitalartigen Produkten zur Verfügung stellen. Da diese Formen Eigenkapitalcharakter aufweisen, verhelfen sie dem Start-up-Unternehmen zu einer **Stärkung der wirtschaftlichen Eigenkapitalbasis**. Diese Maßnahme beruht darauf, dass diese Darlehen meist in den fünf Anfangsjahren nicht getilgt werden müssen und die kapitalgebende Bank komplett haftungsfrei gestellt wird, d. h. kein Ausfallrisiko hat.

- **Eigenfinanzierung:** Eigenkapital mit seinen typischen Eigenschaften (vgl. Kapitel 1.1.1) wäre für die Gründungsfinanzierung ideal. Bei Gründern erfolgt die Eigenfinanzierung generell meist durch interne oder externe Formen der **Beteiligungsfinanzierung**.
  - Die entscheidende Finanzierungsquelle in der Seed-Phase ist zunächst der Unternehmensgründer selbst. Bei dieser Form der **Eigenfinanzierung** erbringt der Gründer meist eine interne Beteiligung in Form einer Sacheinlage, unentgeltlicher Arbeitseinsatz (in der Literatur auch als *Sweat Equity* bezeichnet). Das eingebrachte Kapital reicht jedoch häufig nicht, so dass weitere Formen der Eigenfinanzierung hinzugezogen werden müssen.[47] Die Beteiligung kann durch Familienmitglieder oder Freunde des Gründers erfolgen (sog. Family-and-Friends-Kapital). Allerdings werden die Beiträge zur Finanzierung meist ebenfalls begrenzt sein.
  - Im Gegensatz zur internen Beteiligungsfinanzierung in der Seed-Phase stehen verschiedene Ausgestaltungsmöglichkeiten der **externen Beteiligungsfinanzierung**: Hierbei wird der bestehende Gesellschafterkreis

[47] Selbstfinanzierung umfasst, wie bereits ausführlich dargestellt, als Form der Innenfinanzierung die Eigenschaft des Unternehmens, sich aus eigener Kraft (etwa aus dem Umsatzprozess) zu refinanzieren.

des oder der Gründer und seiner Familie um weitere, externe Gesellschafter erweitert, die sich i. d. R. mit Kapital am Unternehmen beteiligen und dafür Gesellschafteranteile erwerben. Zu nennen sind die prominenten Möglichkeiten der Eigenkapitalfinanzierung durch vermögende Investoren, die sich direkt, d. h. ohne Mittler, an einem Unternehmen beteiligen und so Kapital einbringen. Diese vermögenden Privatpersonen werden Business Angels genannt. Neben der Bereitstellung von Kapital in der Seed-Phase wird dem Start-up-Unternehmen darüber auch häufig Know-how und Zugang zu dem professionellen Netzwerk des Business Angels gewährt (vgl. Kapitel 3.4.3). Eine weitere Möglichkeit ist die Nutzung **öffentlicher Beteiligungsprogramme**. Denn neben den privatwirtschaftlichen Anbietern von Beteiligungskapital gibt es ein recht großes Spektrum an Förderprogrammen der öffentlichen Hand. Diese meist durch staatliche Institutionen bereitgestellten Programme der Gründungsfinanzierung werden in Deutschland vorrangig von der Kreditanstalt für Wiederaufbau (KfW), dem Bund und den Ländern angeboten. Ebenfalls nennenswert ist hier der High-Tech Gründerfonds, zu dessen Investoren u. a. das Bundesministerium für Wirtschaft und Technologie, die kfw Mittelstandsbank, BASF, BOSCH, Deutsche Post DHL oder LANXESS zählen.[48]

- Mezzanine-Kapital: Neben dem klassischen Finanzierungsmix aus den Finanzierungen in Reinform, Eigen- oder Fremdfinanzierung, hat sich insb. bei der Gründungfinanzierung eine Zwischenform etabliert (vgl. Kapitel 1.1.1). Durch diese Zwitterstellung und Brückenfunktion zwischen Eigen- und Fremdkapital ist diese Kapitalart als Seed Capital insb. bei sehr innovativen Geschäftsideen von Start-up-Unternehmen beliebt. Denn aufgrund des vergleichsweise noch höheren Risikos ist der Eigenkapitalbedarf höher und stellt einen noch größeren Engpass dar.

Die **zweite Finanzierungsphase** von Start-up-Unternehmen, die sog. Start-up-Finanzierungsphase, beinhaltet die Phase der Gründung des Unternehmens bis zur Einführung der Produktmarke. Dies beginnt bei der Forschung und Entwicklung des Konzepts bis zum tatsächlichen Aufbau der Produktion und des Vertriebsapparates. Es beginnt die Kundenakquisition, in deren Verlauf sich häufig weitere Finanzierungsnotwendigkeiten ergeben. Es ergibt

[48] Seit 2005 hat der High-Tech Gründerfonds insgesamt mehr als 160 Exits & IPOs, 700 Investments mit rund 1,4 Mrd. € Fondsvolumen begleitet und als Seed-Investor bereits 700 Start-ups aus den Bereichen Industrial Tech, Digital Tech sowie Life Sciences und Chemie finanziert. Vgl. High-Tech Gründerfonds in https://high-tech-gruenderfonds.de/de/, Abruf vom 05.04.2023.

sich ein großer Kapitalbedarf, der die Erfordernisse der Seed-Finanzierungsphase meist übersteigt. Die Aufwendungen des Unternehmens steigen, ohne dass trotz erster Umsatzerlöse größere Einnahmen zu deren Deckung gegenüberstehen. Das Finanzmittel zur Durchführung der Investitionen wird meist noch immer privat eigenfinanziert. Daneben ist eine noch häufigere Form der externen Beteiligungsfinanzierung die Finanzierung durch **Venture Capital**. Dies ist ebenso als Eigenfinanzierung zu charakterisieren, jedoch im Gegensatz zu der Kapitalerbringung durch einen Business Angel (Privatperson), wird Venture Capital in Zielunternehmen (hier Start-up-Unternehmen) von professionellen Gesellschaften, sog. Venture Capital-Gesellschaften zur Verfügung gestellt. Mit dem Venture Capital wird das vorhandene Eigenkapital des Start-up-Unternehmens gestärkt gegen die Gewährung von Beteiligungsrechten. Die Funktionsweise und auch die Motivation dieser Beteiligungsgesellschaften wird in Kapitel 3.4.3 ausführlich erläutert und diskutiert.

Die Fremdkapitalgeber verhalten sich allerdings nach wie vor häufig eher restriktiv. Dies liegt an der beschriebenen Unterkapitalisierung der Start-up-Unternehmen und dem zugleich hohen Risiko für Kapitalgeber aufgrund des meist geringen Geschäftsvolumens und der bis dato kurzen „Lebensdauer“ dieser Unternehmen. Aufgrund der vielfältigen Risiken ist eine Stand-alone-Fremdfinanzierung durch eine Bank zumeist nicht realisierbar.

Bei allen drei Finanzierungsphasen gewinnt das Finanzierungsinstrument Crowdfunding, das in Kapitel 3.3 erläutert wird, zunehmend an Bedeutung und weist häufig Merkmale des Mezzanine-Kapitals auf.

Abschließend sei erwähnt, dass die Finanzierung von Start-up-Unternehmen nicht nur aus betriebswirtschaftlicher Sicht von großer Bedeutung ist. Insbesondere aus volkswirtschaftlicher Sicht ist sie enorm wichtig, da durch sie die Innovationskraft, der technische Fortschrift und auch Wachstum und damit Beschäftigung einer Volkswirtschaft erst ermöglicht werden. So können etwa durch die Expansion von Start-up-Unternehmen und dem Unternehmenswachstum im Unternehmenslebenszyklus Arbeitsplätze entstehen, Steuereinnahmen generiert und nicht zuletzt die internationale Wettbewerbsfähigkeit des nationalen Marktes gesichert werden.

2.3 Wachstumsunternehmen

Im Lebenszyklus ist die Wachstumsphase sehr wichtig und folgt typischerweise unmittelbar auf die Gründungsphase. Dem Unternehmenslebenszykluskonzept folgend, zeichnen sich Unternehmen in ihrer Wachstums- oder Expansionsphase (also: Wachstumsunternehmen) v. a. dadurch aus, dass sie den Markt erfolgreich durchdringen. Sehr wichtig für Wachstumsunternehmen ist hierbei, ihren Marktanteil auszubauen und neue Kunden durch ein breiteres Vertriebsnetz zu gewinnen. Dazu muss das Unternehmen in allen Bereichen seine Kapazitäten erhöhen, um die Weiterentwicklung des Unternehmens hinsichtlich Absatz, Marketing und etwaiger Produktionsstätten voranzutreiben. Häufig wird nun die Geschäftsführung aufgestockt, um auch die erhöhten Managementanforderungen erfüllen zu können.

Während die der Wachstumsphase vorangegangene Startup-Phase durch einen hohen Investitionsaufwand zur Gewinnung notwendiger Ressourcen charakterisiert war, dem meist nur geringe Umsätze gegenüberstanden, können nun steigende Umsatzerlöse zum angesprochenen Ausbau der Produktionskapazitäten und Vertriebssysteme verwendet werden.[49] Das ehemalige Start-up-Unternehmen hat die schwierige Phase vor Erreichen der Gewinnschwelle erfolgreich überlebt und es wird der erste positive Cash Flow erzielt, wenn auch typischerweise erst in der zweiten Hälfte dieser Phase.

Der operative Kapitalbedarf von Wachstumsunternehmen kann durch Eigenfinanzierung wie auch durch Fremdfinanzierung erfüllt werden. Er lässt sich in **Anlage- und Umlaufkapitalbedarf** einteilen, abhängig davon, ob in Bestände des Anlage- oder des Umlaufvermögens investiert werden soll.

Der **Anlagekapitalbedarf**, also der Kapitalbedarf für Investitionen ins Anlagevermögen der Wachstumsunternehmen, ist abhängig von der geplanten Betriebsgröße aber auch von der Branche des Unternehmens. Mit dem Anlagekapitalbedarf werden etwa Finanzierung von Grundstücken, Betriebsgebäuden, Unternehmensbeteiligungen oder Maschinen finanziert. Auch sind Innenfinanzierungsformen, wie etwa im Cash Flow freigesetzte Abschreibungen für den Anlagekapitalbedarf denkbar (vgl. Kapitel 1.1.2).

Demgegenüber lässt sich der **Umlaufkapitalbedarf** deutlich schwieriger ermitteln. Er wird bedingt durch die Umschlagshäufigkeit der Produkte/

[49] Die wachsende Unternehmensgröße macht eine Standardisierung und Professionalisierung aller operativen Systeme und Abläufe notwendig.

Dienstleistungen. Startpunkt ist der Kauf der Roh-, Hilfs- und Betriebsstoffe, die für die Produktion notwendig sind. Dann folgt die Lagerhaltung, die erst mit der Lagerdauer der Fertigerzeugnisse abgeschlossen wird. Die Umsatzerlöse, die aus dem Verkauf der Fertigerzeugnisse generiert werden, können dann für den operativen Kapitalbedarf (als Form der Selbstfinanzierung) eingesetzt werden. Unternehmen bspw. der Baubranche haben aufgrund der vergleichsweisen langwierigen Produktionszyklen eine sehr geringe Umschlagshäufigkeit. Somit ist ihr produktionsbedingter Kapitalbedarf hoch. Demgegenüber fließt bei Unternehmen mit einer hohen Umschlagshäufigkeit (Lebensmitteleinzelhandel, Just-in-time-Produktion) das gebundene Kapital durch Umsatzerlöse schneller zurück. Somit ist hier der Kapitalbedarf deutlich geringer.

Grundsätzlich gilt, dass im Verlauf eines neugegründeten Unternehmens der absolute Kapitalbedarf von der Vorgründungsphase über die Gründungs- bis hin zur Wachstumsphase wegen des kontinuierlichen Unternehmenswachstums idealtypisch kontinuierlich ansteigt.

Steht nun der operative Kapitalbedarf fest, beginnt die Suche nach Finanzierungsquellen und Ausgestaltungsformen. Dabei wird es immer entscheidender für Wachstumsunternehmen, einen ausreichenden Puffer an Liquidität aufzubauen und sicherzustellen. Denn das bereits dargestellte finanzwirtschaftliche Ziel der Liquidität wird neben dem Primärziel der Rentabilität für das gesunde Wachstum des Unternehmens wie auch das angestrebte Etablieren im Markt entscheidend. Auch gewinnt die Gestaltung der Kapitalstruktur zunehmend an Bedeutung. Es ist nicht nur wichtig, überhaupt Kapital zu generieren, sondern wie bereits am Leverage-Effekt deutlich geworden ist, kann die Gestaltung der Kapitalstruktur einen erheblichen Einfluss auf die Eigenkapitalrentabilität wie auch die Refinanzierungskosten haben.

Insgesamt ist es als sehr positiv zu beurteilen, dass bei Wachstumsunternehmen die Möglichkeiten der Kapitalbeschaffung deutlich gewachsen sind. Dabei ist anzumerken, dass aufgrund der entweder noch nicht oder gerade erst erreichten Gewinnschwelle meist die Instrumente der Innenfinanzierung auch bei Wachstumsunternehmen noch nicht zur Verfügung stehen. Deswegen kommen typischerweise lediglich Finanzierungsinstrument der **Außenfinanzierung** in Frage:

Eigenfinanzierung bei Wachstumsunternehmen

Zur Stärkung der Eigenkapitalbasis können Wachstumsunternehmen etwa weiteres **externes Beteiligungskapital** akquirieren und nutzen. Eigenkapitalfinanzierung von Business Angels ist dabei in der fortgeschrittenen Lebensphase von Wachstumsunternehmen eher nicht mehr möglich; vielmehr unterstützen Business Angels (Early-Stage-Finanzierung) nur sehr früh im Unternehmenslebenszyklus, häufig sogar noch vor der eigentlichen Gründung. Somit kommt diese Finanzierungsform für Wachstumsunternehmen meist nicht mehr in Frage. Vielmehr und verstärkt ist dafür jedoch die externe Beteiligungsfinanzierung durch **Venture Capital-Unternehmen** möglich. Diese professionellen Beteiligungsunternehmen beteiligen sich an erfolgsversprechenden Zielunternehmen (Portfoliounternehmen). In den vergangenen Jahren hat Venture Capital als Instrument zur Wachstumsfinanzierung erheblich an Bedeutung gewonnen; dabei ist auch das Finanzierungspotenzial für Wachstumsunternehmen erheblich gestiegen. Die Funktionsweise und auch die Motivation dieser Beteiligungsgesellschaften wird in Kapitel 3.4.3 ausführlich erläutert und diskutiert.

Eine weitere sehr interessante innovative Finanzierungsform für die Beschaffung von Kapital in der Wachstumsphase stellt Crowdfunding (vgl. Kapitel 3.3) dar.

Fremdfinanzierung bei Wachstumsunternehmen
Meist startet in der Wachstumsphase sogar die aktive Suche nach klassischen Fremdkapitalgebern. Denn die Fremdfinanzierung ist erstmalig im Unternehmenslebenszyklus in größerem Umfang umsetzbar und auch empfehlenswert (vgl. die Friktion bei der Aufnahme von Fremdkapital, beschrieben in Kapital 2.1). Allerdings ist anzumerken, dass gleichzeitig immer mehr Fremdkapitalgeber, etwa Kreditinstitute, auf eine ausreichende Ausstattung an Eigenkapital als Risikopuffer achten und dies fordern. Denn trotz rasch steigender Umsätze hat das Wachstumsunternehmen den Breakeven der Gewinnschwelle zu Beginn der Phase meist noch nicht erreicht. Allgemein hat die **Kreditvergabe** an Unternehmen und Selbstständige in Deutschland in den letzten Jahren zugenommen; sowohl das Verarbeitende Gewerbe als auch die Dienstleister verzeichneten Zuwächse (insb. Maschinenbau/Auto bzw. die immobiliennahen Branchen aber auch unternehmensnahe Dienstleistungen), was zeigt, dass die Fremdkapitalaufnahme über Kredite für quasi sämtliche Wachstumsunternehmen eine wesentliche Finanzierungsquelle darstellt.

Auch empirisch zu beobachten ist, dass das Wachstum der Kreditfinanzierung ebenfalls durch die Substitution von Kapitalmarkt- durch Kreditfinanzierung getragen ist. So brachen Anleiheemissionen nach dem bisherigen Höhepunkt jüngst deutlich ein. Aktienemissionen sowie Commercial Paper stagnierten praktisch. Lediglich Leasing als Finanzierungsform findet nach wie vor einen wachsenden Anklang.

Leasing, in seiner Grundkonzeption vorgestellt in Kapitel 1.1.3, zählt zu den „Ersatz-Krediten" (Kreditsubstituten). Prinzipiell wird dem Unternehmen das Gut, die Ware bereits zu Anfang des Leasings zur Verfügung gestellt und der Leasingnehmer zahlt während der vertraglich vereinbarten Nutzungsdauer eine Leasingrate. Insbesondere ist das operative Leasing in der Wachstumsphase bei Unternehmen sehr beliebt. Bei den operativen Finanzierungsmöglichkeiten ist kennzeichnend, dass die Kapitalbeschaffung unmittelbar mit dem Betriebsvermögen und dem operativen Geschäft zusammenhängt. Dies ermöglicht Wachstumsunternehmen so Wachstum, ohne gleich zu Beginn die vollen Anschaffungskosten tragen bzw. finanzieren zu müssen. Vielmehr kann das Wachstumsunternehmen die Vermögensgegenstände als Leasingnehmer direkt in vollem Umfang gegen ein Entgelt betrieblich nutzen. Als rechtlicher Eigentümer des Objektes erhält der Leasinggeber vom Leasingnehmer regelmäßige Zahlungen, die die Anschaffungs- und Finanzierungskosten des Leasinggebers zuzüglich eines Gewinnaufschlags ausmachen.

Ähnlich zum Leasing stellt auch **Factoring** ein sog. Kreditsubstitut dar. Es zählt gleichermaßen zur Fremdfinanzierung, auch wenn kein „echter" Kredit vergeben wird. Im Kontext eines Rahmenvertrags übernimmt der Factoring-Dienstleister, der sog. Factorer, im Voraus die Forderungen an Kunden des Unternehmens. Erst zu einem späteren Zeitpunkt begleichen die Kunden ihre Verbindlichkeiten an den Factorer. Die Kreditvergabe besteht also ökonomisch in einer Überbrückung oder Vorfinanzierung zwischen der offenen Forderung und dem tatsächlichen Zahlungseingang. Denn ein Wachstumsunternehmen kann über einen Rahmenvertrag den laufenden Verkauf bestimmter kurzfristiger Forderungen (typischerweise Forderungen aus Lieferung und Leistung) an einen sog. Factor abschließen, wodurch der Factor sich verpflichtet, dem Unternehmen diese Forderungen über die gesamte Vertragslaufzeit abzukaufen, was dem Unternehmen somit Liquidität einbringt. Es wird in diesem Zusammenhang zwischen echtem und unechtem Factoring unterschieden. Während beim echten Factoring der Factorer das Ausfallrisiko übernimmt, verbleibt dieses beim unechten Factoring beim Factoringnehmer.

Eine weitere Möglichkeit, insb. für Wachstumsunternehmen, für die die klassische Finanzierung ihrer Investitionsvorhaben und -projekte noch problematisch ist, stellt die **Projektfinanzierung** dar. Darunter subsumiert man Finanzierungstechniken oder strukturierte Finanzierungsformen, die insb. bei volumensmäßig großen und innovativen Projekten zum Einsatz kommen. Als Form der Fremdfinanzierung und zugleich Außenfinanzierung erfolgt bei der Projektfinanzierung die Finanzierung über eine sich selbst tragende Wirtschaftseinheit, etwa ein Special Purpose Vehicle oder eine Projektgesellschaft.

Die Projektfinanzierung dient i. d. R. großvolumigen Investitionsvorhaben, die ihre Kreditrückzahlungen allein aus den erwarteten, künftigen Erträgen aus dem zu finanzierenden Projekt selbst durchführen. Die Projektfinanzierungen werden meist durch mehrere Projektbeteiligte gemeinsam verwirklicht. Dazu wird von den Beteiligten nur für ein Investitionsvorhaben üblicherweise eine rechtlich und wirtschaftlich selbstständige Projektgesellschaft (vorgenannte sich selbst tragende Wirtschaftseinheit, etwa in der Form eines Special Purpose Vehicles) gegründet. Die Geschäftsführung der Projektgesellschaft wird zumeist an eine Betreibergesellschaft übertragen. Das Eigenkapital der Projektgesellschaft kommt von den sog. Sponsoren (meist institutionelle Investoren), während das Fremdkapital durch die Gesellschaft aufgenommen wird. Damit qualifiziert die Projektfinanzierung zwar mehrheitlich als Fremdfinanzierung, sie enthält typischerweise auch Eigenkapital und ist damit eine gewisse Zwischenform.

Die Mittelvergabe der Kreditgeber zielt darauf ab, dass die künftigen Cash flows aus dem zu finanzierenden Projekt nicht nur die laufenden Kosten der Finanzierung, sondern auch den Kapitaldienst und damit die Rückzahlung des Finanzierungsbetrages zu decken vermögen.

Weil der **Kapitalbedarf bei Projektfinanzierungen** meist sehr hoch ist, erfolgt die Finanzierung meist nicht nur von einer Bank. Denn aufgrund des zumeist relativ hohen Kreditvolumens erfolgt die Kreditvergabe nicht als bilaterale Finanzierung (durch eine Bank allein), sondern wird meist als strukturierte Finanzierung in der Form eines Konsortialkredites arrangiert. Die Finanzierung ist typischerweise langfristig und auf die erwarteten, künftigen Cash Flows des Projektes abgestimmt, welches zumeist auch einen längerfristigen Zeithorizont umfasst. Die erwirtschafteten Überschüsse fließen zunächst in die Durchführung des Projektes. Erst dann erfolgen die Zins- und Tilgungsleistungen an die Kreditgeber; was übrig bleibt wird an die Eigenkapitalgeber ausgeschüttet. Diese Reihenfolge der Zuteilung nennt man Wasserfallprinzip (vgl. nachfolgende Abb. 27).

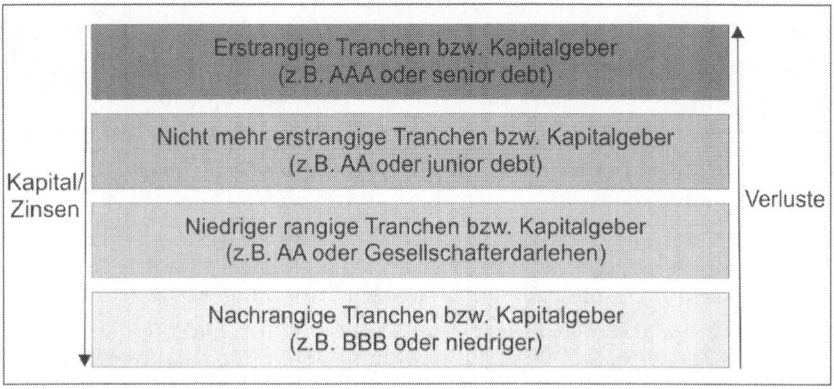

Abbildung 27: Wasserfallprinzip

Quelle: Eigene Darstellung.

Das **Wasserfallprinzip** bedeutet, dass üblicherweise die eingehenden Zahlungen aus den Erträgen in einer festen Reihenfolge an die Kapitalgeber verteilt werden. Vorrangige Kapitalgeber bzw. Tranchen erhalten dabei als erste Zahlungen auf ihre Ansprüche auf Kapital und Zinsen. Anschließend werden die nachrangigen Tranchen bzw. Kapitalgeber bedient. Als Wasserfall wird es deshalb bezeichnet, weil die Verteilung der Ausschüttungen quasi von oben nach unten erfolgt und je nach Stellung im Wasserfall erhalten die Kapitalgeber also eine risikoabhängige Verzinsung (mit der Nachrangigkeit steigt typischerweise die Risikoprämie im Zins an). Bei Verlusten hingegen wird genau andersherum vorgegangen, d. h. etwaige Verluste werden zuerst den nachrangigen Tranchen bzw. Kapitalgebern belastet. Im Falle der endgültigen Tilgung werden etwaige Verluste von unten nach oben getragen, bis diese vollständig aufgebraucht sind. Die First Losses werden also von den Eigenkapitalgebern gemäß ihrem Beteiligungsverhältnis und dann von den Nachrangkapitalgeber getragen.

Neben der eigentlichen Kapitalbeschaffung zur Realisierung großvolumiger Investitionsprojekte von Wachstumsunternehmen gehen mit der Projektfinanzierung weitere Merkmale einher.

Merkmale einer Projektfinanzierung sind:

- Cash Flow related lending: Sämtliche Verpflichtungen (Kosten für die Projektdurchführung, Zins- und Tilgungsdienst) der Projektgesellschaft werden aus den erwarteten Cash Flows (Zahlungsströme) des Projektes geleistet.
- off Balance Sheet Finanzierung: Da die Projektträger (Sponsoren) meist keine Bilanzkonsolidierung durchführen müssen, belasten Projektfinanzierungen ihre Bilanzen nicht. Die als Fremdkapital aufgenommenen Kredite werden nur auf Ebene der Projektgesellschaft bilanziert. Es kommt zu keiner Verschlechterung der Finanzkennzahlen bzw. Bonität der weiteren Projektbeteiligten. Dies kann insb. für das Wachstumsunternehmen hilfreich sein, das in dieser Unternehmenslebenszyklusphase erstmals an einer Bilanzstrukturoptimierung interessiert ist.
- Risk Sharing: Die dem Projekt innewohnenden Risiken werden bei der Projektfinanzierung stets auf die verschiedenen Beteiligten aufgeteilt. Sie werden also nicht nur von einer Partei und schon gar nicht alleine von dem Wachstumsunternehmen getragen.

Die Projektfinanzierung findet wegen der zu finanzierenden Innovation in der Unternehmensentwicklung eher Anwendung als reine Kapitalmarktinstrumente, die etwa erst bei etablierten Unternehmen genutzt werden, bei denen in der Reifephase ihrer Entwicklung mit stabilen Erträgen gerechnet werden kann. Das nachfolgende Kapitel beleuchtet die Finanzierungsmöglichkeiten in der sich an die Wachstumsphase anschließende Reifephase der Unternehmen. Die sich in der Reifephase befindenden Unternehmen werden auch als etablierte Unternehmen bezeichnet.

2.4 Etablierte Unternehmen

Etablierte Unternehmen befinden sich am Ende der Wachstumsphase mit Erreichen ihres Reifezustandes und haben sich bereits am Markt positioniert. Gemäß dem beschriebenen idealtypischen Unternehmenslebenszyklus durchlaufen viele Unternehmen eine Expansionsphase, die schließlich in eine Phase des verlangsamten Wachstums übergeht. Die Wachstumsraten hinsichtlich Unternehmensgröße etc. nehmen also zunehmend ab und stagnieren auf einem gewissen, meist hohen Niveau, während Umsatz oder Erträge ggf. zum Teil stark rückläufig sind, v. a. in der zweiten Hälfte der

Sättigungsphase (vgl. Abb. 26). Die Reifephase (vgl. Abb. 25) als solche tritt nicht zu einem vorhersagbaren Zeitpunkt ein.

Da für etablierte Unternehmen diese Reifephase[50] eine kritische Phase bzgl. der weiteren Unternehmensentwicklung darstellen kann, sind zumeist strategische Entscheidungen der Unternehmensentwicklung notwendig. Für viele Unternehmen ist dies der Zeitpunkt, über Möglichkeiten des sog. **anorganischen** Wachstums nachzudenken. In diesem Zusammenhang versteht man unter organischem oder internem Wachstum denjenigen Teil des Wachstums, der aus eigener Kraft erfolgt; gemeint sind also Wachstumsstrategien wie z. B. weitere Produktentwicklung oder der Aufbau neuer Vertriebswege. Im Gegensatz dazu ist mit anorganischem Wachstum oder externem Wachstum derjenige Teil des Wachstums gemeint, der durch andere Ursachen (z. B. Zukäufe) entsteht.

Grundsätzlich gilt für die Reifefinanzierung, also die Finanzierung von etablierten Unternehmen, dass fast alle Finanzierungsmöglichkeiten, die in den vorangegangenen Lebensphasen möglich waren, auch in der Reifephase nutzbar sind und ggf. sogar weiter ausgebaut werden können. So lässt sich der notwendige Kapitalbedarf verstärkt durch Instrumente der **Fremdfinanzierung**, die auch schon bei der Finanzierung in der Wachstumsphase eingesetzt werden konnten, decken: etwa durch klassische Bankkredite, aber auch durch die Instrumente der Kreditsubstitution wie Leasing, Factoring oder auch die Einsatzmöglichkeiten der Projektfinanzierung.

Eine der strategischen Überlegungen in der Reifephase, in denen wie dargestellt das Wachstum der angebotenen Produkte und Dienstleistungen kaum mehr gesteigert werden kann (also organisches Wachstum nicht mehr möglich ist), ist die Überlegung hinsichtlich einer Expansion des Unternehmens (anorganisches Wachstum), etwa durch Zukäufe von anderen Unternehmen, also kapitalintensive Akquisitionen. Dies führt zu einem erhöhten, sprunghaft ansteigendem Kapital- und Finanzierungsbedarf des etablierten Unternehmens.

Zu den wichtigsten Finanzierungsformen zählt neben dem klassischen Bankkredit in der Reifephase daher erstmalig die **Emission von Anleihen**. Generell gehören zur Wertpapiergattung der Anleihen Staatsanleihen (inklusive Kommunalanleihen), Unternehmensanleihen (Corporate Bond) und Pfand-

[50] Die Finanzierungsfragen der etablierten Unternehmen, die ihren „Reifezustand" erreicht haben, werden entsprechend in der Literatur auch zum Teil als *Reifefinanzierung* bezeichnet.

briefe. Dieses Lehrbuch beschränkt sich auf die Behandlung von Unternehmensanleihen. Das etablierte Unternehmen kann also nun über die Börse dem breiten Publikum am Kapitalmarkt Wertpapiere anbieten und über die Emission dieser (Fremd-)Kapital für sich generieren. Unter Börseneinführung ist die erstmalige Ausgabe der Anleihen am organisierten Kapitalmarkt (Börse) über ein öffentliches Angebot gemeint (vgl. Kapitel 4.2.4). Die eigentliche Abwicklung der Emission wird i. d. R. von einem aus mehreren Investmentbanken bestehenden Konsortium vorgenommen.

Die Emission ist also damit eine Möglichkeit der Außenfinanzierung zur Beschaffung von Fremdkapital. Der Käufer einer Anleihe wird Gläubiger und gewährt dem Unternehmen ökonomisch einen Kredit in Form von Fremdkapital. Die Anleihen dienen dem Schuldner, also in diesem Fall dem etablierten Unternehmen, zur – meist langfristigen – Fremdfinanzierung; dem Käufer der Anleihe, den man als Gläubiger bezeichnet, dienen sie zur Kapitalanlage.

Die Anleihe ist rechtlich ein **Wertpapier**, das dem Gläubiger das Recht auf Rückzahlung sowie festgelegte Zinszahlungen zubilligt (ggf. können zusätzliche Rechte vereinbart werden). Rechtlich gesprochen verbrieft die Anleihe als Vermögenstitel (Wertpapier) einen schuldrechtlichen Anspruch auf:
- Zinszahlung: Zahlung eines zeitabhängigen Entgelts sowie auf
- Tilgung: Rückzahlung des überlassenen Kapitalbetrags; nach der Laufzeit endet das Schuldverhältnis durch die Zahlung des Nennwerts.

Diese Möglichkeit, über Anleiheemissionen neue finanzielle Mittel zu beschaffen, ist dabei insb. für größere Unternehmen möglich. Mit dem generierten Fremdkapital sollen i. d. R. Wachstums- oder zumeist auch Übernahmestrategien finanziert werden. Eine bestimmte Unternehmensrechtsform ist nicht festgeschrieben. Jedoch dominieren als Emittenten von Unternehmensanleihen Kapitalgesellschaften, v. a. Aktiengesellschaften. Zunehmend gelten auch große mittelständische Unternehmen als kapitalmarktfähig und damit als geeignet, über die Börse mittels Anleiheemissionen Kapital aufnehmen zu können. Als kritische Größe hierbei gilt ein Jahresumsatz von mindestens 50 Mio. €. Zunehmend bieten Börsen sogar eigene Mittelstandssegmente an, die es kleineren mittelständischen Unternehmen ebenfalls ermöglicht, Anleihen zu platzieren. Dieser Trend hat die sog. Mittelstandsanleihe hervorgebracht. Diese dienen der Refinanzierung mittelständischer Unternehmen über den Kapitalmarkt. Üblich sind Emissionsvolumina von 15 bis zu 150 Mio. €, die als Eigenemission oder Fremdemission an den Markt gebracht werden.

Selbstverständlich sind nun bei etablierten Unternehmen auch Formen der Innenfinanzierung denkbar, die zum Teil auch als Fremdfinanzierung erfolgen, wie etwa die Bildung von Rückstellungen. Das Unternehmen selbst ist also Quelle der Kapitalbeschaffung. Eine Innenfinanzierung durch Kapitalfreisetzung kann sowohl rechtlich zum Eigen- als auch zum Fremdkapital zählen.[51]

Als weitere, sehr wichtige Finanzierungsquelle in der Reifephase, ist die Generierung von neuem bzw. weiterem Eigenkapital. Die **Eigenfinanzierung** kann dabei, wie bereits dargestellt, entweder im Rahmen der Innen- als auch der Außenfinanzierung erfolgen. Bei der Innenfinanzierung sind bei etablierten Unternehmen sämtliche Finanzierungsquellen und -formen möglich, da inzwischen die Gewinnschwelle überschritten ist. Eine klassische Form der Innenfinanzierung für etablierte Unternehmen wäre also die Finanzierung aus Gewinnen (Selbstfinanzierung durch die Einbehaltung von Gewinnen) oder eine entsprechende Innenfinanzierung durch Kapitalfreisetzung, indem gebundenes Kapital in finanzielle Mittel umgewandelt wird. Diese Formen betreffen also die Auszahlungspolitik des Unternehmens.

Eine ganz wesentliche Möglichkeit zur Generierung von Eigenkapital stellt bei etablierten Unternehmen, die eine bestimmte Unternehmensgröße erreicht haben, der Börsengang dar (vgl. Kapitel 3.5). Über den organisierten Kapitalmarkt (vgl. Abb. 28) lässt sich nicht nur, wie bereits dargestellt, Fremdkapital genieren, sondern ebenso Eigenkapital (Emission von Aktien am Aktienmarkt).[52] Auch hier, bei der Emission von Aktien, spricht man von einem IPO (Initial Public Offering).

Die nachfolgende Abbildung teilt den Finanzmarkt in seine Hauptsegmente, Geld-, Kapital- und Kreditmarkt, ein.

---

[51] Vgl. Zantow, R./Dinauer, J./Schäffler, C. (Finanzwirtschaft des Unternehmens 2016), S. 280 ff.

[52] Vgl. ebenda, S. 66 ff.

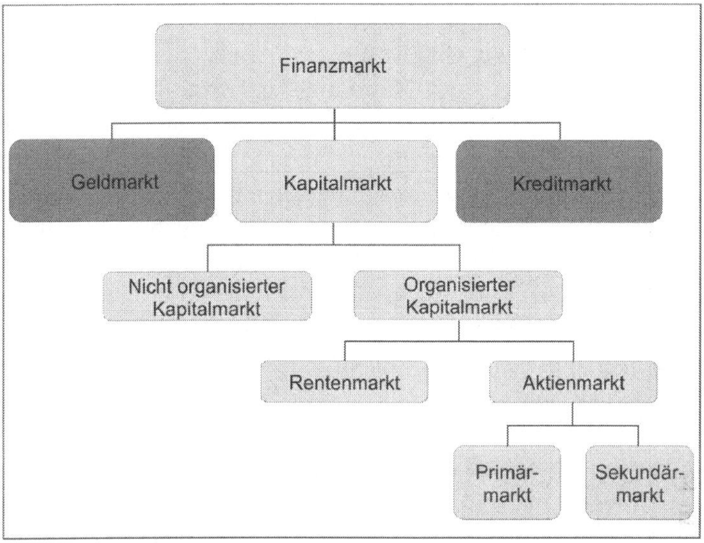

Abbildung 28: Finanzmarkt
Quelle: Eigene Darstellung.

Der Kapitalmarkt wiederum unterteilt sich nach dem Organisationsgrad in den nicht-organisierten und den organisierten Kapitalmarkt ein. **Nicht-organisierte Kapitalmärkte** wie der sog. freie Kapitalmarkt und der Interbankenhandel[53] sind wenig organisiert und weisen kaum Regulierung auf. Demgegenüber zeichnet sich ein hoch organisierter Kapitalmarkt durch kostengünstige, schnelle, sichere und jederzeit handelbare, staatlich genehmigte Transaktionen aus. Die Wertpapierbörsen gelten als die am höchsten organisierten Kapitalmärkte weltweit. Der organisierte Kapitalmarkt untergliedert sich weiter in die Aktien- und Rentenmärkte. Die Aktienmärkte lassen sich, wie in Abb. 28 ersichtlich, dann in zwei weitere Hauptsegmente unterteilen. Auf dem Primärmarkt werden neu herausgebrachte Wertpapiere (Aktien wie auch Anleihen) gehandelt. Auf dem Sekundärmarkt findet der Handel bzw. Wiederverkauf der bereits emittierten Wertpapiere durch den Ersterwerber an die neuen Anleger statt.

Im Gegensatz zum Börsengang bzw. der Emission von Aktien über die Börse, gibt es für etablierte Unternehmen die Möglichkeit, außerbörsliches Eigenkapital oder privates Beteiligungskapital zu beschaffen. Dieses sog. Private Equity ist eine Form des Beteiligungskapitals, bei der die vom

[53] Als Interbankenhandel bezeichnet man den globalen Handel von Finanzinstrumenten zwischen Kreditinstituten.

Kapitalgeber eingegangene Beteiligung nicht an geregelten Märkten (Börsen) handelbar ist. Gemäß Abb. 31 betrifft dies also den nicht-organisierten Kapitalmarkt. Private Equity ist die zeitlich begrenzte Bereitstellung von Eigenkapital an Unternehmen, die i. d. R. nicht börsennotiert sind. Durch diese ußerbörsliche Beteiligung grenzt sich Private Equity vom Aktienhandel (dem sog. Public Equity) ab. Eigenkapitalgeber dieser befristeten, außerbörslichen Private Equities sind dabei spezialisierte Kapitalbeteiligungsgesellschaften. Diese Finanzinvestoren verfolgen das Geschäftsmodell, dass sie in einer begrenzten Zeitspanne v. a. die Wertsteigerung des finanzierten Unternehmens anstreben. Zudem ist es üblich, dass der der Finanzinvestor das Unternehmen auch durch eigene Beratungsleistungen oder aber durch die Zurverfügungstellung seines professionellen Netzwerks unterstützen kann. Anschließend wird das Unternehmen bzw. die Unternehmensteile mit einer höchstmöglichen Rendite wieder veräußert.

Die Finanzierungsmöglichkeit etablierter Unternehmen über **Private Equity** ist dabei v. a. für die Eigenkapitalfinanzierung von riskanteren Projekten mit längerer Projektdauer geeignet.[54] Außerdem ist ein positiver Effekt der Finanzierung mit Private Equity, dass neben der eigentlichen Finanzierungsform auch eine Erhöhung der finanziellen Puffer erreicht wird. Durch die Aufnahme von weiterem Eigenkapital steigt der Eigenkapitalpuffer, der für das Unternehmen eine wichtige Haftungsfunktion ausübt und für etwaige Verluste und die damit verbundene Insolvenzgefahr aufkommen kann. Daneben gewinnt der zunehmende Einsatz von Private Equity zur Reifefinanzierung nicht zuletzt vor den steigenden Eigenkapitalanforderungen zunehmend an Bedeutung. Ein weiterer positiver Nebeneffekt für das Unternehmen besteht darin, dass mit einer ausreichenden Eigenkapitalbasis neue, weitere Kredite oder anderer Finanzmittel leichter bewilligt werden und auch das Wachstum des Unternehmens an das Vorhandensein von Eigenkapital geknüpft ist. Dies macht diese Finanzierungsart zunehmend auch für mittelständische Unternehmen attraktiv, zumal die Fremdkapitalkosten wie auch die mit Fremdkapital verbundenen Einschränkungen (etwa Mindestanforderungen auf Seiten der Kreditinstitute) tendenziell steigen und so die Fremdfinanzierung zunehmend an Attraktivität einbüßt. Auch kann es für die etablierten Unternehmen ein Vorteil sein, dass professionelle **Beteiligungsgesellschaften** bei ihrer Beteiligung häufig sogar auf Sicherheiten verzichten, da sie v. a. eine Steigerung ihrer Eigenkapitalrentabilität auf ihr eingesetztes

[54] Fremdkapital sollte nur der Finanzierung überschaubarer, mit begrenztem Risiko verbundenen Projekten dienen.

Kapital im Fokus haben. Zudem üben Beteiligungsgesellschaften auch häufig beratende Funktionen aus (etwa hinsichtlich der Unternehmens- und Finanzplanung, aber auch in anderen zentralen Unternehmensbereichen wie dem Controlling, dem Personal). Auch nicht zu unterschätzen ist, dass das etablierte Unternehmen durch die Private Equity-Beteiligung Zugang zu einem großen Netzwerk des Profis bekommt. Diese Vorteile lassen Private Equity als Finanzierungsmöglichkeit in der Reifephase, v. a. zur Schließung einer Finanzierungslücke, attraktiv erscheinen. Auch wenn Private Equity, das in Kapitel 3.4.3.2 ausführlich besprochen wird, die klassischen Finanzierungsarten vermutlich nicht komplett ablösen kann, ist es dennoch u. a. als Substitut und Ergänzung in der Reifefinanzierung sinnvoll.

Das folgende Kapitel beschreibt und diskutiert die Finanzierung von Krisenunternehmen.

2.5 Krisenunternehmen

In ihrem Lebenszyklus gelangen Unternehmen mitunter in diverse Krisen bzw. Krisenphasen. Diese Phasen folgen meist auf Reifephasen, wenn die Produkte bzw. Dienstleistungen des Unternehmens durch neue Produkte oder durch technologischen Fortschritt verdrängt werden und ihr Absatz sinkt. Auch in Phasen einer sich abschwächenden Konjunktur können Sanierungs- oder Restrukturierungsmaßnahmen notwendig werden, auch um die Kapazitäten der sich verschlechternden Wirtschaftslage anzupassen. Die Folgen bzw. die Dimension von Unternehmenskrisen können dabei sehr unterschiedlich sein: dies reicht von einer kurzfristigen Störung des regulären Betriebsablaufs über Abweichungen von den gesteckten Zielgrößen (etwa Umsatz- oder Rentabilitätskennziffern) bis hin zur Existenzgefährdung und Insolvenz des Unternehmens.

Die Krisenphase stellt im Unternehmenslebenszyklus die letzte Phase dar. Aufgrund von internen wie auch externen Einflüssen kann es zu einer Krise kommen, die sogar existenzbedrohlich für das Unternehmen sein kann. Um diesen Worst Case abzuwenden, ergreift das Krisenunternehmen gezielte Schritte, die sich in strategische, leistungswirtschaftliche sowie in finanzwirtschaftliche Maßnahmen einteilen lassen.

Grundsätzlich ist bei Unternehmen in der Krise entscheidend, dass aufgrund der wirtschaftlichen Krise meist als erste Konsequenz die Zahlungen an die internen wie auch an die externen Stakeholder und insb. Kapitalgeber gefährdet sind. Betroffene interne Stakeholder sind zunächst die Mitarbeiter, deren Löhne und Gehälter möglicherweise gekürzt oder gestundet werden müssen oder sogar komplett ausfallen. Auch Lieferanten haben zu befürchten, dass das Krisenunternehmen die Forderungen aus Lieferung und Leistungen nicht mehr begleichen kann. Banken müssen fürchten, dass die geplante Erfüllung der Kreditverpflichtung, des sog. Kapitaldienstes, des Krisenunternehmens nicht erbracht wird, aber auch Eigentümer/Gesellschafter müssen damit rechnen, dass Ausschüttungen an sie nicht mehr vorgenommen werden können und ihre Anteile einen Wertverlust erleiden.

In diesem Kontext ist auch die Begriffsbestimmung einer **Sanierung** wichtig. Unter einer Sanierung versteht man vorrangig die finanzwirtschaftlichen Maßnahmen und Hilfen, die von den Stakeholdern (intern wie auch extern) geleistet werden. Die Maßnahmen und Hilfen dienen dazu, die Krisensituation des Unternehmens nachhaltig zu stabilisieren und langfristig die Kapitaldienstfähigkeit des Unternehmens sicherzustellen. Gleichzeitig wird ferner angestrebt, das Unternehmen hinsichtlich seiner Rentabilität wieder in die Situation eines etablierten Unternehmens zurückzuführen. Eine **Restrukturierung** wird zumeist ohne externe Stakeholder und auch ohne finanzielle Mittel von außen durchgeführt. Es wird also lediglich intern im Krisenunternehmen durch einen Maßnahmenkatalog versucht, die Erfolgsfaktoren des Unternehmens langfristig zu sichern. Dazu werden meist interne Umorganisationen, etwa der Prozesskette oder der Geschäftsfelder vorgenommen.

Grundsätzlich gilt für den Kapitalbedarf bzw. Finanzierungsbedarf von Krisenunternehmen in den sog. Later Stages des Unternehmenslebenszyklus, dass nun weiteres Kapital für Sanierungen oder Umstrukturierungen notwendig ist. Dabei sind die möglichen Formen der Finanzierung sehr unterschiedlich. So können als Krisenfinanzierung grundsätzlich Formen der Eigenwie auch der Fremdfinanzierung möglich und notwendig sein, dies können Ausgestaltungsformen der Innen- wie der Außenfinanzierung sein.

Generell sollte erwähnt werden, dass insb. für Krisenunternehmen in der Sanierung das sog. **Stakeholdermanagement** von entscheidender Bedeutung ist. Dieses Stakeholdermanagement bezieht sich auf die relevanten Gruppen der Anteilseigener des Krisenunternehmens wie etwa die Gläubiger (Fremdkapitalgeber wie etwa Kreditinstitute), die Lieferanten oder Kreditversicherer für die Absicherung der Finanzmittel in der Krise und Sanierung. Dies ist wichtig, da nur ein erfolgreiches Stakeholdermanagement dem Unternehmen in dieser Phase eine erfolgreiche finanzielle Sanierung ermöglicht, d. h. nur wenn alle relevanten Stakeholder das Unternehmen unterstützen und die Maßnahmen mittragen, kann dies gelingen. Dabei ist sicherzustellen, dass abhängig von dem Ausmaß der Krise (Wie schnell droht eine Zahlungsunfähigkeit des Unternehmens und damit die Insolvenz?) eine möglichst faire Verteilung der Sanierungslasten stattfindet.

Bedingt vom jeweiligen Abhängigkeitsgrad der Stakeholdergruppen verhalten sich die Stakeholder typischerweise unterschiedlich. So kann man folgende Unterscheidung vornehmen:

1) Gläubiger mit **niedrigem** Abhängigkeitsgrad: Diese Stakeholder sind meist nicht eng mit dem Unternehmen verbunden. Daher besteht das Risiko, dass sich diese Stakeholder schnell zurückziehen. Die Gläubiger sind meist daran interessiert, ihr eigenes Risiko kurzfristig zu verringern, indem sie dem Krisenunternehmen gewährte Kreditlinien streichen, Umschuldungen oder Tilgungen gefordert oder sogar zusätzliche Sicherheiten für das erhöhte Ausfallrisiko vom Unternehmen eingefordert werden.
2) Gläubiger mit **mittlerem** Abhängigkeitsgrad: Die Verbindung zum Unternehmen ist bei dieser Gruppe von Gläubigern nicht homogen, sondern kann stark variieren. Es kann von einer angestrebten Risikoreduktion (vgl. Verhalten der Gläubiger mit niedrigem Abhängigkeitsgrad) bis hin zu einem Stillhalten reichen. Da es sich bei dieser Gruppe meist um eine Vielzahl von Kapitalgebern handelt und damit das Unternehmen eine hohe Abhängigkeit gegenüber der Gesamtgruppe hat, sollte das Krisenunternehmen versuchen, die einzelnen Kapitalgeber möglichst zu überzeugen und in die Sanierungsvorhaben einbinden.
3) Gläubiger mit **hohem** Abhängigkeitsgrad: Aufgrund der engen Verbindung zwischen Stakeholder und Unternehmen und damit einer hohen gegenseitigen Abhängigkeit, sind diese Gläubiger meist an einem Fortbestehen des Krisenunternehmens und damit einer erfolgreichen Sanierung interessiert und verhalten sich kooperativ.

Aus den beschriebenen Stakeholdergruppen ergeben sich für das Krisenunternehmen also entscheidende Finanzierungspotenziale. Dabei kann es sich jeweils um Eigenkapitalgeber oder um Fremdkapitalgeber handeln. Andersherum sind auch diese Stakeholder durch die Unternehmenskrise betroffen; dies gilt verstärkt für die Anteilseigner (Eigenkapitalgeber) aber auch für die externen Fremdkapitalgeber. Die Gesellschafter sind aufgrund der Rangfolge der Befriedigung der Forderungen am Stärksten betroffen und müssen im Extremfall mit dem kompletten Wertverlust ihrer Unternehmensanteile, der möglicherweise gewährten Gesellschafterdarlehen und ggf. sogar mit der

Inanspruchnahme ausgesprochener Bürgschaften rechnen. Den externen Gläubigern droht ein Forderungsausfall.

Im Sanierungsfall ist es am wahrscheinlichsten, dass finanzielle Unterstützung durch die bereits existierenden Stakeholder erfolgt. Aufgrund des eingetretenen Risikos und der zumeist negativen Öffentlichkeitswirkung der Unternehmenskrise kann das Krisenunternehmen typischerweise keine neuen Gläubiger als Kreditgeber gewinnen.

Als **Insolvenzgründe**, d. h. dem finalen Untergang des Krisenunternehmens sind laut Insolvenzordnung (InsO) folgende Faktoren denkbar und möglich:
- Überschuldung (§ 19.1 InsO)
- Drohende Zahlungsunfähigkeit (§ 18.1 InsO)
- Zahlungsunfähigkeit (§ 17.1 InsO)

Die **Überschuldung** als erste Möglichkeit der Insolvenz des Krisenunternehmens kann vom Unternehmen wie auch von den Gläubigern eingeläutet werden. Von Überschuldung spricht man, wenn sämtliche Vermögensgegenstände des Schuldners die ausstehenden Verbindlichkeiten nicht zu decken vermögen (Passiva > Aktiva). Im Rechnungswesen kann eine Überschuldung gemäß Insolvenzrecht jedoch nicht mittels der regulären Bilanz in Form der Handelsbilanz festgesellt werden. Es müssen die tatsächlichen Werte mit geeigneten Verfahren in einer Sonderbilanz ermittelt werden. Anhand der Sonderbilanz wird eine sog. Überschuldungsüberprüfung durchgeführt, welche die rechnerische Höhe der Überschuldung feststellt.

Danach sind die Aktiva unter Berücksichtigung der Verwertungsmöglichkeit anzusetzen, unabhängig von ihren bilanziellen Ansätzen. Auf der Passivseite sind die Schulden ohne Stammkapital und Rücklagen zu bewerten.

Wird daraufhin eine Überschuldung festgestellt, ist eine Fortführungsprognose zu stellen. Es wird beurteilt, ob das Krisenunternehmen überhaupt noch wirtschaftlich in der Lage ist, zu überleben und es innerhalb einer angemessenen Frist eine Kostendeckung erzielen kann. Die Chance der Fortführung sollte dabei grundsätzlich über 50 % liegen.

Eine Überschuldung wird festgestellt, sofern diese Fortführungsprognose zu einem negativen Ergebnis kommt. Andernfalls können die Aktiva mit höheren Werten in die Berechnung einfließen; dies sind sog. Fortführungswerte

(Going-concern-Werte).[55] Sollte diese Änderung des Bewertungsansatzes nicht ausreichen und die Passiva die Aktiva immer noch übersteigen, liegt nach § 19 InsO die Überschuldung als Eröffnungsgrund des Insolvenzverfahrens vor.

Um nun eine derartige Überschuldung als Insolvenzgrund abzuwenden, sind wie dargestellt die Stakeholder des Unternehmens gefragt, allen voran die Eigenkapitalgeber, die Gesellschafter. Ein übliches Mittel zur Abwendung der Insolvenz des Krisenunternehmens durch Überschuldung liegt im **Rangrücktritt der Gesellschafter**. Damit geht häufig auch eine Kapitalbelassungserklärung bezüglich der an das Krisenunternehmen gewährten Gesellschafterdarlehen einher. Eine Kapitalbelassungserklärung bedeutet einen kompletten oder teilweisen Verzicht der Gesellschafter auf ihre Forderungen gegenüber dem Unternehmen. Je nachdem kann sich dies auf die aktuellen oder auch auf die künftigen Forderungen beziehen. Formal treten die Gesellschafter im Rang also hinter die anderen Gläubiger. Zudem senden die Gesellschafter durch einen derartigen Forderungsverzicht auch ein sehr positives Signal an die anderen Stakeholder. Es erhöht damit die Wahrscheinlichkeit, dass sich externe Gläubiger ebenfalls dem Entgegenkommen der Anteilseigner des Unternehmens anschließen.

Eine weitere Möglichkeit der Gesellschafter, eine Überschuldung des Krisenunternehmens abzuwenden, besteht in der (weiteren) **Kapitalaufstockung**. Die bestehenden Gesellschafter können also das Eigenkapital des Krisenunternehmens durch zusätzliche Einlagen erhöhen. Die Einlagen können dabei wie üblich in Form von Finanz-, aber auch von Sacheinlagen gewährt werden. Auch in dieser Möglichkeit der Gesellschafter besteht die sehr positive Wirkung gegenüber den anderen Gruppen der Stakeholder.

Daneben ist es auch möglich, zu dem bestehenden Kreis an Gesellschaftern, **neue Gesellschafter aufzunehmen** und so die Kapitalbasis zu stärken, um eine Überschuldung und damit eine Unternehmensinsolvenz abzuwenden. Als neue Gesellschafter kommen grundsätzlich Stakeholder wie z. B. das Management des Unternehmens in Frage.

Im Hinblick auf weitere, externe Stakeholder, ist auch zur Abwendung einer Überschuldung denkbar, dass die **Kreditinstitute Forderungsverzichte**

[55] Die Fortführungsprüfung erfolgt anhand einer betriebswirtschaftlichen Untersuchung, meist unter Rückgriff auf externen Unternehmensberatung. Nur wenn die Prognose der künftigen Ertrags- und Finanzentwicklung des Krisenunternehmens erfolgsversprechend ausfällt, wird die Überschuldungsprüfung fortgeführt.

oder Rangrücktritte umsetzen. Diese Maßnahme ist grundsätzlich analog zu den Forderungsverzichten und Rangrücktritten der Gesellschafter.

Gleichermaßen könnten Lieferanten auf ihre Forderungen verzichten. Die Banken und Lieferanten können darüber hinaus anstelle eines Forderungsverzichts ihre **Forderungen gegenüber dem Krisenunternehmen in Beteiligungen umwandeln**.

Die Maßnahmen, um eine **drohende Zahlungsunfähigkeit** (§ 18.1 InsO) oder sogar eine **Zahlungsunfähigkeit** (§ 17.1 InsO) zu vermeiden, werden im nachfolgenden diskutiert. Eine Zahlungsunfähigkeit ist dann eingetreten, wenn das Krisenunternehmen seine fälligen Zahlungen nicht mehr erfüllen kann (Zeitpunktbetrachtung). Dann hat das Unternehmen, unabhängig von der Rechtsform, unmittelbar einen Insolvenzantrag zu stellen. Ist es abzusehen, dass das Krisenunternehmen seine Zahlungsverpflichtungen zum Zeitpunkt ihrer Fälligkeit voraussichtlich nicht erfüllen kann, dann liegt eine drohende Zahlungsunfähigkeit vor (Zukunftsbetrachtung).

Die Feststellung einer (drohenden) Zahlungsunfähigkeit erfolgt über die Erstellung eines **Finanzplans** im Rahmen der Finanzplanung (vgl. Kapitel 1.2.2.1).

Bei der Sicherung der Liquidität geht es v. a. darum, die bereitgestellten Mittel im Krisenunternehmen zu belassen. Dies gelingt am besten, wenn erreicht werden kann, dass die Kreditinstitute ihre gewährten Kreditlinien belassen; im Fachjargon spricht man dann vom **Stillhalten der Kreditinstitute**. Eine weitere Möglichkeit in diesem Kontext ist auf eine Stundung von Zins- und Tilgungsleistung durch die Kreditinstitute hinzuwirken (s. o.).

Schließlich ist es ebenfalls denkbar, (neue) Sanierungskredite durch Kreditinstitute gewährt zu bekommen. Die Neukreditvergabe ist aufgrund des erhöhten Kreditausfallrisikos durch die Unternehmenskrise praktisch kaum erreichbar. Ein solcher Sanierungskredit unterscheidet sich stark von einem reinen Überbrückungskredit v. a. auch hinsichtlich der Laufzeit. Ein Sanierungskredit kann bis zu mehrere Jahre in Anspruch genommen werden müssen, abhängig davon, wie schnell dem Krisenunternehmen ein nachhaltiger Turnaround gelingt. Da im Krisenfall meist keine neuen Sicherheiten mehr zur Verfügung stehen, da alle bestehenden Sicherheiten bereits ausgeschöpft sind, geht mit der Kreditvergabe im Sanierungsfall meist ein sehr hohes Risiko für die Kapitalgeber einher. Demgegenüber wird ein Überbrückungskredit meist nur zur Erarbeitung des Sanierungskonzeptes gewährt.

Entsprechende Finanzierungshilfen und -unterstützungen sind im Einzelfall auch von der öffentlichen Hand wie etwa Ausfallbürgschaften möglich.

Denkbar ist weiterhin, dass neue Finanzmittel im Rahmen einer Neukreditvergabe allerdings mit einem deutlich kürzeren Zeithorizont gewährt werden können. So können etwa Einzelgeschäfte finanziert oder aber z. B. zeitlich befristete Saisonkredite durch Kreditinstitute zur Verfügung gestellt werden. Bei beiden Varianten handelt es sich um neue Finanzmittel, die das Krisenunternehmen vor einer (drohenden) Zahlungsunfähigkeit bewahren sollen. Der überschaubare Zeithorizont hilft dabei den Gläubigern bei der Risikoeinschätzung und -reduktion. Gleichermaßen lassen sich häufig auch Lieferanten zur Stützung der kurzfristigen Liquidität gewinnen.

Abschließend sei noch erwähnt, dass das Krisenunternehmen auch durch das bereits dargestellte Factoring, also dem Forderungsverkauf, die Möglichkeit hat, sich zusätzliche Liquidität von Dritten zu beschaffen, bzw. sich Zahlungen bevorschussen lassen kann. Vorteile des Factorings für das Krisenunternehmen bestehen darin, dass unmittelbar Liquidität geschaffen wird, indem etwa illiquide Forderungen in Barmittel umgewandelt werden können. Neben dem Liquiditätseffekt kann auch ein Entschuldungseffekt umgesetzt werden, indem das Krisenunternehmen die durch das Factoring gewonnenen Barmittel zum Abbau von Warenverbindlichkeiten oder Kredite einsetzt. Dies würde sogar zu einer Erhöhung der Eigenkapitalquote führen, was wiederum etwa für die Neukreditaufnahme von Vorteil wäre.

Zusammenfassend ist festzuhalten, dass eine erfolgreiche Insolvenzabwendung und idealerweise sogar eine Sanierung des Krisenunternehmens dann den größten Erfolg verspricht, wenn die Finanzierungspotenziale möglichst vieler Stakeholdergruppen genutzt werden können und alle Beteiligten möglichst kooperativ an der Rettung des Unternehmens arbeiten.

3 Eigenfinanzierung

3.1 Eigenfinanzierung durch Einlage der Gründungsgesellschafter

Ausgangspunkt einer jeden Unternehmensgründung ist die **Einlage der Gesellschafter**. Kennzeichnend für die Einlage ist, dass sie als Außenfinanzierung aus der Sphäre der Gesellschafter geleistet wird. Wie bereits in Kapitel 1.1.1 dargestellt, ist Eigenfinanzierung v. a. dadurch gekennzeichnet, dass die Eigentümer (Gesellschafter) des Unternehmens (weiteres) Eigenkapital zur Verfügung stellen (Beteiligungsfinanzierung). Rechtlich handelt es sich dabei um haftendes Eigenkapital, das als solches auch entsprechend in der Bilanz geführt wird. Zur Erinnerung: Die Einteilung der Finanzierungsmöglichkeiten nach der **Rechtsstellung des Kapitalgebers** (also der Haftung bzw. den Eigentumsverhältnissen) erfolgt in der Betriebswirtschaftslehre grundsätzlich in Eigen- und Fremdfinanzierung (Gesellschafter versus Gläubiger des Unternehmens). Danach erfolgt die Differenzierung zwischen den Kapitalarten, Eigenkapital und Fremdkapital, nach der rechtlichen Stellung der Kapitalgeber und damit insb. der Haftung: Eigenkapitalgeber partizipieren am Erfolg des Unternehmens (Gewinn und Verlust) und belassen ihr Kapital grundsätzlich für einen unbestimmten Zeitraum im Unternehmen. Im Falle einer Unternehmensinsolvenz haben Eigenkapitalgeber keinen Anspruch auf Rückzahlung des investierten Kapitals. Die Eigenfinanzierung durch die Einlage der Gründungsgesellschafter ist der Startpunkt der unternehmerischen Tätigkeit. Die Besonderheiten von Gründungs- bzw. Start-up-Unternehmen wird in Kapitel 2.2 thematisiert. Die Höhe der zu leistenden Einlage ist abhängig von der jeweiligen Rechtsform des Unternehmens und wird in Kapitel 3.1.2 erläutert. Die verschiedenen Formen der Einlagezahlung fasst Abb. 29 zusammen. Typischerweise wird die Einlage in Form von Geldzahlungen an die Gesellschaft in Gründung geleistet. Hierbei entsteht i. d. R. keine Unsicherheit bzgl. der Bewertung der Einlage, da sie zum Nennbetrag erfolgt. Eine andere Möglichkeit, die Einlage zu leisten, ist die Einbringung einer Sachanlage. Eine Sachanlage kann zum Beispiel eine Immobilie, ein Kraftfahrzeug oder eine Maschine sein. In diesem Zusammenhang kann eine Bewertungsthematik der eingebrachten Sacheinlage entstehen, insb. auch dann, wenn mehrere Gesellschafter an dem Unternehmen beteiligt sind und die Sacheinlage nur durch einen Gesellschafter eingebracht wird. Letztlich ist damit eine Bewertung der Sacheinlage notwendig, die eine entsprechende Werthaltigkeit der Einlage bestätigt. Unabhängig davon gilt es den Nutzen der Sacheinlage für die Gesellschaft zu prüfen. Ähnlich bzw. unter Umständen noch schwieriger zu bewerten ist die Einbringung von Rechten. Dies können neben Patenten, Lizenzen auch Bezugs- oder Kundenverträge sein. Auch hier ist es notwendig, den nachhaltigen Wert dieser Rechte zu bewerten und den Nutzen für das Unternehmen zu ermitteln. Zusammenfassend lässt sich konstatieren, dass die Zahlung der Einlage durch Geldmittel der einfachste und unkomplizierteste Weg der Gründungsfinanzierung ist. Zudem werden durch die Zurverfügungstellung von Zahlungsmitteln dem Unternehmen vergleichsweise die höchste Liquidität und damit die größten Dispositionsmöglichkeiten gegeben. Die Überlassung des Eigenkapitals durch die Gesellschafter ist auch als Verpflichtung der Gesellschafter gegenüber dem Unternehmen zu sehen und soll auch das Vertrauen von Außenstehenden in die Gesellschaft fördern. Dies insb. auch, weil das junge Unternehmen und das zugehörige Gründungskonzept eine hohe Unsicherheit aufweist und die nicht existente Unternehmenshistorie eine vergleichsweise geringe Reputation erzeugt.

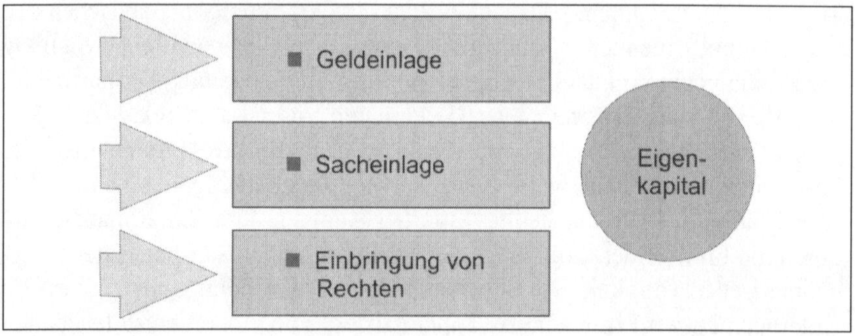

Abbildung 29: Möglichkeiten der Einbringung von Eigenkapital
Quelle: Eigene Darstellung.

Die Einlage der Gründungsgesellschafter ist somit von enormer Bedeutung. Die Vorgehensweise bei der Einbringung dieser Einlage thematisiert das folgende Unterkapitel.

3.1.1 Vorgehensweise

Die Gründung eines Unternehmens mit Gewinnerzielungsabsicht bedarf einiger formeller Schritte, die vor Beginn der Geschäftstätigkeit zwingend durchgeführt werden müssen. Zunächst verständigen sich die Gesellschafter in Form eines Gesellschaftervertrages auf die Gründung der Gesellschaft. Dieser Vertrag bedarf i. d. R. einer notariellen Beurkundung und umfasst den Namen und Rechtsform der Gesellschaft, die Festlegung des Unternehmenssitzes, den Unternehmensgegenstand, Höhe und Art des Stammkapitals das typischerweise die erste Finanzierung mit Eigenkapital darstellt, die Verteilung des Gesellschaftskapitals sowie Regelungen zur Geschäftsführung. Nach Unterzeichnung des Gesellschaftervertrages wird die Gesellschaft als „Gesellschaft in Gründung“ bezeichnet. Zumeist unmittelbar anschließend wird die Geschäftsführung bestellt. Diese wiederum eröffnet anschließend ein Geschäftskonto auf das Gesellschafter ihre Einlage einzahlen müssen (bei einer Geldeinlage, vgl. Kapitel 3.1) die. Sobald die Gesellschafter ihre Einlage geleistet haben und somit das Stammkapital, verstanden als Summe der von den Gesellschaftern zu leistenden Einlage, dem Unternehmen zur Verfügung steht, wird dies dem Notar nachgewiesen. Der Notar bestätigt die Zahlung der Einlagen beim zuständigen Amtsgericht und beantragt die Eintragung ins entsprechende Handelsregister. Bis diese Eintragung erfolgt ist, haften die Gesellschafter für das Unternehmen unabhängig von der gewählten Rechtsform mit ihrem gesamten Privatvermögen. Nach Eintragung in das Handelsregister können entsprechende Gewerbeanmeldungen beim entsprechenden Gewerbeamt sowie die Anmeldung beim Finanzamt erfolgen. Ab diesem Zeitpunkt kann das Unternehmen in vollem Umfang mit seiner Geschäftstätigkeit starten.

3.1.2 Unterschiede nach Rechtsformen

Die Beschaffungsmöglichkeiten des Eigenkapitals, das rechtlich erforderliche Mindestkapital sowie die Haftung variieren abhängig von der jeweiligen Rechtsform des Unternehmens. Zunächst gilt es die verschiedenen Personen- und Kapitalgesellschaften sowie die Genossenschaft zu unterscheiden. Bei den **Personengesellschaften** fokussiert sich die folgende Betrachtung auf die Rechtsformen Einzelkaufmann, die OHG und die KG. Die Behandlung der GmbH&Co. KG und der KGaA als Sonderformen der Kommanditgesellschaft erfolgt im Anschluss an die Darstellung der **Kapitalgesellschaften**. Die Partnergesellschaft wird in diesem Lehrbuch nicht betrachtet, da die Regelungen weitestgehend analog zu der Situation beim Einzelkaufmann sind. Gleiches gilt für die Gesellschaft des bürgerlichen Rechts welche sich i. d. R. sehr stark an der Ausgestaltung der OHG orientiert.

Der **Einzelkaufmann** benötigt keinen bestimmten Mindestbetrag an Eigenkapital, welches typischerweise aus seinem Privatvermögen beschafft wird. Sowohl das eingebrachte Eigenkapital als auch das gesamte Privatvermögen des Einzelkaufmanns haftet bei dieser Rechtsform. Diese umfangreiche Haftung des Unternehmers ist hier auch ein großer Nachteil. Ein prominentes Beispiel für die inhärenten Risiken ist die Insolvenz des Drogerieunternehmens Schlecker. Im Zuge der Insolvenz des als Einzelkaufmann firmierenden Unternehmens im Jahre 2012 musste der Inhaber Anton Schlecker auch mit seinem zum damaligen Zeitpunkt umfangreichen Vermögen haften und erlitt massive Vermögensverluste in der privaten Sphäre.

Eine **OHG** erfordert ebenfalls kein bestimmtes Mindestkapital. Die Beschaffung des Eigenkapitals erfolgt durch die Kapitalüberlassung von aktuellen oder neuen Gesellschaftern. Auch bei dieser Rechtsform existiert ein umfangreiches Haftungsrisiko für die Gesellschafter. Durch die gesamtschuldnerische Haftung ist jeder Gesellschafter unmittelbar, unbeschränkt und solidarisch für die Schulden des Unternehmens verantwortlich. Insbesondere vor dem Hintergrund, dass ein Gesellschafter für das Handeln eines Mitgesellschafters unbegrenzt haftet, ist dieses Risiko existent.

Eine **KG** besteht aus den Komplementären, die als sog. Vollhafter sowohl mit ihrer Gesellschaftseinlage als auch mit ihrem privaten Vermögen haften und den Kommanditisten, die auch als Teilhafter bezeichnet werden und nur mit ihrer Einlage haften. Häufig entsteht eine Kommanditgesellschaft aus einer OHG durch Aufnahme eines Kommanditisten. Das Eigenkapital, das auch keinem Mindestbetrag unterliegt, wird durch die Komplementäre und die Kommanditisten aufgebracht. Aufgrund der ungleichen Verteilung der Haftung obliegt die Geschäftsführung einer Kommanditgesellschaft den Komplementären. Gemäß § 164 HGB sind die Kommanditisten von der Geschäftsführung ausgeschlossen.

Bei **Kapitalgesellschaften** ist die Haftung grundsätzlich auf das Gesellschaftskapital beschränkt. Eine Trennung von Geschäftsführung und Eigentum ist bei allen Kapitalgesellschaften möglich. Die detaillierte Betrachtung der Kapitalgesellschaften fokussiert sich auf die drei Rechtsformen **GmbH**, **AG** und Unternehmergesellschaft (**UG**). Sonderformen der Kapitalgesellschaften werden nicht betrachtet.

Das Mindestkapital einer **GmbH** beträgt 25.000 € und muss zur Hälfte direkt durch die Gesellschafter geleistet werden. Die andere Hälfte müssen die Gesellschafter, sofern diese sie nicht direkt vollgeleistet haben, auf Anforderung der Gesellschaft leisten. Die Beschaffung von Eigenkapital erfolgt neben der originären Einlage durch Einlageerhöhungen und/oder Aufnahme neuer Gesellschafter.

Bei einer **AG** wird das Mindestkapital von 50.000 €, welches zu mindestens 25 % direkt durch die Gesellschafter (Aktionäre) geleistet werden muss, in Form von Aktien begeben. Die restlichen 75 % müssen die Aktionären bei Verlangen der AG zur Verfügung stellen. Weiteres Kapital kann die Gesellschaft über Kapitalerhöhungen generieren (vgl. Kapitel 3.2.1). Eine Besonderheit der AG sind die Verantwortlichkeiten der Organe. Die Teilnehmer der Hauptversammlung als höchstes Organ der AG wählen das zweithöchste Organ, den Aufsichtsrat. Dieser wiederum bestimmt den Vorstand. Der Vorstand zeichnet verantwortlich für das operative Geschäft des Unternehmens und leitet somit das Tagesgeschäft. Der Verkauf der Anteile am Unternehmen erfolgt bei börsennotierten AGs zumeist über die Wertpapierbörsen.

Die **UG** ist eine noch sehr junge Rechtsform, die es erst seit 2008 in Deutschland gibt. Eigentlich ist sie eine Variante der GmbH, die jedoch als Mindestkapital lediglich 1 € erfordert. Die Haftung ist auch auf dieses Mindestkapital beschränkt. Zwingend muss sie deshalb den Zusatz „haftungsbeschränkt“ führen. Dieses sehr geringe Mindestkapital ist häufig auch der Grund, warum diese Rechtsform eine sehr geringe Reputation im allgemeinen Geschäftsleben hat. Wenngleich natürlich zu sagen ist, dass die Kapitalausstattung der Gesellschaft sich immer an den Geschäftserfordernissen orientieren sollte, da sonst eine latente Insolvenzgefahr besteht. Die Gewinne der UG dürfen nur zu 75 % ausgeschüttet werden, solange bis das Mindestkapital der klassischen GmbH (25.000 €) ohne zeitliche Frist erreicht ist. Ist dieses Mindestkapital erreicht, so können die Gesellschafter entscheiden, ob die Gesellschaft eine UG bleibt oder zur GmbH umfirmiert.

Mischformen zwischen Personen- und Kapitalgesellschaft sind die KGaA und die GmbH&Co. KG.

Bei der **KGaA** handelt es sich um eine KG bei der den Kommanditisten Anteile in Form von Aktien, die i. d. R. an der Börse gehandelt werden, ausgegeben werden. Dies ist insb. für die Kapitalbeschaffung vorteilhaft, da hierüber ein breiteres Publikum als potenzielle Kommanditisten gewonnen werden können. Anwendung findet diese Rechtsform bspw. bei Familienunternehmen, deren Mitglieder weiterhin als Komplementäre die Geschicke des Unternehmens bestimmen möchten, aber gleichzeitig eine Eigenkapitalbeschaffung über die Börse anstreben. Prominente Beispiele sind hier u. a. die Henkel KGaA und die Merck KGaA.

Die **GmbH&Co. KG** ist ebenfalls eine KG, bei der allerdings der vollhaftende Komplementär eine haftungsbeschränkte GmbH ist. Das heißt, dass es im Sinne einer KG keinen Vollhafter gibt, der auch mit seinem Privatvermögen haftet. Diese rechtliche Konstruktion erlaubt somit die Etablierung einer Kommanditgesellschaft, bei der die Haftung letztlich auf die Einlage der Gesellschafter (sowohl Komplementäre als auch Kommanditisten) sowie auf das Vermögen der GmbH limitiert ist.

Abschließend wird der Vollständigkeit halber die Rechtsform der **Genossenschaft** dargestellt. Berührungspunkte ergeben sich für die meisten Personen und Unternehmen mit dieser Rechtsform am häufigsten im Bankwesen. Dort bilden die genossenschaftlichen Institute zumeist in Form von Volks- und Raiffeisenbanken eine der drei Säulen des Bankwesens in Deutschland. Zur Gründung einer Genossenschaft werden zumindest sieben Gründer benötigt. Das Grundkapital – auch als Geschäftsguthaben bezeichnet – ist nicht gesetzlich fixiert, sondern richtet sich nach den Statuten der Genossenschaft. Zusätzliches Eigenkapital kann durch eine Erhöhung des Geschäftsguthabens oder die Aufnahme neuer Gesellschafter, sog. Genossen, generiert werden. Die Haftung der Genossen ist auf ihre Einlage und damit insgesamt auf das Vermögen der Genossenschaft beschränkt.

3.2 Notwendigkeit zur Beschaffung von weiterem Kapital

Wenngleich die Erstausstattung eines Start-up-Unternehmens mit Kapital von zentraler Bedeutung für den weiteren Erfolg des Unternehmens ist, ist auch im weiteren Lebenszyklus eines Unternehmens die Beschaffung von Kapital überaus wichtig. Der Grund des Kapitalbedarfs (vgl. Kapitel 2) wie auch die Möglichkeiten der Kapitalbeschaffung hängen sehr stark von der konkreten Unternehmenssituation und dem Anlass bzw. Zweck der Finanzierung ab. Gemäß der bereits dargestellten Systematisierung kann das Kapital dabei als Fremd- oder Eigenfinanzierung bzw. nach der Mittelherkunft durch Außen- oder Innenfinanzierung gewonnen werden.

Grundsätzlich kann das Kapital als Eigenkapital in Form von weiteren Einlagen der bisherigen oder auch durch neue Gesellschafter geleistet werden.

Diese Form der Generierung von neuem Kapital wird als Kapitalerhöhung bezeichnet (vgl. Kapitel 3.2.1).

Bei der Beschaffung von frischem Kapital von außen, also den Formen der Außenfinanzierung, kann auch ein Wechsel im Gesellschafterkreis in den Fokus der Betrachtung rücken, da die Bereitschaft neuer Gesellschafter dem Unternehmen Kapital zur Verfügung zu stellen z. T. maßgeblich von einer Komplettübernahme oder zumindest einer Mehrheitsübernahme durch den oder die neuen Gesellschafter abhängt. In bestimmten Fällen wird auch das Ausscheiden eines bestimmten Gesellschafters aus dem Gesellschafterkreis als Bedingung der Kapitalüberlassung gefordert. Das Kapitel 3.2.2 thematisiert das Ausscheiden eines Gesellschafters aus dem Unternehmen. Mit diesem Kontext verbunden ist ganz wesentlich die Frage des Unternehmenswertes, die im Kapitel 3.2.3 mit Vorstellung verschiedener Verfahren der Unternehmensbewertung beantwortet wird.

Das Kapitel 3.3 widmet sich einer noch recht neuen Form der Beschaffung von Eigenkapital, dem sog. Crowdfunding. Wenngleich Funding über eine Crowd sowohl für Eigenals auch für Fremdkapital möglich ist, wird Crowdfunding in diesem Kapitel vorgestellt.

Das Kapitel 3.4 widmet sich dem Bereich Mergers & Acquisitions (M&A), diskutiert Vorbehalte gegen einen Verkaufsprozess, schildert den Prozessablauf und stellt mögliche Eigenkapitalgebergruppen vor.

Im abschließenden Unterkapitel (Kapitel 3.5) wird die Eigenkapitalbeschaffung über die Börse vorgestellt, dabei werden sowohl der erstmalige Börsengang (IPO) als auch weitere Kapitalmaßnahmen besprochen. Neben der Darstellung verschiedener Aktiengattungen wird der Prozess des erstmaligen Börsengangs erläutert und Besonderheiten in Bezug auf die laufende Börsennotierung diskutiert.

3.2.1 Kapitalerhöhung

Obwohl der Begriff der **Kapitalerhöhung** von seiner Wortbedeutung jede Erhöhung des Kapitals einer Gesellschaft, also sowohl Eigen- als auch Fremdkapital beinhaltet, wird von der Kapitalerhöhung immer im Sinne der Erhöhung des Eigenkapitals gesprochen. Somit wird als Kapitalerhöhung eine Außenfinanzierung mit Eigenkapital durch alte oder neue Gesellschafter verstanden. Analog zur Gründungsfinanzierung (vgl. Kapitel 3.1) kann die Kapitalerhöhung durch Geldeinlage, durch Sacheinlage oder die Einbringung von Rechten erfolgen. Wenngleich allgemein gesprochen Kapitalerhöhungen ein zweckmäßiges Finanzierungsmittel sind, sind sie beschränkt durch den Willen und die Fähigkeit der (alten oder neuen) Gesellschafter, dem Unternehmen weiteres Eigenkapital zur Verfügung zu stellen. Typischerweise hat die Kapitalerhöhung bei Personengesellschaften in erster Linie Auswirkungen auf die Gewinnverteilung der Gesellschafter. Dies vor dem Hintergrund, dass bei Einzelkaufleuten und den Offenen Handelsgesellschaften die Gesellschafter vollumfänglich mit ihrem Privatvermögen haften. Lediglich bei der Kommanditgesellschaft erhöht sich durch die Kapitaleinlage die Sicherheit der Gläubiger, da hier nur die Komplementäre vollständig und die Kommanditisten dann mit einer ggf. erhöhten Kapitaleinlage in der Haftung stehen. Bei Kapitalgesellschaften und Genossenschaften führt eine Erhöhung des Kapitals neben der möglichen Änderung der Gewinnverteilung immer auch zu einer Zunahme der Sicherheit für die Gläubiger des Unternehmens. Eine zentrale Problematik, die mit einer Kapitalerhöhung einhergeht, ist unabhängig von der Rechtsform die mögliche Verschiebung der bisherigen Gesellschaftsanteile. Diese Verschiebung tritt nachvollziehbarerweise ein, wenn neue Gesellschafter hinzukommen, aber auch bei einer Kapitalerhöhung, die nur durch Altgesellschafter durchgeführt wird, wenn nicht alle bisherigen Gesellschafter an der Kapitalerhöhung gemäß dem exakt gleichen Verhältnis ihrer bisherigen Gesellschaftsanteile teilnehmen. Die verschiedenen Optionen für einen Altgesellschafter lassen sich am besten anhand der Kapitalerhöhung einer Aktiengesellschaft zeigen und werden im Kapitel 3.5.4.1 vorgestellt. Zentral ist zudem die Bewertungsthematik in diesem Kontext. Um dem neuen Eigenkapital einen angemessenen Anteil am Gesamtunternehmen zuzubilligen, ist es notwendig, dass das Unternehmen vor der Kapitalmaßnahme bewertet wird. Die Thematik Unternehmensbewertung wird im Kapitel 3.2.3 dargestellt.

3.2.2 Ausscheiden bestehender Gesellschafter

Auch bei dem Ausscheiden der aktuellen Gesellschafter aus dem Unternehmen entstehen Implikationen für die Unternehmensfinanzierung. Es ist zunächst zu unterscheiden, ob alle Gesellschafter bzw. der alleinige Gesellschafter das Unternehmen verlassen wollen, oder ob nur ein Teil der Gesellschafter aus dem Unternehmen ausscheiden möchte. Sofern die kompletten Gesellschaftsanteile zur Disposition stehen, ist i. d. R. ein Verkaufsprozess im Sinne einer M&A-Transaktion (vgl. Kapitel 3.4) unumgänglich. In einer

Konstellation, in der ein Teil der Gesellschafter im Unternehmen verbleiben möchte, ergeben sich grundsätzlich zwei Optionen. Die erste Möglichkeit ist, dass die ausstiegswilligen Gesellschafter den verbleibenden Gesellschaftern ihre Anteile veräußern und somit eine Konzentration der Gesellschaftsanteile auf einer geringeren Anzahl an Gesellschaftern stattfindet. In diesem Fall ist eine zentrale Frage in der Bewertung (vgl. Kapitel 3.2.3) zu sehen, da die beiden Gruppen grundsätzlich gegenläufige Interessen haben und es in der Praxis häufig zu Konflikten kommen kann. Während die Verkäufer eine Maximierung des Verkaufspreises und möglichst geringe weitere Verpflichtungen gegenüber der Gesellschaft bzw. gegenüber ihren bisherigen Mitgesellschaftern anstreben, versuchen die Erwerber einen geringen Kaufpreis und hohe Verpflichtungen ihrer bisherigen Mitgesellschafter zu erreichen. Die zweite Möglichkeit, insb. auch, wenn sich die ausstiegswilligen und die verbleibenden Gesellschafter nicht auf die Modalitäten verständigen können, ist die Durchführung eines Verkaufsprozesses für die Gesellschaftsanteile der ausstiegswilligen Gesellschafter analog zu einem Komplettverkauf.

Im Folgenden werden mögliche **Gründe für den Verkauf eines Unternehmens** vorgestellt ohne den Anspruch auf Vollständigkeit zu haben. Ein sehr häufiger Grund für den Verkauf eines Unternehmens ist die sog. Nachfolgeproblematik. Das bedeutet, dass der Gesellschafter niemand aus seinem näheren Umfeld, i. d. R. der Familie findet, der sein Unternehmen weiterführen könnte und möchte. Aktuelle Schätzungen gehen davon aus, dass im Zeitraum von 2018 bis 2022 bei rund 150.000 inhabergeführten Unternehmen die Regelung der Nachfolge angestanden hat.[56] Bei einem Großteil dieser Unternehmen dürfte ein Verkauf durch die Altgesellschafter angestrebt werden. Ein weiterer Grund für das Ausscheiden der Gesellschafter aus dem Unternehmen sind Konflikte innerhalb der Gesellschafter. Diese können vielfältige Ursachen haben, angefangen von, zum Teil langjährigen, Fehden zwischen den Eigentümern oder Dissensen über die aktuelle Geschäftspolitik. Unternehmen mit einem sehr starken Wachstum sehen häufig externe Eigenkapitalgeber als geeignetste bzw. zum Teil auch einzige Finanzierungsquelle, um die weitere Expansion der Gesellschaft zu finanzieren. Dies erfolgt dann zumeist über eine Kapitalerhöhung. Zudem ist aber auch ein teilweiser Exit der aktuellen Gesellschafter denkbar, wenn diese ihre private Vermögensstruktur hierdurch umstrukturieren möchten. In einer angespannten finanziellen Situation von Unternehmen ist ebenfalls häufig die einzige

[56] Vgl. Kay, R./Suprinovic, O./Schlömer-Laufen, N./Rauch, A. (Unternehmensnachfolgen in Deutschland 2018 bis 2022 2018), S. 9.

Finanzierungsquelle der Verkauf von Anteilen. In dieser Situation sind zumeist die Fremdkapitalgeber nicht bereit, weiteres Kapital zur Verfügung zu stellen und die aktuellen Gesellschafter können oder wollen kein weiteres Kapital in das Unternehmen investieren. Bei diversifizierten Konzernen und Unternehmen mit mehreren Geschäftsfeldern (idealerweise sind diese bereits in separaten Gesellschaften organisiert) kann eine Fokussierung auf bestimmte Bereiche einen Verkauf anderer Bereiche zur Folge haben. Insbesondere für die Gesellschafter von kleinen oder mittelständischen Unternehmen ist ein Verkauf der Gesellschaft häufig die einzige Möglichkeit, eine existenzbedrohliche Krise zu vermeiden, da es die Markterfordernisse im relevanten Markt nötig machen als größere Einheit zu agieren. Ein sehr häufiger Grund für einen Unternehmensverkauf ist die Opportunität aufgrund eines aktiven Angebots eines Erwerbsinteressierten.

Neben den hier angeführten Gründen gibt es eine Vielzahl weiterer Gründe, aus welchen sich die Gesellschafter eines Unternehmens zum vollkommenen oder teilweisen Verkauf des Unternehmens entscheiden. Des Weiteren führen in der unternehmerischen Praxis häufig mehrere Gründe zur Entscheidung für einen Unternehmensverkauf. Unabhängig davon, welche Gründe zum Verkauf von Anteilen des Unternehmens führen und welche Art des Verkaufs der Anteile angestrebt wird, ist in diesem Kontext eine Bewertung des aktuellen Unternehmens unerlässlich. Die verschiedenen Möglichkeiten und Varianten zur Wertermittlung widmet sich das folgende Kapitel.

3.2.3 Wertermittlung des aktuellen Unternehmens

Das Kapitel 3.2.2 hat die Notwendigkeit der Bewertung des Unternehmens bei einem kompletten oder teilweisen Verkauf der Gesellschaft oder auch bei der Durchführung einer Kapitalerhöhung aufgezeigt. Obwohl dieser Bewertungsgrund in der Praxis sehr häufig zu beobachten ist, existieren noch **weitere Gründe und Anlässe**, bei denen eine Unternehmensbewertung vorzunehmen ist.

Nachdem somit die Notwendigkeit der Unternehmensbewertung hinreichend belegt ist, werden im Folgenden verschiedene **Verfahren** sowie ihre Vor- und Nachteile aufgezeigt und entsprechend exemplarisch durchgeführt. Eine häufige Antwort auf die Frage: „Wie können wir den Wert eines Unternehmens herausfinden?“ lautet: „Der steht in der Bilanz“. Zumeist weisen die Befragten dann auf den Buchwert des Eigenkapitals hin. Diese Größe auf der Passivseite der Bilanz ist ein statischer Wert, der eine Momentaufnahme zum Bilanzstichtag[57] abbildet. Würde diese Zahl den Wert des Unternehmens darstellen, so würde sich, egal, was innerhalb des Geschäftsjahres passiert, der Wert nur zu den Bilanzstichtagen verändern und ansonsten konstant bleiben. Dieser Gedankenansatz ist zu verwerfen, dies zeigt sich schon bei der Betrachtung börsennotierter Unternehmen. Als Wert des Eigenkapitals dieser Unternehmen wird die **Marktkapitalisierung**[58] bezeichnet, die sich aus dem aktuellen Aktienkurs multipliziert mit der Anzahl der ausgegebenen Aktien ergibt. Somit verändert sich der Wert, zum Teil zwar nur geringfügig, mit jedem neu festgestellten Kurs an der Börse. Der so generierte **Marktwert des Eigenkapitals** weicht zum Teil deutlich von den Buchwerten des jeweiligen Eigenkapitals sowohl in die eine wie auch die andere Richtung ab. Als Messgröße wird in diesem Kontext das **Verhältnis Marktwert zu Buchwert** (KBV) angegeben, bei einem Wert größer 1 übersteigt der Marktwert den Buchwert und umgekehrt.

Der Wert des Eigenkapitals ist somit sowohl bei börsen- als auch bei nicht börsennotierten **nicht** mit dem Buchwert des Eigenkapitals identisch. Der Unternehmenswert in Gänze setzt sich aus dem Marktwert des Eigenkapitals und dem Marktwert des Fremdkapitals zusammen (auch der Marktwert des Fremdkapitals kann aufgrund unterschiedlicher Zinssätze im Zeitablauf vom Buchwert des Fremdkapitals abweichen).

Zusammenfassend lässt sich allerdings festhalten, dass der **Marktwert des Eigenkapitals** die zentrale Größe bei der Unternehmensbewertung ist und auch bei der Vorstellung der verschiedenen Bewertungsverfahren im Fokus der Betrachtung steht. Die drei grundsätzlichen Ansätze Substanzwertorientierte Verfahren, Multiplikatorverfahren und die Fundamentalen Bewertungsverfahren, die in Abb. 30 kurz gegenübergestellt sind, werden jeweils erläutert.

---

[57] Der *Bilanzstichtag* ist im Rechnungswesen der letzte Tag des Wirtschaftsjahres, zu dem turnusmäßig ein Jahresabschluss vom Unternehmen aufgestellt wird.

[58] Als Marktkapitalisierung versteht man den Börsenwert aller Aktien eines Unternehmens.

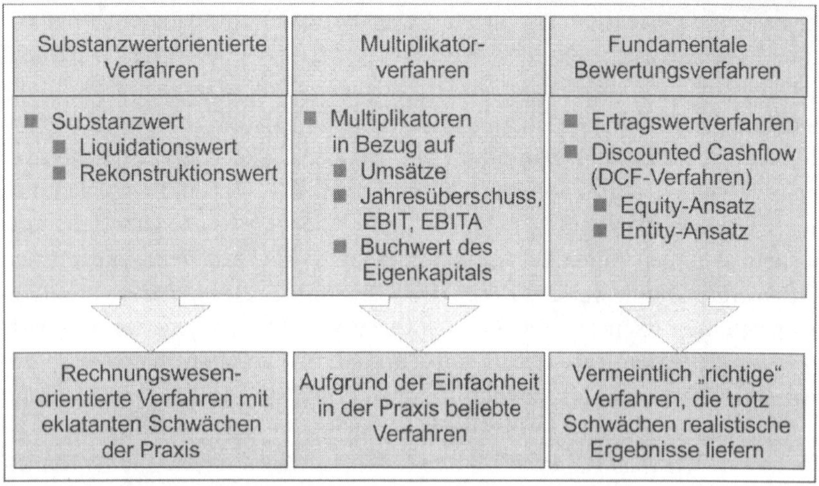

Abbildung 30: Verfahren der Unternehmensbewertung

Quelle: Eigene Darstellung.

Ausgangspunkt der **Substanzwertverfahren** (oder auch substanzwertorientierte Verfahren) ist die Bestimmung des Wertes der Aktiva, verstanden als die Summe der Aktivpositionen der Bilanz. Hierzu werden zunächst alle Teile des Anlage- und Umlaufvermögens des Unternehmens geschätzt. Bei der Wertermittlung gemäß des **Liquidationswertes** dient als Grundlage der Schätzung ein möglicher Verkaufserlös der Aktivposten (was würde sich bei der Liquidation der Aktivposten der Bilanz als Erlös am Markt ergeben?). Der **Rekonstruktionswert** setzt demgegenüber bei der Wiederbeschaffung der entsprechenden Vermögenswerte an (wie hoch wären die Kosten der Wiederbeschaffung der Aktivposten der Bilanz, um die aktuelle Qualität, Abnutzung usw. der Vermögenswerte wiederherzustellen?). Sowohl bei dem Liquidations- als auch dem Rekonstruktionswertverfahren wird von den jeweiligen Schätzungen der Aktiva der Wert des Fremdkapitals abgezogen. Der aus dieser Subtraktion resultierende Wert stellt den geschätzten Marktwert des Eigenkapitals dar. Wenngleich sich das Verfahren in der Theorie einfach und logisch anhört, weist es in der Umsetzung große Schwächen auf und wird folglich in der Praxis nicht angewendet. An erster Stelle lässt sich der enorme Arbeitsaufwand für Schätzungen der Vermögensgegenstände des Unternehmens anführen. Zudem kann, sofern die Vermögenswerte nicht tatsächlich verkauft (Liquidationswertverfahren) bzw. gekauft (Rekonstruktionswertverfahren) werden, an der Qualität der Schätzung gezweifelt werden. Aufgrund dieser Schwierigkeiten orientiert sich die Bewertung der

Aktiva häufig an dem Buchwert der entsprechenden Vermögensgegenstände. Somit würde sich der Wert des Eigenkapitals indirekt auch wieder an seinem Buchwert orientieren. Eine solche Orientierung ist grundsätzlich fehlerhaft und kann zu falschen Ergebnissen führen. In Ausnahmefällen kann die Methode allerdings sinnvoll sein, wenn ein Unternehmen aufgrund der Werthaltigkeit seiner Aktiva beurteilt werden kann. Sinnvoll kann dies bei Beteiligungsgesellschaften oder Immobilienunternehmen sein. Anwendung findet dieses Verfahren auch im Rahmen von Insolvenzen, da in dieser Situation unter Umständen tatsächlich ein kompletter Verkauf der Vermögensgegenstände der Aktivseite stattfindet. Von dem tatsächlich erzielten Verkaufserlös werden dann zunächst die Fremdkapitalgeber bedient. Dies ist erforderlich gemäß der Rangfolge der Befriedung der Gläubiger des Unternehmens, wonach Fremdkapitalgeber grundsätzlich vorrangig bedient werden. Sofern die Forderungen der Fremdkapitalgeber also vollständig beglichen sind, erhalten die Eigenkapitalgeber prozentual jeweils ihren Anteil an dem erzielten Überschuss. In der Realität werden aber zumeist die Forderungen der Fremdkapitalgeber nur zum Teil beglichen, so dass die Eigenkapitalgeber vollkommen leer ausgehen. Obwohl die Anwendung der Substanzverfahren und insb. des Liquidationswertverfahrens in den beiden zuletzt genannten Fällen sinnvoll sein kann, so ist die Anwendung des Verfahrens für die meisten Unternehmensbewertungen aus den genannten Gründen nicht zweckmäßig.

In der Praxis sehr häufig Anwendung finden die **Multiplikatorverfahren** (vgl. Abb. 31). Bei diesen Verfahren wird der Wert des Unternehmens bzw. des Eigenkapitals mit Hilfe des Vergleichs mit anderen Unternehmen, deren Wert bekannt ist, ermittelt. Bevor auf die einzelnen Kennzahlen fokussiert wird, die zur Betrachtung herangezogen werden, muss auf die zwei verschiedenen Methoden zur Generierung der Vergleichswerte eingegangen werden.

Im Grunde wird davon ausgegangen, dass gewisse Ertrags- und operationale Maßzahlen für die Preisbildung des an einer Börse notierten Eigenkapitals maßgeblich sind. Das Prinzip der Multiplikatorverfahren beruht auf dem sog. Law of one price, zwei identische Güter keinen unterschiedlichen Preis haben können. Durch einen Multiplikator wird also der Wert eines Vergleichsunternehmens auf das Bewertungsobjekt übertragen. Als Multiplikatoren eignen sich diverse Maßzahlen bzw. Kennzahlen. Zum einen sind hier die Trading Multiples zu nennen, zum anderen die Transaction Multiples.

Bei **Trading Multiples** werden Unternehmen betrachtet, die im vergleichbaren Geschäftsfeld aktiv und börsennotiert sind. Aufgrund der Börsennotierung (vgl. Kapitel 3.5) müssen die Unternehmen bestimmte Publizitätspflichten genügen und somit auch wesentliche Kennzahlen regelmäßig veröffentlichen. Zudem ist der Wert dieser Unternehmen über den aktuellen Börsenkurs und die Anzahl der ausstehenden Aktien einfach und zeitgenau ermittelbar. Nun wird der Wert dieser Unternehmen mit wesentlichen **Kennzahlen** zum Beispiel dem EBIT in Bezug gesetzt und hieraus ein Multiplikator ermittelt. So kann bspw. ein Unternehmen an der Börse mit dem 9-fachen des aktuellen EBIT bewertet werden. Vereinfacht kann nun grundsätzlich davon ausgegangen werden, dass das zu bewertende Unternehmen in ähnlichem Geschäftsfeld aktiv und nicht börsennotiert wertmäßig auch etwa im Bereich bei dem 9-fachen des eigenen EBIT anzusiedeln ist. Somit wird der Multiplikator eines börsennotierten Unternehmens bzgl. einer bestimmten Kennzahl auf den Unternehmenswert auf die Wertermittlung des zu bewertenden Unternehmens übertragen. Eine richtige Anwendung der Multiplikatormethode setzt voraus, dass bei beiden Unternehmen alle bewertungsrelevanten Parameter identisch sind. Die beiden **Kritikpunkte** an dieser Auswahl sind, dass die Situation der beiden Unternehmen (Vergleichsunternehmen und zu bewertendes Unternehmen) z. B. aufgrund einer möglichen Sonderkonstellation in einem der beiden Unternehmen nicht vergleichbar ist sowie die mangelnde Vergleichbarkeit aufgrund der unterschiedlichen Größenverhältnisse. Dies vor dem Hintergrund, dass börsennotierte Unternehmen i. d. R. eine bestimmte Unternehmensgröße aufweisen und die zu bewertenden Unternehmen häufig kleiner als die börsennotierten Gesellschaften sind. Dem letztgenannten Kritikpunkt der geringeren Größe wird zumeist mit einem Abschlag auf den Unternehmenswert des zu bewertenden Unternehmens aufgrund der geringeren Unternehmensgröße und der mangelnden Börsennotierung begegnet. Die fehlende Börsennotierung rechtfertigt dahingehend einen Abschlag der Bewertung, da Eigenkapitalinvestoren bei börsennotierten Unternehmen eine deutlich einfachere und schnellere Möglichkeit der Veräußerung ihrer Anteile am Unternehmen haben, als bei nicht börsennotierten Unternehmen. Der Abschlag bewegt sich je nach konkreter Situation in der Praxis zwischen 10 und 35 % auf den Wert der börsennotierten Gesellschaft. Die Schwierigkeiten aufgrund der grundsätzlich mangelnden Vergleichbarkeit werden zumindest dahingehend gelindert, dass in der Praxis nicht nur ein börsennotiertes Unternehmen als Vergleichsunternehmen herangezogen wird, sondern i. d. R. eine möglichst hohe Anzahl börsennotierter Unternehmen und ihrer Kennzahlen mit in die Bewertung einfließen. Die dann gebildeten Mittelwerte der Multiplikatoren der verschiedenen börsennotierten Unternehmen reduzieren die Beeinflussung des errechneten Unternehmenswertes durch Sonderfaktoren deutlich.

Zudem können die Multiplikatoren einzelner börsennotierter Gesellschaften, wenn sie sehr deutlich von den Multiplikatoren der anderen Unternehmen abweichen, von der Berechnung des Mittelwertes der Multiplikatoren ausgeschlossen werden.

Die Vorgehensweise bei den **Transaction Multiples** ist sehr ähnlich der Ermittlung der Trading Multiples. Es handelt sich um eine weitere Form des Multiplikatorverfahrens jedoch unter Anwendung anderer Vergleichsunternehmen. Hier sind nicht vergleichbare börsennotierte Unternehmen die Grundlage des Vergleichs, sondern Unternehmensverkäufe im gleichen Geschäftsumfeld in der Vergangenheit. Basis sind hier die gezahlten Kaufpreise und die damaligen Kennzahlen. Vereinfacht ausgedrückt wird bspw. die Frage beantwortet: Wievielmal hat der Erwerber das EBIT des Unternehmens mit der Kaufpreissumme bezahlt? Der so gebildete Multiplikator ist dann die Basis für die Wertindikation des zu bewertenden Unternehmens. Um ein möglichst umfassendes und ausgewogenes Bild bzgl. der tatsächlichen gezahlten Kaufpreise im Umfeld zu erhalten, wird auch hier eine möglichst **hohe Anzahl an Transaktion** einbezogen. Voraussetzung ist natürlich, dass eine hohe Anzahl an tatsächlich relevanten Transaktionen existiert. Auch hier werden, um eine Verfälschung des Wertes durch Ausreißer zu vermeiden, entsprechende Ausreißer nicht in die Betrachtung miteinbezogen. Zudem gibt es zwei weitere Schwierigkeiten, die regelmäßig bei der Bewertung mit Hilfe der Transaction Multiples auftauchen. Zum einen die Datengüte, d. h. dass im Gegensatz zu börsennotierten Gesellschaften nicht-börsennotierte Gesellschaften weniger aussagekräftige Kennzahlen veröffentlichen und häufig keine nachhaltig validierbare Aussage zum gezahlten Kaufpreis möglich ist. Sowohl ein Mangel an Verfügbarkeit der notwendigen Kennzahlen als auch ein nicht gesichertes Wissen bzgl. des Kaufpreises führen dazu, dass eine eigentlich inhaltlich sehr gut passende Transaktion nicht in die Betrachtung einbezogen werden kann. Zum anderen bezieht sich die Datengrundlage der Transaction Multiples sowohl bzgl. der Kennzahlen als auch der Kaufpreise auf die Vergangenheit und nicht auf die Gegenwart. Da im Zeitablauf z. B. aufgrund einer anderen konjunkturellen Situation andere Kaufpreismultiplikatoren gezahlt worden sind, können vergangene Transaktionen und ihre Multiplikatoren Werte – je weiter sie zurückliegen und damit weiter von der aktuellen Situation entfernt sind – nur noch sehr stark eingeschränkt zur aktuellen Kaufpreisermittlung herangezogen werden.

Bei beiden Verfahren ist neben der Qualitätsgüte der herangezogenen Daten auch die Auswahl der als relevant erachteten **Kennzahlen** wichtig. I. d. R.

erfolgt die Bewertung mit Hilfe von EBIT oder EBITDA Multiplikatoren, in Ausnahmefällen wird auch der Umsatz als Grundlage des Multiplikators verwendet. Bezugsgröße ist bei allen drei Kennziffern der **Unternehmenswert**. Eine Wertermittlung mit Hilfe der Kennziffer Jahresüberschuss ist weniger zu empfehlen, da der Jahresüberschuss durch die Finanzierungsstruktur beeinflusst werden kann. Dies ist mit der Tatsache zu begründen, dass durch einen höheren Verschuldungsgrad der Zinsaufwand steigt und damit der Jahresüberschuss entsprechend sinkt. Diese Verzerrung führt dazu, dass bei der Bewertung mit Hilfe eines Multiplikators nicht nur die operative Leistung Berücksichtigung findet, sondern auch die aktuelle Finanzierungsstruktur den Unternehmenswert stark beeinflussen kann. Der Umsatzmultiplikator ist ebenfalls nur mit starken Einschränkungen als Basis der Bewertung heranzuziehen. Dies insb. vor dem Hintergrund, dass Umsatz keine Gewinngröße ist und somit i. d. R. kein direkter Nutzen in Form von Gewinnen für den Erwerber begründet werden kann. Umsatzmultiplikatoren werden allerdings bei Unternehmen verwendet, die in stark expansiven Märkten aktiv sind und bei denen somit ein Wert über die Marktposition und den Marktzugang darstellbar ist. Häufig erzielen diese zumeist ebenfalls stark expansiven und jungen Unternehmen (noch) keinen Gewinn und können hierüber nicht bewertet werden. Deswegen haben sich bei etablierten Unternehmen die beiden Kennziffern E-BIT und EBITDA als Grundlage der Multiple-Bewertung sowohl im Bereich Trading Multiples als auch für Transaction Multiples durchgesetzt und erlauben eine zumeist sehr gute Indikation für den Unternehmenswert.

Zahlenbeispiel: Die Gesellschafter der AMI CAT GmbH möchten, da sie über einen Unternehmensverkauf nachdenken, eine Bewertung des Unternehmens vornehmen. Um eine erste Indikation bzgl. realistischer Kaufpreise zu erhalten, bilden sie entsprechende Trading- und Transaction Multiples. Das EBIT der GMBH lag im kürzlich abgelaufenen Geschäftsjahr bei rund 1.200.000 € und das EBITDA erreichte einen Wert von 1.500.000 €.

Zur Ermittlung der Trading Multiples sind in der folgenden Übersicht die Kennziffern mehrere börsennotierter Wettbewerber dargestellt (alle Angaben in Mio. €):

Wettbewerber	EBIT	EBITDA	Börsenwert
A	6,0	7,5	54,0
B	32,0	34,0	336,0
C	15,5	16,0	160,0
D	50,2	59,0	540,0

Mit Hilfe dieser Werte können nun die entsprechenden Multiplikatoren errechnet und abschließend ein entsprechender jeweiliger Durchschnittswert kalkuliert werden:

Wettbewerber	EBIT Multiple	EBITDA Multiple
A	9,0	7,2
B	10,5	9,9
C	10,3	10,0
D	10,8	9,2
Durchschnitt	10,2	9,1

Unter Zugrundelegung des Durchschnitts der Multiplikatoren von 10,2 (EBIT) und 9,1 (EBITDA) ergibt sich für die AMI CAT GmbH also ein Wert gemäß dem EBIT Multiple von 12.240.000 € (EBIT in Höhe von 1.200.000 € multipliziert mit 10,2) und der Wert gemäß dem EBITDA Multiple von 13.650.000 € (EBITDA in Höhe von 1.500.000 € multipliziert mit 9,1). Aufgrund der geringeren Unternehmensgröße und der mangelnden Börsennotierung wird im konkreten Fall ein Bewertungsabschlag von 15 % auf die ermittelten Werte vorgenommen. Dies würde dann zu Werten von 10.404.000 € (gemäß EBIT Multiple) und 11.620.500 € (gemäß EBITDA Multiple) führen.

Zudem konnten drei Transaktionen im gleichen Geschäftsfeld der jüngeren Vergangenheit ermittelt werden, deren Finanzkennzahlen inklusive Kaufpreis publiziert wurden.

Zur Ermittlung der Transaction Multiples sind auf der folgenden Übersicht die Kennziffern der drei Transaktionen dargestellt, wobei sich EBIT und EBITDA natürlich auf das Zielunternehmen beziehen (erneut alle Angaben in Mio. €):

Transaktion	EBIT	EBITDA	Kaufpreis
1	3,0	3,5	25,0
2	20,0	22,0	190,0
3	7,5	8,0	60,0

Analog zur Vorgehensweise bei den Trading Multiples können auch hier die entsprechenden Multiplikatoren errechnet und abschließend ein jeweiliger Durchschnittswert kalkuliert werden:

Transaktion	EBIT Multiple	EBITDA Multiple
1	8,3	7,1
2	9,5	8,6
3	8,0	7,5
Durchschnitt	8,6	7,7

Unter Zugrundelegung des Durchschnitts der Multiplikatoren von 8,6 (EBIT) und 7,7 (EBITDA) ergibt sich für die AMI CAT GmbH ein Wert gemäß dem EBIT Multiple von 10.320.000 € (EBIT in Höhe von 1.200.000 € multipliziert mit 8,6) und der Wert gemäß dem EBITDA Multiple von 11.550.000 € (EBITDA in Höhe von 1.500.000 € multipliziert mit 7,7).

Zusammengefasst bedeutet dies, dass der Unternehmenswert der AMI CAT GmbH gemäß des Trading-Multiplikatoren-Verfahrens (inkl. Abschlägen aufgrund von Größe und mangelnder Börsennotierung) und des Transaktions-Multiplikatoren-Verfahrens zwischen 10.320.000 € und 11.620.500 € liegen sollte. Diese Wertbandbreite dient den Gesellschaftern des Unternehmens als eine erste Indikation bzgl. eines realistischen Kaufpreises.

Das dritte Verfahren der Unternehmensbewertung, das sog. Ertragswertverfahren als **fundamentales Bewertungsverfahren** (vgl. Abb. 31), genießt in der Praxis das höchste Ansehen. Das Ertragswertverfahren als Variante der Fundamentalbewertung ist die meist verbreitete Methode zur Ermittlung des Unternehmenswertes. Der Grundgedanke bei diesem Verfahren ist, dass sich der Wert einer Kapitalanlage aus den Zahlungsströmen ableiten lässt, die mit dieser Kapitalanlage verbunden sind. Es basiert auf der Annahme, dass der Wert eines Unternehmens hauptsächlich in den zu erwartenden Ertragsüberschüssen, also durch sein Potenzial, in Zukunft Gewinne zu erzeugen, bestimmt wird. Diese Zahlungsströme (auch Cash Flows genannt) resultieren aus den wirtschaftlichen Aktivitäten eines Unternehmens und stehen den Eigenkapitalgebern zu. Der Marktwert des Eigenkapitals wird über den Kapitalwert der zukünftigen Zahlungen an die Eigenkapitalgeber gebildet. Die zugrundeliegende Fragestellung lautet: Wie hoch darf der Unternehmenswert sein, damit der erwirtschaftete Gewinn oder Cash Flow eine angemessene Verzinsung auf das eingesetzte Kapital, den Kaufpreis, darstellt?

Die beiden zentralen Herausforderungen bei allen drei Varianten der fundamentalen Unternehmensbewertung sind die Bestimmung der zukünftigen Zahlungsreihen sowie die Festlegung des Diskontierungssatzes. Die zukünftigen Zahlungsreihen werden prognostiziert und sind deshalb mit entsprechenden Unsicherheiten verbunden. Diese Unsicherheiten steigen, je weiter die prognostizierten Zahlungen in der Zukunft liegen.

Die zukünftigen Zahlungsströme werden in zwei Phasen aufgeteilt (vgl. nachfolgende Abb. 32). Für die erste Phase, die sich auf die nähere Zukunft bezieht, liegt eine Detailplanung vor. Die Detailplanung umfasst i. d. R. die kommenden drei bis fünf Jahre und zeigt die Free Cash Flows dieser Jahre auf. Die Zeit außerhalb dieser Detailplanung kann nicht verlässlich eingeschätzt werden. Daher wird zur Ermittlung des Kapitalwertes der Cash Flows, die außerhalb der Detailplanung liegen, das Konzept der ewigen Rente angewendet. Es wird also unterstellt, dass die Cash Flows des letzten Jahres der Detailplanung auch in den darauffolgenden Jahren weiter erwirtschaftet und die Zahlungen bis in die Unendlichkeit generiert werden. Durch das Konzept der ewigen Rente können diese angenommenen Zahlungen auf den heutigen Zeitpunkt abdiskontiert werden. Die Behandlung der Zahlungen sowohl in als auch außerhalb der Detailphase illustriert Abb. 31.

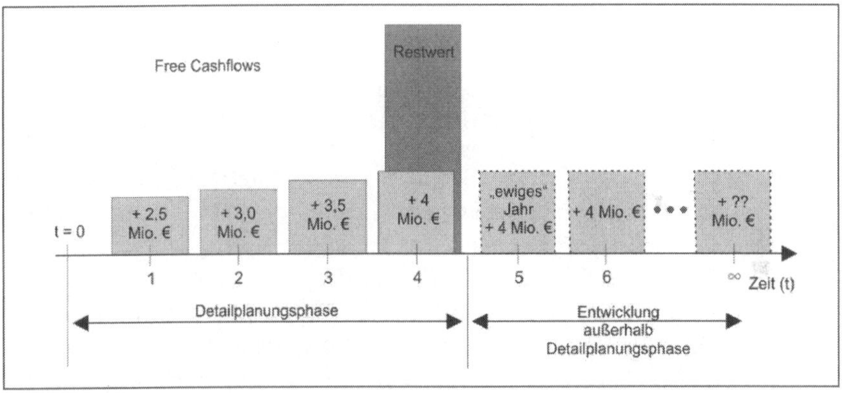

Abbildung 31: Abdiskontierung der zukünftigen Zahlungen mit ewiger Rente
Quelle: Eigene Darstellung.

Bei dem Konzept der ewigen Rente wird ein sog. ewiges Jahr gebildet, indem unterstellt wird, dass der Cash Flow des letzten Jahres bis ins Unendliche weiterläuft, also konstant fortgeschrieben werden kann. Der Wert dieser ewigen Rente kann dann entsprechend auf die Gegenwart abdiskontiert werden und ergibt dann den RW. Es ist auch möglich, die Zahlungen außerhalb der Detailplanung mit einer positiven oder negativen Wachstumsrate zu belegen (je nach erwarteter Entwicklung in der Zukunft) und diese im RW zu berücksichtigen. Durch diese Vorgehensweise kommt dem letzten Jahr der Detailplanungsphase eine besondere Bedeutung zu, sie ist Basis für die Berechnung der Cash Flows außerhalb der Detailplanungsphase. Vor dem Hintergrund, dass der Wert des letzten Jahres der Detailplanungsphase am weitesten in der Zukunft liegt und daher am wenigsten verlässlich prognostizierbar ist, ist die Verwendung dieses Jahres als Basis für das ewige Jahr als kritisch in der Durchführung der Bewertung zu sehen. Insbesondere vor dem Hintergrund, dass in den meisten Fällen ein Großteil des Unternehmenswertes aus den Zahlungen außerhalb der Detailplanungsphase resultiert.

Formel:

$$EV = Wert\ aus\ Detailplanungsphase + Restwert$$

$$EV = \sum_{t=0}^{n} FCF_t \frac{1}{(1+i_{cc})^t} + \frac{FCF_{final}}{i_{cc} - j} * \frac{1}{(1+i_{cc})^n}$$

mit EV = Entity Value (Wert des Gesamtkapitals)
FCF_t = Free Cashflow der Periode t
FCF_{final}= Free Cashflow im ewigen Jahr
CC= Kapitalkosten
t= Zeit
n= Planungshorizont der Detailplanungsphase
j= Wachstumsrate außerhalb Detailplanungsphase

Eine weitere kritische Festlegung ist die Bestimmung des Diskontierungssatzes, mit dessen Hilfe die zukünftigen Zahlungen abdiskontiert werden. Während ein hoher Diskontierungssatz zu niedrigen Kapitalwerten der zukünftigen Zahlungen führt, resultiert ein niedriger Diskontierungssatz in hohen Kapitalwerten. Somit ist die Wahl des Diskontzinses neben der Bestimmung der Basis für das ewige Jahr von zentraler Bedeutung. Die Wahl des Diskontierungssatzes ist für alle drei Verfahren gleichermaßen von Bedeutung, wenngleich unterschiedliche Arten des Diskontierungszinssatzes gewählt werden. Nachfolgende Abb. 32 illustriert die verschiedenen Varianten des Ertragswertsverfahrens und zeigt die Unterschiede bzgl. des betrachteten Cash Flows, des verwendeten Diskontierungszinses, der Form des Unternehmenswertes sowie der Berücksichtigung des Fremdkapitals.

	WACC-Verfahren	Adjusted Present Value-Verfahren		Equity-Verfahren
Art der Cashflows	Operative Free Cash Flows (op. FCF)	op. FCF	Tax Shield FK	Flows to Equity
Art des Diskontzinses	WACC	unv. EK-Zins	FK-Zins	EK-Zins
Ermittelter Unt.-Wert	Gesamtwert	Gesamtwert		Wert des EK Unternehmenswert
Berücksichtigung FK	- Marktwert Fremdkapital	- Marktwert Fremdkapital		nicht notwendig
	Wert des EK Unternehmenswert	Wert des EK Unternehmenswert		Wert des EK Unternehmenswert

Abbildung 32: Varianten des Ertragswertverfahrens
Quelle: Eigene Darstellung.

Das **WACC-Verfahren** findet in der Praxis sehr häufige Anwendung und wird deswegen im Folgenden auch ausführlich dargestellt. Seinen Namen hat dieses Verfahren den sog. gewichteten Kapitalkosten (Weighted Average Cost of Capital), abgekürzt WACC des Unternehmens zu verdanken, die als Diskontierungssatz benötigt werden und dabei sowohl die Kosten des Eigenkapitals als auch des Fremdkapitals berücksichtigen. Der WACC berücksichtigt also gewichtet, sozusagen anteilig, die Gesamtkapitalkosten des Unternehmens. Sie ermitteln sich als gewichtetes Mittel der Eigen- und Fremdkapitalkosten, wobei die Fremdkapitalkosten um den Steuervorteil zu reduzieren sind. Ausgangspunkt der Kalkulation des Unternehmenswertes mit Hilfe dieser Methode ist jedoch der **Operative Free Cash Flow** (kurz: op FCF) eines Unternehmens. Hierunter wird neben dem Operativen Cash Flow aus der Geschäftstätigkeit, der Cash Flow aus Investitionen sowie die Zinszahlungen für Fremdkapital unter Berücksichtigung der steuerlichen Abzugsfähigkeit verstanden. Die Fremdkapitalzinsen müssen beachtet werden, damit der gesamte Rückfluss an die Fremdkapitalgeber Berücksichtigung findet. Alternativ lässt sich der op FCF auch auf Grundlage von Ertrags- bzw. Aufwandsgrößen ermitteln und hierzu wird als Basis der Jahresüberschuss verwendet:

	Jahresüberschuss
+	Zinsaufwand (minus der steuerlichen Abzugsfähigkeit des Fremdkapitals
=	EBIT (unter Berücksichtigung der steuerlichen Abzugsfähigkeit des Fremdkapitals)
+	nicht auszahlungswirksame Aufwendungen
-	Investitionen ins nicht monetäre Working Capital
+/-	Investitionen/Desinvestitionen ins Anlagevermögen
=	Operativer Free Cash Flow (op FCF)

Unabhängig, wie der jeweilige op FCF generiert wurde, wird der Unternehmenswert errechnet, indem zunächst der Kapitalwert aller zukünftigen Operative Free Cash Flows bestimmt wird. Hierzu werden alle zukünftigen op FCF ermittelt, abdiskontiert und die Barwerte addiert. Zur Diskontierung der op FCF wird der bereits angesprochene WACC verwendet.

Zunächst gilt es, die Aufteilung des Kapitals in Eigen- und Fremdkapital nachzuvollziehen, d. h. wie ist das Unternehmen finanziert (Wie hoch ist die Eigenkapitalquote, wie hoch die Fremdkapitalquote bezogen auf das Gesamtkapital?). Diese beiden Quoten sind jeweils der Multiplikator für die korrespondierenden Kostensätze zur Ermittlung der gewichteten Kostensätze. Zur Ermittlung des Fremdkapitalkostensatzes werden die kapitaltragenden Verbindlichkeiten des Unternehmens mit dem Zinsaufwand in Relation gesetzt und hierüber der Fremdkapitalkostensatz ermittelt. Letztgenannter wird mit dem sog. Tax Shield multipliziert (1 minus Grenzsteuersatz), um die steuerliche Abzugsfähigkeit der Fremdkapitalzinsen zu berücksichtigen. Das Ergebnis dieser Multiplikation ist der Nachsteuer-Fremdkapitalkostensatz. Das Produkt aus dem Nachsteuer-Fremdkapitalkostensatz und der Fremdkapitalquote ergibt den gewichteten Fremdkapitalkostensatz, der gemeinsam mit dem gewichteten Eigenkapitalkostensatz die gewichteten durchschnittlichen Kapitalkosten (WACC) ergibt (Summe aus gewichtetem Fremdkapitalkostensatz und gewichtetem Eigenkapitalkostensatz ergibt den WACC). Die Ermittlung des gewichteten Eigenkapitalkostensatzes ist etwas aufwendiger und startet mit dem speziellen Unternehmensrisiko. Dieses Risiko ist im Unternehmen und seiner aktiven Teilnahme am relevanten Markt begründet und ist abhängig von der Gesamtsituation des jeweiligen Unternehmens. Bei börsennotierten Unternehmen wird mit Hilfe des Beta Faktors[59] das Unternehmensrisiko bestimmt.

[59] Das sog. Beta stellt dabei ein Risikomaß dar, welches das Ausmaß der Sensitivität der Rendite einer Aktie oder im konkreten Fall eines Unternehmens in Bezug auf die

Dabei wird die Abweichung der Entwicklung der entsprechenden Aktie vom Gesamtmarkt in bestimmten Zeitkorridoren verwendet. Häufig werden als Zeitkorridore 30 oder 250 Tage zu Grunde gelegt. Hohe Abweichungen sind zumeist in zyklischen Branchen wie z. B. der Bauindustrie, bei Automobilherstellern und -zulieferern sowie die Tourismusbranche zu beobachten. Geringere Abweichungen weisen Unternehmen aus den nicht-zyklischen Branchen wie z. B. der Nahrungsmittel- und Pharmaindustrie aus.

Da die meisten Unternehmen, die bewertet werden sollen, nicht börsennotiert sind, können folglich auch keine Abweichungswerte auf Basis der Kursentwicklung verwendet werden.

Grundsätzlich gibt es drei Möglichkeiten, um den **Beta Faktor** dieser nicht-börsennotierten Gesellschaften zu ermitteln:

1) Pure Play Ansatz:
   Hierbei wird der Beta-Faktor von, bezogen auf die Geschäftstätigkeit, vergleichbaren börsennotierten Unternehmen herangezogen. Sofern mehrere börsennotierte Gesellschaften relevant sind, wird mit einem Mittelwert gearbeitet.
2) Branchen Beta:
   Entsprechende Werte für bestimmte Branchen werden von verschiedenen Dienstleistern veröffentlicht und können somit übernommen werden. Die Werte basieren zum Großteil auch auf entsprechenden börsennotierten Gesellschaften und liegen zumeist sehr nahe an den mit Hilfe des Pure Play Ansatz gebildeten Werten.
3) Accounting Beta:
   Der Beta Faktor wird nicht gemäß der Geschäftstätigkeit ermittelt, sondern durch Berücksichtigung von fundamentalen Finanzdaten wie bspw. des Umsatzwachstums oder der Umsatzrendite. Der Beta Faktor des Unternehmens orientiert sich somit unabhängig von der Branchenzugehörigkeit an börsennotierten Gesellschaften, deren Finanzdaten ähnlich sind.

Renditeänderung eines als repräsentativ anzusehenden Marktindexes bzw. in Relation zur Branche oder zum Sektor misst. Betawerte größer als 1 bedeuten ein höheres Risiko für den Einzelwert bzw. des Einzelunternehmens gegenüber dem Gesamtmarkt und umgekehrt.

Der hierüber generierte Wert für das spezielle Unternehmensrisiko wird nun mit der entsprechenden Marktrisikoprämie[60] multipliziert. Aufbauend auf dem Capital Asset Pricing Model (CAPM) wird das unsystematische Risiko der Einzeltitel durch Diversifikation eliminiert und folglich dem Anleger auch nicht vergütet. Für das systematische Risiko (z. B. Konjunkturrisiken, geopolitische Risiken) erhält der Investor eine Marktrisikoprämie. Ermittelt wird diese Marktrisikoprämie gemäß den Vorgaben des CAPM über die Differenz der erwarteten Rendite des risikobehafteten Marktportfolios und dem risikolosen Kapitalmarktzins. Diese Vorgehensweise basiert auf dem neoklassischen Gleichgewichtsgedanken, dem einige realitätsferne Annahmen zu Grunde liegen und der deswegen nicht kritiklos übernommen werden kann:

- Es wird ein **vollkommener Kapitalmarkt** unterstellt, was bedeuten würde, dass jeglicher Marktzugang ohne Beschränkungen und ohne Transaktionskosten erfolgt. Des Weiteren existieren keine Informationsasymmetrien zwischen den Marktteilnehmern, und die gehandelten Güter sind vollkommen homogen. Zum risikolosen Zinssatz können alle Marktteilnehmer Kapital in beliebiger Höhe aufnehmen und auch anlegen. Neben der als unendlich eingestuften Reaktionsgeschwindigkeit der Marktteilnehmer wird auch die Existenz von Steuer nicht beachtet.
- Die Erwartungen aller Marktteilnehmer sind **gleichermaßen risikoscheu** und haben die **gleichen objektiven Erwartungen** zu den gehandelten Wertpapieren.
- Der **Planungshorizont** des Modells ist auf **eine Periode** beschränkt.

Die hier aufgezeigten Annahmen sind zentraler Kritikpunkt an dem CAPM. Nichtdestotrotz ist das Modell Basis zur Berechnung des Marktrisikos. Das Marktrisiko multipliziert mit dem speziellen Unternehmensrisiko ergibt dann die Risikoprämie des jeweiligen Unternehmens. Der Eigenkapitalkostensatz setzt sich zusammen aus der soeben gebildeten Risikoprämie und dem risikolosen Zinssatz. Per Definition wird unter dem risikolosen Zinssatz die Verzinsung einer Anlage ohne jegliches Ausfallrisiko und ohne Korrelation mit den Renditen anderer Kapitalanlagen gesehen. In der Praxis werden Schuldverschreibungen der Bundesrepublik Deutschland als ausfallsicher qualifiziert und deswegen als Basis für den risikofreien Zinssatz herange-

[60] Die Marktrisikoprämie wird in der Betriebswirtschaftslehre als Prämie verstanden, die etwa ein Investor über den risikolosen Zinssatz hinaus für das Halten des nach dem CAPM bestimmten Marktportfolios verlangt. Diese zusätzliche Prämie entschädigt den Investor für das mit dem Marktportfolio verbundene Risiko. Die Marktrisikoprämie ist eine wichtige Eingangsgrösse bei der Ermittlung der angemessenen Renditeforderung im CAPM.

zogen. Um nicht fälschlicherweise ein temporär herrschendes Zinshoch oder Zinstief bei der Festlegung des risikofreien Zinssatzes zu stark zu berücksichtigen, werden häufig die durchschnittlichen Renditen eines bestimmten Zeitraums der Vergangenheit verwendet.

Der über das Produkt aus Unternehmensrisiko und Marktrisiko und Hinzunahme des risikolosen Zinssatzes gebildete Eigenkapitalkostensatz wird nun mit der Eigenkapitalquote multipliziert und ergibt den gewichteten Eigenkapitalkostensatz. Der gewichtete Eigenkapitalkostensatz und der gewichtete Fremdkapitalkostensatz gemeinsam ergeben die gewichteten durchschnittlichen Kapitalkosten (WACC). Zur Veranschaulichung zeigt Abb. 34 beispielhaft die Berechnung des WACC unter folgenden Annahmen:

Das Unternehmen ist zu 40 % mit Eigenkapital und zu 60 % mit Fremdkapital finanziert. Das Fremdkapital kostet das Unternehmen durchschnittlich 4,5 % Zinsen und der Grenzsteuersatz beträgt 33 %. Als risikoloser Zinssatz wird 4,0 % angenommen, die Marktrisikoprämie wird mit 6,0 % bestimmt und das Beta mit 0,6 festgelegt. Gemäß den beschriebenen Rechenoperationen ergibt sich im konkreten Beispiel somit ein WACC von 4,84 %.

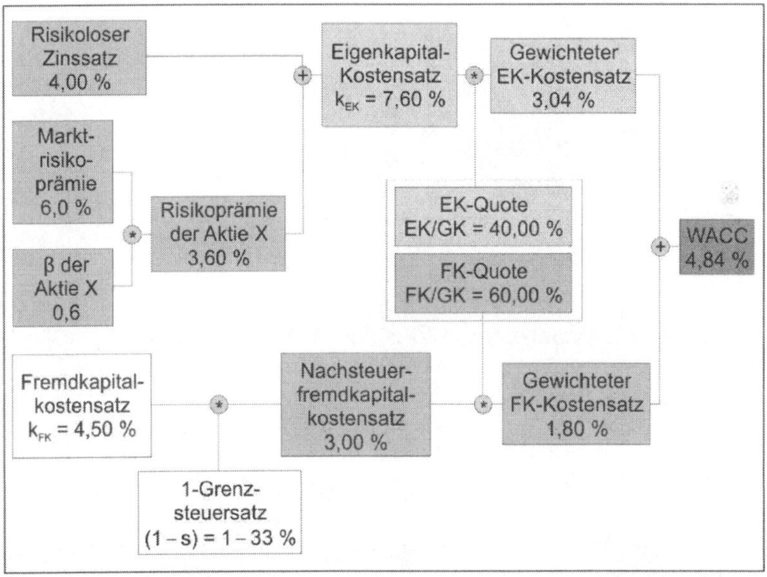

Abbildung 33: Beispielhafte Berechnung des WACC

Quelle: Eigene Darstellung.

Dieser Wert wird als Diskontierungsfaktor für die op FCF der Zukunft verwendet. Das heißt die op FCF der Jahre der Detailplanungsphase werden hiermit entsprechend abgezinst und auch das ewige Jahr wird mit Hilfe des WACC berechnet. Abschließend wird von dem ermittelten Gesamtwert des Unternehmens der Marktwert des Fremdkapitals abgezogen, um den Wert des Eigenkapitals festzustellen. Denn das Unternehmen muss zunächst sinnbildlich die Fremdkapitalgläubiger bedienen, bevor der echte Unternehmenswert zu Tage tritt. Als Marktwert des Fremdkapitals werden alle aus der Überlassung des Fremdkapitals resultierenden mit dem Fremdkapitalkostensatz abdiskontierte Zins- und Tilgungsleistungen verstanden. Näherungsweise wird häufig der Buchwert des Fremdkapitals als Marktwert herangezogen.

Anwendungsbeispiel:
Beispielhaft können wir mit dem oben errechneten WACC die Bewertung der AMI CAT GmbH kalkulieren. Die op FCF der Detailplanungsphase sind in der Tabelle dargestellt und der Marktwert des Fremdkapitals beträgt zurzeit 1.500.000 €. Für die Jahre nach der Detailplanungsphase wird ausgehend vom letzten Jahr der Detailplanungsphase ein jährliches Wachstum von 3 % angenommen:

Jahr	Op FCF
0	- 800.000 €
1	+ 150.000 €
2	+ 200.000 €
3	+ 250.000 €
4	+300.000 €
5	+ 400.000 €

Die zugehörige Rechnung ergibt folgende Werte:

$$-800.000+\frac{150.000}{1{,}0484}+\frac{200.000}{1{,}0484^2}+\frac{250.000}{1{,}0484^3}+\frac{300.000}{1{,}0484^4}+\frac{400.000}{1{,}0484^5}=$$

$$-800.000 + 143.075{,}16 + 181.960{,}02 + 216.949{,}66 + 248.320{,}86 + 315.809{,}31$$
$$+17.163.549{,}50 = 17.469.664{,}51\ €$$

Der Betrag von 17.469.664,51 € ist also im Ergebnis der Gesamtwert des Unternehmens. Der Großteil dieses Wertes resultiert aus den Werten der Jahre nach der Detailplanungsphase, also aus der Kalkulation des ewigen Jahres (17.163.549,50 €). Somit wird deutlich, dass der Grundlage des ewigen Jahres, dem Wert des letzten Jahres der Detailplanung, eine besondere

Bedeutung zukommt. Dieser Effekt wird insb. dadurch verstärkt, dass für die Kalkulation des ewigen Jahres eine Wachstumsrate (im konkreten Beispiel von 3 %) unterstellt wurde.

Von dem Gesamtwert des Unternehmens (17.469.664,51 €) wird abschließend der Marktwert des Fremdkapitals (1.500.000 €) abgezogen. Das Resultat (15.969.664,51 €) ist der Wert des Eigenkapitals und somit der gesuchte Wert.

Das Beispiel zeigt anschaulich die Funktionsweise der Unternehmensbewertung nach dem WACC Verfahren. Das Grundprinzip der Adjusted-Present-Value-Methode und dem Equity-Verfahren ist ähnlich. Da zudem die Ergebnisse bei korrekter Abgrenzung der Cashflowgrößen und Festlegung der Diskontierungssätze gleich sind, werden die beiden letztgenannten Verfahren nicht mehr grundlegend, sondern lediglich in Ergänzung zum WACC-Verfahren erläutert.

Die Adjusted-Present-Value-Methode geht bei ihrem Grundgedanken von einer vollständigen Eigenkapitalfinanzierung aus. Es werden die op FCF analog zum WACC Verfahren verwendet und mit den Kosten des Eigenkapitals abdiskontiert. Sofern, wovon bei der Mehrzahl der Unternehmen auszugehen ist, Fremdkapital im Unternehmen verwendet wird, ergibt sich daraus eine Steuerersparnis, das sog. Tax Shield[61]. Dieses Tax Shield resultiert aus der Höhe des tatsächlich eingesetzten Fremdkapitals. Der Gesamtwert des Tax Shields ergibt sich aus den zukünftig zu erwartenden Ersparnissen abdiskontiert mit dem Fremdkapitalzinssatz. Aus der Summe der abgezinsten op FCF und dem abgezinsten Tax Shield ergibt sich der Unternehmenswert. Auch bei diesem Verfahren wird abschließend der Marktwert des Fremdkapitals vom Unternehmenswert abgezogen, um zum Wert des Eigenkapitals zu gelangen.

Die Equity Methode setzt bei den geschätzten zukünftigen Zahlungen an die Eigenkapitalgeber (Flows to Equity) an. Um den Unternehmenswert nicht abhängig von der Ausschüttungspolitik des Unternehmens werden zu lassen, orientiert sich die Betrachtung an den Beträgen, die an die Eigenkapitalgeber

---

[61] Der sog. Tax Shield bezeichnet den Wert, den Fremdkapitalzinsen, Schulden oder Verlustvorträge zum Unternehmenswert beitragen. Da Unternehmen in den meisten Steuersystemen Schulden oder Verluste steuermindernd einsetzen können, erhöhen diese den Wert eines Unternehmens für einen potenziellen Käufer, der sie mit eigenen Gewinnen verrechnen kann. Wenn ein Unternehmen entsprechend verschuldet ist oder alte Verluste in der Bilanz fortschreibt, ist sein Marktwert um genau den Wert des Steuervorteils höher als der Wert des Unternehmens, welches nicht verschuldet ist.

ausgeschüttet werden könnten und nicht an den tatsächlichen Ausschüttungen. Da bei dieser Methode nur die Eigenkapitalseite berücksichtigt wird, erfolgt die Abzinsung der zukünftigen theoretisch möglichen Zahlungen über die Eigenkapitalkosten. Mit dieser Methode wird direkt der Wert des Eigenkapitals ermittelt, und es muss nicht der Marktwert des Fremdkapitals abgezogen werden. Umgekehrt lässt sich durch Addition des Marktwertes des Fremdkapitals zu dem Wert des Eigenkapitals der Wert des Unternehmens errechnen.

In dem vorliegenden Unterkapitel sind übersichtsartig die drei grundlegenden Verfahren der Unternehmensbewertung dargestellt worden. Während die Mängel der Substanzwertverfahren sehr groß sind und daher in der Praxis wenig Anwendung finden, erfreuen sich die Verfahren der Multiplikatorenbewertung insb. auch aufgrund ihrer Einfachheit in der Anwendung großer Beliebtheit. Sie werden zumeist eingesetzt um eine erste Indikation zur Bewertung zu erhalten. Die fundamentalen Verfahren der Unternehmens bewertung werden sowohl von wissenschaftlicher als auch praktischer Perspektive akzeptiert, wenngleich auch diese Verfahren Schwächen aufweisen.

3.3 Crowdfunding von Eigenkapital

Eine erst in der jüngeren Vergangenheit zunehmend populär gewordene Form der Generierung von Kapital ist **Crowdfunding**. Obwohl Crowdfunding so ausgestaltet werden kann, dass es eher dem Fremdkapital zuzurechnen ist, wird es im Kontext des Eigenkapitals behandelt.

Der Begriff Crowdfunding ist erst seit wenigen Jahren im Sprachgebrauch bekannt, so war der Begriff im Jahr 2005 der Suchmaschine Google vollkommen unbekannt; fünf Jahre später konnten immerhin schon etwa 500.000 Treffer zu diesem Begriff gefunden werden,[62] während heute dort über 72 Mio. Treffer[63] angezeigt werden. Wenngleich Crowdfunding häufig als ein Internetphänomen verstanden wird, ist das Grundprinzip schon deutlich älter. In der Geschichte lassen sich einige Beispiele finden, die zumindest große Ähnlichkeiten zu dem aktuell bekannten Crowdfunding aufweisen.

62 Vgl. Umlauf, S. (82 Millionen Business Angel 2013), S. 20.

63 Abfrage Google Begriff „Crowdfunding“ in https://www.google.de/search?source=hp&ei=4ycIXKXiHLCKlwTEhb3ABg&q=crowdfunding&btnK=Google-Suche&oq=rowdfunding&gs_l=psy-ab.3..0l10.731.3816..4294...0.0..0.74.804.12......0....1..gws-wiz.....0..0i131.BOVwDdk3ftA, Abruf vom 05.04.2023

Sehr bekannt ist in diesem Kontext die Finanzierung des Sockels der Freiheitsstatue in den Jahren 1884/1885. Während die Statue bekanntermaßen ein Geschenk Frankreichs an die Vereinigten Staaten von Amerika war, sollte der Sockel des Bauwerks durch die USA selbst finanziert werden. Aufgrund der damals herrschenden wirtschaftlichen Probleme im Land (u. a. aufgrund des Börsencrashs von 1873) waren die öffentlichen Kassen leer und folglich standen keine öffentlichen Mittel für das Vorhaben zur Verfügung. Der damalige Herausgeber der Zeitung „New Yorker Word“, Joseph Pulitzer, startete einen Aufruf an seine Leser, den noch fehlenden Betrag von 100.000 US-Dollar (entspricht etwa 6,3 Mio. US-Dollar nach aktueller Kaufkraft) durch Kleinstbeträge zu sammeln. Im Gegenzug versprach er die Namen aller Spender (unabhängig von der Spendenhöhe) in seiner Zeitung zu veröffentlichen. Insgesamt etwa 160.000 Menschen spendeten innerhalb von fünf Monaten die benötige Summe. Somit hat ein Großteil der Spender zwar weniger als einen US-Dollar zur Verfügung gestellt, aber aufgrund der Vielzahl der Spender ist die benötige Summe erreicht worden.[64]

Der Begriff Crowdfunding setzt sich dabei aus den beiden englischen Begriffen „Crowd“ und „Funding“ zusammen. „Crowd“ steht für eine Ansammlung von verschiedenen Menschen, die sich für ein bestimmtes Ziel (hier: die Finanzierung eines Projektes oder Unternehmens) zusammenschließen. Der Begriff „Funding“ bezeichnet den Prozess des Aufbringens von finanziellen Mitteln. In die deutsche Sprache lässt sich der Begriff des Crowdfundings mit dem Begriff „Schwarmfinanzierung“ übersetzen, wenngleich dieser Begriff keine häufige Verwendung findet. Die Finanzierungsform Crowdfunding ist ein Teilbereich des Crowdsourcings, zu dem auch die Bereiche Crowdcreation, Crowdvoting und Crowdwisdom zählen. Beim Crowdcreation werden mit Hilfe der Kreativität der Masse neue Inhalte geschaffen, das Crowdvoting nutzt die gesammelte Lebenserfahrung der Masse zur Entscheidungsfindung und beim Crowdwisdom wird auf das Wissen der Masse zurückgegriffen, um eine bestimmte Frage- oder Problemstellung zu lösen.[65]

Im folgenden Unterkapitel werden grundsätzliche Überlegungen zur Eignung des Crowdfundings und auch zu den verschiedenen Crowdfundingarten getroffen und dabei auch auf die Differenzierung zwischen Eigen- und Fremdkapital eingegangen.

[64] Vgl. Assenmacher, K. (Crowdfunding als kommunale Finanzierungsalternative 2017), S. 6.

[65] Vgl. Flebbe, M. (Crowdfunding 2016), S. 18 ff.

3.3.1 Überlegungen und Vorbehalte vor der speziellen Finanzierungsform

Die erste Frage, die sich in diesem Kontext stellt, lautet: Für wen bzw. welche Arten von Unternehmen und Projekten ist **Crowdfunding** geeignet? Pauschal ist diese Frage schwer zu beantworten, insb. vor dem Hintergrund der enormen Vielfalt der mit Hilfe des Crowdfundings finanzierten Projekte. Momentan ist allerdings eine Einschränkung auf Basis des Finanzierungsvolumens möglich. Betrachtet man das Gesamtvolumen des Marktes in Deutschland im Jahr 2017, so kann Crowdfunding nicht zur alleinigen Finanzierung von hohen zweistelligen bzw. dreistelligen Millionen Euro Beträgen herangezogen werden. Die innovative Finanzierungsmöglichkeit kann also keine der herkömmlichen Formen gänzlich ersetzen; allerdings kann auch bei solch hohen Summen Crowdfunding grundsätzlich einer von mehreren Bausteinen sein. Wenngleich es momentan wenig wahrscheinlich erscheint, dass ein großes DAX Unternehmen wie die Daimler AG einen Teil ihrer Unternehmensfinanzierung mittels eines Crowdfundingprojektes deckt. Vielmehr werden zumeist junge innovative Unternehmen, Projekte aus dem Bereich Immobilien, Energiewirtschaft oder Medien und Projekte ohne kommerziellen Hintergrund durch die sog. Crowd finanziert. Grundlegend lässt sich Crowdfunding in eine direkte Form und in eine indirekte Form unterscheiden. Die direkte Form sieht eine direkte Ansprache potenzieller Kapitalgeber durch den Kapitalsuchenden vor. Insbesondere für die Finanzierung von Unternehmen ist die indirekte Form von größerer Bedeutung. Mittels einer entsprechenden Plattform (im Internet) werden Kapitalgeber und -nehmer zusammengebracht. Die Plattform tritt als Vermittler auf, bietet Kommunikationsmöglichkeiten an und hat zumeist eine erste grundlegende Prüfung des Finanzierungsvorhabens durchgeführt. Somit ist es für den Kapitalsuchende eine der ersten Entscheidungen, mit welcher Plattform er zusammenarbeitet. Die Entscheidung hängt im Wesentlichen zumeist von den entstehenden Kosten, der Reputation der Plattform (z. B. Quote der erfolgreich finanzierten Projekte), aber auch der Spezialisierung auf bestimmte Arten von Projekten (so gibt es z. B. Plattformen, die sich auf Projekte im Bereich Erneuerbare Energien spezialisiert haben) ab. Die Auswahl fällt häufig nicht leicht, wenn man bedenkt, dass die Gesamtzahl der Plattformen alleine im deutschsprachigen Raum sicherlich im dreistelligen Bereich liegt. Wie in Kapitel 3.3 beschrieben, ist Crowdfunding eine Form des Crowdsourcings, grundsätzlich wird Crowdfunding in vier Arten eingeteilt. Diese sind Crowddonating, Crowdinvesting, Crowdlending und Crowdsupporting (vgl. Abb. 34).

Crowddonating hat einen primär karikativen Charakter und ist i. d. R. für Projekte sinnvoll, die eine stark emotionale Prägung haben (z. B. Hilfsprojekte). Die Kapitalgeber erzielen mit der Kapitalüberlassung **keine** Rendite in Form von Zins oder ähnlichem, sondern eher eine „emotionale Rendite", indem sie dazu beigetragen haben, dass ein von ihnen unterstütztes Vorhaben mit meist sozialem, ökologischem oder gemeinnützigem Hintergrund realisiert werden kann. Die Übersetzung des Begriffs „donating" in die deutsche Sprache zeigt auch den starken Spendencharakter, der mit dieser Art des Crowdfundings einhergeht. Da die ideellen Motive auf Seiten der Kapitalgeber überwiegen, ist Crowddonating für die Unternehmensfinanzierung in den seltensten Fällen geeignet.

Das **Crowdlending** ist als Alternative zum klassischen Bankkredit zu verstehen, bei dem die Crowd an die Stelle der Bank tritt. Hierbei handelt es sich um ein klassisches Fremdkapitalinstrument, bei der die Crowd einen Kredit vergibt. Häufig enthält Crowdlending Elemente von Mezzanine-Kapital, kann aber nicht dem Eigenkapital bei der Bilanzierung zugerechnet werden.

Die dritte Art des Crowdfundings, das Crowdsupporting oder teilweise auch Crowdsponsoring genannt, fehlen i. d. R. auch die finanziellen Motive. So erfolgt keine finanzielle Beteiligung, sondern eher eine Unterstützung des Projektes. Die Kapitalgeber ziehen ihren Nutzen i. d. R. aus der Umsetzung des Projektes (z. B. ein Film oder eine CD). Als Dank für ihre Unterstützung erhalten die Sponsoren bei erfolgreicher Umsetzung etwa eine Gratis-CD oder werden im Abspann des Films genannt. Die erste bekannte Art dieser Form des Crowdfundings war die Finanzierung der Konzerttour der britischen Rockband Marillion durch die USA im Jahr 1997, je nach Höhe des Beitrags erhielten die Unterstützer CDs, Konzerttickets oder sonstige Fanartikel.[66] Zusammenfassend lässt sich feststellen, dass Crowdsupporting nur in wenigen Fällen für die Finanzierung von Unternehmen geeignet ist.

Zuletzt wird die für die Unternehmensfinanzierung mit Eigenkapital als die geeignetste Art des Crowdfunding, das **Crowdinvesting**, diskutiert. Die Kapitalgeber sind hier als Investoren im klassischen Sinne zu verstehen, die für die Kapitalüberlassung eine entsprechende Rendite erwarten. Insbesondere für Start-up-Unternehmen aber auch für bestimmte Formen der Projektfinanzierung ist diese Art des Crowdfundings sehr gut geeignet. Existenzgründer

[66] Vgl. Gassmann, O./Frankenberger, K./Choudury, M. (Geschäftsmodelle entwickeln 2020), S. 139.

sowie kleinere und mittlere Unternehmen können über diese Finanzierungsart haftendes Kapital generieren. Die Investoren partizipieren zumeist an den zukünftigen Zahlungsströmen des Unternehmens und häufig auch an der Entwicklung des Unternehmenswertes. Die zur Verfügung gestellte Kapitalart ist zumeist dem Eigen- oder Mezzanine-Kapital[67] (je nach Ausgestaltungsform) zuzurechnen und wird über Aktien, Genussrechte, stille Beteiligungen oder Nachrangdarlehen verbrieft. Insbesondere die zuletzt genannten Nachrangdarlehen bieten dem Kapitalnehmer diverse Vorteile. So erhält der Kapitalgeber hierdurch haftendes Kapital, ohne dass die Kapitalgeber im Gegenzug Mitspracherechte erhalten. Zudem ist der rechtliche und organisatorische Aufwand bei dieser Finanzierungsform verglichen mit anderen Finanzierungsarten gering. Die Dauer der Kapitalüberlassung beträgt beim Crowdinvesting i. d. R. fünf bis acht Jahre, so dass der Kapitalnehmer langfristig mit dem überlassenen Kapital planen kann. Der Kapitalgeber erhält dafür eine feste Verzinsung (daher zum Teil sehr nahe am Crowdlending) und/oder eine erfolgsabhängige Beteiligung. Eine Übersicht über die verschiedenen Formen des Crowdfundings leistet Abb. 34.

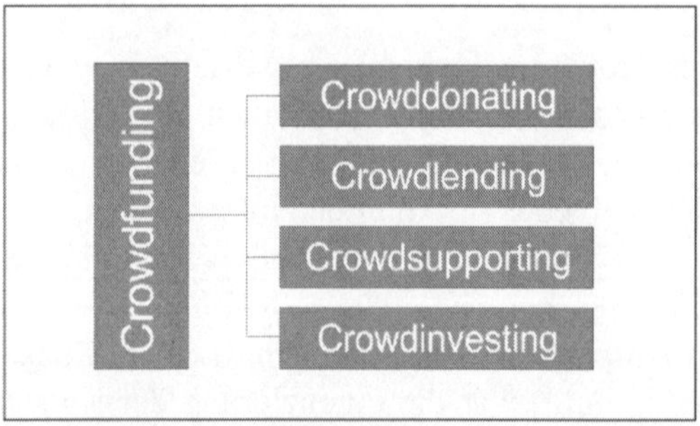

Abbildung 34: Formen des Crowdfundings
Quelle: Eigene Darstellung.

Generell bieten Crowdfunding im Allgemeinen und Crowdinvesting im Speziellen zahlreiche Vorteile, aber auch Nachteile sowohl für Kapitalgeber als auch -nehmer, die im Folgenden kurz diskutiert werden sollen.

Zunächst ist die Generierung von Kapital über die Crowd eine sinnvolle Alternative zum Bankkredit und das nicht nur für Unternehmen, die aus bestimmten Gründen keinen solchen beantragen können oder wollen. Je nach

[67] Wie bereits darstellt, handelt es sich bei Mezzanine Kapital um eine Zwischenform zwischen Eigen- und Fremdkapital. Eine Mezzanine-Finanzierung enthält typischerweise eigen- und fremdkapitalähnliche Elemente.

Ausgestaltung verlieren die Kapitalnehmer auch keinerlei Kontrolle über ihr Unternehmen und geben keine Entscheidungsbefugnis an externe Geldgeber ab. Die Kommunikation zwischen Kapitalnehmer und der Crowd ist gewünscht und bietet für beide Seiten einige Vorteile. Das Unternehmen kann durch den Austausch mit den Investoren hilfreiche Hinweise und Anregungen zur Ausgestaltung des Produktes und zur Marktplatzierung erhalten. Die Investoren können im Idealfall sogar als Werbeträger dienen oder aber neue Ideen und Ansatzpunkte für neue Produkte liefern. Die Crowd kann auch als ein sinnvolles Vertriebstool genutzt werden.

Demgegenüber entstehen allerdings auch **Nachteile** und **Risiken** für beide Seiten. Die Einwerbung des Kapitals ist für das kapitalsuchende Unternehmen mit einem hohen zeitlichen und personellen Aufwand verbunden u. a. auch aufgrund der Vorbereitungszeit, bevor die Kampagne startet. Die Kosten für den Kapitalnehmer sind häufig sehr hoch und beinhalten neben dem eigenen Zeitaufwand sowohl die Kosten für die Vermarktung auf der Plattform als auch die Renditezahlungen an die Kapitalgeber. Viele potenzielle Investoren stehen dieser Art der Kapitalgenerierung unsicher gegenüber und sind daher nicht bereit, in dieser Form zu investieren. Folglich entsteht auch das Risiko, dass trotz vielfältiger Bemühungen der Initiatoren das Projekt seine Fundingschwelle (Betrag der benötigt wird, damit das Projekt durchgeführt wird) nicht erreichen wird. Die Kapitalnehmer müssen permanent ihr Projekt in der Öffentlichkeit vermarkten und sind einem wachsenden Konkurrenzdruck sowohl mit Projekten auf der „eigenen" als auch allen anderen Plattformen ausgesetzt. Dies führt dazu, dass vielfach Ideen, Business Pläne, Strategien oder Produkte schon in einem sehr frühen Stadium aktiven oder potenziellen Investoren präsentiert werden und damit die Gefahr der Nachahmung steigt. Ein weiteres sehr hohes Risiko für Kapitalnehmer ist die Gefahr einer enttäuschten Crowd. Enttäuscht das Unternehmen die Crowd, so kann dies zu negativer Propaganda führen, die sich dann in negative Implikationen auf die weitere geschäftliche Entwicklung auswirkt. Das Risiko auf Seiten der Kapitalgeber hat zwar nicht so viele Facetten, ist jedoch nicht weniger dramatisch. Im Falle eines Scheiterns (z. B. Insolvenz des kapitalsuchenden Unternehmens nach Kapitalüberlassung) droht den Anlegern ein Totalverlust ihres eingesetzten Kapitals, da Beteiligungen und nachrangige Darlehen wertlos werden können. Vor dem Hintergrund dieser Risiken wird im folgenden Unterkapitel der Ablauf eines Crowdfundingprozesses dargestellt und entsprechende Parameter benannt.

3.3.2 Prozessablauf

Die zentrale Funktion bei den hier betrachteten indirekten (d. h. zwischen Kapitalgeber und -nehmer tritt ein Mittler) Crowdfunding-Prozessen nehmen **die Crowdfunding-Plattformen** wahr. Die Plattformen lassen sich in der Regel als online-betriebener Marktplatz beschreiben, auf denen Projektinitiatoren und Unternehmensgründer mit potenziellen Kapitalgebern zusammentreffen. Die Investoren können sich auf diesen virtuellen Marktplätzen die verschiedenen Projekte anschauen und ggf. einzelnen Projekten Kapital zur Verfügung stellen. Typischerweise lässt sich der Crowdfundingprozess in vier Phasen unterteilen, die jedoch je nach Plattform individuelle Besonderheiten unterliegen können. Die einzelnen Phasen sind in Abb. 35 illustriert.

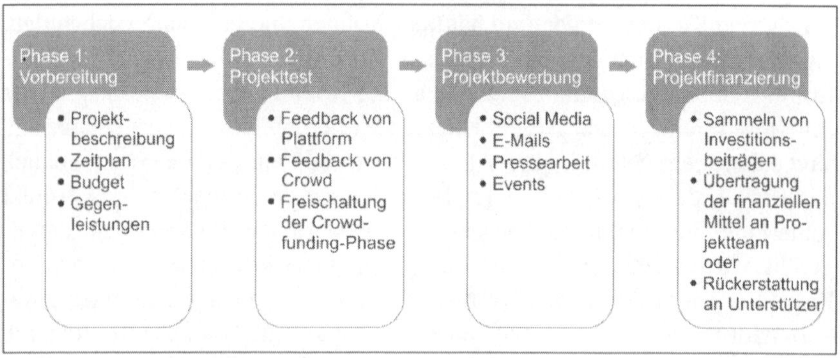

Abbildung 35: Idealtypischer Crowdfunding-Ablauf

Quelle: Eigene Darstellung.

Nachdem der Projektinitiator die Entscheidung getroffen hat, dass er eine Finanzierung über Crowdfunding anstrebt und eine entsprechende Plattform ausgewählt hat, beginnt die Vorbereitungsphase des Projektes. Zu Beginn wird eine Projektbeschreibung erstellt mit dem Ziel, möglichst präzise und gut nachvollziehbare Informationen zum Projekt aufzubereiten. Zentrale Aspekte, insb. vor dem Hintergrund des Ziels der Gewinnung von Kapitalgebern, sind ein konkreter Zeitplan, eine Budgetplanung (inklusive bereits vorhandener Mittel als auch noch weiter benötigtem Kapital) sowie die Gegenleistungen, die die Kapitalgeber für die Bereitstellung der benötigten Mittel erhalten. Bei der Budgetplanung ist es hilfreich für die Vermarktung in der Crowd, dass außer dem in der Crowd nachgefragten Kapital keine weitere Finanzierungslücke vorhanden ist, da die Crowd ansonsten die tatsächliche Umsetzung nur unzureichend einschätzen kann und dadurch das Interesse an einer Teilnahme sinkt. Sobald die Unterlagen komplett sind, kann die zweite Phase, der sog. Projekttest, beginnen. Zunächst erhalten die Projektinitiatoren von den Betreibern der Plattform Verbesserungsvorschläge und Anregungen sowie nachfolgend auch Feedback aus der Crowd (häufig von ausgewählten Investoren, die bereits mehrfach über die Plattform investiert haben). Die Rückmeldungen sollen helfen, eine größere Anzahl von Investoren für das Projekt zu begeistern. Die zweite Phase beinhaltet somit auch Elemente aus den anderen Teilbereichen des Crowdsourcings, da auf das Urteilsvermögen und Wissen der Crowd zurückgegriffen wird und die Crowd neue Ideen für das konkrete Projekt vorschlagen kann. Mit der Freischaltung des Projektes durch die Plattform endet der Projekttest und die dritte und vierte Phase des Crowdfundings beginnen, die zumeist parallel verlaufen oder sich zumindest deutlich überlappen. In der dritten Phase wird das Projekt massiv beworben. Zwar ist in dieser Phase in erster Linie der Projektinitiator gefordert, das Projekt publik zu machen und zu bewerben, aber auch die frühen Unterstützer sind aktiv, um weitere Investoren für das Projekt zu gewinnen. Neben den neuen Medien wie Blogs, Social-Media-Plattformen und E-Mail-Werbung werden häufig auch klassische Kommunikationswege gewählt. So sind insb. die Projektinitiatoren häufig auf Messen und anderen Events aktiv oder führen auch Gespräche mit entsprechenden Pressevertretern oder anderen Multiplikatoren. Die vierte Phase fokussiert sich auf die reine Finanzierungstätigkeit und beinhaltet das Sammeln der Investitionsbeiträge aus der Crowd. Grundsätzlich gibt es vier Vertragsmodelle, die die Kapitalüberlassung regeln: Atypische stille Beteiligung, Genussrechte, Aktienausgabe und partiarische Nachrangdarlehen.

Bei **atypischen Beteiligungen** sind die Investoren sowohl am Gewinn und Verlust als auch am Vermögen des Unternehmens beteiligt. Somit haben die Investoren bei Auflösung oder Beendigungen des Vertrages auch einen Anspruch auf mögliche Wertsteigerungen des Unternehmens. Ein mögliches Mitspracherecht der Investoren kann individuell vereinbart werden. Aufgrund der Vielzahl der Investoren der Crowd wird ein solches Mitspracherecht i. d. R. durch die Initiatoren ausgeschlossen.

Genussrechte beinhalten neben dem Rückzahlungsanspruch ebenfalls eine Beteiligung am Erfolg, allerdings ist hierbei per se ein Mitspracherecht durch die Crowd ausgeschlossen. Die Erfolgsbeteiligung ist sehr individuell regelbar, so kann bspw. eine betraglich fixe Prämie am Ende der Laufzeit als Erfolgskomponente festgelegt oder aber ein Teil der zukünftigen Bewertung an die Crowd ausgeschüttet werden.

Durch die **Ausgabe von Aktien** erhalten die Investoren über ihre direkte Beteiligung am Unternehmen umfangreiche Mitspracherechte. Für das Unternehmen gehen mit der Emission von Aktien umfangreiche Veröffentlichungspflichten und damit ein sehr hoher administrativer Aufwand einher, so dass die Aktienausgabe kein weit verbreitetes Vertragsmodell für Crowdfundinginvestments darstellt.

Das Vertragsmodell des **partiarischen Nachrangdarlehen** hat inzwischen eine sehr starke Bedeutung im Crowdfundingmarkt erlangt. Ein großer Vorteil ist die nicht existente Pflicht zur Prospekterstellung bei dieser Finanzierungsform. In seiner originären Ausgestaltung zeichnet sich das partiarische Nachrangdarlehen durch die Erfolgsbeteiligung (Eigenkapitalcharakter), die feste Verzinsung (wie Fremdkapital) und seine Nachrangigkeit gegenüber anderen Fremdkapitalgebern aus. Zudem werden als Anpassung für die Finanzierungsform des Crowdfundings noch zwei wesentliche Parameter in die Vertragsgestaltung aufgenommen: eine Exitklausel und eine Auszahlungsvereinbarung bei Kündigung. Die Exitklausel regelt bei einer Mehrheitsübernahme des Unternehmens durch einen externen Investor das Ausscheiden der Crowdinvestoren, denn ihr Beteiligungsverhältnis endet ebenfalls durch die Übernahme. Zumeist erhalten die Crowdinvestoren für diesen Fall gemäß einer Beteiligungsquote eine Partizipation am Verkaufserlös. Bzgl. der Kündigung z. B. nach Ablauf der Vertragslaufzeit wird in der Praxis häufig eine Rückzahlungsstreckungsvereinbarung angewendet, damit dem Unternehmen nicht innerhalb von kurzer Zeit in hohem Maße Liquidität entzogen und somit die nachhaltige Entwicklung gefährdet wird.

Beispiel:
Ein Investor hat bei dem Startup Amador GmbH 1.000 € investiert bei einer Bewertung von 500.000 €. Somit hat sein partiarisches Darlehen ein Anteil von 0,2 % an der Gesamtbewertung. Drei Jahre später erwirbt ein internationaler Konzern das Unternehmen zum Preis von 3 Mio €. Der Investor erhält in Folge der Übernahme eine Auszahlung von: 3 Mio. € * 0,2 = 6.000 €. Seine Gesamtrendite für die drei Jahre des Investments beträgt: (6.000 € - 1.000 €)/1.000 € = 500 %Somit partizipiert er an der Übernahme durch die vereinbarte Exitklausel und konnte seinen Einsatz in dem Beispiel innerhalb von drei Jahren verfünffachen.
Unabhängig vom gewählten Vertragsmodell wird das gesammelte Geld, bevor die Fundingschwelle erreicht ist, durch einen Treuhänder verwaltet. Dies sind häufig Banken. Sofern genügend finanzielle Mittel eingeworben wurden, kann das Projekt umgesetzt werden und der Projektinitiator erhält das

Geld. Falls die Fundingschwelle nicht erreicht wurde, wird das Projekt nicht realisiert und die bereits eingezahlten Gelder fließen wieder an die Kapitalgeber zurück. I. d. R. erreichen allerdings die Mehrzahl der auf den Plattformen vorgestellten Projekte die Fundingschwelle. Da nicht umgesetzte Projekte auch für die Plattform negative Auswirkungen auf die Reputation haben, lehnen die meisten Plattformen nicht absolut erfolgsversprechende Projekte bereits im Vorfeld ab.
Nachdem die Projektinitiatoren bei einem erfolgreichen Projekt das Kapital erhalten haben, sollten die Investoren in der Folgezeit entsprechend die vereinbarten Gegenleistungen erhalten bis das Projekt abgeschlossen ist. Allerdings sollte an dieser Stelle auch erwähnt werden, dass das Risiko des Scheiterns des Projektes oder des Unternehmens latent vorhanden ist und Investoren, insb. aufgrund der zumeist vereinbarten Nachrangigkeit, erst nach dem kompletten Abschluss des Finanzierungsprojektes sicher sein können, dass sie Kapitalrückzahlung und Rendite in versprochenem Maße erhalten. Dies sollten die Investoren von entsprechenden Crowdfunding-Projekten, die im folgenden Unterkapiteln thematisiert werden, immer bedenken.

3.3.3 Potenzielle Eigenkapitalgeber

Grundsätzlich ist zunächst jeder ein möglicher Crowdfundinginvestor. Dies wird dadurch begünstigt, dass die Mindestbeteiligungshöhe im Vergleich zu anderen Kapitalanlagemöglichkeiten sehr niedrig ist. So gibt es bspw. Plattformen, bei denen sich Kapitalgeber bereits ab 10 € an Projekten beteiligen können. In den seltensten Fällen übersteigt die Mindestbeteiligung 500 €. In der Praxis hat es sich allerdings gezeigt, dass insb. Personen mit einer hohen Affinität zum Internet überdurchschnittlich häufig in Crowdfunding-Projekte investieren. Dies ist sicherlich der Tatsache geschuldet, dass fast alle Plattformen hauptsächlich über das Internet agieren. Ein weiterer Vorteil, der sich aus den vergleichsweise geringen Mindestbeteiligungen ergibt, ist eine mögliche Risikominimierung durch Diversifikation auf Ebene der Investoren. So kann ein Investor leicht mehrere Projekte durchführen und so den möglichen Verlust in einem Projekt durch erfolgreiche andere Projekte kompensieren. Allerdings sollte dem Investor auch das im Vergleich zu anderen Anlageformen hohe Risiko des Totalverlustes des Investments bewusst sein. Ein Reiz für Investoren liegt sicherlich auch an der unmittelbaren Teilhabe an einem Projekt, für das er sich selbst entschieden hat. Vielfach entscheiden Investoren nicht nur nach Renditegesichtspunkten, sondern auch nach ideellen Überzeugungen und sehen bspw. einen gesellschaftlichen Nutzen in der

Umsetzung eines bestimmten Projektes. Zudem möchten viele der Investoren einen Beitrag zur Entstehung und Förderung einer Gründerkultur leisten. Zu erwähnen ist an dieser Stelle auch der Schwarmeffekt, d. h. dass Investoren ihre Investition tätigen aufgrund der Tatsache, dass andere Investoren ebenfalls in das Unternehmen bzw. Projekt investieren und die erstgenannten Investoren zum Teil selbst auf die Prüfung der Investition verzichten. Dieses Verhalten ist zumindest kritisch zu sehen. Nachteilig für die Investoren ist die Tatsache, dass bislang kein funktionierender Sekundärmarkt etabliert ist und somit entsprechende Beteiligungen nur schwerlich veräußerbar sind. Empirische Untersuchungen in Deutschland haben ergeben, dass der Crowdfundinginvestor häufiger als die Gesamtbevölkerung einer selbständigen Tätigkeit nachgeht und überdurchschnittlich vermögend ist.[68] Da häufig in einer späteren Unternehmensphase der Verkauf des über Crowdfunding finanzierten Unternehmens ansteht, wird im folgenden Unterkapitel der Prozess des Verkaufs eines Unternehmens oder zumindest von Anteilen beleuchtet.

3.4 Generierung von Eigenkapital mit Hilfe eines M&A Prozesses

Der Themenkomplex **M&A** (Mergers & Acquisitions) beschäftigt sich mit dem Kauf und Verkauf von Unternehmen oder Unternehmensteilen. Dies beinhaltet auch die Gewinnung eines neuen Gesellschafters im Zuge einer Kapitalerhöhung und hat somit große Relevanz für die Unternehmensfinanzierung. Allerdings sind die Gründe, einen entsprechenden Verkaufsprozess durchzuführen ebenso vielfältig wie die Motive potenzieller Erwerber und dienen zum Teil nur mittelbar der eigentlichen Unternehmensfinanzierung. Jedoch sind die Auswirkungen auf die eigentliche Unternehmensfinanzierung in den meisten Fällen enorm und deswegen wird der gesamte Themenkomplex in diesem Kapital ausführlich behandelt. Insbesondere bei Familienunternehmen ist ein häufiger Grund eine bestehende Nachfolgeproblematik im Unternehmen. Ein ähnlicher Grund sind Konflikte innerhalb des Gesellschafterkreises, die letztlich durch einen Ausstieg einzelner oder aller Gesellschafter gelöst werden sollen. Bei Konzernen oder diversifizierten Unternehmen können strategische Entscheidungen in Form von Fokussierungen auf bestimmte Geschäftsfelder ebenfalls zu Verkaufsprozessen führen. Die Erfordernisse des Marktes (z. B. Unternehmen ist zu klein, um langfristig allein am Markt überleben zu können) können die Gesellschafter zu einem

68 Vgl. Schramm, D. M./Carstens, J. (Startup-Crowfunding und Crowdinvesting 2014), S. 60 ff.

Verkauf zwingen. Ein sehr häufiger Grund in der Praxis ist auch die aktive Ansprache durch einen potenziellen Käufer, welche die Gesellschafter eines Unternehmens mit dem Thema Unternehmensverkauf beschäftigen lässt. Bei Unternehmen mit angespannter Finanzsituation kann ein Grund für einen Unternehmensverkauf das Fehlen alternativer Finanzierungsquellen sein. Insbesondere bei jungen, zumeist wachstumsstarken Unternehmen kann mit Hilfe externer Eigenkapitalinvestoren, die über einen solchen M&A Prozess gewonnen werden sollen, die weitere Expansion finanziert werden. Insgesamt gibt es sicherlich aus Verkäufersicht noch vielfältige weitere Gründe; häufig führen auch mehrere Gründe zu einer solchen Entscheidung. Eine erfolgreiche Transaktion findet allerdings nur statt, wenn dem Angebot auch eine entsprechende Nachfrage gegenübersteht. Die Gründe für die Erwerber sind nicht minder vielfältig. Hier sei zunächst die Opportunität aufgrund eines aktuell zum Verkauf stehenden Unternehmens als Grund angeführt. Ein möglicher Erwerber entscheidet sich für den Kauf, weil er bspw. nicht möchte, dass ein Konkurrent das zum Verkauf stehende Unternehmen übernimmt. Ein anderer Grund, insb. von ortsfremden Erwerbern, kann eine regionale Ausdehnung der eigenen Geschäftstätigkeit sein. Eine Ausweitung des Produktportfolios durch den Unternehmenskauf ist dabei ebenso als Motivation denkbar wie die Erlangung eines Zugangs zu einer Marke oder einer bestimmten Technologie. Ein anderer Grund kann die angestrebte aktive Teilnahme an der Marktkonsolidierung sein oder aber die Hoffnung durch die Übernahme Synergien heben zu können. Finanzwirtschaftliche Gründe wie zum Beispiel ein sehr hoher Bestand an liquiden Mitteln und keine sinnvolle alternative Mittelverwendungsmöglichkeit sprechen ebenfalls für die Durchführung einer Unternehmensübernahme. Ein weiterer Grund für die Teilnahme an einem M&A Prozess ist, dass eben dies die Grundlage des eigenen Geschäftsmodells ist, wie bei Private Equity-Gesellschaften, die im Kapitel 3.4.3.2 vorgestellt werden.

3.4.1 Überlegungen und Vorbehalte vor einem M&A-Prozess

In Kapitel 3.4 sind bereits die möglichen Gründe ausgeführt worden, die Gesellschafter eines Unternehmens für den Verkauf ihrer Anteile oder die Generierung von Eigenkapital mittels Kapitalerhöhung haben. Dabei ist deutlich geworden, dass M&A-Transaktionen in nahezu jedem Unternehmenslebenszyklus möglich und auch sinnhaft sein können. Vom Start-up-Unternehmen über die langjährig etablierte Gesellschaft bis hin zum insolvenznahen oder auch bereits insolventen Krisenunternehmen kann in jeder Konstellation ein Verkaufsprozess eingeleitet werden und auch sinnvoll sein.

Die Überlegungen auf Seiten der Gesellschafter des zu verkaufenden Unternehmens sollten aber auch immer die Frage beinhalten, inwiefern mit der Maßnahme das angestrebte Ziel (z. B. Auflösung einer Konfliktsituation im Gesellschafterkreis oder Stärkung der Eigenkapitalbasis) erreicht werden kann. Zudem sollte sich die Verkäuferseite immer bewusst sein, dass ein M&A-Prozess kein Selbstläufer ist und eine Vielzahl an Transaktionen nicht erfolgreich umgesetzt wird. Aus diesem Grund ist es umso wichtiger, bereits im Vorfeld Überlegungen anzustellen, warum unternehmensfremde Parteien Interesse haben könnten, das Unternehmen zu übernehmen oder sich zumindest daran zu beteiligen. Da ein M&A-Prozess zudem i. d. R. sehr standardisiert verläuft, ist es geboten, einen solchen Prozess immer mit einem transaktionserfahrenen Berater durchzuführen. Zudem sollte die Entscheidung für die Durchführung eines Verkaufsprozesses endgültig getroffen sein, denn ein Stoppen der Transaktion nach Ansprache der potenziellen Bieter ist mit erheblichem Reputationsverlust verbunden. Auch sollte den Beteiligten klar sein, dass der Start eines Unternehmensverkaufs, spätestens sobald dies publik wird, Implikationen auf vielfältige Stakeholder hat. Mitarbeiter machen sich Gedanken um die Zukunft ihrer Arbeitsplätze, Lieferanten und Kunden prüfen kritisch ihre Geschäftsbeziehung und lokale Institutionen sorgen sich um den Fortbestand des Standortes. Daher ist die Wahrung der Vertraulichkeit im Rahmen der Transaktion von besonderer Bedeutung und spielt ebenfalls bei der Beschreibung des M&A-Prozesseim folgenden Unterkapitel eine sehr zentrale Rolle.

3.4.2 Prozessablauf

Der Prozessablauf und seine Einzelschritte sollen im folgenden Kapitel dargestellt werden; hierzu wird eine Transaktion aus Sicht des Verkäufers betrachtet. Der Prozess aus Sicht eines Erwerbsinteressierten ist analog dazu, allerdings aus einer anderen Perspektive. Die im Folgenden angeführten Schritte gehen zwar ineinanderüber und finden zum Teil parallel statt, trotzdem sind sie jeweils separat zu betrachten und zu beschreiben.

1) Definition der Verkaufsstrategie

Die Festlegung der Verkaufsstrategie beinhaltet u. a. die Fixierung der abzugebenden Anteilshöhe. Die gängigsten Festlegungen sind in diesem

Kontext Komplettverkauf, 75,1 % der Anteile, 50,1 % der Anteile, exakt die Hälfte, 49,9 % der Anteile, 25,1 % der Anteile oder weniger als 25 %. Anzumerken ist an dieser Stelle, dass ein Verkauf aller Anteile auch tendenziell den höchsten Preis je Anteil erbringt, während insb. der Verkauf von Minderheiten häufig mit einem Preisabschlag einhergeht. Des Weiteren wird in dieser Phase das Verkaufsverfahren festgelegt. Die beiden Extrema sind die direkte Ansprache von einigen wenigen potenziellen Interessenten oder eine breite Auktion. Während der zentrale Vorteil der breiten Ansprache in einer möglichen Optimierung des Kaufpreises liegt, wird bei der gezielten Ansprache die höchst mögliche Vertraulichkeit gewahrt. Des Weiteren werden in dieser Phase bereits mögliche Verkaufsargumente diskutiert, die Berater (insb. M&A-Berater und Rechtsanwälte) zur Begleitung der Transaktion ausgewählt. Gemeinsam mit den Beratern werden dann auch die nächsten Schritte fixiert und insb. ein Zeitplan für die Transaktion festgelegt.

2) **Abstimmung der Suchkriterien für potenzielle Erwerber**
Zunächst gilt es bei der Festlegung der Suchkriterien eine räumliche Fokussierung vorzunehmen. Es wird entschieden, ob lokal, regional, national oder international nach potenziellen Erwerbern gesucht werden soll. Sofern es keine schlüssige Argumentation für eine andere räumliche Auswahl gibt, gilt: Für nur lokal tätige Unternehmen wird regional nach möglichen Erwerbern gesucht, für regional aktive Unternehmen erfolgt die Suche national und für national und international arbeitende Unternehmen erfolgt die Ansprache auch international. Es wird auch bestimmt, ob strategische Bieter und/oder Private Equity-Investoren angesprochen werden (vgl. Kapitel 3.4.3) und ob einzelne Bieter (z. B. bestimmte Wettbewerber) ausgeschlossen werden, da sich die aktuellen Gesellschafter eine Transaktion mit diesen nicht vorstellen können.

3) **Kandidatenresearch und -auswahl**
Der beauftragte M&A-Berater ermittelt mittels verschiedener Datenbanken oder aufgrund seiner Marktkenntnis mögliche Erwerber, die den mit den Auftraggebern abgestimmten Kriterien genügen. Insbesondere zwei Merkmale werden hierbei dezidiert bewertet: Die Finanzkraft (Financial Power) der möglichen Erwerber und in wie weit das Transaktionsobjekt strategisch zu dem Erwerber (Strategic Fit) passt. Während die Finanzkraft sich mit Hilfe von öffentlich zugänglichen Quellen einschätzen lässt, basiert die Aussage bzgl. des Strategic Fit häufig auf Marktgerüchten und subjektiven Einschätzungen. Alle von dem M&A-Berater als geeignet eingestuften möglichen Erwerber werden auf der sog. Longlist zusammengefasst. Diese Liste stellt der M&A-Berater seinem Auftraggeber,

also i. d. R. den aktuellen Gesellschaftern des Unternehmens vor. Der Auftraggeber legt dann die letztlich im Zuge der Ansprache zu kontaktierenden potenziellen Erwerber (Shortlist) fest.

4) **Aufbereitung des Informationsmemorandums und des anonymisierten Teasers**
Basierend auf einer Informationsanforderungsliste stellen das zu veräußernde Unternehmen und seine Gesellschafter dem M&A-Berater alle für das Informationsmemorandum benötigten Informationen zur Verfügung. Der M&A-Berater erstellt hierauf basierend das entsprechende Informationsmemorandum, das als eine Art Verkaufsdokumentation oder Verkaufsprospekt über das Transaktionsobjekt zu verstehen ist. Hierin finden sich alle wesentlichen Informationen über das Unternehmen, die für einen möglichen Erwerber von Interesse sein können. Im Einzelnen sind dies: Unternehmensstruktur, Standorte, Geschichte, Personal, Produkte, Patente, Markt-, Kunden- und Lieferantenstruktur, Verkaufsaktivitäten, Management, vergangene Finanzkennzahlen, Finanzplanung etc. Der Umfang des Dokumentes variiert je nach Komplexität des Unternehmens zwischen ca. 30 Seiten bis hin zu deutlich über 100 Seiten. Mit Hilfe dieses Dokumentes wird ein sog. Teaser verfasst. Dieses i. d. R. zwei bis vierseitige Dokument stellt anonymisiert die wichtigsten Eckpunkte des Unternehmens vor. Es wird genutzt, um die Interessenten der Shortlist anzusprechen, deren grundsätzliches Interesse zu erfragen, ohne bereits zu viele Informationen über das Transaktionsobjekt wie z. B. die Identität preiszugeben.

5) **Kandidatenansprache**
Für die durch den M&A Berater durchgeführte Ansprache ist es wichtig, dass der richtige Ansprechpartner beim Erwerber bekannt ist. Während größere Unternehmen eigene Abteilungen hierzu haben, sind bei kleineren Gesellschaften die Geschäftsführung oder die Gesellschafter geeignete Ansprechpartner. Nun gilt es sicherzustellen, dass der eben erwähnte Teaser nebst Begleitschreiben diesen Ansprechpartner direkt erreicht. Ziel ist die Einholung eines möglichen Interesses bei dem potenziellen Erwerber.

6) **Sicherstellung der Vertraulichkeit**
Sobald der potenzielle Erwerber sein Interesse an der Transaktion signalisiert hat, gilt es durch die Unterzeichnung einer Vertraulichkeitserklärung durch beide Seiten größtmögliche Diskretion zu sichern. In dieser Vertraulichkeitserklärung werden Verhaltensregeln fixiert, i. d. R. u. a., dass die im Rahmen der Evaluierung der möglichen Transaktion insb. durch den möglichen Erwerber erlangten Informationen nur zur Entschei-

dungsfindung bzgl. der Abgabe eines Angebotes verwendet werden dürfen. Die erlangten Informationen dürfen auch nur den Personen auf Seiten des Erwerbers oder seiner Berater zugänglich gemacht werden, die sie unbedingt benötigen. Informationen dürfen bspw. keinesfalls zu Zwecken der Marktbearbeitung oder zum Abwerben von Mitarbeitern genutzt werden. Zur Verdeutlichung der Ernsthaftigkeit dieser Vereinbarung wird häufig noch eine Vertragsstrafe bei Zuwiderhandeln aufgenommen. Einschränkend ist allerdings zu sagen, dass in der Praxis Vertragstrafen häufig aus den Vereinbarungen heraus verhandelt werden und selbst wenn diese in der Vereinbarung stehen auch nur sehr selten rechtlich durchgesetzt werden können. Nach Unterzeichnung der Vertraulichkeitsvereinbarung erhält der mögliche Erwerber das Informationsmemorandum sowie in einem beigefügten Prozessbrief weitergehende Informationen zur Transaktion wie z. B. Frist zur Abgabe eines indikativen Angebotes aber auch die erwarteten Detailangaben in dem Angebot.

7) **Persönlicher Austausch (optional)**
Bereits in diesem frühen Stadium der Transaktion ist ein persönlicher Kontakt zwischen der Verkäuferseite und potenziellen Bietern möglich. Abhängig von der Reputation des möglichen Bieters und dem durch den Verkäufer ihm entgegengebrachten Vertrauen kann ein Treffen stattfinden. Denkbar ist als Gesprächslokation allerdings noch häufig ein neutraler Ort. Im Rahmen der Diskussion werden u. a. noch Fragen geklärt, die sich aus dem Informationsmemorandum ergeben. Sofern das Vertrauen von Seiten des Verkäufers sehr hoch, ist zu diesem Zeitpunkt auch bereits eine Betriebsbesichtigung möglich. Dabei sollte allerdings die Erwerberseite inkognito sein oder die Besichtigung sollte außerhalb der Arbeitszeiten des Unternehmens stattfinden.

8) **Absichtserklärung**
Nach Erhalt des Informationsmemorandums und des Prozessbriefes sowie ggf. nach dem persönlichen Treffen und der Betriebsbesichtigung gibt der potenzielle Erwerber, sofern er weiterhin Interesse am Erwerb des Transaktionsgegenstandes hat, ein indikatives Angebot ab. Diese Absichtserklärung wird auch Letter of Intent (LOI) genannt und hat, obwohl sie keine rechtliche Bindung hat, enorme Auswirkungen auf den weiteren Ablauf des Verkaufsprozesses. Der potenzielle Bieter bewertet in diesem Transaktionsstadium das zum Verkauf stehende Unternehmen mit Hilfe der gängigen Bewertungsverfahren (vgl. Kapitel 3.2.3) auf Basis der ihm zu diesem Zeitpunkt zur Verfügung stehenden Informationen. I. d. R. geht der Kaufinteressent in der Erklärung neben der Kaufpreisvorstellung auf weitere transaktionsrelevante Punkte ein. Dies sind z. B. Kaufpreisfinan-

zierung, Bedingungen für den Erwerb, Konzept für die Zukunftsentwicklung und auch mögliche Gremienvorbehalte sowie ggf. zu erwartende kartellrechtliche Bedenken. Die Verkäuferseite analysiert nach Erhalt der verschiedenen LOIs diese auf ihre Ernsthaftigkeit und Attraktivität. Hieran anschließend treffen die Verkäufer die Entscheidung, wer zur Teilnahme an der Due Diligence eingeladen wird.

9) **Due Diligence**

Wörtlich in die deutsche Sprache übersetzt, bedeutet der Begriff „Due Diligence“ erforderliche Sorgfalt. In der Praxis ist hiermit die fundierte Untersuchung des Transaktionsobjektes auf mögliche Risiken durch den möglichen Erwerber und durch ihn beauftragte Berater zu verstehen. Da die Risiken sehr vielfältig sind, werden Experten aus verschiedenen Themengebieten benötigt, die jeweils einen Teilbereich der Due Diligence abdecken. Grundlage für die Durchführung der Due Diligence ist der Datenraum. In ihm werden durch den Verkäufer alle wesentlichen Informationen zum Unternehmen zusammengestellt, damit der mögliche Erwerber einen umfassenden Einblick in das Unternehmen erhalten kann. Der Datenraum kann entweder in physischer oder in virtueller Form vorliegen. Der virtuelle Datenraum ist inzwischen deutlich weiterverbreitet, da er zahlreiche organisatorische Vorteile bietet. So müssen die Experten nicht alle am Ort des Datenraums anwesend sein und es können problemlos Teams von mehreren Interessenten gleichzeitig ein zum Verkauf stehendes Unternehmen prüfen. Die Due Diligence lässt sich in verschiedene Teilbereiche unterteilen. Je nach Struktur des Unternehmens und Motivation der Transaktion werden bestimmte Teilbereiche intensiver durchgeführt und andere Teilbereiche gar nicht untersucht.

- Der Bereich der Legal Due Diligence befasst sich mit der Überprüfung der Rechtmäßigkeit der Führung des Unternehmens in den verschiedenen rechtlichen Themen wie z. B. der gesellschaftsrechtlichen, der vertragsrechtlichen und arbeitsrechtlichen Struktur aber auch der Genehmigungslage.
- Die Tax Due Diligence fokussiert auf die ordnungsgemäße Besteuerung in der Vergangenheit, betrachtet aber insb. auch Auswirkungen der möglichen Transaktion auf die steuerliche Situation in der Zukunft.
- Die Financial Due Diligence analysiert mit Hilfe des internen und externen Rechnungswesens die Vermögens-, Finanz- und Ertragslage des Zielunternehmens, um hierüber Ertragsprognosen inklusiver möglicher Synergien zu generieren.

- Die Commercial Due Diligence beinhaltet eine Analyse der Strategie des Unternehmens sowie des Branchenumfeldes, um eine Prognose über die Zukunftsfähigkeit des Unternehmens abgeben zu können.
- Die Environmental Due Diligence untersucht Risiken im Bereich der Umwelt und ist somit sehr von der jeweiligen Branche und der Gefahreneinschätzung durch den Bieter abhängig. Aufgrund der Vielzahl an technischen Aspekten und häufig sich ändernder Gesetze arbeiten in diesem Bereich Umweltgutachter und Rechtsberater intensiv zusammen.
- Die Integration Risk Due Diligence klärt die Frage, inwiefern das Transaktionsobjekt in das potenziell übernehmende Unternehmen integrierbar ist. Insbesondere für Konkurrenten als Bieter ist dies wichtig, da sie häufig anstreben das erworbene Unternehmen vollständig zu integrieren.
- Die Technical Due Diligence ist sehr stark branchenabhängig und erstreckt sich zumeist auf eine technische Untersuchung der Ausstattung der Betriebsstätten, der Produktionskapazitäten sowie der verwendeten Einsatzstoffe.
- Die Human Ressource Due Diligence überprüft die Personalsituation im Unternehmen und lässt sich in die beiden Teilbereiche arbeitsvertragliche Situation und Unternehmens- bzw. Arbeitskultur gliedern. Während die vertragliche Betrachtung i. d. R. durch die Rechtsberater durchgeführt wird, weist der kulturelle Aspekt große Überschneidungen mit dem Bereich Integration Risk auf. Abb. 36 zeigt die verschiedenen Teilbereiche zusammenfassend.

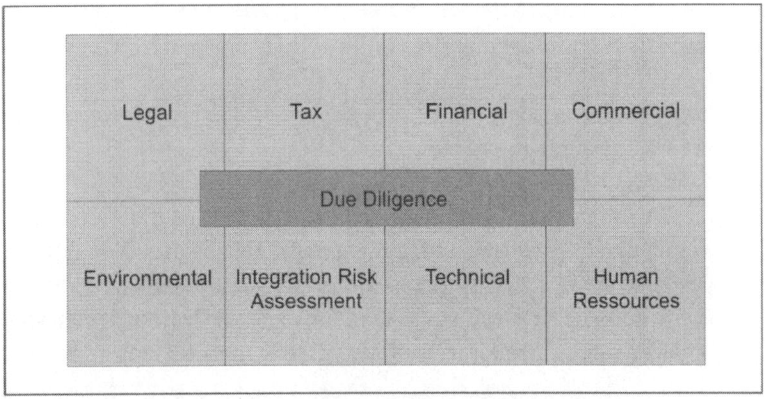

Abbildung 36: Arten der Due Diligence einer M&A Transaktion

Quelle: Eigene Darstellung.

Die Ergebnisse der Due Diligence werden durch die Berater in einem Report zusammengefasst, der Auswirkungen auf die gesamte Transaktion hat: Je nach Ergebnis können dadurch bestimmte Gewährleistungen vom Verkäufer gefordert werden, der Kaufpreis reduziert werden oder im Extremfall der Bieter Abstand von der Transaktion nehmen.[69]

10) **Bindendes Angebot und Erstellung des Kaufvertragsentwurfs**
Nach Abschluss der Due Diligence entscheiden die jeweiligen Bieter, ob sie ein verbindliches Angebot abgeben möchten. Das bindende Angebot ist noch weiter konkretisiert als der Letter of Intent und bildet theoretisch die Grundlage für die Erstellung des Kaufvertragsentwurfs. In der Praxis findet sich im Datenraum häufig ein durch die Verkäuferseite erstellter Kaufvertragsvorschlag, der im Rahmen der Abgabe des bindenden Angebotes als Mark-up-Version durch den Bieter eingereicht wird. Ein entscheidender Punkt, der spätestens in dieser Phase geklärt werden muss, ist, ob ein Share- oder ein Asset-Deal durchgeführt werden soll. Bei einem Share-(Anteil)-Deal übernimmt der Erwerber die Anteile an der Gesellschaft und damit auch deren Verpflichtungen. Bei einem Asset-(Vermögenswerte)-Deal übernimmt der Käufer nur bestimmte oder auch alle Vermögenswerte des Unternehmens, beim Verkäufer verbleibt die Gesellschaft als solches, zumeist die Verpflichtungen des Unternehmens und die nicht übergehenden Vermögenswerte. Insbesondere beim Verkauf von Restrukturierungsunternehmen oder Unternehmen aus der Insolvenz hat der Asset-Deal eine große Bedeutung, ansonsten dominiert in der Praxis der Share-Deal.

11) **Verhandlung und Unterzeichnung des Kaufvertrages**
Nachdem einige Mark-up-Versionen i. d. R. zwischen den Rechtsberatern der Verkäufer- und der Käuferseite ausgetauscht worden sind, werden die verbleibenden, häufig allerdings sehr elementaren, Punkte auf höchster Ebene der beiden Seiten endverhandelt. Strittig sind oft u. a. Gewährleistungen und Haftung durch den Verkäufer, mögliche Wettbewerbsklauseln für den Verkäufer und insb. der Kaufpreis. Beim Kaufpreis werden neben der Höhe des Kaufpreises auch die Zahlungsmodalitäten und eventuelle Kaufpreisanpassungen diskutiert. Käufer möchten gerne einen möglichst hohen Anteil des Kaufpreises abhängig von zukünftigen Ergebnissen in der Zukunft zahlen in Form einer sog. Earnout-Regelung. Diese reduziert das Risiko und die sofortige finanzielle

[69] Vgl. Hehn, M./Ulrich, S. (Due Diligence und ihre potenziellen Auswirkungen auf den Unternehmenskauf 2012), S. R263 ff.

Belastung des Käufers, stößt aber i. d. R. beim Verkäufer auf wenig Interesse, da er möglichst direkt über einen hohen Anteil am Kaufpreis verfügen möchte und die zukünftige Entwicklung des Unternehmens je nach Vereinbarung nur noch eingeschränkt beeinflussen kann. In die ähnliche Richtung geht ein Verkäuferdarlehen. Hier gewährt der Verkäufer dem Erwerber über einen Teil des Kaufpreises ein Darlehen. Das bedeutet, dass der Erwerber diesen Teil erst in der Zukunft begleichen muss. Der Vorteil für den Erwerber liegt auch hier bei der Schonung der eigenen Liquidität. Der Nachteil für den Verkäufer ist in erster Linie in der Einschränkung der Verfügbarkeit des vereinbarten Kaufpreises zu sehen, da er das Risiko des Zahlungsausfalls des Erwerbers als Zahlungspflichtigen durch entsprechende Sicherheiten (z. B. Bankbürgschaft) deutlich reduzieren kann.

12) **Vertragsunterzeichnung**
Sobald sich beide Seiten auf den Kaufvertrag und die entsprechenden Anhänge, wie zum Beispiel Garantiekatalog, verständigt haben, kann der Vertrag von beiden Seiten unterzeichnet werden. Die Unterzeichnung der Verträge bedarf allerdings notarieller Beurkundung. Allerdings ist mit dem sog. Signing die Transaktion noch nicht abschließend vollzogen, wenngleich ein Rücktritt vom Kaufvertrag mit Umständen und Kosten (ggf. Schadensersatzforderungen der Gegenseite) verbunden ist.

13) **Transaktionsabschluss**
Das sog. Closing ist vollzogen, wenn alle im Kaufvertrag genannten aufschiebenden Bedingungen erfüllt sind. Klassischerweise sind das die Zahlung des Kaufpreises durch den Erwerber und die Anteilsübertragung auf den Erwerber. Sofern noch eine Steuerschuld der Vergangenheit offen ist, kann auch die Begleichung dieser durch den Verkäufer eine der sog. Closing Conditions sein. Mit Vollzug des Closings ist die Transaktion abgeschlossen und das Unternehmen in Händen des neuen Eigentümers. Letztgenannter ist ab diesem Zeitpunkt für das Unternehmen und demzufolge auch für die Unternehmensfinanzierung verantwortlich. Der neue Eigentümer wird je nach seinen Anforderungen ggf. entsprechende Maßnahmen durchführen. Dies hängt zumeist maßgeblich von seiner eigenen Struktur ab, die je nach Käufergruppe unterschiedlich ist. Die verschiedenen Käufergruppen werden im folgenden Unterkapitel vorgestellt.

3.4.3 Potenzielle Eigenkapitalgeber

Bei einem kompletten Unternehmensverkauf oder der Veräußerung eines nennenswerten Anteils der Gesellschaft kommen im Gegensatz zu einer Crowdfinanzierung aufgrund der Höhe des Kaufpreises nur bestimmte Käufergruppen in Frage. Die Hintergründe und Motivationen der Gruppen liegen sehr ähnlich, da sie alle über die Transaktion einen ökonomischen Mehrwert schaffen wollen; sie sind also v. a. ökonomisch motiviert und möchten etwa auf ihr eingebrachtes Eigenkapital eine möglichst hohe Rendite erwirtschaften. Allerdings ist die Herangehensweise zumindest teilweise verschieden und macht eine Beleuchtung der jeweiligen Gruppen notwendig. Grundsätzlich wird in diesem Unterkapitel in die drei Gruppen strategische Investoren, Private Equity-Geber und Management in Form von Management-Buy-out (MBO) und Management-Buy-in (MBI) unterschieden, wenngleich insb. beim Private Equity häufig eine anteilsmäßige Beteiligung des Managements angestrebt wird und die beiden Investorengruppen somit häufig in Kombination auftreten.

3.4.3.1 Strategische Investoren

Als **strategische Investoren** werden Konkurrenten des Unternehmens gesehen, die im Sinne einer horizontalen Integration ihr Produktportfolio, ihren Marktzugang oder ihr Know-how erweitern wollen. Die vielfältigen Gründe zum Erwerb eines Konkurrenten sind bereits im Unterkapitel 3.4.1 besprochen worden.

Häufig sind Konkurrenten als Erwerber bereit, einen vergleichsweise hohen Kaufpreis zu zahlen, da sie das Unternehmen sowie den relevanten Markt kennen und die zukünftigen Chancen i. d. R. sehr realistisch einschätzen können. Zudem trauen sich Konkurrenzunternehmen häufig zu, entsprechende Synergien, die durch die Übernahme entstehen, heben zu können.

Etwas komplizierter wird die Situation bei einer vertikalen Integration. Ein Lieferant oder Kunde des Transaktionsobjektes tritt hier als Käufer auf und weitet somit seine Wertschöpfungskette aus. Diese Ausweitung kann zu erheblichen Gewinnsteigerungen führen, da die Erträge von ehemals zwei an der Wertschöpfung beteiligter Unternehmen nun in einer Hand liegen. Zudem kennen sowohl Lieferanten als auch Kunden zumeist den relevanten Markt des Transaktionsobjektes sehr gut und können folglich die strategischen Chancen und Risiken bestens einschätzen. Allerdings birgt eine solche vertikale Integration auch einige Risiken. Offensichtlich ist das Risiko, dass andere ehemalige Lieferanten oder Kunden somit zumindest mittelbar zu Konkurrenten werden und sowohl das erwerbende als auch das erworbene Unternehmen in einer solchen Konstellation Lieferanten als auch Kunden verlieren kann und damit das Gesamtunternehmen entsprechende Umsatzeinbußen erleidet. Insgesamt gilt es bei einer Übernahme durch einen strategischen Investor zu prüfen, inwiefern die entsprechenden Kulturen und Arbeitsweisen positiv zusammenwirken können, da ansonsten die Transaktion keine zusätzlichen Werte schaffen kann. Das Zusammenbringen der beiden Unternehmen und ihrer vielfältigen Eigenheiten ist nach Vollzug der Transaktion die Aufgabe des Post-Merger Integration Prozesses[70], der für den langfristigen Unternehmenserfolg des neuen Gesamtunternehmens esseniell ist.

3.4.3.2 Private Equity

Zur Näherung an diese Investorengruppe bedarf es zunächst einer Begriffsklärung. In die deutsche Sprache übersetzen lässt sich die Bezeichnung „**Private Equity**" am ehesten mit Beteiligungskapital und bedeutet „Eigenkapitalanteile oder eigenkapitalähnliche Titel an nicht börsennotierten Unternehmen"[71].

Für Beteiligungen von Private Equity Investoren gelten i. d. R. die folgenden Merkmale:

a) Beteiligung an vorrangig nicht börsennotierten Gesellschaften (im Gegensatz zum Public Equity, das im Kapitel 3.5 erläutert wird), wenngleich sich auch Private Equity-Gesellschaften zum Teil an börsennotierten Unternehmen beteiligen, häufig auch mit dem Ziel das entsprechende Unternehmen von der Börse zu nehmen.
b) Außenfinanzierung mittels haftenden Eigenkapitals ohne Rückzahlungs-, Zins oder Kündigungsrechte.
c) Trotzdem zeitlich befristeter Anlagehorizont (i. d. R. zwischen fünf und zehn Jahren) der Beteiligungsgesellschaften, der mittels Exit erreicht

[70] Vgl. Pfeifle, K. (PMI und die Frage nach dem Erfolg 2020), S. 15 ff.

[71] Vgl. Kaserer, C./Achleitner, A.K./Schiereck, D./v. Einem, C. (Private Equity in Deutschland 2007), S. 12.

wird. Diese Tatsache ist der typischen Kapitalbeschaffung der Private Equity-Gesellschaften geschuldet.

d) Bei den Beteiligungen wird hohes Entwicklungspotenzial angenommen, da ansonsten keine Beteiligung eingegangen wird. Dieses Potenzial ist notwendig, um die angestrebten Renditen von zum Teil über 25 % p.a. auf Ebene des Private Equity-Investors zu erzielen.

e) Private Equity-Investor bringt selbst aktiv Managementleistung und -beratung ein, um Wertsteigerung des Unternehmens zu realisieren.

Häufig werden im allgemeinen Sprachgebrauch **Private Equity** und **Venture Capital** synonym verwendet. Dies ist aber nicht korrekt: Vielmehr ist Venture Capital ein Teilbereich von Private Equity, bei dem sich die Investoren auf Investments im Bereich von jungen und i. d. R. wachstumsstarken Unternehmen fokussieren (vgl. Kap. 2.2 und Kap. 2.3). In dem Teilbereich locken auf der einen Seite enorme Renditen durch sehr große Wertsteigerungspotenziale, auf der anderen Seite ist allerdings auch das Risiko des Totalausfalls sehr hoch. Dies hängt damit zusammen, dass insb. zu Beginn die Gefahr des Scheiterns sehr hoch ist.

Abb. 37 zeigt die Abgrenzung von Venture Capital zu Private Equity und zugleich die Unternehmenswertentwicklungen in den verschiedenen Unternehmensphasen.

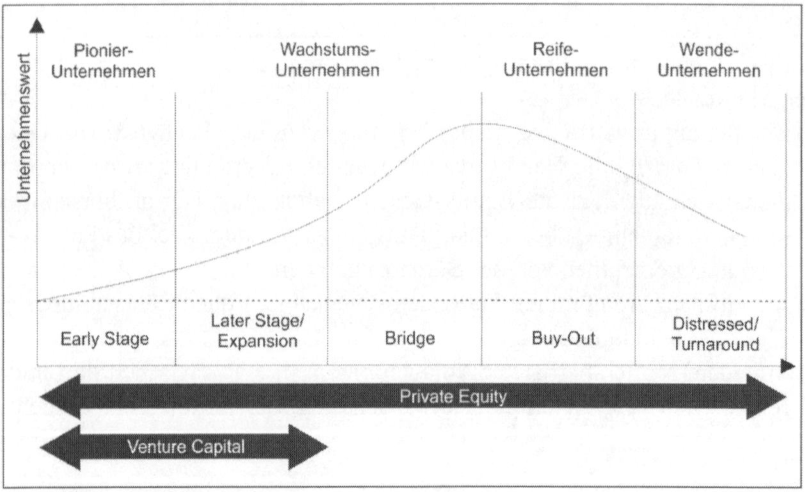

Abbildung 37: Abgrenzung von Venture Capital zu Private Equity

Quelle: Eigene Darstellung.

Um das Konstrukt Private Equity-Investment zu verstehen, bedarf es einer Vorstellung der beteiligten **Akteure**. Dies sind die Investoren, die den Beteiligungsgesellschaften das Kapital zur Verfügung stellen, die Beteiligungsgesellschaften als solche sowie die kapitalsuchenden Unternehmen.

Die Investoren sind typischerweise private oder öffentliche Pensionsfonds, Kreditinstitute und Versicherungen, vermögende Privatpersonen oder Familien, Stiftungen und andere Unternehmen. Die Motivation dieser Investoren liegt in den bereits genannten überdurchschnittlichen Renditemöglichkeiten.

Die Beteiligungsgesellschaften agieren als Intermediäre zwischen den eigentlichen Investoren und den kapitalsuchenden Unternehmen. Zu diesem Zweck legt die Beteiligungsgesellschaft i. d. R. einen Fonds auf, im deutschen Recht zumeist in der Rechtsform der GmbH&Co. KG. Die Beteiligungsgesellschaft fungiert bei diesem Fonds als Komplementär und bringt in der Praxis zwischen 1 und 5 % des Eigenkapitals des Fonds auf. Die eigentlichen Investoren bringen das fehlende Eigenkapital (somit zwischen 95 und 99 %) und nehmen die Rolle des Kommanditisten ein. Zwischen den beteiligten Gesellschaftern des Fonds ist im Vorfeld der Investitionsfokus vereinbart worden. D. h. es ist vertraglich geregelt, in welche Arten von Unternehmen (Branche, Region, Unternehmensgröße und -situation) das Geld des Fonds investiert werden darf. Um die Rendite des Eigenkapitals zu steigern, werden die Investments des Fonds mit einem hohen Anteil Fremdkapital getätigt und somit der Leverage-Effekt (vgl. Kapitel 1.2.1.2) ausgenutzt.

Nach Etablierung der Fondsstruktur und der Generierung von ausreichendem Investorenkapital (sog. Fundraising), prüft die Beteiligungsgesellschaft im Auftrag des Fonds relevante Investitionsopportunitäten (u. a. dafür erhält die Beteiligungsgesellschaft von dem Fonds die sog. Management Fee basierend auf dem Kapital des Fonds) und beteiligt sich i. d. R. an einigen besonders vielversprechenden Unternehmen. In diesem Kontext sei auf das „7 out of 1.000“ -Prinzip verwiesen, nachdem sich eine Private Equity-Gesellschaft typischerweise rund 1.000 Investitionsopportunitäten angeschaut hat und letztlich nur etwa 7 davon realisiert werden. Die ausgesuchten Portfoliounternehmen erhalten neben der Kapitalbeteiligung durch den Fonds auch Managementunterstützung durch die Private Equity-Gesellschaft und werden durch diese auch in ihrem Tagesgeschäft mehr oder minder intensiv kontrolliert.

Als Gegenleistung für die Kapitalüberlassung und die Managementunterstützung müssen die Portfoliounternehmen während der Beteiligungszeit häufig einen Großteil ihrer Free Cash Flows an den Fonds ausschütten. Der Fonds leitet diese Gelder an die Investoren und in überproportionalem Maße an die Private Equity-Gesellschaft weiter. Die typische Laufzeit eines Private Equity Fonds ist i. d. R. auf 10 bis 12 Jahre beschränkt. Dies hat auch entsprechende Auswirkungen auf das Investment- und Desinvestmentverhalten der Fonds. Die grundsätzliche Struktur einer typischen Private Equity-Beteiligung veranschaulicht Abb. 38.

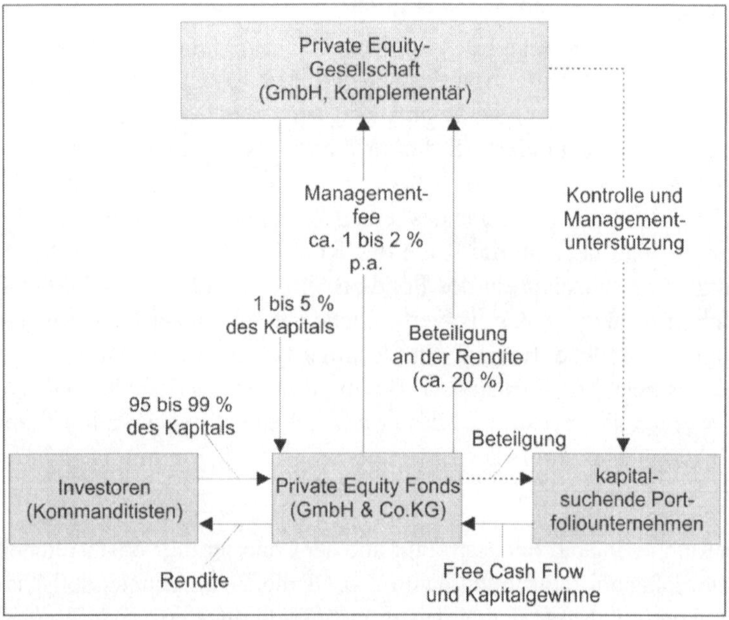

Abbildung 38: Struktur einer typischen Private Equity-Beteiligung

Quelle: Eigene Darstellung in Anlehnung an Eitelwein, O.et al. (Private Equity Controlling 2008), S. 6.

Außer der hier vorgestellten typischen Struktur von Private Equity-Investments gibt es noch die sog. **Evergreenfonds**, bei denen Investoren häufig über Anteilserwerb an der Börse in das Portfolio der Beteiligungsgesellschaften investieren (und auch börsentäglich ihre Beteiligung wieder veräußern) können und somit keine bestimmte Laufzeit des Investments angestrebt ist. Dies hat auch entsprechende Auswirkungen auf das Investitionsverhalten dieser Beteiligungsgesellschaften. Die Notwendigkeit des Exits ist somit nicht in dem Maße und in bestimmten Zeitvorgaben wie bei der klassischen Fondsstruktur gegeben.

Unabhängig von der gewählten Struktur ist der Wertschöpfungsprozess bei den meisten Beteiligungen ähnlich und lässt sich in die drei Phasen **Pre-Investment, Investment und Exit** mit ihren jeweiligen Unterpunkten aufteilen.

Die **Pre-Investment Phase** ist bereits im Rahmen der Struktur des Private Equity-Investments angesprochen worden. So sind die drei Tätigkeitsschwerpunkte in dieser Phase das Fundraising und damit die Suche nach den Investoren, die Suche nach geeigneten Portfoliounternehmen und schließlich die Prüfung und Bewertung, ob eine Investition in das potenzielle Portfoliounternehmen erfolgen soll.

Die Prüfung und Bewertung der Portfoliounternehmen erfolgt zumeist über zwei Selektionsstufen. Zunächst wird im Rahmen einer Grobprüfung evaluiert, ob das Unternehmen grundsätzlich in die Investitionsstrategie des jeweiligen Fonds passt. In der Feinprüfung wird dann eine Due Diligence (vgl. Kapitel 3.4.2) durchgeführt, bevor dann die finale Entscheidung zum möglichen Investment getroffen wird.

Die **Investmentphase** gliedert sich in die Tätigkeiten im Bereich der Strukturierung der Beteiligung sowie in die laufende Begleitung des Investments. Die Strukturierung beinhaltet den Kapitalbedarf des Portfoliounternehmens, die Beteiligungskonditionen, die Anteilsverhältnisse sowie mögliche Strategien zum späteren Ausstieg aus der Beteiligung. Die laufende Beteiligung des Portfoliounternehmens wird zumeist durch Unterstützungen des Managements wie auch im Rahmen von Kontrolltätigkeiten mit den Zielen der Sicherung und Wertsteigerung der Beteiligung und der Minimierung des Risikos des Investments betrieben.

Die letzte der drei Phasen, die **Exitphase** bildet das Ende der Beteiligung und ist in der zumeist zeitlich begrenzten Laufzeit des Fonds begründet. Allerdings nehmen die Fonds auch günstige Ausstiegsoptionen deutlich vor Ende der Laufzeit des Fonds wahr, sofern sie sich bieten. Eine Übersicht über die verschiedenen Phasen und ihre jeweiligen Unterphasen und Aufgaben liefert Abb. 39.

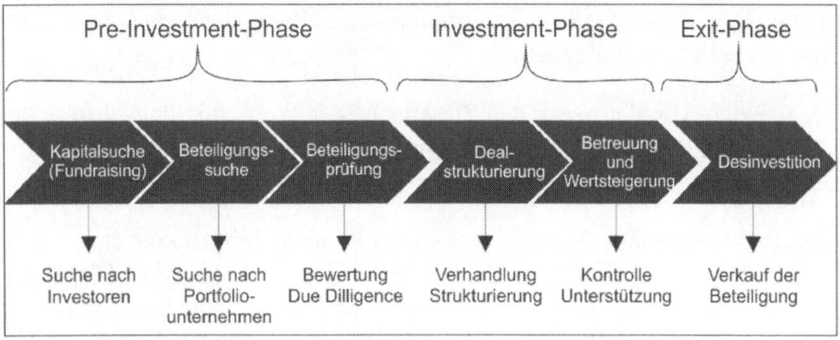

Abbildung 39: Phasen einer Private Equity-Beteiligung

Quelle: Eigene Darstellung in Anlehnung an Kraft, V. (Private Equity für TurnaroundInvestitionen 2001), S. 94 und Bredek, T. (Private Equity im Firmenkundengeschäft regionaler Kreditinstitute 2002), S. 82.

Der **Exit** bedeutet den Verkauf der entsprechenden Beteiligung und kann über grundsätzlich fünf verschiedene Wege erfolgen:

1) **Going Public**: I. d. R. für den Private Equity Fonds (und ggf. Mitgesellschafter) am lukrativsten ist der Börsengang. Dies bedeutet, dass die Anteile des Unternehmens bei Investoren an der Börse platziert werden. Hierbei kann i. d. R. eine sehr hohe Bewertung realisiert werden. Das Thema Generierung von Eigenkapital über die Börse wird im Kapitel 3.5 ausführlich thematisiert.
2) **Trade Sale**: Beim Verkauf an einen strategischen Investor (vgl. Kapitel 3.4.3.1) ist i. d. R. auch eine sehr gute Bewertung erzielbar, da solche Investoren insb. in einem Bieterrennen mit anderen Wettbewerbern häufig gewillt sind eine strategische Prämie zu zahlen.
3) **Secondary Sale**: Die Weiterveräußerung an einen anderen Private Equity-Investor erzielt zumeist geringere Bewertungen als bei einem Börsengang oder einem Verkauf an einen strategischen Bieter, da Beteiligungsgesellschaft i. d. R. keine strategischen Prämien zahlen und in ihre Bewertungsüberlegungen entsprechende Risikopuffer einbauen.
4) **Company Buy-Back**: Der neue Erwerber ist hierbei identisch mit dem ehemaligen Verkäufer, d. h. der oder die Altgesellschafter kaufen das Unternehmen von der Beteiligungsgesellschaft zurück. I. d. R. ist das keine im Vorfeld angestrebte Lösung, sondern der Tatsache geschuldet, dass das Unternehmen sich im Portfolio des Private Equity Fonds nicht so entwickelt hat, wie gewünscht. Deswegen wird es – um nicht weitere Werte zu vernichten – wieder an die ursprünglichen Gesellschafter verkauft. Die

Erlöse sind i. d. R. geringer als bei den drei erstgenannten Exitoptionen und häufig sogar geringer als der ursprüngliche Kaufpreis.

5) **Liquidation/Abschreibung**: Dies ist die schlechteste Exitmöglichkeit, da hierbei das Unternehmen geschlossen wird oder insolvent geht. Ggf. können noch einzelne Assets des Unternehmens verkauft werden aber i. d. R. entsteht auf Ebene des Fonds durch die Maßnahme ein deutlicher Verlust.

Abschließend sollte festgehalten werden, dass Beteiligungen durch Private Equity Fonds i. d. R., obwohl das klassischerweise unbeschränkt vorhandene Eigenkapital zur Verfügung gestellt wird, mit einem beschränkten Zeithorizont versehen sind. Häufig fungieren bei einer Beteiligung eines Private Equity Fonds das Management des Unternehmens als Co-Investor und erwirbt einen Minderheitsanteil am Unternehmen. Zumeist geschieht dies zu günstigen Konditionen, das sog. **Sweet Equity** erhält das Management von dem Private Equity Fonds mit dem Ziel das Management zu motivieren und langfristig ans Unternehmen zu binden.

3.4.3.3 Management-Buy-out/Management-Buy-in

Ein **Management-Buy-out** (d. h. das Management des jeweiligen Unternehmens übernimmt das Unternehmen oder zumindest einen nennenswerten Anteil daran), findet ebenso wie ein **Management-Buy-in** (ein fremdes Management beteiligt sich am Unternehmen oder übernimmt alle Anteile) sehr häufig im Zusammenspiel mit einer Private Equity-Beteiligung statt. Allerdings ist die Einbeziehung von Beteiligungskapital keine hinreichende oder notwendige Bedingung für ein MBO oder MBI.

In diesem Kontext gilt es auch die möglicherweise unterschiedlichen Beteiligungshorizonte von Private Equity Fonds und Management miteinander zu verknüpfen. Zudem ist auch eine Kombination von MBO und MBI möglich, d. h. ein Teil des Managements, das sich am Unternehmen beteiligt, ist bereits im Unternehmen tätig und ein anderer Teil des Managements kommt von außen. Da die meisten MBO/MBI mit einem großen Anteil Fremdkapital finanziert werden, spricht man hierbei von Leverage Buy-outs (LBO), die sich i. d. R. den Leverage-Effekt (vgl. Kapitel 1.2.1.2) zu Nutze machen. Häufig kommen MBO/MBI Transaktionen zu Stande, wenn der bisherige Gesellschafter gleichzeitig auch das Unternehmen geleitet hat, da mit dessen Ausscheiden nicht nur eine Nachfolge auf Gesellschafterebene, sondern auch in der Geschäftsführung gefunden werden muss.

Die Vorteile für das Management bei einer solchen Buy-In oder Buy-Out Konstellation sind zum einen die Möglichkeit, in die unternehmerische Verantwortung zu gelangen und hierüber auch enorme Verdienstmöglichkeiten zu erhalten. I. d. R. haben die Manager einschlägige Erfahrung zumindest in der zweiten Führungsebene eines Unternehmens und zumeist haben sie umfangreiche Expertise in der Branche. Bei einem MBO kommt zudem noch die sehr detaillierte Kenntnis des Unternehmens hinzu, die sich aufgrund der Tätigkeit im Unternehmen gebildet hat. Diese Kenntnis kann sowohl im Rahmen der Due Diligence bei dem Unternehmenserwerb, bei den Verhandlungen mit dem Verkäufer als auch beim Start der neuen unternehmerischen Konstellation genutzt werden. In der Praxis sind MBOs häufiger als MBIs zu beobachten, dies wird zum Teil durch das in der Konstellation eines MBOs bereits bestehende Vertrauensverhältnis zwischen Käufer und Verkäufer begründet.

3.5 Eigenkapital durch Going Public

Der Begriff des **Going Public** bedeutet frei in die deutsche Sprache übersetzt „Börsengang“ und ist unmittelbar mit der Institution Börse verbunden. Die Definition und grundsätzliche Funktionsweise einer Börse sei aufgrund ihrer Wichtigkeit hier nochmals wiederholt:

Allgemein ausgedrückt ist eine Börse ein zeitlich und räumlich zentralisierter Marktplatz für vertretbare Sachen oder Rechte. Die Vertretbarkeit (Fungibilität) von Handelsobjekten ist dabei von zentraler Bedeutung, denn ohne ihre Anwesenheit und ihre Begutachtung wäre der Handel der Objekte nicht möglich. An der Börse werden, wie an jedem anderen Markt auch, Käufer und Verkäufer zusammengebracht. Die Börse überwacht dabei den ordnungsgemäßen Handel, insb. die Preisbildung und sorgt für eine faire und ökonomisch effiziente Durchführung der Transaktionen.

Als Klassifizierungsmerkmale für Börsen lassen sich grundsätzlich die Art des Handelsobjektes sowie der Zeitpunkt der Erfüllung der abgeschlossenen Geschäfte anführen. Als Gruppierung der Börsen nach verschiedenen Handelsobjekten sind Wertpapier-, Devisen- und Warenbörsen zu sehen. Die Separation gemäß dem Zeitpunkt der Erfüllung der abgeschlossenen Geschäfte führt zu Kassabörsen und Terminbörsen. Bei Kassabörsen liegen der Zeitpunkt des Vertragsabschlusses und Erfüllung des Kontraktes in unmittelbarem zeitlichem Zusammenhang, während bei Terminbörsen die Vertragserfüllung erst an einem zum Vertragsabschluss festgelegten späteren Zeitpunkt erfolgt. Im Kontext der Unternehmensfinanzierung ist insb. der Handel mit Wertpapieren am Kassamarkt relevant und folglich bildet diese Börsenart den Fokus der weiteren Betrachtungen.

Wertpapierbörsen können dabei sowohl bei der Beschaffung von Fremdkapital (vgl. Kapitel 4.2.5) als auch bei der Generierung von Eigenkapital helfen. Somit leisten Börsen für Unternehmen eine Finanzierungsfunktion, die zudem eine Fristenals auch eine Losgrößentransformation ermöglicht. Durch die Möglichkeit, Wertpapiere nahezu jederzeit über die Börse zu veräußern und damit einen Eigentümerwechsel zu ermöglichen, ist die Verfügungsdauer des Kapitals beim Unternehmen unabhängig von der Kapitalbereitstellungsbereitschaft der Investoren.

Analog funktioniert die Losgrößentransformation, bei der ein hoher Kapitalbedarf eines Unternehmens mittels einer großen Anzahl von Investoren, die zum Teil nur kleinere Beträge bereitstellen, gedeckt wird. Wichtig ist in diesem Zusammenhang auch für Investoren der Schutz, der durch die Börse als einer geregelten und von der Börsenaufsicht überwachten Institution geleistet wird.

3.5.1 Überlegungen und Vorbehalte vor einem Going Public

Die Entscheidung eines Unternehmens, sich Eigenkapital über die Institution „**Börse**“ zu beschaffen, hat umfangreiche Implikationen auf alle Bereiche des Unternehmens. Aufgrund der weitreichenden Folgen gilt es, das Für und Wider eines solchen Schrittes dezidiert zu diskutieren.

Die **Motive** für ein Unternehmen das Going Public durchzuführen, sind vielfältig und je nach Einzelfall auch unterschiedlich stark ausgeprägt und werden im Folgenden ohne Bewertung vorgestellt. Offensichtlich kann durch den Börsengang neues Eigenkapital beschafft werden, in dem eine alternative Finanzierungsquelle erschlossen wird, über die zudem auch vergleichsweise hohe Summen generiert werden können und die mittels Kapitalerhöhungen (vgl. Kapitel 3.5.4.1) auch wiederholt zur Bewältigung eines neuen Kapitalbedarfs genutzt werden kann. Insbesondere eine gute Entwicklung des Unternehmens als auch ein gutes Wettbewerbsumfeld führen zu einer positiven Wertentwicklung der Aktie und somit zu einer hohen Attraktivität des Unternehmens am Aktienmarkt. Der Börsengang ist somit insb. für etablierte Unternehmen eine interessante Finanzierungsmöglichkeit.

Des Weiteren wird durch die alternative Kapitalquelle eine Risikodiversifikation auf Ebene des Unternehmens durch eine sinkende Abhängigkeit von den bisherigen Kapitalgebern (insb. der fremdkapitalgewährenden Banken) als auch auf Ebene der Altgesellschafter erreicht. Letztgenannte, da sie ihre Beteiligung (auch teilweise) schneller liquidieren und ihr Vermögen entsprechend diversifizieren können. Neben den Kapitalerschließungsaspekten gibt es noch weitere Aspekte in der Unternehmensstruktur, die durch einen Börsengang positiv beeinflusst werden können.

Die vielfältigen Regularien und Kapitalmarkterfordernisse führen zu einer Steigerung des Professionalisierungsgrades des Unternehmens. Die effizientere Organisationsform, insb. auch im Bereich Controlling und Accounting, hat häufig verbesserte Ergebnisse zur Folge. Die dadurch geschaffene erhöhte Transparenz ermöglicht eine bessere Vergleichbarkeit mit Konkurrenzunternehmen. Die Börsennotierung und die damit verbundene öffentliche Berichterstattung erzeugt eine gestiegene Wahrnehmung bei Stakeholdern und potenziellen Stakeholdern. Insbesondere auch die Rekrutierung von geeignetem Personal kann allein schon durch die gestiegene Bekanntheit aber auch durch mögliche Mitarbeiterbeteiligungsprogramme entsprechend erleichtert werden. Die hier genannten Motive erfüllen nicht das Kriterium der Vollständigkeit und zudem stehen einem möglichen Börsengang auch Vorbehalte gegenüber.

So kann die bereits erwähnte Transparenz auch als Nachteil gesehen werden, da sie insb. Wettbewerbern umfangreiche Einblicke in die eigene Geschäftstätigkeit erlaubt. Deshalb erfordert die durch den Börsengang notwendige offene Informationspolitik ein hohes Maß an Vertrauen. Den als Vorteil qualifizierten neuen Möglichkeiten der Kapitalbeschaffung stehen sowohl einmalige Kosten des Börsengangs als auch laufende Kosten für die Börsennotierung gegenüber. Durch die Aufnahme neuer Gesellschafter in Form der Aktionäre sinkt automatisch der Einfluss der Altgesellschafter. Es entsteht ein Erklärungsbedarf gegenüber den Aktionären verbunden mit zum Teil schwerfälligen Entscheidungsprozessen durch die Pflicht, für bestimmte Entscheidungen eine Hauptversammlung einzuberufen oder zumindest ein Votum des Aufsichtsrates einholen zu müssen. Ein häufiger Kritikpunkt, den sich börsennotierte Gesellschaften und ihre Entscheidungsträger ausgesetzt sehen, ist die kurzfristige Ausrichtung der Geschäftspolitik, die u. a. durch Quartalsberichte und Ausschüttungserfordernissen gefördert wird. Zudem sollte berücksichtigt werden, dass je nach Aktionärsstruktur auch die Gefahr einer feindlichen Übernahme (Kauf des Unternehmens gegen den Willen der

Gesellschaft), zumeist durch einen Wettbewerber, besteht. Sofern sich das Unternehmen nach einem Abwägen der Vor- und Nachteile für einen Börsengang entscheidet, sind im Vorfeld der Notierung einige Besonderheiten bzgl. Aktiengesellschaften zu bedenken und grundlegende Entscheidungen zu treffen.

Hierzu ist es zunächst erforderlich zu wiederholen, was eine **Aktie** bedeutet und welche Rechte und Pflichten hiermit einhergehen. Bei einer Aktie handelt es sich um ein Wertpapier. Dieses Wertpapier beinhaltet sowohl einen Anspruch auf Information (durch den Vorstand), auf Anteil am Gewinn (durch Auszahlung der Dividende) und im Insolvenzfall auf einen Anteil am Liquidationserlös. Des Weiteren berechtigt die Aktie insgesamt zur Teilnahme und bei der Stammaktie zur Stimmrechtsausübung bei der Hauptversammlung.

Eine **AG verfügt über drei Organe**. Das höchste Organ ist die Hauptversammlung, die planmäßig einmal im Jahr stattfinden muss. In der **Hauptversammlung** haben alle Aktionäre gemäß ihrer Aktienzahl entsprechende Stimmrechte. Die Entscheidungen auf der Hauptversammlung werden bei weitreichender Bedeutung wie z. B. bei der Durchführung einer Kapitalerhöhung oder der Änderung der Satzung mit mindestens 75 %iger Mehrheit beschlossen; sonstige Entscheidungen mit einfacher Mehrheit. Typische Entscheidungsthemen der Hauptversammlung sind die Verwendung des Bilanzgewinns, Entlastung der Mitglieder des Vorstandes und Aufsichtsrates sowie die Wahl der Mitglieder des Aufsichtsrates. Letztgenannter wiederum bildet das zweithöchste Gremium der AG.

Der **Aufsichtsrat** setzt sich aus Vertretern der Aktionäre und der Arbeitnehmer zusammen. Seine Hauptaufgaben liegen in der Überwachung, Beratung, Bestellung und Abberufung der operativen Leitung des Unternehmens, des Vorstandes.

Der **Vorstand** ist das dritthöchste Organ einer AG und führt das Unternehmen selbständig unter Leitung des Vorstandsvorsitzenden. Der Aufsichtsrat ist zwar formell den Mitgliedern des Vorstandes nicht weisungsberechtigt, allerdings können bestimmte Entscheidungen des Vorstandes vorab als zustimmungspflichtig durch den Aufsichtsrat definiert werden.

Der **Handel der Aktien an der Börse** findet als fortlaufender Handel statt, der mittlerweile in Deutschland zum größten Teil über die elektronische Handelsplattform **XETRA** der deutschen Börse erfolgt. Der Kursfeststellung der Aktien an der Börse liegt grundsätzlich das Meistausführungsprinzip zu Grunde. Hierdurch wird das größtmögliche Handelsvolumen ausgeführt und der Angebots- und Nachfrageüberhang minimiert.

Nachdem in diesem Unterkapitel grundlegende Aspekte des Börsengangs thematisiert worden sind, widmet sich das folgende Unterkapitel der Vorgehensweise beim Börsengang.

3.5.2 Prozessablauf

Nach der Entscheidung der Gesellschafter eines Unternehmens für einen Börsengang startet der komplexe, aber auch sehr strukturierte Prozess des Börsengangs. Den groben Ablauf zeigt Abb. 40. Wenngleich allerdings gesagt werden muss, dass einige Schritte auch parallel durchgeführt werden und diese je nach Situation im Unternehmen nicht genau in der Reihenfolge stattfinden müssen.

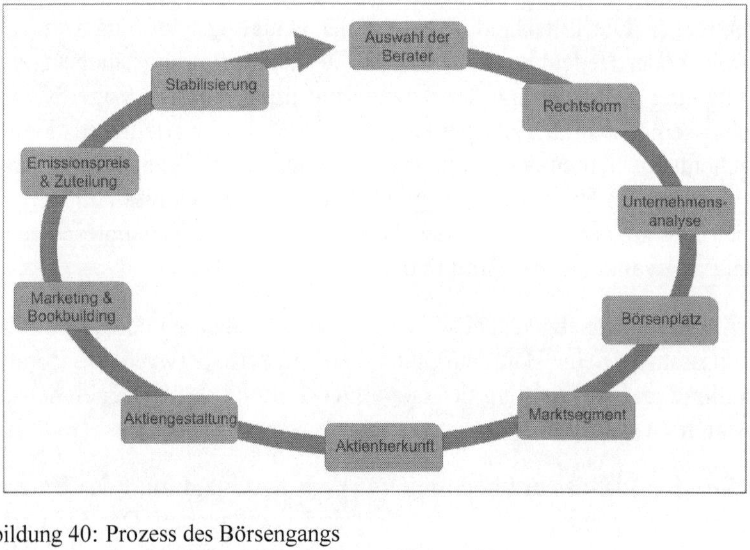

Abbildung 40: Prozess des Börsengangs
Quelle: Eigene Darstellung.

Da ein Börsengang ein juristisch und ökonomisch hochkomplexer Vorgang ist, empfiehlt es sich, einen Börsengang nur mit Hilfe von geeigneten Beratern durchzuführen. Mit der **Auswahl der Partner** beginnt der eigentliche Prozess des Börsengangs. Als klassische Emmissionsberater werden zumeist Banken oder spezialisierte Emissionshäuser mandatiert. Insbesondere bei größeren Börsengängen wird häufig ein Emissionskonsortium gebildet. Ein Grund hierfür sind die größeren gemeinsamen Vermarktungsmöglichkeiten der emittierten Aktien. Des Weiteren werden u. a. zur Erstellung des Wertpapierprospekts kapitalmarkterfahrene Rechtsanwälte benötigt. Ergänzend werden häufig in Börsengängen erfahrene Marketingagenturen beauftragt mit dem Ziel, je nach Zielgruppe des Börsengangs, aber zumeist sowohl bei institutionellen als auch privaten Investoren eine Nachfrage nach den Aktien zu erzeugen.

Gemeinsam mit den ausgewählten Beratern wird als erster operativer Schritt des Börsengangs die zukünftige **Rechtsform** bestimmt und mit der entsprechenden Umwandlung begonnen. Zwingend für die Aktienemission in Deutschland ist die Firmierung des Unternehmens als AG, SE oder als KGaA (vgl. Kapitel 3.1.2). Der Rechtsformwechsel in eine der genannten Rechtsformen ist einfacher von einer bereits bestehenden Kapitalgesellschaft als von einer Personengesellschaft. Eine weitere Möglichkeit ist der Erwerb eines sog. bestehenden Börsenmantels, das ist der Kauf einer AG, die keine nennenswerte operative Tätigkeit mehr ausübt und anschließend die Einbringung der eigenen Aktivitäten in diese börsennotierte Gesellschaft ggf. verbunden mit einer Umbenennung des Börsenmantels.

Die folgende **Unternehmensanalyse** zeigt Stärken und Schwächen des Unternehmens auf und ermittelt, ob das Unternehmen börsenreif ist. Hierbei wird in die formelle Börsenreife unterschieden, die insb. sowohl die gesetzlichen als auch die Anforderungen der verschiedenen Börsenplätze und Marktsegmente beleuchtet, und die interne Börsenreife, die sich auf die mögliche Nachfrage von potenziellen Investoren und die zukünftige Perspektive fokussiert (vgl. Abb. 41).

Formelle Börsenreife	Interne Börsenreife
Erfüllung der gesetzlichen Anforderungen	**Interne Organisation**
Beispielsweise: ▪ Rechtsform einer AG ▪ Prospekt nach WpHG ▪ Ad-hoc-Publizität	▪ Adäquate Instrumentarien für Planung, Steuerung und Kontrolle ▪ Zeitnahes Reporting (Jahresabschluss) ▪ Gutes Management auf allen Führungsebenen
Erfüllung der Börsenanforderungen (Regulierter Markt)	**Branche mit Wachstumsperspektiven**
Beispielsweise: ▪ Abschluss nach HGB und IFRS ▪ min. dreijährige Bestandsdauer des Unternehmens ▪ min. 25 % der Aktien in Streubesitz	▪ Attraktive Branche, starke Marktposition zum IPO-Zeitpunkt ▪ Bereits positive Ertragslage
	Investor Relations
	▪ Betreuungskonzept für Aktionäre als neue Stakeholder

Abbildung 41: Ermittlung der Börsenreife
Quelle: Eigene Darstellung.

Hieran anschließend wird ein **Börsenplatz** ausgewählt. I. d. R. ist das der Heimatmarkt oder das Land, in dem das Unternehmen die größte Bekanntheit hat. In Deutschland ist es zumeist die Börse in Frankfurt, an der die meisten Emissionen stattfinden. Es gibt allerdings auch zahlreiche Unternehmen (insb. aus kleineren Ländern), die bewusst eine größere internationale Börse (z. B. New York Stock Exchange oder London Stock Exchange) auswählen, da sie sich hierüber einen besseren Investorenzugang versprechen. Aus diesem Grund hat bspw. die BioNTech SE ihre Emission an der Technologiebörse Nasdaq in New York durchgeführt.

Mit der Auswahl des Börsenplatzes geht auch zumeist die Festlegung auf das **Marktsegment** einher. Bei einer Notierung der Aktien an der Börse in Frankfurt wird zwischen den drei gesetzlichen Marktsegmenten Amtlicher Markt, Geregelter Markt und Freiverkehr unterschieden. Die beiden erstgenannten sind durch die Europäische Union bzgl. ihrer Zulassungsbedingungen und Transparenzanforderungen regulierte Märkte, während Aktien, die im Freiverkehr gehandelt werden, nur den privatrechtlichen Bestimmungen der Deutschen Börse genügen müssen. Zudem muss das Unternehmen bei einer Notierung an der Deutschen Börse neben dem Börsensegment noch einen Transparenzstandard festlegen. Hieraus ergeben sich die entsprechenden Zulassungsfolgepflichten. Diese sind im Entry Standard am geringsten, im General Standard deutlich höher und schließlich im Prime Standard genügt das Transparenzlevel höchsten internationalen Anforderungen (vgl. Abb. 42).

	EU-Regulierter Markt		Börsenregulierter Markt
	Prime Standard	General Standard	Entry Standard
Zielgruppe	Emittenten mit internat. Fokus	Emittenten mit nationalem Fokus	kleine und mittlere Emittenten
Regulierung	Sehr hoch	Hoch	Sehr niedrig
Investoren	Nationale/internationale Fonds und Privatanleger	Nationale/internationale Fonds und Privatanleger	Nationale Small- und Mid-Cap Fonds

Abbildung 42: Die verschiedenen Transparenzstandards der Deutschen Börse

Quelle: Eigene Darstellung.

Die Festlegung der **Aktienherkunft** hat erhebliche Implikationen auf die Vermarktung des Börsengangs. Eine Abgabe (und u. U. der vollständige Ausstieg) der Aktien durch die Altgesellschafter wird durch Investoren im Regelfall deutlich negativer gesehen als eine Kapitalerhöhung. Während bei einem Verkauf durch die Altgesellschafter unterstellt werden kann, dass diese nicht mehr an die Zukunft des Unternehmens glauben, steht bei einer Kapitalerhöhung das eingenommene Kapital dem Unternehmen zur Verfügung und kann damit das weitere Wachstum vorantreiben oder strategische Projekte durchführen.

Die **Aktiengestaltung** wird durch Darstellung der verschiedenen Aktiengattungen im Kapitel 3.5.3 erläutert. Somit soll an dieser Stelle lediglich auf die Unterschiede der inhärenten Rechte als auch der Übertragbarkeit verwiesen werden. Die Rechte bei Stammaktien sind als vollumfänglich zu bezeichnen, während Vorzugsaktien kein Stimmrecht auf der Hauptversammlung haben, dafür aber bei der Ausschüttung bevorzugt werden. Bei der Übertragbarkeit wird im Wesentlichen in Inhaberaktien, die durch Übergabe übertragen werden und Namensaktien, die mittels Eintragung im Aktienregister des betreffenden Unternehmens übergehen, unterschieden.

In der Regel startet ein Emissionsprozess mit einem sog. **Beauty Contest** bei dem die begleitenden Berater ausgewählt werden. Die **Marketingaktivitäten** als auch die Finalisierung der rechtlich erforderlichen Dokumente gehen mit dem Prozess des Pricings einher. Unter den Marketing- maßnahmen werden in diesem Kontext die Veröffentlichung von entspre- chenden Analysen zur Aktie, die Publikmachung über diverse Online- und Printkanäle sowie Treffen mit Analysten, Fondsmanagern und anderen institutionellen Investoren (zumeist in Form von **Roadshows**, d. h. zentrale Vorstellungen an finanzmarktrelevanten Orten für institutionelle Investoren) subsumiert. Der Preisrahmen, zu dem die Aktien angeboten werden, wird im Laufe des Prozesses immer weiter eingeengt. Bereits im Auswahlprozess der Berater geben diese eine potenzielle Wertindikation ab, die dann im Rahmen einer Due Diligence verifiziert und im Zuge der Gespräche mit potenziellen Investoren und Analysten konzentriert wird. Eine besondere Rolle kann in diesem Zusammenhang auch das **Pilot Fishing** spielen, hierbei stehen bereits identifizierte mögliche zukünftige Kerninvestoren bei der Preisfindung beratend zur Seite. Auch sog. **Graumarktkurse** (Kurse der Aktien vor ihrem Börsengang auf speziellen Handelsplattformen bei denen eine Auslieferung der Aktien am ersten Handelstag vereinbart wird) liefern weitergehende Einschätzungen bzgl. der Zahlungsbereitschaft der potenziellen Investoren.

Schließlich wird kurz vor dem Termin der Erstnotiz eine sog. **Bookbuildingspanne** veröffentlicht. Im Rahmen dieser Spanne können die möglichen Investoren jeweils Angebote – versehen mit Preis und Menge – abgeben.

Nach Beendigung der sog. **Zeichnungsfrist** erfolgt die **Zuteilung der Aktien** an die jeweiligen Investoren. Sofern es mehr Nachfrage nach den Aktien zum Ausgabepreis als emittierte Aktien gibt, erhalten i. d. R. alle Bieter, die ein Gebot zu mindestens dem Ausgabepreis abgegeben haben, eine reduzierte Zuteilung. In diesem Fall spricht man von einer Überzeichnung.

Die Zuteilung erfolgt immer zum Ausgabepreis. Dieser muss nicht identisch sein mit dem ersten an der Börse gebildeten Kurs (sog. Erstnotiz). Ab diesem Zeitpunkt erfolgt der Handel der Aktien an der Börse. Der Börsengang wurde erfolgreich durchgeführt, wenngleich der Erfolg aus Sicht des Unternehmens immer maßgeblich vom letztlich realisierten Emissionspreis und -volumen abhängt. Ein möglicher **Greenshoe**, verstanden als eine bestimmte Anzahl von Aktien, die bei einer starken Nachfrage ebenfalls veräußert werden kann, wird ggf. ebenfalls platziert. Bei einer geringeren Nachfrage verbleiben die Aktien des Greenshoes zumeist bei den Altgesellschaftern. Die verschiedenen Phasen des Pricing und die damit einhergehende Konkretisierung des Ausgabepreises zeigt Abb. 43.

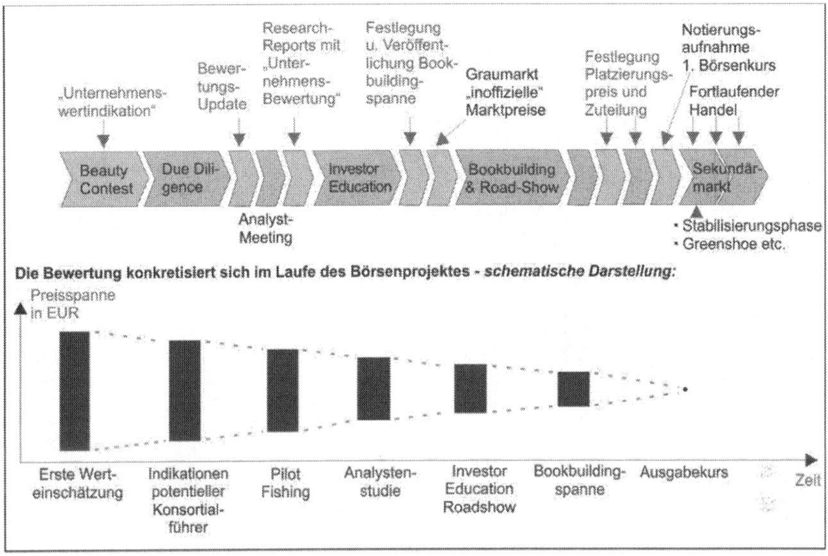

Abbildung 43: Pricing während des Emissionsprozesses

Quelle: Eigene Darstellung.

Ab diesem Zeitpunkt findet der Handel auf dem Sekundärmarkt statt und Aufgabe der Emissionsbank oder -banken ist die **Kursstabilisierung**, da bei Neuemissionen häufig eine hohe Volatilität der Kurse zu beobachten ist und diese insb. bei großvolumigen Abgaben durch bspw. die Altgesellschafter zu negativen Kursentwicklungen führen kann. Diese gilt es im Zuge der Zufriedenheit der neu gewonnenen Eigenkapitalgeber möglichst zu vermeiden.

Abschließend sei in diesem Kontext noch erwähnt, dass neben der hier dargestellten **öffentlichen Platzierung** (IPO) noch eine **Privatplatzierung** an bestimmte Investoren möglich ist. Das heißt, dass nur diese im Vorfeld die Aktien zeichnen und alle anderen Investoren erst nach der Börsennotierung diese über den Börsenhandel erwerben können. Privatplatzierungen kommen in der öffentlichen Wahrnehmung allerdings selten vor. Eine bekannte Privatplatzierung einer Erstemission war im November 2014 der Börsengang der Hella KGaA, bei der nur bestimmte, institutionelle Investoren berücksichtigt wurden. Eine Folgeemission in Form einer Kapitalerhöhung, die im Kapitel 3.5.4.1 behandelt wird, kann ebenfalls in Form einer Privat- oder öffentlichen Platzierung erfolgen. Die verschiedenen Formen der Aktienemission und -platzierung zeigt Abb. 44.

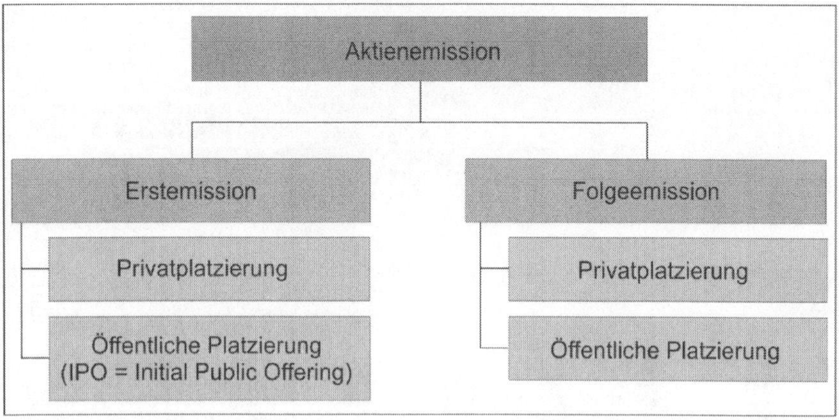

Abbildung 44: Formen der Aktienemission

Quelle: Eigene Darstellung.

Nachdem die verschiedenen Formen der Aktienemission diskutiert wurden, werden im folgenden Unterkapitel die Differenzierungen in den Aktiengattungen aufgezeigt.

3.5.3 Aktiengattungen

Die Systematisierungen von Aktien lässt sich grundsätzlich über drei Merkmale durchführen. Zunächst nach der **Art der Übertragung,** bei welcher in Inhaber-, Namens-, und vinkulierte Namensaktien unterschieden wird.

- **Inhaberaktien** gehören demjenigen, in dessen Besitz sich die Aktie befindet, demnach ist eine Übertragung bei dieser Gattung durch Übergabe möglich.
- Bei der **Namensaktie** erfolgt die Übertragung durch den Eintrag im Aktionärsregister der Gesellschaft,
- bei der **vinkulierten Namenaktie** ist zudem noch die Zustimmung der Aktiengesellschaft zur Übertragung auf den neuen Eigentümer erforderlich.

Durch die Eintragung ins Aktionärsregister wird der Aktionär dem Unternehmen bekannt und die Kommunikation dadurch erleichtert. Die vinkulierte Namensaktie ermöglicht dem Unternehmen, den Erwerb von Aktien durch unliebsame Aktionäre zu verhindern und damit z. B. eine feindliche Übernahme zu vereiteln. Im DAX40 werden bspw. die Allianz SE, die

Deutsche Lufthansa AG und die Münchener Rück AG in Form von vinkulierten Namensaktien gehandelt.

Eine weitere Systematisierungsform ist **nach dem Anteil am Grundkapital** möglich. Dies ist bei der **Nennwertaktie** oder auch Nennbetragsaktie der jeweilige Nennwert. Dieser muss mindestens 1 € betragen und der Wertanteil kann zwischen verschiedenen Aktien einer Gesellschaft auch unterschiedlich sein. Die Bedeutung der Nennwertaktie geht allerdings zunehmend zugunsten der Stückaktie zurück.

Die **Stückaktie** hat keinen festen Nennwert, deshalb wird sie teilweise auch nennwertlose Aktie bezeichnet und verkörpert einen prozentualen Anteil am Gesamtkapital des Unternehmens. Zudem symbolisiert jede Stückaktie den gleichen Anteil am Gesamtkapital der Aktiengesellschaft.

Schließlich kann als dritte Systematisierung noch das **verbriefte Recht** herangezogen werden. Es wird dabei in Stammaktien und Vorzugsaktien unterschieden. Während **Stammaktien** alle Rechte, die typischerweise mit einer Aktie einhergehen, besitzen, fehlt bei der **Vorzugsaktie** das Stimmrecht bei der Hauptversammlung. Dieses Manko wird zumeist mit einer höheren oder bevorrechtigten Dividendenzahlung kompensiert. Zudem werden Vorzugsaktien zumeist mit einem Abschlag zu den Stammaktien an der Börse gehandelt. Gemäß § 139 Abs. 2 AktG dürfen bis zu 50 % des Grundkapitals als Vorzugsaktien ausgegeben werden. Eine zusammenfassende Systematisierung von Aktien nach der Übertragungsart, dem Anteil am Grundkapital und dem verbrieften Recht leistet Abb. 45.

Systematisierung		
	... nach Übertragungsart	■ Inhaberaktie ■ Namensaktie ■ Vinkulierte Namensaktie
	... nach Anteil am Grundkapital	■ Nennwertaktie (Nennbetrag ≥ 1 €) ■ Stückaktie (Anteil = 1/Anzahl der Aktien)
	... nach verbrieftem Recht	■ Stammaktie ■ Vorzugsaktie

Abbildung 45: Systematisierung von Aktien

Quelle: Eigene Darstellung.

In diesem und den vorangegangenen Unterkapiteln sind die Grundlagen bezüglich Aktien und Finanzierung über die Börse gelegt worden, das folgende

Unterkapital thematisiert die Kapitalmaßnahmen eines Unternehmens, das bereits an der Börse notiert ist.

3.5.4 Nachfolgende Kapitalmaßnahmen

Kapitalmaßnahmen bei börsennotierten Unternehmen haben i. d. R. Auswirkungen auf das Volumen und die Zusammensetzung des Grundkapitals und bedingen häufig auch Änderungen in der Aktionärsstruktur bzw. dem prozentualen Anteil der einzelnen Aktionäre am Unternehmen. Während die Kapitalerhöhung (vgl. Kapitel 3.5.4.1) zumindest bei der ordentlichen Kapitalerhöhung Kapitalzufluss für das Unternehmen generiert, sind die Ziele des Aktienrückkaufs (vgl. Kapitel 3.5.4.2) vielfältiger und führen letztlich zu einer Stärkung der verbleibenden Aktionäre. Demgegenüber wird eine Kapitalherabsetzung entweder zur Beseitigung eines Verlustes der Gesellschaft oder zur Rückzahlung von nicht mehr durch die Gesellschaft benötigtem Kapital verwendet.

3.5.4.1 Kapitalerhöhung

Grundsätzlich gibt es vier verschiedene Formen bei der Kapitalerhöhung:

- Die ordentliche Kapitalerhöhung erfolgt durch Ausgabe junger Aktien gegen Leistung einer Bar- oder Sacheinlage,
- die bedingte Kapitalerhöhung ist abhängig von der Nutzung von Umtausch- oder Bezugsrechten,
- das sog. genehmigte Kapital ist ein Vorratsbeschluss, durch den der Vorstand für einen Zeitraum von maximal 5 Jahren die Erlaubnis erhält durch die Ausgabe neuer Aktien das Kapital (gesetzlich beschränkt auf 50 %) zu erhöhen sowie
- die Kapitalerhöhung aus Gesellschaftsmitteln bedeutet eine Kapitalumschichtung auf der Passivseite der Bilanz, in dem Kapital- und Gewinnrücklagen in Grundkapital umgewandelt werden.

Abb. 46 fasst die vier Formen der Kapitalerhöhung zusammen und zeigt die Unterschiede im Liquiditätszufluss sowie die jeweiligen rechtlichen Grundlagen auf.

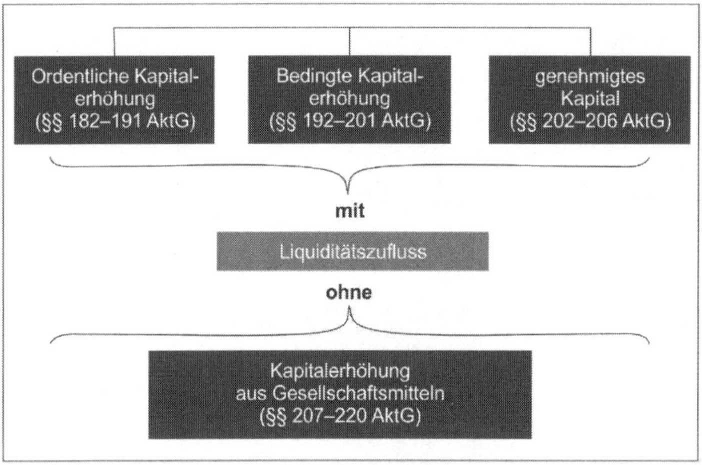

Abbildung 46: Die vier Formen einer Kapitalerhöhung
Quelle: Eigene Darstellung.

Während bei der ordentlichen Kapitalerhöhung immer ein bereits bei der Durchführung bekannter Mittelzufluss beim Unternehmen stattfindet, ist bei der bedingten Kapitalerhöhung der Mittelzufluss abhängig von der Ausübung der Umtausch- bzw. Bezugsrechte. Die genehmigte Kapitalerhöhung hat zunächst durch den Beschluss keine Auswirkungen auf die Liquidität. Erst die Umsetzung der Ermächtigung führt im Regelfall zu einer Liquiditätszunahme. Bei der Kapitalerhöhung aus Gesellschaftsmitteln fließt keine Liquidität ins Unternehmen.

a) Ordentliche Kapitalerhöhung

Zur rechtswirksamen Durchführung einer ordentlichen Kapitalerhöhung bedarf es einer Zustimmung von mindestens 75 % des auf der Hauptversammlung präsenten Grundkapitals und nach Zeichnung und Leistung der Einlage muss die Kapitalerhöhung ins Handelsregister eingetragen sein. Die Aktien müssen zumindest zum Nennwert (Nennwertaktie) oder zu ihrem rechnerischen Anteil am Grundkapital (Stückaktie) ausgegeben werden. Zumeist werden die jungen Aktien über diesem jeweiligen Mindestwert ausgegeben. Während der Teil des Ausgabebetrages, der auf den Nennwert entfällt (in der beispielhaften Abb. 47) das Grundkapital erhöht, fließt das sog. Agio (hier 8,50 €) der Kapitalrücklage auf der Passivseite der Bilanz zu. Auf der Aktivseite fließt der Komplettbetrag (im Beispiel 13,50 €) in das Umlaufvermögen ein. Der Preis der jungen Aktie ist demnach 13,50 €, den die Aktionäre pro neu erworbener Aktie an die Gesellschaft leisten müssen.

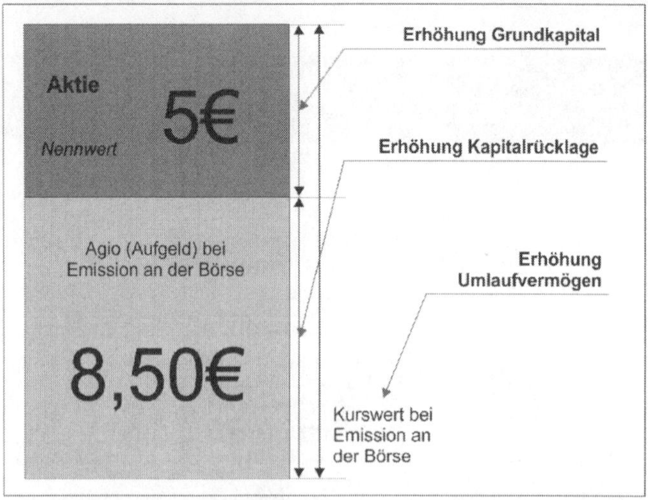

Abbildung 47: Beispiel zur ordentlichen Kapitalerhöhung
Quelle: Eigene Darstellung.

Um die sog. **jungen Aktien** für Investoren attraktiv erscheinen zu lassen, werden sie i. d. R. mit einem Kursabschlag zu den alten Aktien emittiert. Damit die Altaktionäre ihren Anteil am Stimmrecht und am Gesellschaftsvermögen wahren können und gegen einen Wertverlust abgesichert sind, erhalten sie pro Altaktie ein Bezugsrecht für die neuen Aktien.

Um das Bezugsverhältnis, d. h. die benötigte Anzahl Bezugsrechte, die zum Erwerb einer jungen Aktie berechtigt, ermitteln zu können, muss das bisherige Grundkapital mit der Grundkapitalerhöhung in Bezug gesetzt werden.

Beispiel:

Unser altbekanntes Tiernahrungshandelsunternehmen AMI CAT firmiert mittlerweile in der Rechtsform einer Aktiengesellschaft. Die AMI CAT AG hat bislang ein Grundkapital von 50 Mio. € und möchte dieses um 10 Mio. € erhöhen. So ergibt sich ein Bezugsverhältnis von 5:1, da 50 Mio. € (bisheriges Grundkapital) zu 10 Mio. € (Grundkapitalerhöhung) dieses Verhältnis bilden. Somit benötigt ein Neu- oder Altaktionär 5 Bezugsrechte um eine junge Aktie zu erwerben.

Die Bezugsrechte haben einen rechnerischen Wert und werden im sog. Bezugsrechtehandel an der Börse gehandelt. Ausgehend von dem Bezugsverhältnis, dem Kurs der alten Aktie und dem Ausgabepreis der jungen Aktie, lassen sich dieser Wert sowie zunächst der rechnerische Wert einer Aktie nach der Kapitalmaßnahme berechnen. Abb. 48 zeigt beispielhaft die Ermittlung des Kurswertes nach Durchführung der Kapitalerhöhung und die Berechnung des rechnerischen Wertes des Bezugsrechts auf.

Beispiel: Das gezeichnete Kapital der Aktiengesellschaft besteht aus 50.000.000 Stk. Aktien. Der Aktienkurs liegt bei EUR 15,--. Es sollen 10.000.000 Stk. junge Aktien zu einem Kurs von EUR 13,50 ausgegeben werden.

Rechn. Kurswert nach Kapitalerhöhung

$$K_{neu} = \frac{K_{alt} * a + K_{jung} * j}{a + j}$$

$$K_{neu} = \frac{15 * 50.000.000 + 13{,}50 * 10.000.000}{50.000.000 + 10.000.000} = EUR\ 14{,}75$$

Rechn. Wert des Bezugsrechts

$$K_{BR} = K_{alt} - K_{neu}$$

$$K_{BR} = EUR\ 15{,}00 - EUR\ 14{,}75 = EUR\ 0{,}25$$

$$K_{BR} = \frac{K_{alt} - K_{jung}}{a/_j + 1}$$

$$K_{BR} = \frac{\text{EUR } 15{,}00 - \text{EUR } 13{,}50}{50.000.000/_{10.000.000} + 1} = EUR\ 0{,}25$$

Abbildung 48: Beispiel zur Ermittlung des Kurswerts nach Kapitalerhöhung und zur Ermittlung des rechnerischen Werts des Bezugsrechts
Quelle: Eigene Darstellung.

Beide Berechnungswege zur Berechnung des rechnerischen Wertes des Bezugsrechtes ergeben 0,25 € und sind ein Anhaltspunkt für Investoren, die am Markt Bezugsrechte kaufen oder verkaufen möchten.
Ein Altaktionär hat drei grundsätzliche Möglichkeiten mit den ihm zugeteilten Bezugsrechten zu verfahren:

- Er kann sein Bezugsrecht ausüben und im Bezugsverhältnis junge Aktien erwerben. Dann hat sich sein Anteil am Grundkapital durch die Kapitalmaßnahme nicht geändert, wenngleich er frisches Geld investiert hat und nummerisch mehr Aktien besitzt.
- Er kann seine Bezugsrechte zum Teil veräußern und mit dem Erlös junge Aktien erwerben (sog. Opération blanche). Somit muss der Aktionär kein frisches Geld ins Unternehmen investieren, allerdings findet auch eine Verwässerung seines Anteils am Grundkapital statt.
- Die dritte Alternative ist der vollumfängliche Verkauf der Bezugsrechte. Hierdurch erhält der Aktionär finanzielle Mittel, muss aber zugleich akzeptieren, dass sich sein Anteil am Grundkapital (obwohl er keine Aktien veräußert) entsprechend reduziert.

Abb. 49 fasst die drei Optionen des Altaktionärs und ihre wesentlichen Implikationen in Bezug zu den möglichen finanziellen Erlös und einer etwaigen Verwässerung zusammen.

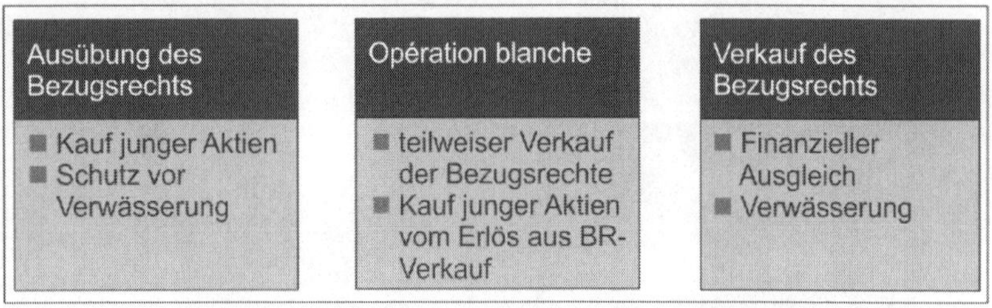

Abbildung 49: Möglichkeiten für den Altaktionär

Quelle: Eigene Darstellung.

Alternativ ist es bei einer Kapitalerhöhung auch möglich, dass das Unternehmen die Bezugsrechte für die Altaktionäre ganz oder zum Teil ausschließt. Dies ist allerdings nur möglich, wenn die Kapitalerhöhung gegen Bareinlage das bisherige Grundkapital um max. 10 % erhöht **und** wenn der Emissionspreis der jungen Aktien nicht wesentlich unter dem aktuellen Börsenkurs der Aktie liegt. Motivation eines solchen Bezugsrechtsausschlusses ist die Andienung der Aktien an spezielle Investoren (z. B. im Rahmen einer Unternehmensübernahme).

b) Bedingte Kapitalerhöhung

Bei der bedingten Kapitalerhöhung darf das Grundkapital maximal um 50 % erhöht werden. Die tatsächliche Erhöhung ist davon abhängig, wie viele der Umtausch- oder Bezugsrechte tatsächlich verwendet werden. Altaktionäre haben in diesem Fall kein Bezugsrecht auf die neuen Aktien; ihnen werden aber Bezugsrechte bei der Ausgabe der zugehörigen Wandelschuldverschreibungen oder Optionsanleihen gewährt. Die drei Motive bei der Durchführung einer bedingten Kapitalerhöhung sind:

- Gewährung von Umtausch- oder Bezugsrechten aufgrund einer Wandelschuldverschreibung bzw. Optionsscheins
- Initiierung eines Unternehmenszusammenschlusses
- Ausgabe von Belegschaftsaktien im Zuge der Gewinnbeteiligung der Arbeitnehmer und der Geschäftsführung

c) Genehmigtes Kapital

Die Hauptversammlung erteilt hierbei dem Vorstand üblicherweise mit 75 %iger Mehrheit für einen Zeitraum von längstens fünf Jahren die

Erlaubnis das Grundkapital nach Ermessen des Vorstandes bis zu einem bestimmten Nennbetrag durch Ausgabe neuer Aktien zu erhöhen. Allerdings darf die Grundkapitalerhöhung maximal 50 % des aktuellen Grundkapitals betragen. Ein Ausschluss des Bezugsrechtes der Altaktionäre ist ebenfalls durch Beschluss der Hauptversammlung möglich. Die Motivation bei einer genehmigten Kapitalerhöhung liegt in der gewonnenen finanziellen Flexibilität. Die Unternehmensführung kann somit bei einem akuten Finanzbedarf (z. B. weil Kapital für die Übernahme eines anderen Unternehmens benötigt wird) flexibel die Kapitalerhöhung durchführen und muss nicht den schwerfälligen Weg über eine ordentliche Kapitalerhöhung und den zu erwirkenden Hauptversammlungsbeschluss gehen. I. d. R. soll der tatsächlichen Durchführung einer Kapitalerhöhung dann jeweils der Aufsichtsrat des Unternehmens zustimmen.

Kapitalerhöhung aus Gesellschaftsmitteln

Bei der Kapitalerhöhung aus Gesellschaftsmitteln wird das Grundkapital der Gesellschaft ohne zusätzliche Einlagen der bisherigen oder neuen Gesellschafter erhöht. Somit fließt dem Unternehmen auch kein Kapital zu, sondern es findet vielmehr eine Wandlung von Teilen der Kapitalrücklage und Teilen der Gewinnrücklage in Grundkapital statt. Es ist demnach keine Form der Beschaffung von neuem Eigenkapital, sondern bilanziell ein Passivtausch innerhalb der Eigenkapitalpositionen.

Bei Nennbetragsaktien werden Berichtigungsaktien (teilweise auch fälschlicherweise Gratisaktien genannt) an die Aktionäre ausgegeben. Die ökonomische Wirkung ist sehr begrenzt, da der Anteil des jeweiligen Aktionärs am Gesamtunternehmen identisch bleibt und keine neuen liquiden Mittel, die den Unternehmenswert erhöhen würden, zufließen. Vielmehr reduziert sich durch die Ausgabe der Berichtigungsaktien der Kurs der einzelnen Aktie. Der positive Effekt, der sich aus dem verminderten Kurs ergibt, ist ein häufig beobachtetes steigendes Interesse der Investoren an der optisch günstigeren Aktie. Dies hat in der Folge häufig steigende Aktienkurse zur Folge. Sofern die Dividende pro Aktie unverändert bleibt (was aber nur der Fall ist, wenn sich die Gesamtausschüttung des Unternehmens im gleichen Verhältnis, wie die Zunahme der Aktienanzahl, erhöht), profitieren die Alt-Aktionäre noch von einer zusätzlich höheren Ausschüttung, da sie eine höhere Anzahl an Aktien besitzen. Bei Stückaktien ist eine Kapitalerhöhung aus Gesellschaftsmitteln auch ohne die Ausgabe von Berichtigungsaktien möglich. Dabei wird der rechnerische Nennwert gemäß dem Verhältnis des Kapitalerhöhungsbetrages zum bisherigen Grundkapital erhöht. Erfolgt allerdings eine der Kapitalerhöhung korrespondierende Ausgabe von Berichtigungsaktien, so bleibt der rechnerische Nennwert der einzelnen Stückaktie unverändert. Die Wirksamkeit dieser Kapitalerhöhung ist mit Eintragung des Beschlusses über die Kapitalerhöhung in das Handelsregister wirksam.

3.5.4.2 Aktienrückkauf

Wenngleich Aktienrückkäufe kein Mittel der Unternehmensfinanzierung darstellen, sondern eine Form der Mittelverwendung von nicht benötigter Liquidität ist, werden sie in diesem Unterkapitel dargestellt, insb. vor dem Hintergrund, dass es sich hierbei um eine Kapitalmaßnahme handelt, die Auswirkungen auf die Finanzierungsstruktur des jeweiligen Unternehmens hat. Aktienrückkäufe werden häufig von Unternehmen durchgeführt, die über entsprechende finanzielle Mittel verfügen und denen alternative Kapitalverwendungen nicht attraktiv erscheinen. Dies ist bspw. der Fall, wenn in einem Niedrigzinsumfeld keine attraktiven Übernahme- oder Investitionsziele vorhanden sind. Die angestrebten Ziele können allerdings vielfältig sein:

a) **Gewinn- und Ausschüttungssituation**
   Da der Gewinn des Unternehmens auf weniger ausstehende Aktien aufgeteilt wird, entfällt bei gleichbleibendem Gewinn ein höherer Anteil auf die einzelne Aktie. Analog ist die Konstellation bei der Ausschüttung. Die Dividende pro Aktie sollte vor dem Hintergrund steigen.
b) **Wirkung auf potenzielle Investoren**
   Die Gesellschaft signalisiert, dass sie die aktuelle Börsenbewertung als zu niedrig erachtet und will potenzielle Investoren animieren ebenfalls Aktien des Unternehmens zu erwerben.
c) **Finanz- und Kapitalstruktur**
   Das Verhältnis zwischen Rücklagen und Grundkapital sowie Eigen- und Fremdkapital kann optimiert werden. Durch den Rückkauf bestimmter Aktiengattungen (z. B. Vorzugsaktien) können diese vom Markt verschwinden. Zudem lässt sich im Sinne des Leverage-Effektes mit einer Finanzierung des Aktienrückkaufs über Fremdkapital die Eigenkapitalrentabilität steigern.
d) **Beeinflussung der Stimmverhältnisse**
   Durch Einzug der erworbenen eigenen Aktien findet eine Konzentration der Stimmrechte statt. Dies kann bspw. dazu führen, dass ein Aktionär, der vor der Maßnahme einen Stimmrechtsanteil knapp unter 50 % hatte, hierdurch eine Mehrheit der Stimmrechte erlangt.

e) **Bestimmte dezidierte Verwendungsmöglichkeiten für die erworbenen Aktien**
Die durch die Gesellschaft erworbenen eigenen Aktien können bspw. als Akquisitionswährung beim Erwerb eines anderen Unternehmens oder zur Abwehr einer feindlichen Übernahme des eigenen Unternehmens benutzt werden. Außerdem können diese Aktien zur Etablierung eines Mitarbeiterbeteiligungsprogramms verwendet werden.

Einschränkend ist in diesem Zusammenhang anzuführen, dass das Unternehmen aus den eigenen Aktien keine Dividende erhält und auch die Stimmrechte der Aktien nicht wahrnehmen darf. Zudem gilt mit wenigen Ausnahmen, dass die Gesellschaft insgesamt maximal 10 % des Grundkapitals selbst halten darf.

Die tatsächliche Durchführung des Aktienrückkaufs kann auf grundsätzlich drei verschiedene Arten erfolgen:

a) Über die Börse können die Aktien entweder kontinuierlich oder im Block erworben werden. Dies hat den Vorteil, dass keine zusätzliche Prämie zu dem aktuellen Börsenkurs gezahlt werden muss, der Erwerb immer am aktuellen Marktumfeld orientiert erfolgen kann und die Gleichbehandlung aller Aktionäre (da jeder Aktionär die Chance hat seine Aktien zum Börsenkurs zu verkaufen) gewahrt ist.
b) Öffentliche Rückkaufangebote können entweder in Form von Festpreisangebote, Auktionsverfahren oder Verkaufsoptionen erfolgen. Bei Festpreisangeboten wird den Aktionären i. d. R. eine Prämie auf den aktuellen Börsenkurs gezahlt. Dies ist mit der Gefahr verbunden, dass ein zu hoher Preis gezahlt wird und ein Angebotsüberhang entsteht, da nicht alle verkaufswilligen Aktionäre zum Zug kommen. Diese beiden Nachteile können mit Hilfe des Auktionsverfahrens zumindest gemildert werden, da hierbei verkaufswillige Aktionäre in einer Frist ihre Verkaufsangebote übermitteln können. Berücksichtigung finden letztlich die Aktionäre, die einen geringeren oder exakt den Preis angeboten haben, zu dem das angestrebte Volumen erreicht ist. Bei dem Rückkauf über Verkaufsoptionen erhalten alle Aktionäre entsprechend ihrem Anteil am Grundkapital Optionen zum Verkauf der Aktie an das Unternehmen zu einem definierten Preis. Aktionäre können nun entscheiden, ob sie die Optionen wahrnehmen oder die Optionen am Markt verkaufen. Verkaufen werden tendenziell die Aktionäre, die den Aktien eher einen geringen Wert beimessen. Zudem muss keine Prämie auf den Aktienkurs gezahlt werden.

c) Individuell ausgehandelte Vereinbarungen können zu einem Erwerb von einem großen Aktienpaket des eigenen Unternehmens dienen. Allerdings ist hierbei an die hierfür in Frage kommenden Aktionäre (i. d. R. solche mit einer großen Aktienanzahl) eine Prämie zu zahlen. Aufgrund des Gleichbehandlungsgrundsatzes aller Aktionäre gemäß § 53a AktG ist diese Form des Aktienrückkaufs nur für bestimmte Sonderformen geeignet.

3.5.4.3 Kapitalherabsetzung

Eine Kapitalherabsetzung wird i. d. R. für zwei bestimmte Konstellationen verwendet: Zum einen um nicht mehr benötigtes Kapital zurückzuzahlen und zum anderen um einen Verlust zu beseitigen. Grundsätzlich sieht das Aktiengesetz (AktG) drei verschiedene Möglichkeiten der Kapitalherabsetzung vor:

a) Die ordentliche Kapitalherabsetzung gemäß §§ 222 bis 228 AktG sieht eine Verminderung des Nennwertes vor, so dass bspw. der Nennwert einer Aktie von 50 € auf 5 € gezehntelt wird. Allerdings darf der Nennwert der Aktien den Nennbetrag von 1 € nicht unterschreiten. Alternativ können mehrere Aktien zusammengelegt werden, ohne den Nennwert der einzelnen Aktie zu verändern. Eine Kombination von Nennwertverminderung und Zusammenlegung ist ebenfalls möglich. Die ordentliche Kapitalherabsetzung bedarf einer 75 %igen Stimmenmehrheit auf der Hauptversammlung und muss bestimmten Gläubigerschutzvorschriften genügen: So dürfen erst nach sechs Monaten Zahlungen an die Aktionäre geleistet werden und berechtigte Gläubiger müssen befriedigt oder besichert sein.

b) Die vereinfachte Kapitalherabsetzung gemäß §§ 229 bis 236 AktG dient der buchmäßigen Sanierung und wird auch häufig als reine Sanierung bezeichnet. Sie ist nur durchführbar, wenn kein Gewinnvortrag existiert, die Gewinnrücklage aufgelöst ist und wenn der Teil der gesetzlichen Rücklage und der Kapitalrücklage maximal um 10 % das nach der Kapitalherabsetzung verbleibende Grundkapital übersteigt. Bei dieser Form der Kapitalherabsetzung sind zwar keine besonderen Vorschriften zum Gläubigerschutz zu beachten, allerdings ist eine vereinfachte Kapitalherabsetzung nur zu bestimmten Zwecken zulässig:
   - Ausgleich von Wertminderungen
   - Ausgleich von sonstigen Verlusten
   - Einstellung in die Kapitalrücklage

Die Zuführung von liquiden Mitteln kann entweder durch Zuzahlungen der Aktionäre oder Kapitalerhöhung erfolgen.

c) Die Kapitalherabsetzung durch Einziehung eigener Aktien gemäß §§ 237 bis 239 AktG ist ebenfalls ein probates Instrument der Sanierung und kann über zwei Möglichkeiten erfolgen:
   - Die durch die Gesellschaft erworbenen Aktien können immer zu einer Kapitalherabsetzung verwendet werden und eine Begrenzung der Aktienanzahl ist nicht gegeben.
   - Sofern die Satzung des Unternehmens es erlaubt, darf die Gesellschaft zwangsweise die Aktien einziehen.

   In beiden Fällen genügt zum Beschluss die einfache Mehrheit auf der Hauptversammlung. Allerdings müssen bei der Kapitalherabsetzung durch Einziehung von Aktien die Vorschriften der ordentlichen Kapitalherabsetzung beachten werden; es sei denn die Aktien werden von den Aktionären unentgeltlich zur Verfügung gestellt oder die Aktien werden zulasten des Bilanzgewinns oder freier Gewinnrücklagen eingezogen.

3.6 Die Finanzierung mittels eines Initial Coin Offering

Ein Initial Coin Offering (ICO) ist eine Art von Crowdfunding, bei der ein Unternehmen oder eine Organisation eine neue Kryptowährung oder Token auf einer Blockchain-Plattform erstellt und diese dann an Investoren verkauft, um Kapital für ihre Projekte aufzubringen. Mittels eines ICO können Unternehmen, deren Geschäftsmodell auf der Blockchain-Technologie[72] basiert, Kapital generieren. Dazu werden digitale Token oder Coins ausgegeben, die je nach Ausgestaltung verschiedene Rechte und Funktionen erhalten, veräußert.[73]

Wenngleich der Begriff des Initial Coin Offering sich an den Begriff des Initial Public Offerings (IPO) (vgl. Kap. 3.5) anlehnt – also der Emission von Aktien – gibt es grundlegende Unterschiede. Es werden bei einem ICO anstatt Aktien „Tokens“ emittiert, die aber eine andere Funktion und Struktur

[72] Hierunter sind fälschungssichere, verteilte Datenstrukturen, in denen Transaktionen in einem Transaktionsregister in der Zeitfolge protokolliert, nachvollziehbar, unveränderlich und ohne zentrale Instanz abgebildet sind zu verstehen. Vgl. https://www.bafin.de/SharedDocs/Downloads/DE/Merkblatt/WA/dl_wa_merkblatt_ICOs.pdf;jsessionid=D9945CB3EF0E238785FBAE01BDEC84A8.1_cid501?__blob=publicationFile&v=1, eingesehen am 15.03.2023.

[73] Vgl. Tolkmitt, V./Wittrin, R. (Virtuelle Währungen und das Finanzsystem 2021), S. 21 ff.

als herkömmliche Aktien haben. Daher findet das Aktienrecht demnach auf einen ICO keine Anwendung und die Tokens müssen weder Mitgliedschafts-, noch Informations-, Kontroll- oder Stimmrechte vorsehen. Das emittierende Unternehmen kann somit vollkommen frei darüber entscheiden, welche Rechte oder Ansprüche den Investoren durch die Tokens eingeräumt werden. Außerdem nutzen vorwiegend große bereits etablierte Unternehmen die Möglichkeit Kapital über einen Börsengang zu emittieren, während ein ICO insbesondere von jungen, wachstumsstarken Unternehmen genutzt wird. Die grundlegenden Charakteristika der Unternehmen, die Kapital mittels eines ICO suchen, ist sehr ähnlich zu Unternehmen, die eine Kapitalbeschaffung über Crowdfunding (vgl. Kap. 3.3) generieren möchten. So ist es naheliegend, dass die Finanzierungsform ICO auch einige kennzeichnende Elemente des „Crowdfunding“ hat, da die Finanzierungssumme zumeist durch viele Investoren und kleinere Kapitalbeiträge erbracht wird. Bei ICOs wird allerdings im Gegensatz zum Crowdfunding durch die Blockchain-Technologie keine zentrale Plattform benötigt. Wenngleich die kapitalsuchenden Unternehmen eines ICOs ähnliche Merkmale aufweisen, wie die typischen Portfoliounternehmen von Venture Capital Investoren (vgl. Kap. 3.4.3.2), so sind die Unterschiede in der Ausgestaltung von Venture Capital Beteiligungen und ICOs sehr beträchtlich. So haben die Investoren eines ICO häufig nur ein sehr begrenztes Mitspracherecht, während Venture Capital Geber sich häufig umfangreiche Kontroll- und Mitbestimmungsrechte einräumen lassen.[74]

Eine Besonderheit eines ICO ist die rein digitale Veräußerung von Tokens, die es potenziellen Interessenten ermöglicht frühzeitig an dem Projekt und seinen (oft erst künftigen) Produkten, den sog. „Utilities“ teilzuhaben, ohne eine unmittelbare (rechtliche) Beziehung zu dem Unternehmen selbst zu begründen. Investoren haben über die ausgegebenen Tokens ferner Zugang zu einer (theoretisch) liquiden Anlage,[75] da die Tokens einerseits auf einschlägigen Handelsplattformen gegen andere Kryptowährungen eingetauscht werden können. Diese Fungibilität ist ein kennzeichnendes Element der Token. Die Initiatoren können über die Liquidität der selbst einbehaltenen Tokens zusätzlich zu den aus dem Token-Sale erwirtschafteten Mitteln verfügen und bewahren hierüber weitere liquide Mittel. Der Wert der Tokens

---

[74] Vgl. https://www.private-banking-magazin.de/initial-coin-offerings-und-venture-capital-im-vergleich-investments/, Abruf vom 14.03.2023.

[75] Vgl. https://masterthecr2ypto.com/tokenization-tokens-create-liquid-world/, Abruf vom 14.03.2023.

steigt und fällt dabei meist mit dem Erfolg der über die Tokens verknüpften Produkte des Unternehmens.

Die Finanzierungsform ICO ist eine noch sehr junge Finanzierungsform, die erst seitdem Jahr 2016 zunehmend genutzt wird und damit auch erst seitdem in den Fokus der öffentlichen Wahrnehmung gerückt ist. Daher sind Erfahrungswerte bzgl. des langfristigen Erfolgs von ICOs noch nicht vorhanden und können daher nicht von Investoren und Emittenten zur Beurteilung herangezogen werden.

3.6.1 Überlegungen und Vorbehalte vor einem Initial Coin Offering

Aufgrund der besonderen Struktur eines ICO ist eine unmittelbare Vergleichbarkeit mit anderen Finanzierungsformen nicht gegeben. Auch bietet diese Finanzierungsform eine sehr große Freiheit in der Ausgestaltung, so dass eine einheitliche Bewertung nicht möglich ist. Es ist zwar eine unmittelbare Beteiligung der Investoren am Eigenkapital möglich, aber in den meisten Fällen findet keine direkte Beteiligung am Eigenkapital statt. Für das emittierende Unternehmen bietet der Verbleib aller Anteile bei den bisherigen Gesellschaftern enorme Vorteile. Dadurch ist das Mitspracherecht der Kapitalgeber bspw. ausgeschlossen und die Unternehmensgründer können das Unternehmen unabhängig von der strategischen Perspektive der Investoren entwickeln. Die häufig anzutreffende Vorgehensweise, dass der Token eher als eine Art „Gutschein" für die vom Unternehmen angebotenen Produkte oder Dienstleistungen gilt, hat für das emittierende Unternehmen den Vorteil, dass mittels des ICOs auch der Absatz unterstützt wird. Die Ansprache der potentiellen Investoren über digitale Wege erzeugt eine sehr hohe Reichweite und damit sind eine Vielzahl an Investoren erreichbar, wodurch sich ein hohes Potential an Kapital ergibt. Ein weiterer Vorteil liegt in der hohen Geschwindigkeit in der Umsetzung eines ICOs, diese ist typischerweise schneller möglich als bei anderen Finanzierungsformen und führt folglich zu einer schnelleren Verfügbarkeit des Kapitals für das kapitalsuchende Unternehmen. Zu beachten ist allerdings, dass das Unternehmen, sein Vorhaben und ggf. sein Produkt oder seine Dienstleistung durch einen ICO in der Öffentlichkeit wahrgenommen wird. Dies ist auf der einen Seite vorteilhaft bei der Kapitalakquise, anderseits kann dies auch dazu führen, dass das Unternehmen öffentlichem Druck oder Nachahmungen ausgesetzt ist. Da die Bewertung der Token schwierig ist, u. a. weil die typischerweise verwendeten Bewertungsmethoden noch Schwächen aufweisen, sind in der

Praxis enorme Volatilitäten zu beobachten.[76] Die häufig hohen Wertschwankungen und mangelnde Liquidität der Token können das Unternehmen und seine wirtschaftliche Handlungsfähigkeit negativ beeinflussen. Insbesondere diese hohe Volatilität zieht häufig auch spekulativ orientierte Anleger an, die kein Interesse an der nachhaltigen Entwicklung des Unternehmens haben. Seriöse Anleger wiederum haben häufig Bedenken, dass sie im Rahmen des ICO betrogen werden (einem sog. Scam zum Opfer fallen). Ein Scam bezeichnet einen betrügerischen Versuch, eine Person oder Gruppe von Personen im Internet zu täuschen und finanziell zu schädigen. Scams können in verschiedenen Formen auftreten, wie z. B. Phishing-E-Mails, gefälschte Online-Shops, Betrug im Zusammenhang mit Kryptowährungen und gefälschte Investitionschancen.[77] Diese Bedenken sind begründet durch die hohe Anzahl an derartigen Vorfällen bei ICOs in der Vergangenheit sowie die mit anderen Investitionsopportunitäten vergleichsweise geringe Regulierung. Die meisten ICOs basieren zudem auf relativ neuen und zum Teil ungetesteten Technologien, die Risiken für die Sicherheit und Integrität des Netzwerks darstellen können. Dies kann Investoren abschrecken und damit auch den Erfolg des ICOs beeinträchtigen. Kapitalsuchende Unternehmen befürchten häufig durch Cyberangriffe beschädigt zu werden oder zur Geldwäsche missbraucht zu werden und durch den häufig damit einhergehenden Imageschaden sowie etwaiger rechtlicher Konsequenzen in seiner Existenz bedroht zu werden. Die juristische Einordnung von ICOs ist komplex und hängt von verschiedenen Faktoren ab, wie z. B. der Art des Tokens, der zugrundeliegenden Technologie, den rechtlichen Rahmenbedingungen in verschiedenen Ländern und der Regulierung durch die jeweiligen Aufsichtsbehörden ab. Die damit einhergehende hohe Unsicherheit und lässt viele kapitalsuchende Unternehmen daher von einem ICO absehen. Demgegenüber steht allerdings eine steigende Zahl an Unternehmen, die sich Kapital mittels eines ICOs beschaffen und von den enormen Möglichkeiten, die diese neue Form der Kapitalbeschaffung bietet, Gebrauch machen.[78]

---

[76] Vgl. Hehn, M./Dücker, L. (Initial Coin Offering – Bewertung von Cryptoassets 2019), S. 49 ff.

[77] Vgl. Böhme, R./Köpsell, S./Krombholz, K. (The Dark Side of the Web – Analyzing Web-Based Supply Chains of Malware, Frauds, and Scams 2015), S. 43 ff.

[78] Vgl. Hönig, M. (ICO und Kryptowährungen – Neue digitale Formen der Kapitalbeschaffung 2020), S. 41 ff.

3.6.2 Prozessablauf

Der Prozess besteht aus den drei Phasen Vorbereitung, Durchführung und Post-ICO. Die Hauptaktivitäten der ersten Phase liegen in der Ausgestaltung des Tokens und der Erstellung des Whitepapers. Die Vorbereitung und die Herausarbeitung der Kompetenzen des Projektteams sind wesentlich für den Erfolg eines ICOs. Zunächst sollte der Kapitalbedarf des Vorhabens ermittelt werden, dieser muss potentiellen Investoren logisch begründet werden können, da ansonsten die Investitionsbereitschaft gering sein wird. Zumeist wird ein sogenannter Hard Cap und ein Soft Cap festgelegt. Der Hard Cap legt die maximale Anzahl der zu emittierenden Token fest und damit auch den optimalen Erlös des ICOs. Demgegenüber ist der Soft Cap als Untergrenze definiert unter der ein ICO nicht stattfindet. Sollte die im Soft Cap festgeschriebene Anzahl an Token nicht erreicht werden, so kommt in der Regel der ICO nicht zu Stande und die Mittel der Investoren (zum Erwerb der Token) werden an diese zurückübertragen. Dieses Prozedere sowie der Preis und die Erwerbsstruktur werden vorab bestimmt und an die potentiellen Investoren kommuniziert. Zudem muss die Art der Token festgelegt werden. Grundsätzlich gibt es vier unterschiedliche Arten von Token:

Utility Token haben eine bestimmte Funktionalität innerhalb eines Blockchain-basierten Netzwerkes oder einer Plattform, diese bezieht sich zumeist auf das von dem Unternehmen angebotene Produkt oder Dienstleistung.

Der **Equity Token** ist am ehesten mit einer direkten Beteiligung an einem Unternehmen (wie z. B. mittels Aktie) zu vergleichen. Hiermit geht in der Regel eine Gewinnbeteiligung sowie entsprechende Mitsprache- und Beteiligungsrechte einher.

Unter einem Token vom Typus **Currency Token** versteht man ein rein digitales Wertaufbewahrungsmittel. Er ist eine digitale Abbildung von Wert, der nicht von einer Zentralbank oder Behörde geschaffen wird und auch keine Verbindung zu gesetzlichen Zahlungsmitteln haben muss. Trotz ihrer Zahlungsfunktion werden Currency Token selten als konventionelle Währung akzeptiert. Die digitalen Währungen wie z. B. Bitcoin oder Ripple unterliegen hohen Wertschwankungen und eignen sich daher nur beschränkt als Zahlungsmittel.

Asset-backed Token sind mit einem anderen Anlagegut verbunden und bilden einen „Anspruch" auf das jeweilige Gut (alle denkbaren Sachwerte) ab. Dadurch können Anlagegüter auch für Investorengruppen, die sonst keinen

Zugang zu der jeweiligen Anlageklasse haben, zugänglich gemacht werden (z. B. 0,001 Anteil an einem Windrad).

Neben den vier genannten Tokentypen gibt es auch noch **hybride Token**, die Eigenschaften von verschiedenen Tokentypen in sich vereinen.

Außerdem muss festgelegt werden, welche Investoren den Token erwerben dürfen. Hier spielen insbesondere juristische und regulatorische Überlegungen eine zentrale Rolle, unter Umständen verstößt die Emission der Token in bestimmten Ländern gegen geltende Gesetze. Alle Angaben werden in einem sogenannten Whitepaper zusammengestellt und den potentiellen Investoren zur Verfügung gestellt. Das Whitepaper ist somit eine Art Verkaufsprospekt und bildet die Grundlage für die Investitionsentscheidung der Investoren. Außerdem wird der konkrete Nutzen, den der Token hat, dort ausführlich beschrieben. Ein weiteres Element des Whitepapers ist der sogenannte Smart Contract, dies bedeutet eine unveränderbare Festlegung der Algorithmen, die die Relation zwischen eingeworbenen Mitteln und ausgegebenen Token bestimmt. Zusammenfassend ist das White Paper die Grundlage der Emission der Token und bildet zugleich auch die Basis für die zukünftige Beziehung zwischen Emittent und Investoren. Ergänzend zum Whitepaper ist das Token Offering Document (TOD) eine verbindliche Darstellung der rechtlichen Struktur und gibt Auskunft über die rechtlichen Implikationen des ICOs.

Ein ICO ist grundsätzlich in verschiedenen Unternehmensphasen möglich. Denkbar ist ein ICO bevor ein Produkt entwickelt wurde, in den Pre-Seed- oder Seed-Phasen. Die Mittel des ICOs können in der Start-up Phase aber auch verwendet werden zur Weiterentwicklung eines Prototypens oder eines Produktes. Die Erweiterung des bestehenden Geschäftsmodells eines etablierten Unternehmens kann auch ein Grund für einen ICO sein.

Aufgrund des rein digitalen Ablaufs eines ICOs und des zumindest theoretisch nicht einschränkbaren Interessentenkreises, hängt der Erfolg zum Großteil von der gewählten Marketingstrategie und den damit einhergehenden Marketingmaßnahmen ab. Es wird empfohlen, bereits zu Beginn des Projektes eine eigene Community um das Projekt zu kreieren, die frühzeitig über verschiedene Wege (z. B. Messengerdienste oder Foren) informiert und in das Projekt eingebunden wird. Die mit dem Marketing verbundenen Kosten sind nicht zu unterschätzen und sollten in die Projektkalkulation miteinbezogen werden.

Ein weiterer zu berücksichtigender Aspekt ist die Sicherheit. Da Vorbehalte von Investoren häufig aus dem Themenbereich stammen, sollte die Cybersecurity bei der Vorbereitung und Durchführung des ICO besondere Berücksichtigung finden.

Zu Beginn der zweiten Phase muss, bevor die eigentliche Transaktion stattfindet, die technische Infrastruktur geschaffen werden, so dass die Tokens gemäß dem investierten Kapital an die Erwerber verteilt werden können. Zumeist findet vor dem eigentlichen Token Offering ein Pre-Sale an ausgewählte Investoren statt, die aufgrund Ihrer Reputation Signalwirkung für andere Investoren haben. Der Pre-Sale wird aber auch genutzt um das Handling der Token zu testen und sowie Kapital für Marketingmaßnahmen für den eigentlichen ICO zu finanzieren. Die Investoren eines Pre-Sales erhalten in der Regel bessere Konditionen als beim eigentlichen ICO.[79] Nach dem erfolgreichen Abschluss des Pre-Sales wird der Smart Contract und damit der eigentliche ICO ausgeführt, indem die neu emittierten Token an die Investoren je nach Höhe des Investments übertragen werden.

Nachdem die Tokens den Anlegern zugeteilt wurden, beginnt die Post-ICO Phase. In dieser Phase können die eingeworbenen Mittel entsprechend der Darstellung im Whitepaper verwendet werden. Außerdem sollte eine Listung der Token an einer Kryptowährungsbörse erfolgen, damit die Tokens gehandelt werden können. Die Auswahl einer geeigneten Kryptobörse ist ein entscheidender Faktor für die weitere Wertentwicklung der jeweiligen Tokens, da der Preis der Token sich nach Angebot und Nachfrage an der festgelegten Börse richtet. Im Sinne einer positiven Investor Relations ist eine Kommunikation mit den Investoren über den Projektfortschritt über die bekannten Kanäle wichtig und zielführend.

Kapitalgeber bei ICOs sind typischerweise Institutionen oder Privatpersonen, die Bezug und Interesse an Digitalisierung und Blockchaintechnologie haben und folglich diesen Entwicklungen offen gegenüberstehen. Ein Hemmnis für die Etablierung von ICOs als weitere Alternative zur Kapitalbeschaffung insbesondere für junge technologisch orientierte Unternehmen sind die vielfach nicht eindeutigen rechtlichen Rahmenbedingungen sowie die wechselnden Standpunkte der Regulierungsbehörden.

---

79 Vgl. Hahn, C./Wons, A. (Initial Coin Offering (ICO) 2018), S. 18 ff.

4 Fremdfinanzierung

Wie bereits in den Eingangskapiteln dieses Lehrbuches dargestellt, ist eine wesentliche Einteilung in Fremd- und Eigenkapital notwendig.

Eine Fremdfinanzierung erfolgt von außen meist durch externe Kreditgeber und stellt nach der Herkunft der Finanzmittel damit gleichzeitig eine Form der Außenfinanzierung dar. Diese Gläubiger stellen dem Unternehmen die erforderlichen Mittel befristet bereit. Im Gegenzug verpflichtet sich das Unternehmen, dem Kapitalgeber ein Entgelt in Form eines Zinssatzes (Zinsen) für die Kapitalüberlassung zu zahlen. Daraus ergibt sich eine feststehende Liquiditätsbelastung, die das Unternehmen unabhängig von der jeweiligen Geschäftslage zu leisten hat. Am Ende der Laufzeit erhält der Kapitalgeber sein Kapital in nomineller Höhe zurück. Da es sich bei dem Zinssatz um eine gewinnunabhängige Vergütung handelt, ist der Kapitalgeber als Gläubiger nicht am Vermögenszuwachs und an etwaigen stillen Reserven beteiligt. Mitspracherechte bei der Geschäftsführung des Unternehmens scheiden ebenfalls aus. Im Gegenzug haftet er aber auch nicht für mögliche Verluste des Unternehmens.

Die **typischen Merkmale einer Fremdfinanzierung** sind dabei:
- Befristete Kapitalüberlassung,
- keine Haftung des Gläubigers für Verluste des Unternehmens,
- gewinnunabhängige Vergütung in Form eines fest vereinbarten Zinssatzes,
- keine Mitspracherechte,
- Zinsen sind als Betriebsausgaben von der Einkommens- bzw. Körperschaftssteuer steuerlich abzugsfähig,
- Rückzahlungsanspruch in Höhe des Nominalanspruchs sowie
- Anspruch auf Rückzahlung in Höhe der gesamten Gläubigerforderung im Liquidationsfall.

Es existiert eine Vielzahl verschiedenartiger Instrumente der Fremdfinanzierung, die sich hinsichtlich der Gestaltung von Zins- und Tilgungsraten, der Laufzeit, dem Finanzierungsvolumen oder dem Zugang zum Kapitalmarkt unterscheiden. Weit verbreitet sind z. B. Bankkredite und Unternehmensanleihen (auch Bonds oder Schuldverschreibungen genannt).

Es gibt auch Arten der Fremdfinanzierung, die nicht zur Außenfinanzierung gehören. Ein Beispiel dafür ist die **Finanzierung aus Rückstellungen**. Eine Rückstellung wird für ein Ereignis gebildet, das eintreten kann (z. B. Gewährleistungsansprüche) oder sogar eintreten wird (z. B. Rückstellungen für freiwillig gezahlte Pensionen). Rückstellungen können nur gebildet werden, wenn das Unternehmen **Gewinne** (Gewinn = Umsatz – Kosten) erzielt. Da diese Rückstellungen nicht sofort, sondern eher in der (fernen) Zukunft benötigt werden, steht dieses Geld, das in den Rückstellungen „vorhanden“ ist, kurzfristig für anderweitige Investitionen zur Verfügung. Selbstverständlich muss das Unternehmen aber zu dem Zeitpunkt, zu welchem es die Rückstellungen braucht, diese auch wieder zur Verfügung haben. Wenn es die Rückstellungen also für andere Zwecke aufgelöst (oder einfacher gesagt „ausgegeben“) hat, muss das Unternehmen die Rückstellungen wieder sehr schnell auffüllen bzw. neu bilden, um den ursprünglichen Zweck (z. B. freiwillige Zahlungen von Pensionen oder Kosten für Gewährleistungsinanspruchnahme) bedienen zu können.

Besonders bei **langfristigen Rückstellungen**, etwa für Pensionen, hat ein Unternehmen immer wieder die Möglichkeit, die Rückstellungen für Finanzierungszwecke zu verwenden. Ein weiterer positiver Finanzierungseffekt tritt ein, wenn man die Minderung des Gewinns betrachtet. Wie oben beschrieben, stellen Rückstellungen einen Aufwand dar. Dieser Aufwand für die Rückstellungen mindert auch den Gewinn und damit die vom Unternehmen zu zahlende Steuerlast. Das folgende Unterkapitel 4.1 gibt einen Überblick über die weiteren Unterkapitel und leistet eine Begriffsdefinition.

4.1 Kapitalbeschaffung durch Aufnahme eines Kredits

Aufbauend auf dem Wesen des Fremdkapitals ist zur Näherung an die Thematik Kreditfinanzierung eine Definition des Begriffs Kredit sinnvoll und hierüber eine Beschreibung der allgemeinen Merkmale. **Kredit** soll im Kontext dieses Lehrbuchs verstanden werden als die Überlassung von Kapital bzw. Kaufkraft auf Zeit (Kreditgewährung), i. w. S. das Vertrauen in die Fähigkeit und Bereitschaft, Schuldverpflichtungen (Verpflichtung zur Rückzahlung oder zur Bereitstellung der Deckung (Revaluierung)) zu erfüllen (Kreditwürdigkeit). Darüber hinaus wird auch das bei der Fremdfinanzierung überlassene Kapital selbst als Kredit bezeichnet. Im Rahmen eines Definitionsversuches wird dabei Kreditfinanzierung im weiteren Sinne als jegliche Form der Beschaffung von Fremdkapital (langfristig in Form von

Anleihen, Wandelschuldverschreibungen, Hypothekarkredit, Darlehen; kurzfristig in Form von Bankkredit, Lieferantenkredit, Akzepten, Kundenkredit) verstanden. Daneben wird häufig der (kurzfristige) Bankkredit als Kreditfinanzierung im engeren Sinn verstanden.

Eine v. a. in Deutschland sehr weit verbreitete Form der Außenfinanzierung durch Fremdkapital stellt die **Aufnahme von Krediten** als Möglichkeit der Kapitalbeschaffung einer Unternehmung dar, um die Beschaffung, Bereitstellung und Rückzahlung finanzieller Mittel für Investitionen zu bewerkstelligen.

Ausgangspunkt der Kreditvergabe ist aus Bankensicht die Prüfung der Kreditfähigkeit und -würdigkeit des möglichen Kreditnehmers. Bei der Betrachtung der **Kreditfähigkeit** ist eine Differenzierung in natürliche Personen und juristische Personen geboten.

Bei **natürlichen Personen** ist die Kreditfähigkeit analog zu der Geschäftsfähigkeit einzustufen. Natürliche Personen, die unbeschränkt geschäftsfähig sind, sind demnach auch kreditfähig. Bei den beschränkt geschäftsfähigen Personen (i. d. R. sind das Personen, die das siebte Lebensjahr vollendet haben, aber die Volljährigkeit noch nicht erreicht haben) muss sowohl der gesetzliche Vertreter als auch das Vormundschaftsgericht dem Kreditgeschäft zustimmen.

Bei **juristischen Personen** – hierunter werden sowohl Kapitalgesellschaften, Genossenschaften, Vereine, Stiftungen, öffentlich-rechtliche Körperschaften und Anstalten sowie Personengesellschaften gesehen – ist aufgrund ihrer vorliegenden Geschäftsfähigkeit eine Kreditfähigkeit anzunehmen. Allerdings ist bei juristischen Personen immer die Vertretungsbefugnis durch den Kreditgeber zu prüfen.

Die Kreditwürdigkeitsprüfung hat demgegenüber das Ziel das Ausfallrisiko für den Kreditgeber zu reduzieren. Dieses **Ausfallrisiko**, das auch Kreditrisiko genannt wird, kommt in drei klassischen Varianten vor:

- Als Totalausfall, bei dem der Kreditnehmer weder Tilgung noch Zinsen zahlt und keine verwertbare Sicherheiten existieren.
- Bei einem Teilausfall zahlt der Kunde Tilgung und Zinsen nur teilweise bzw. die Sicherheiten decken nur einen Teil der Forderungen ab.
- Die verspätete Rückzahlung einer Kreditforderung entsteht, wenn der Kreditnehmer die vereinbarten Zins- und Tilgungstermine nicht einhält und es somit zu Rückständen beim Kapitaldienst kommt.

Insbesondere beim Totalausfall kann somit der Schaden, der durch den Kreditausfall entsteht, die ursprüngliche Kreditsumme übersteigen.

Aus der Gefahr des Kreditausfalls ergibt sich die **Kreditwürdigkeit (Bonität)**, die die Fähigkeit und Bereitschaft des Kreditnehmers umfasst, vertragskonform zu agieren. Insbesondere im Kontext der Unternehmensfinanzierung, ist die Unterscheidung in die materielle Kreditwürdigkeit und die persönliche Kreditwürdigkeit der handelnden Personen essenziell und muss getrennt erfolgen. Eine Kreditvergabe setzt somit in beiden Bereichen jeweils positive Einschätzungen voraus.

Die **materielle Kreditwürdigkeit** orientiert sich in erster Linie an der Vermögens-, Finanz- und Ertragslage des potenziellen Kreditnehmers. Die Ergebnisse der Analyse der Unterlagen (z. B. Jahresabschlüsse, Planungen) münden zumeist in einem Rating (vgl. Kapitel 4.2.1) und drücken die Gefahr des Kreditausfalls aus.

Die **persönliche Kreditwürdigkeit** fokussiert auf die Einschätzung bzgl. der persönlichen Eigenschaften (z. B. Zuverlässigkeit, fachliche und unternehmerische Fähigkeiten der handelnden Personen). Diese Einschätzung ist zu einem Großteil von subjektiven Wahrnehmungen des Beurteilers geprägt und deshalb schwierig objektivierbar.[80]

Sowohl die persönliche als auch die materielle Kreditwürdigkeitsprüfung können Unsicherheiten über die zukünftige Entwicklung des Kreditnehmers und seiner Zahlungsfähigkeit und -willigkeit nicht vollkommen beseitigen. Die Grenzen der Kreditwürdigkeitsprüfung lassen sich auf die drei Kernfelder Prognoseproblem, Defraudation und betriebswirtschaftlich unkalkulierbare Risiken zusammenfassen.

Das **Prognoseproblem** basiert auf der Tatsache, dass die meisten Elemente der Kreditwürdigkeitsprüfung vergangenheitsbezogen sind und die Feststellungen der Vergangenheit in die Zukunft übertragen werden müssen. Es ist offensichtlich, dass eine Fortschreibung der Vergangenheit in die Zukunft der betriebswirtschaftlichen Realität nur selten entspricht.

Das Risiko der **Defraudation** bezieht sich auf betrügerische Handlungen des Kreditnehmers. Damit gemeint ist der Tatbestand, dass sich der Kreditnehmer die Gewährung eines Kredites unter Vorspiegelung einer nicht der Realität entsprechenden Kreditwürdigkeit erschleicht. Wenngleich es vielfältige

[80] Vgl. Bieg, H./Kußmaul, H./ Waschbusch, G. (Finanzierung 2023), S. 214 f.

Möglichkeiten gibt, den Betrug zu erschweren, ist eine absolute Sicherheit auch in diesem Kontext nicht möglich.

Um die geschilderte Problematik zu reduzieren, sind verschiedene Maßnahmen denkbar, wovon im folgenden Kreditüberwachung und die Stellung von Kreditsicherheiten thematisiert werden.

Die **Kreditüberwachung** kann vereinfacht als kontinuierliche Wiederholung der Kreditwürdigkeitsprüfung in regelmäßigen Zeitabständen verstanden werden. Hierüber sollen eventuell auftretende Verschlechterungen der Bonität oder der Sicherheiten erkannt werden, mit dem Ziel Kreditausfälle zu vermeiden und ggf. geeignete Gegenmaßnahmen zu entwickeln. Insbesondere die im Bereich der Kreditüberwachung angesprochenen Kreditsicherheiten sind bei der Kreditgewährung von großer Bedeutung. Aus diesem Grund verlangt der Kreditgeber zumeist entsprechende Kreditsicherheiten, die im Kapitel 4.1.2 behandelt werden.

4.1.1 Kreditvergabe und Rating

Die Kreditvergabe und -organisation der Banken gliedert sich in mehrere Bearbeitungsstufen, die in Abb. 50 zusammengefasst sind. Ausgangspunkt der Kreditvergabe durch Banken ist eine Kreditanfrage von einem potenziellen Schuldner, die in einem Kreditgespräch konkretisiert wird. Die anschließende Überprüfung der Kreditfähigkeit und -würdigkeit sowie Beurteilung der Werthaltigkeit der Sicherheiten ist i. d. R. mit einem Rating verbunden Die Bearbeitungsstufen der Kreditvergabe sind in dem regulatorischen Regelwerk als Mindestanforderungen an das Risikomanagement (MaRisk) verankert. In den von der Bundesanstalt für Finanzdienstleistungsaufsicht (BaFin) verfassten MaRisk ist die konkrete Ausgestaltung des Risikomanagements in deutschen Kreditinstituten geregelt.

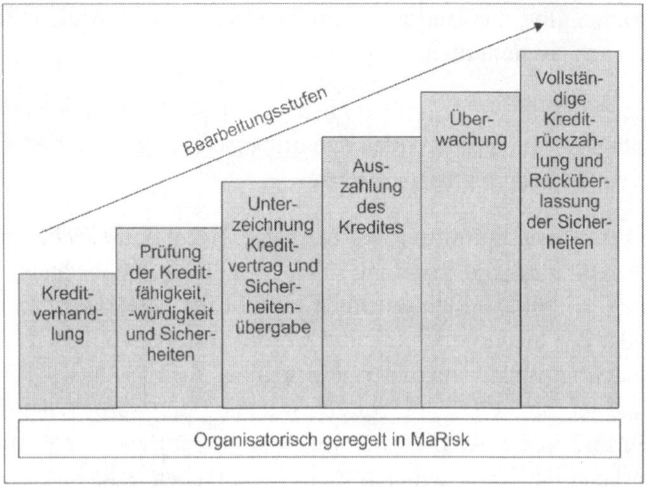

Abbildung 50: Bearbeitungsstufen der Kreditvergabe
Quelle: Eigene Darstellung.

Losgelöst von dem Themenkomplex Kreditvergabe ist **Rating** eine Methode zur Einstufung von Sachverhalten, Gegenständen oder Personen. Im Kontext der Kreditvergabe wird es als ein systematisches Verfahren zur Einschätzung der Kreditwürdigkeit eines potenziellen Kreditnehmers verstanden, wobei unter dem Begriff sowohl das eigentliche Verfahren zur Bonitätsbewertung als auch das Ergebnis subsumiert wird. Die Aggregation der ausgewerteten quantitativen und qualitativen Daten führt zu einem Ratingsymbol in Form von Buchstaben und/oder Zahlen. Die so ermittelte Kennzahl soll eine Aussage über die Höhe der Ausfallwahrscheinlichkeit des Kredites aufgrund der bisherigen Erfahrungen liefern und hat maßgeblichen Einfluss auf die generelle Kreditentscheidung und die Bestimmung der Kosten für das Fremdkapital.

Insbesondere größere, börsennotierte Gesellschaften werden zumeist von den großen angelsächsischen Ratingagenturen (Fitch, Moody´s und Standard & Poor´s) geratet, größere mittelständische Unternehmen von den sog. Mittelstandsagenturen, während kleinere Unternehmen i. d. R. ein bankeninternes Rating durchlaufen.

Die Rating Einstufungen der drei großen Agenturen, die insb. große Unternehmen aber auch Länder als Schuldner bewerten, verwenden ähnliche Abstufungen. Allerdings benutzen die Agenturen unterschiedliche, der Öffentlichkeit unbekannte Beurteilungsmethoden, so dass es durchaus möglich ist, dass die verschiedenen Agenturen zu unterschiedlichen Resultaten kommen. Wenngleich i. d. R. die Abweichungen nur sehr wenige Bewertungsstufen betragen. Die nachfolgende Tabelle zeigt die Bewertungsschemata der drei Agenturen im Vergleich auf.

Moody`s	S&P	Fitch	Bewertung	Note
Aaa	AAA	AAA	Aufallrisiko nahezu Null	1
Aa1	AA+	AA+	Sichere Anlage, geringes Ausfallrisiko	2+
Aa2	AA	AA		2
Aa3	AA-	AA-		2-
A1	A+	A+	Anlage ist sicher, solange Gesamtwirtschaft stabil bleibt	3+
A2	A	A		3
A3	A-	A-		3-
Baa1	BBB+	BBB+	Durchschnittlich sichere Anlage. Gefahr bei Verschlechterung der Gesamtwirtschaftslage	4+
Baa2	BBB	BBB		4
Baa3	BBB-	BBB-		4-
Ba1	BB+	BB+	Leicht spekulative Anlage. Ausfälle bei Verschlechterung der Lage möglich	5+
Ba2	BB	BB		5
Ba3	BB-	BB-		5-
B1	B+	B+	Spekulative Anlage. Ausfülle bei Verschlechterung der Lage wahrscheinlich	6+
B2	B	B		6
B3	B-	B-		6-
Caa1	CCC+	CCC	Hochspekulative Anlage. Ausfälle zu erwarten.	7+
Caa2	CCC			
Caa3	CCC-			
Ca	CC		Hochspekulative Anlage. Insolvenz wahrscheinlich	7
C	C			7-
	D	DDD	Zahlungsausfall	8
		DD		
		D		

Die Mittelstandsagenturen arbeiten mit ähnlichen Bewertungsgruppen und ebenfalls zumeist im Auftrag der zu bewertenden Unternehmen. Das Rating sowohl der Mittelstandsagenturen als auch der drei großen Agenturen werden als externes Rating bezeichnet.

Differenzierung externe/interne Ratings
Demgegenüber stehen die **internen Ratings der Banken**. Im Gegensatz zu den externen Ratings sind die internen Ratings der Banken nicht öffentlich und werden folglich auch nicht kommuniziert. Während beim externen Rating als Zielgruppen grundsätzlich alle Stakeholder des Unternehmens in Frage kommen, richtet sich das interne Rating nur an das eigene Kreditinstitut und seine Abteilungen. Das externe Rating ist kontinuierlich und wird bei Veränderungen der Lage des Unternehmens unmittelbar angepasst. Das interne Rating ist stichtagsbezogen (z. B. auf das Datum einer Kreditentscheidung). I. d. R. werden auch bei dem internen Rating verschiedene qualitative und quantitative Kriterien gewichtet und hierüber eine Kennzahl ermittelt. Die Kennzahl führt dann zu einer Eingruppierung in eine bestimmte Ratingklasse, welche wiederum eine Aussage über die Kreditausfallwahrscheinlichkeit erlaubt und damit maßgeblich die Kreditkosten beeinflusst.

Hierauf basierend wird ein Kreditangebot erstellt. Nach Annahme durch den Kunden und Unterzeichnung der Kreditverträge, muss der Kreditnehmer die Sicherheiten stellen (vgl. Kapitel 4.1.2). Die Auszahlung des Kredites erfolgt im nächsten Schritt und ist ein Kernelement der Kreditbeziehung. Häufig leistet die kreditgebende Bank die Zahlung nicht an den Kreditnehmer direkt, sondern an einen mit einer bestimmten Leistungserbringung beauftragten Dritten. Die Kreditüberwachung als geeignetes Monitoringinstrument während der Laufzeit der Kreditbeziehung ist bereits im Kapitel 4.1 dargestellt. Am Ende der Laufzeit des Kredites und der vollständigen Rückführung der Verbindlichkeit durch den Kreditnehmer werden die Sicherheiten wieder freigegeben. Damit ist das Kreditverhältnis beendet. Das folgende Unterkapitel widmet sich den Kreditsicherheiten.

4.1.2 Kreditsicherheiten

Ein Kredit ohne entsprechende Sicherheiten wird als **Blankokredit** bezeichnet. Da diese Kreditform von Banken nur sehr selten und nur an Kunden mit bester Bonität vergeben wird, ist die Thematisierung von Sicherheiten im Kontext von Kredit unerlässlich.

Abb. 51 zeigt die Aufteilung in **Personalsicherheiten** und **Sachsicherheiten**. Personalsicherheiten werden zumeist in Form von Bürgschaften, Garantien oder Patronatserklärungen geleistet.

Das Eingehen einer Bürgschaft ist nur in schriftlicher Form (außer bei Vollkaufleuten) möglich und wird in §§ 765 ff. BGB geregelt. Durch das Eingehen einer Bürgschaft verpflichtet sich der Bürge für die Verbindlichkeiten des Hauptschuldners einzustehen, sofern dieser seiner Verbindlichkeit nicht nachkommt. Bürgschaften setzen zwingend den Bestand einer Forderung voraus. Besteht die Forderung nicht mehr, so erlischt auch die Bürgschaft. Deswegen spricht man auch von einer akzessorischen Sicherheit. Bei der Bürgschaft unterscheidet man in die gewöhnliche und in die selbstschuldnerische Bürgschaft. Die **gewöhnliche Bürgschaft** ermöglicht dem Bürgen, vom Gläubiger die Vorausklage gegen den Schuldner zu verlangen. Der Bürge muss erst zahlen, wenn eine durchgeführte Zwangsvollstreckung gegen den Schuldner erfolglos war. Bei der **selbstschuldnerischen Bürgschaft** verzichtet der Bürge auf die Einrede der Vorausklage. Der Bürge muss somit sofort zahlen, wenn der Hauptschuldner seinen Verpflichtungen nicht mehr nachkommt. Bei Bürgschaften unter Vollkaufleuten ist nur die selbstschuldnerische Bürgschaft möglich.

Die Abgrenzung zwischen Bürgschaft und **Garantie** ist im konkreten Fall häufig nicht einfach zu leisten. Im Gegensatz zur Bürgschaft fehlt bei der Garantie das Formerfordernis. Der Garantiegeber verpflichtet sich gegenüber dem Garantienehmer für den Eintritt eines bestimmten zukünftigen Erfolges bzw. gegen den Eintritt eines bestimmten Schadens zu haften. Die Garantie ist eine fiduziarische Sicherheit, das heißt, sie ist unabhängig vom Bestand der Hauptforderung. In der Praxis werden Garantien häufig von Banken übernommen und kommen z. B. als Gewährleistungsgarantie oder Zahlungsgarantie vor. Eine ausführliche Darstellung von Bürgschaften und Garantien leistet Kapitel 4.1.3.3.

Schließlich ist im Kontext der Personalsicherheiten noch die **Patronatserklärung** zu nennen. Patronatserklärungen sind von ihrem Wesen sehr vielfältig. I. d. R. werden sie von einer Muttergesellschaft zu Gunsten einer Tochtergesellschaft abgegeben. So kann sich bspw. die Muttergesellschaft in einer Patronatserklärung gegenüber einem Kreditgeber der Tochtergesellschaft verpflichten, während der Laufzeit des Kredites die Tochtergesellschaft so mit Kapital auszustatten, dass diese ihren Verpflichtungen aus dem Kreditverhältnis nachkommen kann.

Die Sachsicherheiten fokussieren im Wesentlichen auf bewegliche Güter, Rechte, Grundstücke und Immobilien sowie Forderungen. Die verschiedenen Ausprägungen sind hierbei die Verpfändung, die Sicherungsübereignung und -abtretung, der Eigentumsvorbehalt, die Grundschuld sowie die Hypothek.

Eine **Verpfändung** erlaubt dem Gläubiger und damit Sicherungsnehmer ein Sicherungsrecht an den durch den Schuldner hinterlegten Sicherheiten. Das Eigentum der betreffenden Vermögenswerte verbleibt allerdings beim Sicherungsgeber. In diesem Kontext gilt es zu unterscheiden zwischen der Verpfändung von beweglichen Gegenständen, die die Übergabe des Pfandgegenstandes voraussetzen (§§ 1204 ff. BGB) und der Verpfändung von Rechten (§§ 1273 ff. BGB) bei der übertragbare Rechte wie bspw. Wertpapiere oder Forderungen verwendet werden.

Eine **Sicherungsübereignung** erfolgt zumeist von beweglichen Gütern, wie z. B. Kraftfahrzeugen oder Maschinen. Zwingend ist hierbei eigentlich eine Eigentumsübertragung inklusive der Übergabe des übereigneten Gegenstandes. Damit der Schuldner den Vermögenswert aber weiterhin nutzen kann, wird statt der Übergabe ein sog. Besitzkonstitut in Form von einer Leihe oder Verwahrung gemäß § 930 BGB vereinbart.

Bei der **Sicherungsabtretung** (auch Zession genannt) tritt der Schuldner (Zedent) als bisheriger Gläubiger der Forderungen oder Rechte diese an seinen Gläubiger (Zessionar) ab. Hierdurch erlangt der Zessionar die gleiche Rechtsstellung wie der bisherige Zedent. Abtretungen können nach den zwei Kriterien Umfang und Anzeige differenziert werden. Beim Umfang wird zwischen der Einzelabtretung, bei der eine einzelne Forderung abgetreten wird und der Rahmenabtretung (bei der mehrere Forderungen abgetreten werden) unterschieden. Die Differenzierung in der Anzeige ist durch die beiden Formen, stille und offene Abtretung möglich. Bei der stillen Abtretung erfolgt die Abtretung, ohne dass der Drittschuldner hierüber informiert wird. Der Drittschuldner leistet seine Zahlung weiterhin an den Zedenten, der die Zahlung an den Zessionar transferiert. Demgegenüber wird die offene Abtretung dem Schuldner angezeigt und dieses darf mit schuldbefreiender Wirkung nur noch an den Zessionar zahlen.

Der Eigentumsvorbehalt ist ein Sicherungsinstrument insb. im Rahmen von Lieferantenkrediten. Die Eigentumsübertragung zwischen Verkäufer und Käufer erfolgt unter aufschiebender Wirkung (zumeist bis zur vollständigen Bezahlung der Ware durch den Käufer). Grundschuld und Hypothek werden häufig als Grundpfandrechte zusammengefasst und sind auf unbewegliche Sachen konzentriert. Die Entstehung erfolgt jeweils durch Eintragung ins Grundbuch.

Die Grundschuld (§§ 1191 ff. BGB) ist eine fiduziarische Sicherheit, d. h. sie ist unabhängig vom Bestand einer Forderung. Sie stellt eine Grundstücksbelastung dar, die die Forderung des Gläubigers über den dinglichen Anspruch an dem Vermögensgegenstand unabhängig von persönlichen Ansprüchen an den Schuldner besichert.

Demgegenüber entsteht bei einer Hypothek (§§ 1113 ff. BGB) ein dinglicher Anspruch an das belastete Grundstück und ein persönlicher Anspruch an den Schuldner. Zudem ist die Hypothek eine akzessorische Sicherheit und somit unmittelbar abhängig von der Höhe der betreffenden Forderung.

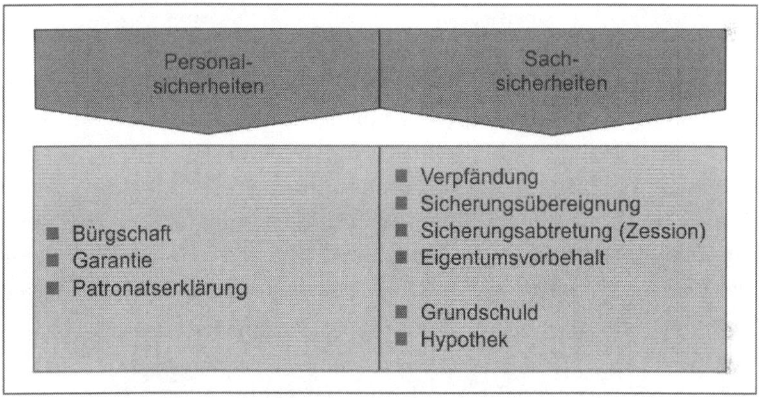

Abbildung 51: Einteilung der Kreditsicherheiten

Quelle: Eigene Darstellung.

Die hier vorgestellten Sicherheiten werden in den verschiedenen Kreditarten jeweils unterschiedlich intensiv genutzt. Dies hängt im Wesentlichen von der Laufzeit, der Höhe und des inhärenten Risikos des jeweiligen Kredits ab. Im folgenden Unterkapitel werden die verschiedenen Kreditarten vorgestellt.

4.1.3 Kreditarten

Die Auswahl einer bestimmten Kreditart für ein bestimmtes Vorhaben hängt von verschiedenen Faktoren ab. Zentral ist hier, wie lange das zur Verfügung gestellte Kapital benötigt wird (Fristigkeit), aber auch der Verwendungszweck des überlassenen Kapitals. Daneben ist für die Auswahl der entsprechenden Kreditart häufig zentral wie die Kapitalüberlassung besichert ist (Kreditsicherheiten). Ein weiteres Unterscheidungsmerkmal ist der Kreditgeber. Neben den klassischen Kreditgebern, den Kreditinstituten oder vergleichbaren Finanzdienstleistern, sind noch weitere Gruppen von Kreditgebern denkbar. Dies können sowohl Kunden als auch Lieferanten sein, aber auch der Staat, staatsnahe Organisationen oder Erwerber von Anleihen. Letztgenannte sind häufig aktiv, wenn aus gesellschaftlicher Sicht das finanzierte Vorhaben förderungswürdig ist. Die folgenden Unterkapitel stellen die verschiedenen Kreditarten, ihre Verwendung und Besonderheiten vor. Zunächst sollen die kurzfristigen Kreditarten besprochen, bevor mittel- und langfristige Kreditformen behandelt werden.

4.1.3.1 Kurzfristige Kredite

Kredite mit einer Laufzeit von unter einem Jahr werden als kurzfristige Kredite bezeichnet. Als Kreditgeber kommen sowohl Lieferanten und Kunden bei den Handelskrediten in Form von Lieferantenkrediten und Kundenanzahlungen, Kreditinstitute durch die Gewährung von kurzfristigen Bankkrediten als auch institutionelle Investoren die Unternehmen mittels der sog. Commercial Papers kurzfristig Liquidität überlassen in Betracht. Beginnend mit den Handelskrediten werden im Folgenden die einzelnen Kreditarten vorgestellt.

4.1.3.1.1 Lieferantenkredit und Kundenanzahlung

Die beiden Kreditarten Lieferantenkredit und Kundenanzahlungen ergeben sich aus der Geschäftsbeziehung zwischen Kunde und Lieferant.

Beim **Lieferantenkredit** gewährt der Verkäufer seinem Kunden nach Lieferung der Ware oder Dienstleistung ein Zahlungsziel und wird zum Kreditgeber. Der Käufer verzichtet durch Inanspruchnahme des Lieferantenkredits auf die Möglichkeit durch schnelle Zahlung auf den Kaufpreis Skonto zu erhalten und wird hierüber zum Kreditnehmer. Der Kreditvergabe liegt somit nicht die Überlassung von Kapital, sondern die Stundung des Kaufpreises zugrunde. Die Kosten des Lieferantenkredites entstehen nicht in Form von Zinszahlungen, sondern allein durch die Differenz zwischen dem Kaufpreis bei Ausnutzung des Lieferantenkredites und dem reduzierten Kaufpreis bei schneller Zahlung durch Geltendmachung des Skontos. Zur Ermittlung des dem Lieferantenkredits zugrundeliegenden Jahreszinssatzes lässt sich die Näherungsformel verwenden:

$$Jahreszins\ i = \frac{\text{Skontosatz in Prozent}}{\text{Zahlungsziel in Tagen} - \text{Skontofrist in Tagen}} * 360$$

Beispiel: Der Rechnungsbetrag beträgt brutto 5.000,00 €. Es wird Ihnen als Zahlungsbedingung ein Skontoabzug von 2 % bei Zahlung innerhalb von 10 Tagen gewährt. Alternativ dazu können Sie innerhalb von 30 Tagen ohne Abzug von Skonto (netto) zahlen. Sollten Sie Skonto abziehen, wenn alternativ ein Bankkredit 10 % Zinsen p. a. kostet?

Die Ausnutzung des Zahlungsziels, also der Inanspruchnahme eines Lieferkredits und damit der Verzicht auf Skonto würde Sie 100 € (2 % * 5.000 €) kosten.

Demgegenüber würde ein Bankkredit für 20 Tage, den benötigen, um die vorzeitige Zahlung unter Abzug von Skonto zu ermöglichen für Sie folgende Kosten verursachen:

$$Zinszahlung = \frac{\text{Kreditsumme} * \text{Zins} * \text{Tage}}{100 * 360} * 360 = \frac{4.900 * 10 * 20}{100 * 360} = 27{,}22\ €$$

Der Finanzierungsgewinn bei Ausnutzung der Skontomöglichkeit bei gleichzeitiger Aufnahme eines entsprechenden Bankgewinns beträgt also 72,78 € (100 € - 27,22 €). Damit lohnen sich die Ausnutzung des Skontos und die vorzeitige Zahlung.

Der Jahreszins im Beispiel lässt sich mit der Skontoformel wie folgt berechnen:

$$Jahreszins\ i = \frac{2\ \%}{30 - 10} * 360 = 36\ \%$$

Als Sicherheit dient dem Lieferanten insb. bei der Lieferung von Waren der Eigentumsvorbehalt, d. h. die Ware bleibt bis zur vollständigen Bezahlung durch den Kreditnehmer sein Eigentum. Lieferanten nutzen den Lieferantenkredit als Vertriebsunterstützung, d. h. hierüber sollen neue Kunden gewonnen werden bzw. bestehende Kunden gebunden werden. Aus Sicht des Kunden bietet der Lieferantenkredit zahlreiche Vorteile. Es findet i. d. R. keine systematische Kreditprüfung statt und daher kann dieser formlos und sehr schnell in Anspruch genommen werden. Der Lieferantenkredit wird i. d. R. auch solchen Kunden gewährt, die keine weiteren Möglichkeiten zur Erlangung eines Kredits haben oder deren anderweitige Kreditlinien bereits ausgeschöpft sind. Der Lieferantenkredit kann somit auch den Kontokorrentkredit (vgl. Kapitel 4.1.3.1.2) entlasten. Aus Kundensicht sind die sehr hohen Kapitalkosten für die Inanspruchnahme des Lieferantenkredites als nachteilig anzuführen, dies insb. da der Kunde zumeist den effektiven Jahreszinssatz nicht berechnet. Außerdem ist ein möglicher Nachteil die Gefahr der Abhängigkeit von dem kreditgewährenden Lieferanten.

Vereinfacht ausgedrückt könnte die **Kundenanzahlung** als Gegenstück zum Lieferantenkredit bezeichnet werden. I. d. R. leistet der Abnehmer einen Teilbetrag (nur in absoluten Ausnahmefällen den Gesamtbetrag) vor Erhalt der Ware an den Lieferanten. Somit wird in dieser Konstellation der Lieferant zum Schuldner während der Kunde Gläubiger ist. Häufig verwendet wird diese Kreditform bei individuellen Anfertigungen nach den Bedürfnissen des Kunden. Im industriellen Bereich sind Anzahlungen insb. im Maschinen- und Anlagenbau häufig anzutreffen, während auf privater Ebene bspw. bei einer Einzelanfertigung eines Möbelstückes eine Anzahlung üblich ist. Der Verkäufer reduziert durch die Anzahlung das Risiko der Nichtabnahme durch den Kunden und verschafft sich bereits frühzeitig Liquidität. So ist es denkbar, dass er diese liquiden Mittel bereits zur Beschaffung von Rohstoffen, die er zur Fertigung der angezahlten Ware benötigt oder aber zur Entlohnung von Mitarbeiter, während diese an der Herstellung der Ware arbeiten, nutzt. Die Vorteile der Anzahlung aus Kundensicht sind begrenzt. Im Falle der nicht ordnungsgemäßen Lieferung kann er zwar die Anzahlung zurückverlangen, aber dies ist häufig mit Umständen und zum Teil auch mit Kosten (z. B. für juristische Begleitung) verbunden. Je nach Verhandlungsmacht des Kunden kann er allerdings als Kompensation der Anzahlung eine Verzinsung selbiger oder einen Preisnachlass einfordern. Insgesamt gilt es aber festzuhalten, dass der Lieferant als Kreditnehmer typischerweise mehr von der Anzahlung profitiert und die Vorteile auf seiner Seite liegen.

4.1.3.1.2 Kontokorrentkredit

Kreditgeber sind beim Kontokorrentkredit in seinen verschiedenen Ausprägungen i. d. R. Kreditinstitute. Kreditnehmer können neben Unternehmen und Gewerbetreibenden auch Privatpersonen sein. Das Kreditinstitut räumt seinem Kunden im Rahmen des Kontokorrentkredites das Recht ein, das Konto mit einem negativen Saldo zu führen. Abb. 52 zeigt die drei grundsätzlichen Zustände der Kontoführung. Das Konto wird entweder im Guthaben geführt, dann fallen außer den normalen Kontoführungsgebühren keine

Kosten für den Kunden an, da er auch keinen Kredit in Anspruch nimmt. Bewegt sich der Saldo innerhalb des vereinbarten Kreditrahmens, so werden hierfür entsprechende Zinsen fällig. Übersteigt der negative Saldo allerdings den vereinbarten Kontokorrentkreditrahmen, so muss der Schuldner zusätzlich für den Betrag, der den Kontokorrentkreditrahmen übersteigt, eine Überziehungsprovision zahlen.

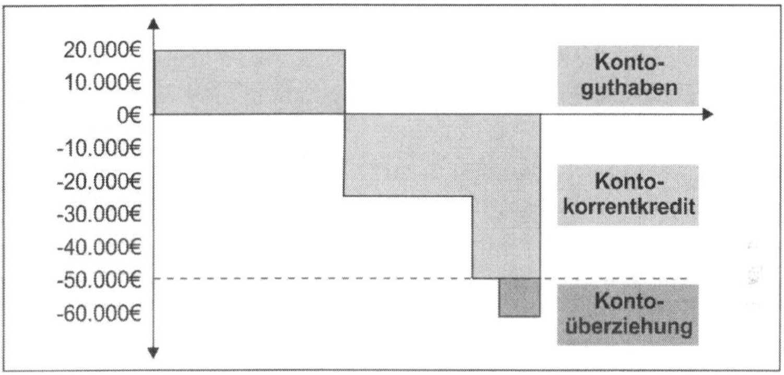

Abbildung 52: Kontokorrentkredit

Quelle: Eigene Darstellung.

Der Kontokorrentkredit basiert auf vier verschiedenen **Rechtsgrundlagen**: den bürgerlich-rechtlichen Vorschriften (§§ 488 ff. BGB), den Allgemeinen Geschäftsbedingungen des jeweiligen Kreditinstituts, den Einzelbestimmungen bzgl. Höhe, Laufzeit, Zinsen und Sicherheiten und, sofern der Kreditnehmer über die Kaufmannseigenschaft verfügt, den handelsrechtlichen Vorschriften (§ 355 HGB).

Die **Kosten** des Kontokorrentkredits sind abhängig von den Geldeinstandskosten der Kreditinstitute, der Risiko- und Sicherheitensituation des jeweiligen Kunden und von dessen Verhandlungsposition. Somit sind die Sollzinsen insb. bei Unternehmenskunden individuell zu vereinbaren. Zusätzlich kann als Kosten in diesem Zusammenhang ggf. die Überziehungsprovision als Zuschlag auf die Sollzinsen für den das Kreditlimit übersteigenden Betrag anfallen.

Der Kontokorrentkredit ist somit auch aufgrund der zumeist üblichen **dauerhaften Prolongationen** ein häufig benutztes Instrument der Unternehmensfinanzierung, das sowohl Vorteile für die kreditgebenden Banken als auch die Kreditnehmer aufweist. Das Kreditinstitut kann über die Vergabe von Kontokorrentkrediten Erträge in Form von Zinseinnahmen sowie Gebühren generieren und somit liquide Mittel anlegen. Einschränkend ist anzuführen, dass die Disposition fremdbestimmt (also von Kundenseite) und daher eine Liquiditätsvorhaltung unumgänglich ist. Mit der Liquiditätsvorhaltung sind zwar für die Bank entsprechende Kosten verbunden, aber eine Liquiditätssteuerung die zumeist auf Erfahrungswerten basiert, kann diese Kosten deutlich reduzieren. Zudem stärkt die Vergabe von Kontokorrentkrediten die Kundenbindung und ermöglicht der Bank, Cross-Selling-Potentiale auszuschöpfen.

Aus Sicht des Kreditnehmers sind einige Vorteile zu nennen, die zumindest die vergleichsweise hohen Zinssätze relativieren. Der Kontokorrentkredit unterliegt i. d. R. keiner Zweckbindung und ermöglicht so einen erweiterten Handlungsspielraum für unternehmerische Entscheidungen. Aufgrund seiner Ausgestaltung erlaubt der Kontokorrentkredit eine exakte Orientierung an dem jeweiligen Fremdkapitalbedarf. Der Kontokorrentkredit kann somit von dem Kontoinhaber auch als Liquiditätsreserve genutzt werden. Als weiterer Vorteil ist anzuführen, dass der Zinsaufwand sich an dem tatsächlich in Anspruch genommenen Kreditbetrag orientiert und der Kredit jederzeit flexibel zurückgeführt werden kann. In der Praxis kann bspw. durch die Nutzung eines Kontokorrentkredites die Inanspruchnahme eines teuren Lieferantenkredites vermieden werden. Im Folgenden werden die weiteren häufig im Bereich der Unternehmensfinanzierung anzutreffenden Arten des Kontokorrentkredites vorgestellt.

Der **Betriebsmittelkredit** kann grundsätzlich von allen gewerblichen Unternehmen typischerweise zur Finanzierung des Umlaufvermögens oder der laufenden Aufwendungen verwendet werden. Zur Besicherung sind grundsätzlich alle Arten der Kreditsicherheiten denkbar. Die Inanspruchnahme erfolgt in wechselnder Höhe gemäß des Betriebsprozesses des Kreditnehmers, während die Rückführung mittels eingehender Umsatzerlöse durchgeführt werden kann. Während formal die Laufzeit des Betriebsmittelkredites sehr kurzfristig ist (i. d. R. jederzeit kündbar), wird diese Kreditform in der Praxis häufig sehr langfristig verwendet und zum Teil auch mehrfach (bei vorhandener Kreditwürdigkeit) prolongiert.

Der **Saisonkredit** richtet sich an gewerbliche Unternehmen mit Saisoncharakter, die einen vorübergehend erhöhten Finanzbedarf aus saisonalem Anlass bewältigen müssen. In der Praxis können dies zum Beispiel Unternehmen aus der Landwirtschaft oder Produzenten von Saisonware sein. Die Besicherung kann auch hier mit Hilfe aller Arten von Kreditsicherheiten geleistet werden. Da die Rückführung am Ende der Saison durch die dann zu erwartenden Umsätze erfolgt, ist die Laufzeit kürzer als ein Jahr.

Der **Überbrückungskredit** deckt einen vorübergehenden und überschaubaren Liquiditätsengpass ab. Die Inanspruchnahme und Rückführung kann hierbei jeweils in einer Summe oder in Teilbeträgen erfolgen, abhängig von der getroffenen Vereinbarung und der unternehmerischen Notwendigkeit.

Die Besicherung während der Laufzeit, die weniger als ein Jahr sein sollte, ist mittels aller Arten von Kreditsicherheiten möglich.

Der **Zwischenkredit** dient der Überbrückung eines (auch längeren) Zeitraums bis zur Gewährung eines langfristigen Darlehens (z. B. Investitionsdarlehen). Die Laufzeit dieser Darlehensform reicht von wenigen Monaten bis hin zu 5 Jahren. Besichert wird das Darlehen mit jeglicher Kreditsicherheit zusätzlich häufig auch mit der Abtretung des Auszahlungsanspruchs aus dem späteren langfristigen Darlehen. Während die Inanspruchnahme in einer Summe oder in Teilbeträgen erfolgen kann, wird der Zwischenkredit zumeist im Zuge der Auszahlung des langfristigen Darlehens zurückgeführt. Im folgenden Unterkapitel wird der Lombardkredit als weiteres kurzfristiges Kreditinstrument vorgestellt. Auf die Behandlung des Diskontkredites wird bewusst verzichtet, da das Zahlungsinstrument Wechsel zunehmend an Bedeutung verliert und somit auch die daraus abgeleitete Kreditform in der betrieblichen Praxis nur noch sehr wenig Relevanz hat.

4.1.3.1.3 Lombardkredit

Die Bedeutung des **Lombardkredites** für die Unternehmensfinanzierung ist stark rückläufig, da seine Abwicklung im Wettbewerb mit den verschiedenen Arten des Kontokorrentkredites mit einem erhöhten Aufwand verbunden ist. Besonderheit beim Lombardkredit ist die Verpfändung von beweglichen Sachen oder Rechten als Sicherheit nach dem sog. **Faustpfandprinzip**[81]. Aufgrund dieser komfortablen Sicherheitensituation ist streng genommen keine klassische Kreditwürdigkeitsprüfung erforderlich, da die Kreditentscheidung voll auf die Besicherung abstellt. Zu beachten ist bei dieser Kreditart, dass als Pfandobjekte nur Güter herangezogen werden können, die einerseits leicht verwertbar und anderseits nicht wertlos werden können. Die strikte Einhaltung einer pfandindividuellen volatilitätsabhängigen Beleihungsgrenze verhindert Kreditausfälle faktisch. Die Beleihungsquoten sind bspw.

[81] Der verpfändete Gegenstand muss dem Pfandgläubiger zur Erfüllung der Rechtsgültigkeit physisch ausgehändigt werden. Ausnahme: Der Gegenstand befindet sich bereits im Besitz des Pfandgläubigers, z. B. Wertpapiere, die sich im Depot der Bank als Pfandgläubigers befinden.

bei Aktien 60 % ihres aktuellen Kurswertes und bei Waren 50 % ihres Handelswertes. Die Abwicklung erfolgt über ein gesondertes Konto, nicht über das Kontokorrent, und im Gegensatz zum Kontokorrentkredit wird beim Lombardkredit ein Festbetrag als Kreditsumme vereinbart und ausgezahlt. Der Verpfändungsvorgang ist grundsätzlich abhängig vom Pfandobjekt, allerdings erhält der Gläubiger als Sicherungsnehmer das Sicherungsrecht an den verpfändeten Objekten, während das Eigentum beim Sicherungsgeber, dem Schuldner, verbleibt. Da bei Finanzierungen mit Fremdkapital häufig Formen mit unterschiedlichen Fristigkeiten zu verwenden sind, werden Kredite mit längeren Fristigkeiten in dem folgenden Unterkapitel vorgestellt.

4.1.3.2 Mittel- und langfristige Kredite

Zumeist dienen mittel- und langfristige Kredite der Finanzierung des Anlagevermögens der Unternehmen. Analog zur langfristigen Verwendung dieser Güter wird die Finanzierung ebenfalls langfristig ausgestaltet. Die bereits im Kapitel 1 vorgestellte Fristenkongruenz sollte an dieser Stelle ebenfalls immer beachtet werden. Eine Systematisierung der Kredite kann über die **Anzahl der Kreditgeber** erfolgen. Dabei wird in bilaterale Kredite und syndizierte Kredite unterschieden. Beim bilateralen Kredit gibt es nur einen Kreditgeber, während beim syndizierten Kredit mehrere Kreditgeber eingebunden sind. Eine andere Unterscheidungsmöglichkeit liefert die **Tilgungsform**. Hierbei wird in endfällige Darlehen, Tilgungsdarlehen und Annuitätendarlehen unterschieden.

Das **endfällige Darlehen** (vgl. Abb. 53) ist geprägt durch eine gleichbleibende Restschuld während der Laufzeit und durch die Rückzahlung des Darlehensbetrages zum Ende der Darlehenslaufzeit i. d. R. in einer Summe. Durch die konstante Restschuld, auf die die Zinsen anfallen, ändert sich die Zinsbelastung und damit die Zinszahlung während der Laufzeit nicht. Eine Zurechnung der Zinsen auf den Kreditbetrag und damit ein kontinuierliches Anwachsen der Kreditsumme während der Laufzeit ist nicht üblich. Verwendung findet diese Tilgungsform häufig in Konstellationen, in denen am Ende der Laufzeit eine größere Einnahme zu erwarten ist, z. B. durch Verkauf des Anlagegutes oder einer bereits definierten Zahlung einer dritten Partei. Ein weiterer Vorteil der konstanten Zinszahlungen und der Tilgung am Ende ist – neben der geringen Liquiditätsbelastung während der Laufzeit – die möglicherweise steuerliche Berücksichtigung der konstant (hohen) Zinszahlungen über die gesamte Darlehensdauer.

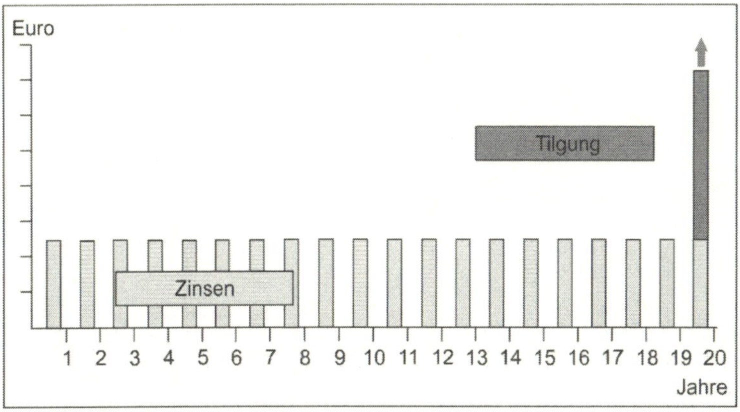

Abbildung 53: Endfälliges Darlehen

Quelle: Eigene Darstellung.

Demgegenüber ist das Tilgungsdarlehen gekennzeichnet durch eine konstante Tilgung des Darlehensbetrages während der Laufzeit. Der sich kontinuierlich reduzierende Darlehensbetrag führt zu geringeren Zinsbelastungen und damit zu geringeren Gesamtzahlungen (bestehend aus Zins- und Tilgungsleistungen) im Laufe der Zeit. Praktische Anwendung findet diese Tilgungsform i. d. R. bei Projekten oder Investitionen, bei denen erwartet wird, dass die Erlöse im Zeitablauf rückläufig sind. Eine beispielhafte Darstellung der Tilgungsform leistet Abb. 54.

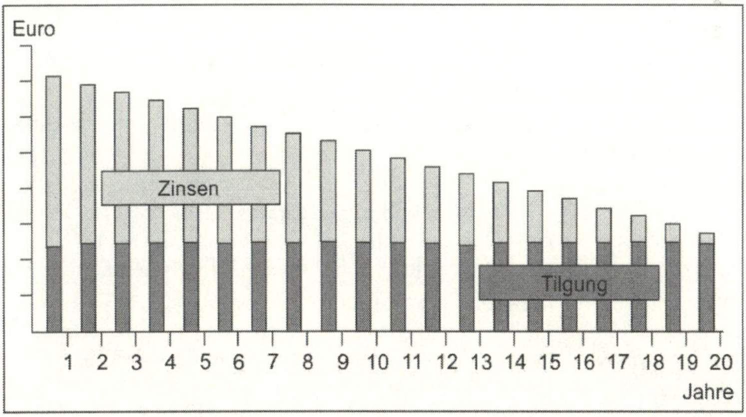

Abbildung 54: Tilgungsdarlehen

Quelle: Eigene Darstellung.

Das Annuitätendarlehen, das in Abb. 55 dargestellt ist, weist eine gleichbleibende Rückzahlungshöhe während der Laufzeit aus. Die sich aufgrund des kontinuierlich reduzierenden Restdarlehensbetrages verringernden Zinsbelastungen führen zu einem sich in gleichem Ausmaß erhöhenden Tilgungsanteil während der Laufzeit. Während zu Beginn des Darlehens somit noch ein prozentual größerer Anteil der periodischen Zahlungen zur Zinszahlung verwendet werden muss, sinkt dieser Anteil kontinuierlich. Der Annuitätenfaktor wird mit Hilfe der Formel

$$Annuitätenfaktor\ A = \frac{i * (1+i)^n}{(1+i)^n - 1}$$

berechnet und ermöglicht eine gleichbleibende Belastung des Kreditnehmers über die Laufzeit.

Beispiel:
Die AMI CAT GmbH nimmt einen Kredit bei einer Bank über 100.000 € zu einem Zins von 4 % p. a. auf. Die Laufzeit des Kredits beträgt 5 Jahre. Das Unternehmen möchte den Kredit so tilgen, dass die jährliche Belastung durch die jährlichen Zins- und Tilgungsleistungen an die Bank **konstant** bleibt.

Die jährliche Rate (Annuität) errechnet sich wie folgt.

$$Annuität = 100.000\ € * \frac{0{,}04 * (1 + 0{,}04)^5}{(1 + 0,)^5 - 1} = 22.462{,}71\ €$$

Wie viel Prozent des Kredits wird mit der ersten Rate getilgt?

Dazu wissen wir zunächst, dass sich die jährliche Zahlung an die Bank wie folgt zusammensetzt:

$$Annuität = Zins + Tilgung$$

Im Beispiel sind im ersten Jahr 100.000 € * 4 % = 4.000 € Zinsen zu zahlen. Somit ergibt sich für die Höhe des Tilgungsanteils:

$$Tilgung = Annuität - Zins = 22.262{,}71\ € - 4.000\ € = 18.462{,}71\ €$$

Damit beträgt der Tilgungsanteil 18.462,71 € / 100.000 € = 18,46 %.

Diese Tilgungsform ist weit verbreitet, da sie eine gleichbleibende Belastung des Kreditnehmers durch den Kredit ermöglicht und Investitionen in der Praxis konstante Rückflüsse aufweisen.

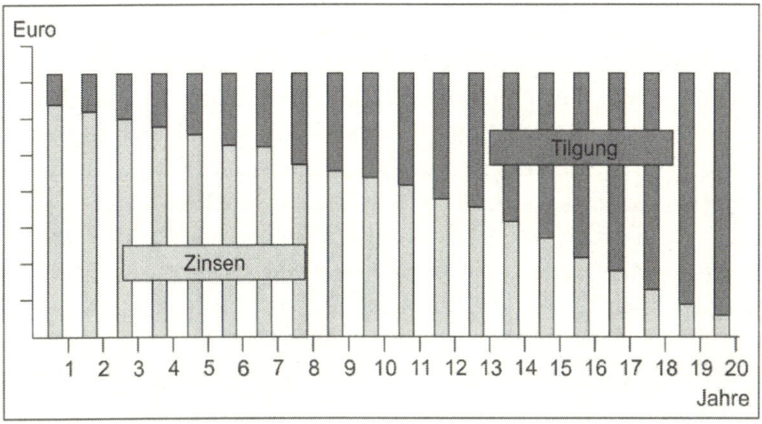

Abbildung 55: Annuitätendarlehen

Quelle: Eigene Darstellung.

Die für die folgenden Unterkapitel gewählte Systematisierung orientiert sich an den Kreditgebern. Während das Investitionsdarlehen typischerweise von Banken vergeben wird, treten bei öffentlichen Krediten zumeist staatliche Stellen oder staatsnahe Institutionen als Kreditgeber auf. Schuldscheindarlehen werden zumeist von Kapitalsammelstellen vergeben.

4.1.3.2.1 Investitionsdarlehen

Kreditgeber bei Investitionsdarlehen sind i. d. R. Banken. Abhängig von der Kreditsumme werden Investitionsdarlehen als **bilaterale** oder **syndizierte Kredite** vergeben. Relativ zur Größe des Kreditgebers geringere Kreditbeträge werden zumeist von einer kreditgebenden Bank allein vergeben, während bei größeren Kreditsummen die Bank aufgrund der Reduktion der eigenen Risikoposition weitere Kreditgeber einbeziehen und als Gruppe einen syndizierten Kredit an den Kreditnehmer vergeben.

Der **Zweck** eines Investitionsdarlehens ist zumeist die Finanzierung eines Objektes des betrieblichen Anlagevermögens. Somit wird die Kreditlaufzeit analog zur Nutzungsdauer des finanzierten Gutes vereinbart. Besichert werden Investitionsdarlehen häufig über Grundpfandrechte[82] an dem finanzierten Anlageobjekt oder (oft zusätzlich) an anderen Vermögensgegenständen des Anlagevermögens. Als Tilgungsformen kommen grundsätzlich die drei in Kapitel 4.1.3.2 dargestellten Varianten in Frage. Zusätzlich kann bspw. (i. d. R. zu Beginn der Darlehenslaufzeit) eine tilgungsfreie Zeit vereinbart werden. Außerdem kann vertraglich dem Kreditnehmer die Möglichkeit der Sondertilgung während der Kreditlaufzeit eingeräumt werden. Hiervon wird er abhängig vom Zinsniveau und dem vereinbarten Kreditzins je nach seiner eigenen Liquiditätslage Gebrauch machen. Der Kreditzins eines Investitionsdarlehens kann entweder fest oder variabel vereinbart werden. Ein fester Zinssatz ermöglicht sowohl Kreditgeber als auch Kreditnehmer über die gesamte Laufzeit des Darlehens Planungssicherheit. Ein variabler Kreditzins ist an einen vorher fixierten Referenzzins gekoppelt und bildet dessen Entwicklung (zumeist mit einem Aufschlag) ab. Damit haben beide Seiten die Möglichkeit von zukünftigen Zinsentwicklungen zu profitieren, aber auch das Risiko, dass sich die Zinsen aus ihrer jeweiligen Perspektive negativ entwickeln. Während Kreditnehmer auf sinkende Zinsen hoffen, profitieren Kreditgeber von steigenden Zinsen im Zeitlauf.

Der Unterschied zwischen Nominal- und Effektivverzinsung lässt sich mit der Berücksichtigung der Bearbeitungsgebühren, einem möglichen Disagio (Unterschied zwischen Auszahlungs- und Kreditbetrag), der Laufzeit und den Zahlungsmodalitäten erklären. Im Effektivzins sind sämtliche Kosten reflektiert, während der Nominalzins diese nicht berücksichtigt.

Häufig werden Investitionen aus verschiedenen Quellen finanziert und somit ergibt sich ein Finanzierungsmix, der neben den klassischen Investitionskrediten auch geförderte Darlehen, die sog. öffentlichen Kredite, beinhaltet. Das folgende Unterkapitel widmet sich den Besonderheiten bei öffentlichen Krediten.

4.1.3.2.2 Öffentliche Kredite

Die öffentlichen Kreditprogramme werden von dem Bund, den Bundesländern oder anderen staatsnahen Organisationen vergeben. Die Förderung besteht dabei entweder aus der Bereitstellung zinsgünstiger Darlehen, der Ge-

82 Die Pfandrechte an Grundstücken oder grundstücksgleichen Rechten zur Sicherung einer Forderung werden als Grundpfandrechte bezeichnet. Wird die hierüber gesicherte Forderung nicht erfüllt, so kann der Gläubiger das Grundstück oder das grundstücksgleiche Recht zur Tilgung der Forderung verwerten.

währung von Zinsbeihilfen oder der Zurverfügungstellung von Bürgschaften oder Garantien. Die Gewährung öffentlicher Kredite erfolgt dabei über Kreditinstitute mit Sonderaufgaben wie z. B. der Kreditanstalt für Wiederaufbau (KfW). Die öffentlichen Kredite werden vergeben, wenn die finanzierten Vorhaben als **förderungswürdig** eingestuft, d. h. das Investition von den öffentlichen Stellen als positiv im Sinne der gemeinwirtschaftlichen Ziele angesehen werden. Die Kreditbeantragung erfolgt i. d. R. immer über die Hausbank, die auch in die Abwicklung des Kredites eingebunden ist. Bei diesen sog. weitergeleiteten Krediten wird in durchgeleitete Kredite (bei denen die Hausbank nur eine abwickelnde Funktion hat) und in Treuhandkredite unterschieden. Die Treuhandkredite beinhalten kein Kreditrisiko für die Hausbank und gelten als Kredite für fremde Rechnung. Dabei wird in Treuhandkredite, die im eigenen Namen gewährt werden, und Treuhandkredite von der Hausbank unterschieden. Abb. 56 zeigt die verschiedenen Formen der weitergeleiteten Kredite.

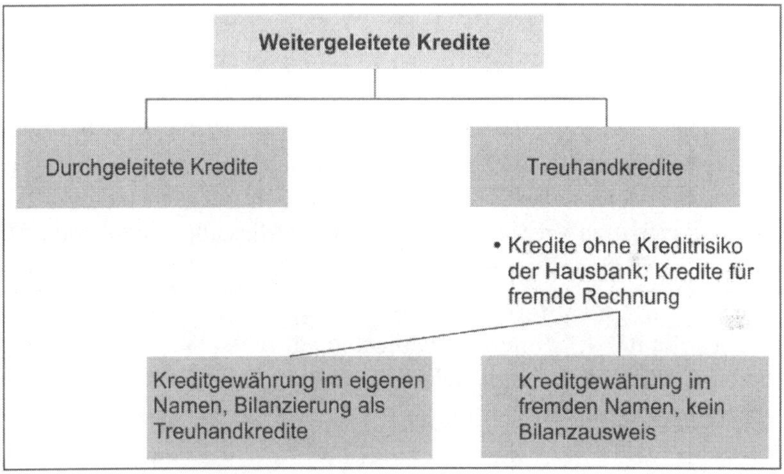

Abbildung 56: Weitergeleitete Kredite
Quelle: Eigene Darstellung.

Während die Antragsteller von öffentlichen Krediten neben Unternehmen auch insb. Privatpersonen sein können, fokussieren sich die im folgenden Unterkapitel vorgestellten Schuldscheindarlehen auf größere Unternehmen.

4.1.3.2.3 Schuldscheindarlehen

Im Rahmen von Schuldscheindarlehen gewähren Kapitalsammelstellen, wie z. B. Pensionskassen, Fondsgesellschaften, Versicherungen oder Banken, Darlehen an Schuldner erstklassiger Bonität gegen Ausstellung eines sog. Schuldscheins[83]. Schuldner können neben öffentlichen Institutionen auch Unternehmen sein, sofern sie über die vorgenannte sehr gute Kreditwürdigkeit verfügen. Die frei zwischen den Parteien zu vereinbarenden Laufzeiten bewegen sich i. d. R. zwischen einem und zehn Jahren. Die Übertragung des Schuldscheins ist durch eine Abtretung möglich, allerdings handelt es sich bei dem Schuldschein um kein Wertpapier und deswegen weist das Schuldscheindarlehen eine geringere Fungibilität als Anleihen (vgl. Kapitel 4.1.4) auf. Vorteilhaft für den Kreditnehmer sind die Zinskonditionen, die sich auf dem Niveau von vergleichbaren Anleihen bewegen, ohne dass die Emissionskosten sowie die laufenden Kosten einer Anleihe anfallen. Zudem erfolgt die Vergabe eines Schuldscheindarlehens i. d. R. unbesichert.

Grundsätzlich lassen sich zwei Arten von Schuldscheindarlehen anführen:

- Das fristenkongruente Darlehen wird über die gesamte Laufzeit (mit unter Umständen einem festen Zins) bei einem Darlehensgeber platziert.
- Das revolvierende Darlehen basiert auf einem kurzfristigen Kredit, der faktisch zu einem langfristigen Darlehen wird, in dem kontinuierlich neue kurzfristige Kredite vergeben werden. Allerdings trägt beim revolvierenden Darlehen der Kreditnehmer das Kreditrisiko.

Bevor im Kapitel 4.1.4 die Kreditaufnahme über den Kapitalmarkt dargestellt wird, thematisiert das nächste Unterkapitel die Kreditleihe insb. in Form des Avalkredites.

4.1.3.3 Kreditleihe

Bei der Kreditleihe stellt die Bank ihrem Kunden keine Liquidität, sondern ihre eigene (i. d. R. einwandfreie) Bonität zur Verfügung, in dem sie für ihren Kunden eine bedingte oder unbedingte Zahlungsverpflichtung übernimmt. Der Kunde zahlt der Bank für diese Überlassung der Bonität eine

[83] Als Schuldschein wird eine vom Schuldner ausgestellte Urkunde bezeichnet, die dem Gläubiger den Bestand einer Forderung bestätigt.

Provision. Dafür muss die Bank für ihren Kunden einspringen, wenn er seinen Verpflichtungen nicht mehr nachkommen kann.

Unter Kreditleihe wird in der Literatur zumeist der **Avalkredit** und der Akzeptkredit verstanden. Da letztgenannte Art der Kreditleihe das Zahlungsinstrumentarium Wechsel als Grundlage hat und dieser weitestgehend aus dem Wirtschaftsleben verschwunden ist, konzentriert sich die folgende Darstellung auf den Avalkredit. Hierunter werden einerseits die Bankbürgschaft und andererseits die Bankgarantie zusammengefasst. Beiden gemeinsam ist die Tatsache, dass bei diesen Finanzierungsarten die Bank keine liquiden Mittel zur Verfügung stellt, sondern ihre eigene Reputation und Kreditwürdigkeit. Dabei verpflichtet sich die Bank für die Verbindlichkeiten eines Dritten, für einen künftigen noch nicht existierenden Schaden oder einen bestimmten wirtschaftlichen Erfolg in der Zukunft einzustehen. Ein Aval ist geeignet, wenn ein Gläubiger Sicherheiten für ein Ausfallrisiko in der Zukunft verlangt.

Abb. 57 fasst die wesentlichen Unterschiede zwischen der Bankbürgschaft und der Bankgarantie zusammen. Während die Bankbürgschaft sowohl im BGB als auch im HGB geregelt und akzessorisch[84] ist, unterliegt die Bankgarantie keiner gesetzlichen Regelung, wird privat vertraglich geregelt und ist fiduziarisch[85].

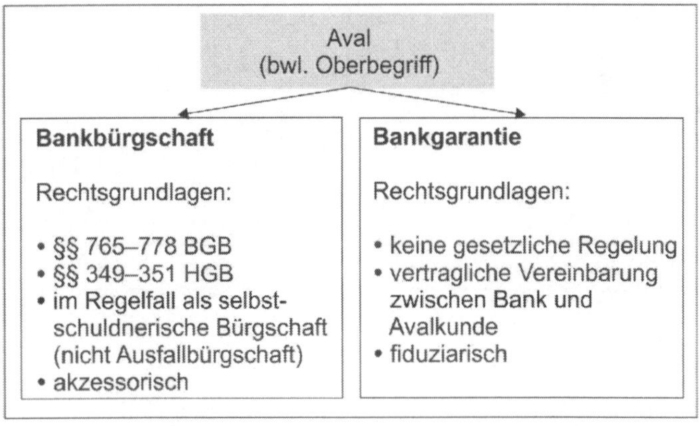

Abbildung 57: Aval

Quelle: Eigene Darstellung.

[84] Gesetzlich vorgesehener Zusammenhang der Kreditsicherheit mit der Kreditforderung. Die Kreditsicherheit ist nur existent, solange eine entsprechende Forderung besteht.

[85] Sicherheit besteht unabhängig von der Existenz einer Forderung. Fiduziarische Sicherheiten bleiben also auch bestehen, wenn die ursprüngliche Forderung getilgt wurde.

Abb. 58 zeigt die **Abwicklung des Avalkredits**. Der Gläubiger möchte eine Sicherheit, dass der Schuldner diese auch erfüllt. Der Schuldner vereinbart mit einer Bank einen Avalkreditvertrag, wird somit zum Aval-Kreditnehmer und muss der Bank unabhängig, ob die Haftung der Bank zum Tragen kommt oder nicht, eine Provision bezahlen. Die Bank gibt nun eine Bankbürgschaft oder -garantie zugunsten des Schuldners an den Gläubiger aus. Der Gläubiger hat bei nicht Erfüllung durch den Schuldner einen direkten Anspruch gegen die Bank.

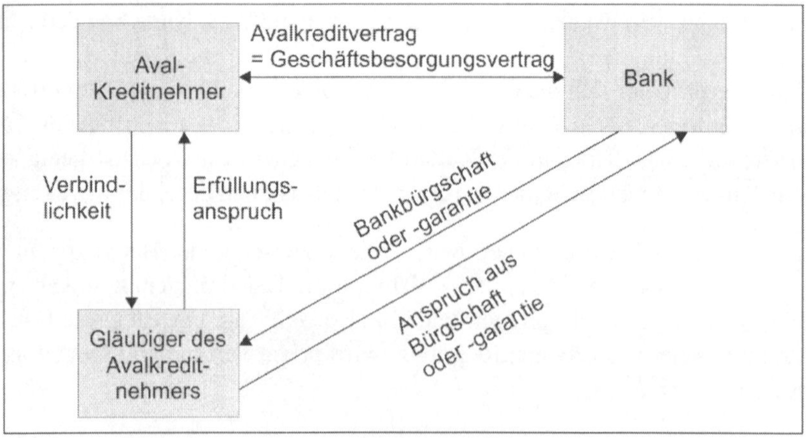

Abbildung 58: Abwicklung des Avalkredits
Quelle: Eigene Darstellung.

Die Anwendungsformen des Avalkredites sind sehr vielfältig. Beispielhaft sind hier genannt:

- Anzahlungsaval,
- Bietungsaval,
- Bürgschaften für Kaufpreisstundungen oder gegenüber anderen Kreditgebern,
- Gewährleistungsaval,
- Lieferungs- und Leistungsaval,
- Prozessbürgschaften sowie
- Zoll- und Steuerstundungsaval.

Der Nutzen für den Avalkunden ist vielfältig; so kann der Einsatz von eigenen finanziellen Mitteln vermieden werden. Zudem ist die Avalprovision günstiger als reguläre Zinszahlungen, und es brauchen im Regelfall keine anderen Sicherheiten gestellt zu werden. Die Bank erzielt über die Herausgabe eines Avals Erträge in Form der Avalprovision. Normalerweise wird die Liquidität der Bank nicht beansprucht und somit entstehen auch keine Geldbeschaffungskosten. Schließlich ist auch das Kreditrisiko sehr begrenzt, da Avale nur Kunden mit sehr guter Bonität zur Verfügung gestellt werden. Nachdem in den letzten Unterkapiteln die Unternehmensfinanzierung, insbesondere in Form von Fremdkapital mithilfe von Kreditinstituten thematisiert wurde, geht das folgende Unterkapitel auf die Fremdkapitalbeschaffung am Kapitalmarkt ein.

4.1.4 Fremdfinanzierung über den Kapitalmarkt

Im Gegensatz zu der Eigenkapitalfinanzierung über den Kapitalmarkt, i. d. R. durch einen Börsengang (vgl. Kapitel 4.4), ist die Fremdfinanzierung über den Kapitalmarkt in der öffentlichen Wahrnehmung deutlich weniger präsent. Dies ist insofern erstaunlich, da das Volumen der weltweit im Jahr 2014 ausstehenden Unternehmensanleihen (sowohl von Finanzunternehmen als auch von anderen Unternehmen) 91 Billionen US-Dollar betrug. Zum Vergleich betrug die Marktkapitalisierung aller weltweit gehandelten Aktien im Jahr 2014 demnach „nur“ 69 Billionen US-Dollar. Der Markt für Anleihen ist sogar im Vergleich zu 2005 von 57 Billionen US-Dollar um knapp 60 % auf sein Volumen in 2014 gestiegen. Der Volumenanstieg beim Aktienmarkt betrug im gleichen Zeitraum 53 %. Somit wird deutlich, dass Fremdfinanzierung mittels Anleihen für die Unternehmen (sowohl für Unternehmen, deren Geschäftsanteile an der Börse notiert sind, als auch für die Unternehmen, deren Anteile nicht öffentlich gehandelt werden) von enormer Bedeutung ist. Zur Näherung betrachten wir im folgenden Unterkapitel zunächst das Wesen der Anleihe, wobei sowohl in der Literatur als auch in der betriebswirtschaftlichen Realität weitere Begriffe wie Schuldverschreibung, Obligation, Rente oder auch Rentenpapier[86] benutzt werden. Inzwischen hat sich auch der angelsächsische Begriff **Bond** im Sprachgebrauch etabliert.

4.1.4.1 Wesen der Anleihe

Per definitionem bezeichnet eine Anleihe eine mittel- bis langfristige Kapitalaufnahme am Kapitalmarkt, i. d. R. zur Deckung eines außerordentlichen Kapitalbedarfs. Kreditgeber sind dabei typischerweise viele einzelne Anle-

[86] Vgl. Olfert, K. (Finanzierung 2017), S. 372.

ger. Dies können sowohl institutionelle Investoren als auch Privatanleger sein. Der Kapitalgeber erhält vom Kapitalnehmer das Kapital am Ende der Laufzeit zurück. Abhängig von der Ausgestaltung der Anleihe erhält der Kapitalgeber während der Laufzeit regelmäßige Zinszahlungen (Ausnahme Zerobonds), welche in ihrer Höhe fest vereinbart oder variabel in Abhängigkeit eines Referenzzinssatzes sein können. Somit ist der Inhaber der Anleihe gleichzeitig Gläubiger des Unternehmens.

Durch die Verbriefung des Schuldverhältnisses ist die Anleihe fungibel und ermöglicht einen Handel. Dieser Handel findet zumindest bei größeren Emissionen zumeist über die Börse statt. Dies bedeutet, dass Inhaber der Anleihe diese vor Rückzahlung durch den Emittenten an der Börse handeln können. Während die Anleihe am Ende der Laufzeit zum Nennwert, also zu 100 % zurückgezahlt wird, kann an der Börse ein Kurs über dem Nennwert (über pari) oder unter dem Nennwert (unter pari) erzielt werden und ist dann mit entsprechenden Kursgewinnen oder Kursverlusten für den Verkäufer bzw. Erwerber verbunden. Im Gegensatz zum normalen Kredit, bei dem entweder eine Bank – oder bei einem Konsortialkredit einige wenige Banken – als Kapitalgeber fungieren, kann die Heterogenität der Investoren für das Unternehmen insb. in Krisensituationen zu einem Problem werden. Dies wird insb. bei Privatanlegern noch durch die häufig anzutreffende mangelnde Professionalität verstärkt.

Folgende **Ausgestaltungsmerkmale der Anleihe** sind für die Nachfrage möglicher Erwerber von Bedeutung:

- **Emittent:** Von zentraler Bedeutung ist, inwiefern potenzielle Investoren Zweifel haben, dass der Emittent am Ende der Laufzeit seine Schuld begleichen kann. Hierbei spielt für Investoren die Einschätzung der Rating Agenturen eine zentrale Rolle. Grundsätzlich werden die Emittenten in drei Gruppen eingeteilt: Öffentliche Schuldverschreibungen (Internationale Organisationen, Staaten, Kommunen und Sondervermögen), Bankschuldverschreibungen (Pfandbriefe und sonstige Bankanleihen) und Industrieanleihen (Schuldverschreibungen von Industrieunternehmen sowie sonstigen Unternehmen außer Banken). Die Bonität des Emittenten hat maßgeblichen Einfluss auf die von den Investoren geforderte Verzinsung (damit der Emittent die Anleihe am Markt platzieren kann).
- **Verzinsung**: Zunächst wird in festverzinsliche Anleihen (fester Zinssatz für die gesamte Laufzeit) und in variabel verzinsliche Anleihen (Anpassung des zu zahlenden Zinses an das allgemeine Marktniveau oder abhängig vom Eintritt vorher vereinbarter Bedingungen) unterschieden. Allge-

mein gilt, je schlechter die Bonität eines Schuldners, desto höher der Zinssatz, den er seinen Gläubigern zahlen muss. So konnte die Bundesrepublik Deutschland im Jahr 2017 zehnjährige Anleihen sogar mit einem Zinssatz nahe 0 % platzieren, während Griechenland zum gleichen Zeitpunkt für eine zehnjährige Anleihe über 7 % zahlen musste. Bei der variablen Verzinsung ist der zu zahlende Zinssatz i. d. R. von einem Referenzzinssatz, z. B. dem EURIBOR oder dem LIBOR abhängig.

- **Laufzeit:** Zwar kann eine börsengehandelte Anleihe börsentäglich durch die Anleger verkauft und erworben werden, allerdings kann der dann erzielte Erlös bzw. der aufzubringende Betrag gemäß dem aktuellen Kurs mitunter stark vom Rückzahlungskurs (i. d. R. der Nominalkurs der Anleihe) am Ende der Laufzeit abweichen. Somit ist die Laufzeit (dann erfolgt die Rückzahlung der Anleihe) sowohl für den Anleger als auch für den Emittenten sehr wichtig. Der Emittent muss spätestens zu diesem Zeitpunkt die Rückzahlung des gesamten Anleihevolumens sicherstellen (z. B. über die Emittierung eine Folgeanleihe). Ausnahme können Anleihen darstellen, die in Teilbeträgen zurückgezahlt werden. Im Regelfall (sofern kein Zinsänderungsmechanismus zugrunde liegt) erhält der Anleger während der kompletten Laufzeit einen zur Emission vereinbarten Zinssatz gezahlt. Somit haben beide Seiten während der Laufzeit Planungssicherheit und können den laufenden Ertrag bzw. die laufenden Kosten kalkulieren. In einem normalen Zinsumfeld bedeutet eine längere Laufzeit auch einen höheren Zinssatz.
- **Währung:** Sofern eine Anleihe nicht in der Heimatwährung des Emittenten emittiert wird, kann sich hierüber die Möglichkeit der Generierung von Währungsgewinnen ergeben. Umgekehrt können allerdings auch Währungsverluste entstehen, wenn sich die fremde Währung während der Laufzeit zur Heimatwährung verteuert und der Emittent den Betrag nicht durch Sicherungsgeschäfte geschützt hat. Analog dazu können sich auch Währungsgewinne bzw. Währungsverluste für den Anleger ergeben, falls er ohne Absicherung eine Fremdwährungsanleihe erwirbt. Für beide Seiten ist häufig neben den möglichen Währungschancen ein jeweils als attraktiv wahrgenommenes Zinsniveau Ausschlag gebend für die Emission bzw. den Erwerb einer Fremdwährungsanleihe.
- **Kündigungsmöglichkeiten:** Der Erwerber hat zumeist keine Kündigungsmöglichkeiten, er kann die Anleihe (unter Umständen mit Kursverlusten) über die Börse veräußern. Je nach den vorher vereinbarten Anleihebedingungen hat der Emittent das Recht, durch vorzeitige Kündigung die Anleihe teilweise oder komplett zurück zu zahlen. Von diesem Recht

wird der Schuldner aus ökonomischen Gesichtspunkten dann Gebrauch machen, wenn er sich entweder zum Zeitpunkt der vorzeitigen Rückzahlung günstiger refinanzieren kann oder das Kapital nicht mehr durch ihn benötigt wird. Der Anleger wird, sofern das Zinsniveau dann geringer ist, schwerlich eine entsprechende Anlagemöglichkeit mit gleicher Rendite und gleichem Risiko finden.

- **Sicherheiten** sind stark variabel, häufig sind Anlegerschutzklauseln, in denen bspw. ein maximaler Verschuldungsgrad festgelegt wird, anzutreffen. Je nach Emittent können zudem noch Patronats- und Negativerklärungen sowie teilweise Bürgschaften existieren.
- Das **Rating** (vgl. ♦Kap. 4.2.2♦) lässt Rückschlüsse über die Wahrscheinlichkeit des Kreditausfalls zu. Typischerweise werden Anleihen durch spezialisierte Ratingagenturen bewertet. Vereinfacht ausgedrückt fassen diese alle Merkmale, die für die Kreditwürdigkeit relevant sind, zu einer Kennzahl zusammen. Wenngleich eigentlich der Vorgang der Bewertung als Rating bezeichnet wird, wird auch das Ergebnis dieses Prozesses als Rating benannt. Neben den drei großen angelsächsischen Ratingagenturen Fitch, Moody´s und Standard & Poor´s (S&P), die zumeist bei großen Emissionen herangezogen werden, werden auch insb. Anleihen mit geringerem Volumen durch kleinere regionale Ratingagenturen bewertet. Das Ergebnis des Ratingprozesses hat unmittelbare Auswirkungen auf die Zinskosten der Anleihe bei der Emission. Veränderungen des Ratings während der Laufzeit der Anleihe führen zu Kursveränderungen der Anleihe. Eine Verschlechterung des Ratings führt während der Laufzeit im Normalfall zu sinkenden Kursen, während eine Verbesserung des Ratings und damit eine Verringerung des attestierten Kreditausfalls zu steigenden Kursen während der Laufzeit führen. Eine mögliche Verschlechterung des Ratings hat auch Auswirkungen auf die Rendite einer Anleihe. Die Bewertung von Anleihen wird im folgenden Unterkapitel behandelt.

4.1.4.2 Anleihebewertung

Der Preis einer Anleihe ändert sich über die Laufzeit und schwankt ähnlich wie der Preis einer Aktie. Der aktuelle Preis einer Anleihe hängt von vielen Faktoren ab. Neben dem oben genannten Ausstattungsmerkmalen sind das u. a. das aktuelle Zinsniveau, die Rentabilität von Alternativanlagen oder aber auch die aktuelle wirtschaftliche Situation des Emittenten. Dies alles wird in den Börsenkursen, zu denen die Anleihe während der Laufzeit gehandelt wird, reflektiert. Letztlich bestimmen Angebot und Nachfrage den

Preis. Lässt man etwaige Auf- oder Abschläge, die im weitesten Sinne in der Einschätzung der wirtschaftlichen Situation des Emittenten begründet sind, außen vor, so kann mit Hilfe der Zinsstrukturkurve, den Forward Rates und schließlich den Zerobondrenditen der theoretisch richtige Preis einer festverzinslichen Anleihe ermittelt werden. Ausgangspunkt der Betrachtung ist die Zinsstrukturkurve. Die verschiedenen Ausprägungen der Zinsstrukturkurve werden in Abb. 59 gezeigt.

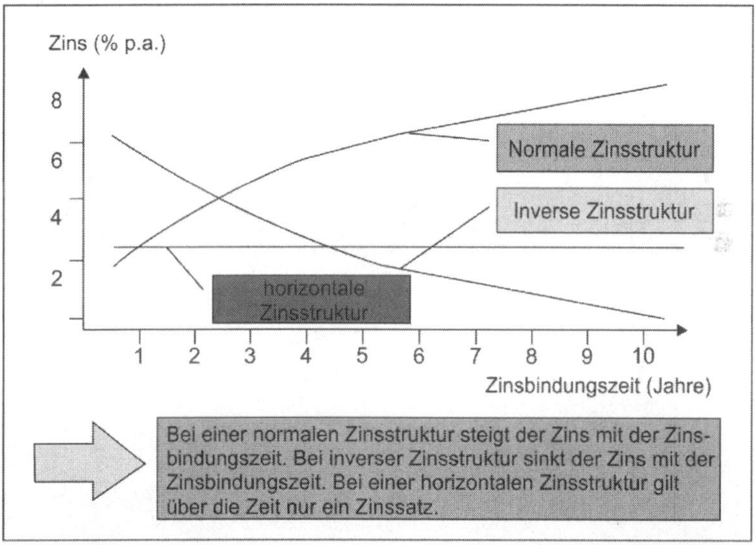

Abbildung 59: Zinsstruktur

Quelle: Eigene Darstellung.

Der Regelfall, die normale Zinsstruktur[87], wird exemplarisch für die Ermittlung der Forward Rates angenommen. Beispielhaft wird unterstellt, dass der Zinssatz für 1 Jahr bei 2 %, für 2 Jahre bei 3 % und bei 3 Jahren bei 4 % liegt. Hierüber werden die sog. Forward Rates, also Zinssätze, die für bereits definierte in der Zukunft liegende Zeitperioden gelten, berechnet. Für die Forward Rate von Jahr 1 nach Jahr 2 müssen nun die Zahlungsströme von einem Kredit mit einer Laufzeit von zwei Jahren (und somit auch einem Zinssatz von 3 %) und einer Geldanlage von einem Jahr (Zinssatz 2 %) in Relation gesetzt werden. Werden die 103 € durch die 99 € geteilt, so ergibt sich die Forward Rate von 4,040 %. Analog dazu wird die Forward Rate von Jahr 2 nach Jahr 3 berechnet unter Verwendung der Zinssätze für 2 Jahre

87 Die normale Zinsstruktur besagt, dass mit längerer Zinsbindungszeit auch der Zinssatz steigt.

(3 %) und 3 Jahre (4 %). Besonders berücksichtigt werden muss, dass der negative Zahlungssaldo nach Jahr 1 mit der Forward Rate von Jahr 1 nach Jahr 2 verzinst werden muss. Somit ergibt sich schließlich eine Forward Rate von Jahr 1 nach Jahr 2 von 4,0404 % und von Jahr 2 nach Jahr 3 von 6,166 %.

	t_0	t_1	t_2	t_3
Für t_1 bis t_2				
Zins in %		2,00	3,00	4,00
2-jähriger Kredit	100	-3	-103	
1-jährige Geldanlage	-100	102		
Σ in t_1		99		
Forward Rate für t_1 bis t_2			4,0404	
Für t_2 bis t_3				
Zins in %		2,00	3,00	4,00
3-jähriger Kredit	100	-4	-4	-104
2-jährige Geldanlage	-100	3	103	
Σ in t_1		-1		
Kredittilgung in t_2			-1,0404	
Σ in t_2			97,9596	
Forward Rate für t_2 bis t_3				6,166

Basierend auf den ermittelten Forward Rates wird nun die Zerobondrendite ermittelt. Eine Darstellung der Charakteristika der Zerobonds ist in Kapitel zu finden. Die Zerobondrenditen entsprechen dem geometrischen Mittel aus Spot und Forward Rate. Die Zerobondrenditen für ein Jahr sind demnach 2 %, für 2 Jahre, 3,02 % und für 3 Jahre 4.06 %.

t_0 bis t_1

$$1 - 1{,}02 = \mathbf{0{,}02}$$

t_0 bis t_2

$$\sqrt[2]{1{,}02 * 1{,}0404} = \mathbf{0{,}0302}$$

t_0 bis t_3

$$\sqrt[3]{1{,}02 * 1{,}0404 * 1{,}0617} = \mathbf{0{,}0406}$$

Im Folgenden werden die Cash Flows der Anleihe mit den jeweiligen Zero Bond Renditen abgezinst und die daraus resultierenden Barwerte aufaddiert. Die Summe bildet den theoretisch **richtigen** Preis der Anleihe, den sog. **Dirty Price**. Der Dirty Price berücksichtigt im Gegensatz zum sog. **Clean Price** alle zum Betrachtungszeitpunkt relevanten Stückzinsen[88]. Exemplarisch zeigt die folgende Abb. die Ermittlung des Dirty Price einer festverzinslichen Anleihe mit der Verzinsung von 5 % und der Laufzeit von drei Jahren unter den bereits ermittelten Zerobondrenditen des Marktumfeldes. Die Addition der Barwerte, der durch die Anleihe generierten Cash Flows, ergibt einen Barwert von 102,7845 %. Dies ist der theoretisch richtige Dirty Price der Anleihe.

Zahlungszeitpunkte	Cash Flow	Zerobondrendite	Barwert
t_1	5	0,02	4,9020
t_2	5	0,0315	4,6993
t_3	105	0,0406	93,1832
			Σ = 102,7845

Zur Bewertung von Anleihen wichtig ist die sog. **Duration**. Der Begriff bedeutet Dauer oder Laufzeit und wird i. d. R. in Jahren gemessen. Es ist der Zeitpunkt einer festverzinslichen Anleihe, bei dem sich Marktwertänderungsrisiko und Endwertänderungsrisiko ausgleichen. Das Marktwertänderungsrisiko beinhaltet Preisänderungen der Anleihe aufgrund von Marktzinsänderungen. Das Endwertänderungsrisiko umfasst die Gefahr, dass sich der Marktzins ändert und damit auch der Zinssatz, den der Anleger für die Wiederanlage der aus dem Investment generierten Cash Flows erhält.

Abhängig ist die Duration von den folgenden vier Faktoren:
- Größe der Cash Flows (Zins und Tilgung),
- Restlaufzeit der Anleihe,
- Zeitpunkte der Auszahlung der Cash Flows sowie
- Laufzeitrendite.

Mathematisch bestimmbar ist die Duration nach Macaulay (D_{MAC}) durch Division der Summe der mit den Zahlungszeitpunkten gewichteten Zahlungsströme der Anleihe zu den Zeitpunkten t durch den Dirty Price der Anleihe.

[88] Zinsen werden immer nur zu bestimmten Terminen gezahlt. Findet ein Kauf/Verkauf zwischen zwei Zinsterminen statt, so findet ein Zahlungsausgleich zwischen Käufer und Verkäufer statt.

Die Berechnung der Duration der bereits bekannten Anleihe (3 Jahre Laufzeit, 5 % Zinsen) und einer Laufzeitrendite von 3 % ergibt somit eine Duration von 2,8635 Jahren.

Zahlungs zeitpunkte	Cash Flow	Barwerte in %	mit Zahlungszeitpunkten gewichte Barwerte	Laufzeitrendite in %	Diskontierungsfaktor
t_1	5	4,8544	4,8544	3,00	1,03
t_2	5	4,7130	9,4260		
t_3	105	96,0899	288,2696		
		105,6572	302,5500		Σ =
D_{MAC} = 2,8635 Jahre					

Dies bedeutet, dass sich im konkreten Fall nach dieser Zeit Marktpreisänderungsrisiko und Endwertänderungsrisiko ausgleichen. Die durchschnittliche Kapitalbindungsdauer der Anleihe beträgt somit 2,8635 Jahre und kann genutzt werden, um eine Finanzanlage gegen das Zinsänderungsrisiko zu immunisieren, in dem eine Anleihe oder ein Anleiheportfolio gewählt wird, das identisch mit dem Anlagehorizont ist.

Zusammenfassend lässt sich konstatieren, dass:

- Je größer die Cash Flows sind, desto kleiner ist die Duration.
- Je früher und je häufiger die Cash Flows anfallen, desto kleiner ist die Duration.
- Je höher die Laufzeitrendite zum Zeitpunkt der Betrachtung ist, desto geringer ist die Duration.
- Je länger die Restlaufzeit der Anleihe, desto höher ist die Duration.

Bei einer herkömmlichen Anleihe kann die Duration nicht höher sein als die Restlaufzeit der Anleihe. Das folgende Unterkapitel stellt kurz einige spezielle Formen von Anleihen vor.

4.1.4.3 Spezielle Ausprägungen der Anleihe

Für alle Anleihen gilt grundsätzlich, wie bereits erwähnt, dass das hierüber generierte Kapital dem Fremdkapital zuzurechnen ist. Allerdings variieren die verschiedenen Anleiheformen sehr stark. Für welche Emission sich der Herausgeber entscheidet, hängt zumeist von der Mittelverwendung, der

Zinseinschätzung und der geplanten Rückzahlung ab. Auf der anderen Seite wählt der Anleger die Anleiheform u. a. nach seiner Risikobereitschaft und seiner Zinserwartung aus.

- Die einfachste und in Deutschland auch am häufigsten anzutreffende Form ist die **Festzinsanleihe**. Diese Anleihe zeichnet sich durch einen festen nominalen Zinssatz, der über die gesamte Zinsdauer gezahlt wird und eine fixierte Laufzeit aus. Die Zinszahlung erfolgt zu vorher festgelegten Terminen jeweils jährlich, halbjährlich oder vierteljährlich. Die Rückzahlung erfolgt zu 100 % am Ende der Laufzeit. Vorteil sowohl für Emittent als auch Anleger sind die festen und planbaren Zinszahlungen und der festgelegte Rückzahlungstermin.
- Die **Nullkuponanleihe** (oder **Zerobond**) zeichnet sich durch das Fehlen der Zinszahlungen während der Laufzeit aus. Es wird hierbei zwischen der sog. Abzinsungsanleihe und der Zuwachsanleihe unterschieden. Die erstgenannte Anleihe wird zu einem Kurs unter pari emittiert und am Ende der Laufzeit zu 100 % zurückgezahlt. Die in der Praxis seltener vorkommende Zuwachsanleihe wird zu 100 % emittiert und dann zu einem Kurs über pari zurückgezahlt. In beiden Fällen entstehen die Kapitalkosten für den Emittenten bzw. der Kapitalertrag für den Anleger aus der Differenz von Emissionskurs und Rückzahlungsbetrag. Ein zentraler Vorteil für den Emittenten ist, dass er während der Laufzeit keine Zinszahlungen zu leisten hat, sondern diese erst (dann allerdings in einer Summe) bei der Rückzahlung erfolgen. Analog dazu kann es für Investoren interessant sein, z. B. aus steuerlichen Gründen, auf die laufenden Auszahlungen zu verzichten und am Ende der Laufzeit den Rückzahlungsbetrag inklusiver der Gesamtverzinsung in einer Summe zu erhalten.
- **Variabel verzinsliche Schuldverschreibungen**, auch **Floating Rate Notes** genannt, zeichnen sich durch eine periodische Anpassung der Verzinsung an entsprechende Referenzzinssätze aus. Als Referenzzinssätze werden im Euroraum zumeist der EURIBOR oder der LIBOR herangezogen. Gemäß der Bonität des Emittenten kann der Zinssatz um einen bestimmten Abstand (**Spread**) zum Refferenzzinssatz korrigiert werden. Bei Anleihen von Unternehmen wird i. d. R. immer ein Aufschlag zu dem jeweiligen Referenzzinssatz herangezogen. Dieser Spread ist während der Laufzeit gleich. Nur Änderungen des Referenzzinssatzes führen zu einer Veränderung der Verzinsung dieser Anleihe. Im Ergebnis sind die Kursschwankungen einer variabel verzinslichen Anleihe deutlich niedriger als bei einer festverzinslichen Anleihe, da Veränderungen des Zinsniveaus durch die periodische Anpassung des Zinssatzes der Anleihe berücksich-

tigt werden. Steigt das Zinsniveau an, so erhöhen sich die Zinsbelastungen für den Emittenten und der Zinsertrag für den Anleger. Fällt das Zinsniveau, sinken die Zinsbelastung für den Emittenten und der Zinsertrag für den Anleger. Somit haben die beiden Parteien diametral entgegengesetzte Interessen bzgl. der Zinsentwicklung. Sonderformen in diesem Kontext sind der Floater mit Cap, bei dem ein Höchst- oder Mindestzinssatz vereinbart wird und der Reverse Floater, bei dem der Referenzzinssatz von einem festen Zinssatz abgezogen wird (Beispiel: 3,5 % minus LIBOR).

- Die **Fremdwährungsanleihe** (aus Sicht des Emittenten) wird vom Emittenten in einer fremden Währung begeben, da er entweder einen Betrag in dieser Währung benötigt und/oder eine Aufnahme in dieser Währung einfacher (aufgrund der Nachfrage) oder günstiger (aufgrund des Zinsniveaus) ist. Zudem hat er unter Umständen die Erwartung, dass die fremde Währung gegenüber der Heimatwährung abwertet, er also in seiner Heimatwährung gerechnet später weniger zurückzahlen muss, als er aktuell umgerechnet in seine Heimatwährung erhalten hat.

  Umgekehrt verhält sich die Situation beim Anleger. Dieser möchte möglichst von einem hohen Zinssatz profitieren und im Idealfall auch noch Währungsgewinne realisieren. Sein Risiko liegt hierbei in einer ungünstigen Währungskursentwicklung, die sogar dazu führen kann, dass– obgleich hohe Zinszahlungen erhalten und diese miteingerechnet – er am Ende insgesamt weniger Kapital vom Emittenten erhält, als er dem Emittenten zu Beginn der Laufzeit zur Verfügung gestellt hat. Eine Sonderform hier ist der sog. Dual Currency Bond: Bei dieser Anleihe wird die Kapitalgewährung in einer anderen Währung geleistet wie die Rückzahlung. Je nach Ausgestaltung kann die Zinszahlung in der einen oder der anderen Währung erfolgen.
- Weitere gebräuchliche Formen sind die **Wandelanleihe**, hierbei hat der Anleger das Recht den zur Verfügung gestellten Betrag in Eigenkapital (zumeist in Form von Aktien) zu tauschen. Somit ist die Wandelanleihe eigentlich dem Mezzanine-Kapital (vgl. Kapitel 4.3) zuzurechnen. Bei der **Aktienanleihe** hat der Emittent das Entscheidungsrecht und kann die Rückzahlung in Aktien leisten. Voraussetzung für die Begebung dieser Anleiheformen wie auch der Optionsanleihe (s. u.) ist ein Beschluss der Hauptversammlung für die Durchführung einer bedingten Kapitalerhöhung (vgl. Kapitel 3.5.4.1)
- Die **Optionsanleihe** gewährt dem Anleger das Recht, unabhängig von der Rückzahlung der Anleihe, Aktien zu erwerben. Da sich damit für den

Anleger die Chance verbindet, von steigenden Aktienkursen zu profitieren, wird diese Anleihe i. d. R. geringer verzinst als eine herkömmliche Anleihe. Während bei der Wandelanleihe Fremdkapital und Eigenkapital durch die Möglichkeit der Wandlung unmittelbar miteinander verbunden sind, kann bei der Optionsanleihe die Anleihe und der Optionsschein unabhängig voneinander behandelt werden. Maßgeblich für den Optionsschein und seine Bewertung sind:

- Optionsfrist (Zeitspanne, in der die Aktien erworben werden können)
- Ausübungspreis (fixierter Preis zu dem der Optionsscheininhaber während der Optionsfrist die Aktien beziehen kann)
- Bezugsverhältnis (bestimmt, wie viele Aktien pro Optionsschein erworben werden können).

• Daneben gibt es noch die **Indexanleihe**, bei der sich die Tilgungshöhe an einem bestimmten Index (z. B. dem DAX) orientiert. Schließlich gibt es noch die Stufenzinsanleihen, bei denen sich i. d. R. während der Laufzeit der Zinssatz erhöht und Anleihen, bei welchen zunächst ein fester Zinssatz gezahlt wird und später durch einen variablen Zinssatz ersetzt wird.

Das nachfolgende Kapitel widmet sich Fremdfinanzierungsinstrumenten, die die wertorientierte Zielsetzung der Nachhaltigkeit verfolgen.

4.2 Nachhaltige Finanzierungen

Die Instrumente der Fremdfinanzierung lassen sich zudem nach dem in Kap. 1.2 formulierten übergeordneten, wertorientierten und zugleich nachhaltigen finanzwirtschaftlichen Ziel auch in **nachhaltige Finanzierungsinstrumente** einstufen. Vor dem Hintergrund der ökologischen wie auch gesellschaftlichen Herausforderungen unserer Zeit erscheint diese Schwerpunktsetzung angemessen.

So stellt der sog. Weltklimarat, die Intergovernmental Panel on Climate Change (IPCC), in dem jährlich erscheinenden Bericht die neusten Erkenntnisse des Klimawandels und die daraus folgenden Konsequenzen vor. In dem sechsten IPCC Sachstandsbericht berichtet der Weltklimarat u. a. über die Folgen der globalen Erderwärmung und die Risiken für den Fall, dass das globale Erderwärmungsniveau von 1,5 Grad Celsius langfristig überschritten wird.[89] Die Wissenschaftler schätzen, dass weltweit ca. 3,3 bis 3,6 Mrd. Menschen unter Voraussetzungen leben, die gegenüber dem Klimawandel verwundbar sind.[90] Nach Berechnungen des internationalen Forschungsinstituts Global Footprint Network fällt der sog. Overshoot-Day (Erdüberlastungstag)[91] im Jahr 2023 auf den 28. Juli.[92] In 2022 war der Erdüberlastungstag bereits im Mai 2022, d. h. bereits zu diesem Zeitpunkt waren alle natürlichen Ressourcen aufgebraucht und hochgerechnet auf das Gesamtjahr wären ungefähr drei Erden verbraucht worden.

Zur Abschwächung der Folgen des Klimawandels und für eine Transformation der Welt, verabschiedete die Generalversammlung der Vereinten Nationen (UN) 2015 mit der Agenda 2030 einen globalen Rahmen für eine nachhaltige Entwicklung. Dabei wurden 17 sog. globale Nachhaltigkeitsziele (Sustainable Development Goals, SDGs) festgelegt, die bis 2030 erreicht werden sollen und darauf abzielen, Armut und Hunger zu bekämpfen, die Gesundheit und das Wohlergehen aller Menschen zu fördern, Bildung zu verbessern und Chancengleichheit zu erreichen, während gleichzeitig die Umwelt geschützt wird. [93] Um diese vereinbarten Klima- und Energieziele der EU bis 2030 zu erreichen, ist es laut der Europäischen Kommission notwendig, jährlich einen Betrag von 180 Milliarden Euro an Investitionsrückständen aufzuholen.[94]

Auf Ebene der Finanzwirtschaft wurde bereits in 1992, im Jahr der Weltklimakonferenz, die erste Erklärung vom United Nations Environment Programme – Finance Initiative (UNEP FI) für die Unterstützung der Umweltpolitik durch die Finanzdienstleistungsindustrie, Regierungen, Wirtschaft und Einzelpersonen beschlossen.[95] So beabsichtigen etwa die unterzeichnen-

[89] Dabei steht die Erderwärmung für die Wissenschaftler des IPCC in Verbindung mit vermehrt auftretenden Hitzewellen, Starkniederschlägen und weiteren Naturkatastrophen, wie dem Rückgang des Meereises, der z. B. zum Anstieg des Meeresspiegels führt.

[90] Vgl. https://report.ipcc.ch/ar6syr/pdf/IPCC_AR6_SYR_LongerReport.pdf, Abruf vom 05.04.2023.

[91] Der Overshoot-Day ist der Tag im Kalenderjahr, an dem die Menschheit alle natürlichen Ressourcen verbraucht hat, die die Erde weltweit innerhalb eines Jahres regenerieren kann.

[92] Vgl. https://www.overshootday.org/2022-calculation/, Abruf vom 27.12.2023.

[93] Vgl. https://www.un.org/depts/german/de/gv70 c1 .html, Abruf vom 28.02.2023.

[94] Vgl. https://eurlex.europa.eu/legal-contenUDE/TXT/?uri=CELEX:52021 PC0391, Abruf vom 22.03.2023.

[95] Vgl. https://www.unepfi.org/fileadmin/statements/fi/fi_statement_de.pdf, Abruf vom 27.02.2023.

den Finanzinstitute, sich zu einer nachhaltigen Entwicklung zu verpflichten und darüber hinaus eine offene Kommunikation mit der Öffentlichkeit zur Förderung der Integration von Umweltanliegen in der Geschäftstätigkeit zu betreiben.[96] Weitere regulatorische Meilensteine sind die in Zusammenarbeit von Finanzinstituten mit der International Finance Corporation (IFC) in 2003 entwickelten Äquator-Prinzipien, welche Standards des Managements von Umwelt- und Sozialrisiken in Bezug auf verschiedene Projektfinanzierungen definieren. Im Jahr 2006 folgten die Prinzipien für ein verantwortliches Investieren (engl. Principles for Responsible Investment, kurz PRI); eine Selbstverpflichtung von institutionellen Investoren für eine vollumfängliche Integration von umwelt-, sozial- und unternehmensführungsbezogenen Aspekten (ESG-Kriterien) in den Anlageprozessen.[97] Auf europäischer Ebene veröffentlichte die EU-Kommission am 8. März 2018 den „Aktionsplan: Finanzierung nachhaltigen Wachstums".[98] Als eine zentrale Maßnahme ist hierbei die Einführung eines EU-Klassifikationssystems für nachhaltige Tätigkeiten", worunter die EU-Taxonomie fällt, zu nennen. In 2019 veröffentlichte dann das UNEP FI die Prinzipien für verantwortliches Bankwesen (engl. Principles for Responsible Banking, kurz PRB), worin die Einhaltung der 17 SDGs wie auch die Umsetzung der Ziele des Pariser Klimaabkommens gewährleistet wird. Auch von Seiten der Europäischen Bankenaufsichtsbehörde (engl. European Banking Authority, kurz EBA) wird der EU-Aktionsplan umgesetzt mit dem Aktionsplan Nachhaltige Finanzwirtschaft (eng. Action Plan on Sustainable Finance). Auf nationaler Ebene veröffentlichte die Bundesanstalt für Finanzdienstleistungsaufsicht (BaFin) das Merkblatt zum Umgang mit Nachhaltigkeitsrisiken im Dezember 2019 und seit Mai 2021 verfolgt die Bundesregierung mit der deutschen Sustainable Finance-Strategie das erklärte Ziel, dass „Deutschland zu einem führenden Sustainable Finance-Standort"[99] wird.

Entsprechend wird die Finanzwirtschaft bei der Transformation zu einem nachhaltigen Wirtschaftssystem eine der zentralen Rollen einnehmen.

---

[96] Vgl. Waschbusch, G./Kiszka, S./Strauß, P. (Nachhaltigkeit in der Bankenbranche 2021), S. 45.

[97] Vgl. Waschbusch, G./Kiszka, S./Strauß, P. (Nachhaltigkeit in der Bankenbranche 2021), S. 45.

[98] Vgl. https://eur-lex.europa.eu/legal-content/DE/TXT/?uri=CELEX%3A52018DC0097, Abruf vom 15.03.2023.

[99] https://www.bundesfinanzministerium.de/Content/DE/Downloads/Broschueren_Bestellservice/deutsche-sustainable-finance-strategie.pdf?__blob=publicationFile&v=6, Abruf vom 05.04.2023.

Infolgedessen spielt der „grüne" Finanzsektor eine immer wichtigere Rolle, wenn es darum geht, Kapital in Investitionen zu lenken, die zu einer effizienteren Bewältigung von Umweltproblemen beitragen.[100] Nachhaltige Finanzierung bezieht sich entsprechend auf die Art und Weise, wie Unternehmen, Regierungen und andere Organisationen ihre Finanzen beschaffen, um umwelt- und sozialverträgliche Projekte zu finanzieren. Im Folgenden sind einige **Instrumente** (Auswahl) aufgeführt, die für eine nachhaltige Finanzierung genutzt werden können:

Green Bonds: Anleihen, die speziell für die Finanzierung von Projekten im Bereich Umwelt und Klima ausgegeben werden. Der Erlös der Anleihen wird für die Finanzierung von Projekten wie erneuerbare Energien, Energieeffizienz, öffentliche Verkehrsmittel und andere grüne Initiativen verwendet.

Social Bonds: Ähnlich wie Green Bonds, jedoch für soziale Projekte, wie zum Beispiel für Bildung, Gesundheitsversorgung, soziale Infrastruktur und Wohnraum für einkommensschwache Familien.

Climate Bonds: Festverzinsliche Wertpapiere, die Kapital für kohlenstoffarme, klimaresiliente Projekte mobilisieren. Die Climate Bonds Initiative setzt Standards für die Anleihen, um Investoren die Sicherheit zu geben, dass die Mittel nur für klimafreundliche Projekte verwendet werden. Die Organisation fördert Investitionen in saubere Energie, nachhaltige Landnutzung und Infrastruktur sowie den Umweltschutz.

Grüne Schuldscheindarlehen: Grüne Schuldscheindarlehen sind eine spezielle Form von Schuldscheindarlehen, die von Unternehmen ausgegeben werden und deren Verwendungszweck auf nachhaltige und ökologische Projekte beschränkt ist. Sie dienen somit der Finanzierung von umweltfreundlichen Investitionen und tragen zur Förderung der Nachhaltigkeit bei.

Grüne Bankkredite: Dies sind Kredite, die speziell für umweltfreundliche Projekte ausgegeben werden. Sie dienen dazu, nachhaltige Investitionen zu fördern und Investoren eine Möglichkeit zu geben, ihr Geld für umweltfreundliche Zwecke einzusetzen. Unternehmen und Regierungen können diese Kredite nutzen, um Projekte wie den Bau von Solar- oder Windkraftanlagen zu finanzieren. Auch kann in sog. grüne revolvierende Bankkredite und nachhaltig revolvierende Bankkredite unterschieden werden. Bei sog. Green Loans geht es nicht nur um die Finanzierung von Projekten, die die

[100] Vgl. Rizzello, A. (Green lnvesting 2022), S 1 f.

Umwelt schützen oder verbessern, sondern auch um die Förderung von Nachhaltigkeit. Daher werden Green Loans oft mit bestimmten Bedingungen und Anforderungen verbunden. Zum Beispiel können Kreditgeber verlangen, dass bestimmte Nachhaltigkeitsziele erreicht werden, bevor die Mittel ausgezahlt werden oder dass Berichte über die Umweltauswirkungen des Projekts regelmäßig vorgelegt werden. Green Loans können von Regierungen, multilateralen Organisationen, Banken, Unternehmen oder anderen Organisationen ausgegeben werden. Sie können sowohl in Form von Krediten als auch in Form von Anleihen (s. Green Bonds) angeboten werden. In der Regel werden Green Loans von den Emittenten als Teil ihrer Nachhaltigkeitsstrategie emitiitiert.

Weitere nachhaltige Finanzierungsinstrumente, die im weiteren Verlauf des Lehrbuches nicht näher erläutert werden.

Nachhaltige Mikrokredite unterscheiden sich von herkömmlichen Mikrokrediten dadurch, dass sie spezielle Anforderungen an die soziale und ökologische Nachhaltigkeit der Projekte stellen, die finanziert werden sollen. Es sind spezielle Kreditprodukte, die speziell für kleine Unternehmen, landwirtschaftliche Betriebe und Selbständige in Entwicklungs- oder Schwellenländern konzipiert wurden. Diese Kredite zielen darauf ab, den Zugang zu Finanzmitteln zu erleichtern und den Lebensunterhalt der Kreditnehmer zu verbessern, während gleichzeitig soziale und ökologische Nachhaltigkeit gefördert wird. Zum Beispiel können Kredite nur für Projekte vergeben werden, die umweltfreundlich sind oder den Zugang zu sauberem Wasser und Energie verbessern. Darüber hinaus können Kredite an Unternehmen vergeben werden, die sich für soziale Gerechtigkeit und faire Arbeitsbedingungen einsetzen. Eine Besonderheit von nachhaltigen Mikrokrediten ist, dass sie oft von Mikrofinanzinstitutionen oder gemeinnützigen Organisationen vergeben werden, die eng mit den Kreditnehmern zusammenarbeiten, um sicherzustellen, dass die Kredite nachhaltig eingesetzt werden und positive Auswirkungen auf die lokale Gemeinschaft haben. Ziel ist es, den Kreditnehmern nicht nur finanzielle Unterstützung zu bieten, sondern auch Kapazitäten aufzubauen und Know-how zu vermitteln, um langfristig wirtschaftlich erfolgreich zu sein und gleichzeitig zu einer nachhaltigeren Gesellschaft beizutragen. Diese Kredite werden kleinen Unternehmen und Unternehmern in Entwicklungsländern zur Verfügung gestellt, um nachhaltige Projekte zu finanzieren. Diese Kredite tragen zur Verbesserung der lokalen Wirtschaft bei und helfen dabei, Armut zu reduzieren.

Nachhaltige Investmentfonds: Nachhaltige Investmentfonds sind Investmentfonds, die in Unternehmen oder Projekte investieren, die nach sozialen, ökologischen oder ethischen Kriterien ausgewählt wurden. Das Ziel von nachhaltigen Investmentfonds ist es, nicht nur eine finanzielle Rendite zu erzielen, sondern auch einen positiven Einfluss auf die Umwelt oder die Gesellschaft zu haben. Diese Fonds wählen i. d. R. Unternehmen aus, die sich für eine nachhaltige Entwicklung engagieren und sich an ESG-Standards halten. Dabei kann es sich um Unternehmen handeln, die erneuerbare Energien entwickeln, Wasser- und Abfallmanagement betreiben, soziale Programme unterstützen oder ethische Arbeitspraktiken haben.

Nachhaltige Investmentfonds können in verschiedenen Formen auftreten, wie z. B. als Aktienfonds, Anleihenfonds oder gemischte Fonds. Sie bieten Anlegern eine Möglichkeit, in Unternehmen oder Projekte zu investieren, die ihren Werten und Überzeugungen entsprechen, und können dazu beitragen, den Wandel in Richtung einer nachhaltigeren Wirtschaft zu beschleunigen. Es ist dabei wichtig zu beachten, dass nicht alle nachhaltigen Investmentfonds gleich sind und dass Anleger sorgfältig prüfen sollten, welche Unternehmen oder Projekte in den Fonds enthalten sind und wie die Fondsmanager die Nachhaltigkeit ihrer Investitionen bewerten. Unabhängige Rating-Agenturen können dabei helfen, die ESG-Leistung von Unternehmen zu bewerten und die Auswahl von nachhaltigen Fonds zu unterstützen.

Diese Fonds investieren in Unternehmen, die sich für Nachhaltigkeit engagieren oder in umwelt- und sozialverträgliche Projekte. Anleger können ihr Geld in diese Fonds investieren und somit Unternehmen unterstützen, die sich für nachhaltige Praktiken einsetzen.

Sustainable Supply Chain Finance: Dies ist eine Finanzierungsmethode, die darauf abzielt, die Nachhaltigkeit in der Lieferkette von Unternehmen zu fördern. Dabei geht es darum, die Finanzierung der Lieferkette so zu gestalten, dass Unternehmen, die nachhaltige Praktiken umsetzen, bevorzugt werden. Das Instrument zielt darauf ab, die finanziellen Barrieren zu reduzieren, mit denen Unternehmen bei der Umsetzung nachhaltiger Praktiken in ihrer Lieferkette konfrontiert sind. Dies geschieht durch die Verknüpfung von Finanzierungsinstrumenten, wie z. B. Factoring, Reverse Factoring oder Lieferantenkrediten, mit spezifischen Nachhaltigkeitskriterien. Durch den Einsatz von Sustainable Supply Chain Finance können Unternehmen die Finanzierungskosten senken und gleichzeitig die Umsetzung nachhaltiger Praktiken in ihrer Lieferkette fördern. Zum Beispiel können Unternehmen, die Energieeffizienzmaßnahmen in ihrer Produktion umsetzen, von günstigeren Kreditkonditionen profitieren. Ein weiterer Vorteil ist, dass es den Druck auf Unternehmen erhöht, ihre Lieferkette nachhaltiger zu gestalten. Durch die Verknüpfung von Finanzierung und Nachhaltigkeit werden Unternehmen ermutigt, ihre Lieferanten zu überprüfen und sicherzustellen, dass diese ebenfalls nachhaltige Praktiken umsetzen.

SSCF ist eine wichtige Komponente der nachhaltigen Lieferkettenmanagement-Strategie von Unternehmen und kann dazu beitragen, eine nachhaltigere Wirtschaft zu fördern.

Diese Instrumente, von denen einige im folgenden detaillierter beschrieben werden, tragen dazu bei, dass Investoren und Unternehmen ihre finanziellen Ressourcen nutzen können, um positive soziale und ökologische Veränderungen zu bewirken.

Der Vollständigkeit halber sei erwähnt, dass als nachhaltiges Finanzierungsinstrument auch eine Aktie gezählt werden kann. In diesem Fall werden Eigankapitalanteile von Unternehmen emitiert, die als Ganzes oder aber deren Geschäftsmodelle als nachhaltig bewertet werden, da sie sich den Umweltschutz zum Ziel gesetzt haben und z. B. eine rohstoff- und energiesparende Produktion haben.

4.2.1 Nachhaltige Anleihen

Für alle Anleihen gilt grundsätzlich, dass das hierüber generierte Kapital dem Fremdkapital zuzurechnen ist. Als nachhaltige Geldanlagen lassen sich im Allgemeinen alle nachhaltigen, verantwortlichen, ethischen, sozialen und ökologischen Anlagen (ESG)[101] bzw. Anleihen bezeichnen. So haben sich auf dem Anleihemarkt im letzten Jahrzehnt eine Reihe innovativer Instrumente zur Finanzierung umweltbezogener (Green Financing) und (sozialer) Nachhaltigkeit entwickelt, die im nachfolgenden vorgestellt werden.

[101] Der ESG-Ansatz dient in der Finanzbranche zur Abgrenzung von nachhaltigen Geldanlagen und umfasst die bereits zuvor dargestellten drei Dimensionen Umwelt, Soziales und Unternehmensführung.

4.2.1.1 Green Bonds

Grüne Anleihen (Green Bonds) sind inzwischen ein wichtiges Finanzierungsinstrument für Unternehmen oder Projekte. Bei Green Bonds handelt es sich um besondere Anleihen, die Aktivitäten (re)finanzieren, welche Klima und Umwelt positiv beeinflussen und so den Wandel zu einer kohlenstoffarmen, klimaverträglichen Wirtschaft unterstützen. Green Bonds sind kein neues Finanzinstrument, sondern sind festverzinsliche Wertpapiere mit einer zusätzlichen Anreizkomponente für Investoren. In den meisten Rechtsordnungen ist die Qualifikation als *grün* dabei nicht (hinreichend) reguliert.[102] So sind von einigen Jurisdiktionen, darunter etwa China und Indien, gewisse Regularien für Green Bonds eingeführt, die jedoch den Nachhaltigkeitsaspekt der Finanzierung nicht (immer) sicherstellen können. So gelten danach etwa Energie- und Transportprojekte als grün, die auf fossilen Energieträgern basieren und nach europäischem Standard nicht zulässig sind.[103]

Diese Lücke füllt in Europa bislang die weithin akzeptierte Kategorisierung der Green Bond Principles (GBP) der International Capital Market Association (ICMA)[104] mit dem Climate Bond Standard als dazugehörigem Siegel.[105] Denn sowie es für Sustainable Finance jedoch keine allgemein anerkannte Definition gibt, so existiert auch für Green Bonds keine standardisierte Definition; vielmehr beziehen sich die Marktteilnehmer auf unterschiedliche Standards; allen voran hat sich die im Jahre 2014 entworfene Definition der GBP der ICMA als weltweite Vereinigung von Kapitalmarktteilnehmern mit Sitz in Zürich, als freiwillige Richtlinie etabliert. Danach sind „Green Bonds (…) Anleihen, deren Emissionserlöse (oder ein äquivalenter Betrag) ausschließlich zur anteiligen oder vollständigen (Re-)Finanzierung geeigneter grüner Projekte (…) verwendet werden und die an den

[102] Vgl. Bueren, E. (Sustainable Finance 2019), S. 828 f.

[103] Vgl. Park, S. K. (Investors as Regulators: Green Bonds and the Governance Challenges of the Sustainable Finance Revolution 2018), S. 41 f.

[104] Die ICMA ist ein Verband von Finanzinstituten, die sich auf die Kapitalmärkte spezialisiert haben. Der Branchenverband hat das Ziel, Integrität und Effizienz der internationalen Kapitalmärkte zu fördern und zu verbessern. Die ICMA ist insbesondere bekannt für ihre Arbeit im Bereich der Anleihenmärkte und hat einen bedeutenden Beitrag zur Entwicklung und Standardisierung von Anleiheemissionen und -handel geleistet.

[105] Dessen ungeachtet leiden viele Green Bonds unter mangelnder Nachvollziehbarkeit der Mittelverwendung und Zweifeln an der Additionalität.

vier Kernkomponenten der GBP ausgerichtet sind. Dabei kann es sich um neue und/oder bereits bestehende Projekte handeln".[106]

Als die vier Kernkomponenten der GBP hat die ICMA die Verwendung der Emissionserlöse (Use of Process), den entsprechenden Vorgang der Projektbewertung und -auswahl (Process for Project Evaluation & Selection), das Management der Mittelverwendung (Management of Proceeds) sowie die Dokumentationspflichten (Reporting) festgelegt. Geeignete grüne Projekte können dabei z. B. Projekte in erneuerbare Energien, energieeffiziente Gebäude, nachhaltiges Wassermanagement, eine schadstoffarme Logistik, oder eine ökologische Nutzung von natürlichen Ressourcen sein.[107,108]

Standard Green Use of Proceeds Bond: Use of Proceeds Bonds sind konventionelle Anleihen, bei denen eine Forderung ggü. dem Emittenten besteht. Der einzige Unterschied zu einer klassischen Anleihe ist, dass der Emissionserlös in die Finanzierung definierter ökologischer Projekte fließen muss.

Green Revenue Bond: Bei dieser Anleihe besteht keine Forderung ggü. dem Emittenten. Die Rückflüsse erfolgen dabei aus Cashflows grüner Projekte.

Green Project Bond: Eine grüne Projektanleihe kann zur Finanzierung von einem oder mehrerer ausgewählter grüner Projekte eingesetzt werden. Die Risikostruktur kann dabei, wie bei einem Use of Proceeds Bond, ausgestaltet sein oder aber der Investor ist direkt den Projektrisiken ausgesetzt.

Green Securitised Bond: Eine Anleihe, die durch grüne Projekte besichert ist. Als Sicherungsinstrumente werden dabei u. a. Asset Backed Securities, Mortgage Backed Securities, oder Pfandbriefe eingesetzt. Dabei besteht beim Einsatz von Backed Securities ein Rückgriffsrecht auf die besicherten

[106] Vgl. https://www.icmagroup.org/assets/documents/Sustainable-finance/Translations/German_GBP-06-2021-301221.pdf, Abruf vom 06.03.2023.

[107] Vgl. ebenda.

[108] Auf europäischer Ebene schafft die EU mit dem sog. Green Bond Standard ein freiwilliges Rahmenwerk, das vier Kernbereiche umfasst: a) Angleichung der mit grünen Anleihen finanzierten umweltfreundlichen Projekte an die EU-Taxonomie, b) Schaffung einheitlicher Rahmenbedingungen für umweltfreundliche Anleihen, c) regelmäßige und umfassende Berichterstattung und d) Überprüfung durch akkreditierte Prüfer.

Vermögenswerte und bei Pfandbriefen besteht zusätzlich ein Anspruch ggü. dem Emittenten.[109]

Grundsätzlich können sich Emittenten bei der Ausgestaltung und Kennzeichnung von Green Bonds auf unterschiedliche Rahmenwerke berufen. Dabei haben sich insb. die o. g. GBP der ICMA und der Climate Bond Standard der CBI an den internationalen Finanzmärkten etabliert. Des Weiteren versucht die EU, einen einheitlichen Standard mit strengeren, bzw. verpflichtenden Anforderungen und einem im Vergleich zu anderen Standards höheren Qualitätsniveau einzuführen.

Die Bundesrepublik Deutschland als Emittentin hat im September 2020 erstmals Grüne Staatsanleihen im Wert von 6,5 Mrd. € ausgegeben, auf die eine Nachfrage von 33 Mrd. € folgte. Diese Anleihen wurden als Zwillingsanleihen konzipiert, bei denen eine konventionelle Bundesanleihe mit einer grünen Anleihe gleicher Fälligkeit und Kupon kombiniert wurde. Diese Ausgestaltung soll sicherstellen, dass Grüne Bundesanleihen jederzeit in konventionelle Staatsanleihen umgewandelt werden können, um eine vergleichbare Liquidität zu gewährleisten. Die Erlöse aus dieser Emission werden für Staatsausgaben verwendet, die bereits mit grünen Zielen vereinbar sind, und ersetzen nur einen Teil der bisherigen konventionellen Staatsanleihen. Die Emission Grüner Staatsanleihen kann für den Bund günstigere Finanzierungsbedingungen ermöglichen und ein attraktives Benchmark-Anlageinstrument schaffen, das als Referenzwert für den Euroraum fungieren kann.[110]

Green Bonds sind meist börsennotiert. Jedoch kommen auch Privatplazierungen im Markt vor. Eine Zertifizierung des nachhaltigen Projektzweckes durch eine unabhängige Agentur ist grundsätzlich sinnvoll und schafft Transparenz bei der Platzierung des Bonds, jedoch nicht vorgeschrieben.

4.2.1.2 Social und Climate Bonds

Neben Green Bonds, gibt es weitere spezifische Anleihen, die nachhaltige Zielsetzung verfolgen wie Climate oder auch Social Bonds. Diese sind ebenfalls zumeist festverzinsliche Anleihen, deren Erlös speziell für Projekte

[109] Vgl. https://www.icmagroup.org/assets/documents/Sustainable-finance/Translations/German_GBP-06-2021-301221.pdf, Abruf vom 06.03.2023, S. 8.

[110] Vgl. https://www.bundesfinanzministerium.de/Monatsberichte/2021/06/Inhalte/Kapitel-3-Analysen/3-4-gruene-finanzierung-und-gruene-staatsanleihen.html, Abruf vom 07.03.2023.

eingesetzt wird, die dazu beitragen, den Klimawandel zu bekämpfen, sich an seine Auswirkungen anzupassen oder auch spezifische soziale, gesellschaftliche Kriterien folgen. Häufig werden Climate oder Social Bonds als Teilbereiche von Green Bonds klassifiziert.

Im Gegensatz zu Green Bonds finanzieren **Climate Bonds** dabei Projekte in besonderem Maße, die Kohlenstoffemissionen reduzieren oder die Auswirkungen des Klimawandels lindern, während grüne Anleihen eine breitere Kategorie von Instrumenten darstellen, die sich auf Projekte mit positiven Umweltauswirkungen beziehen.

Um als "Climate Bond" zu gelten, müssen diese Anleihen entsprechend bestimmte Kriterien erfüllen, die von der Climate Bonds Initiative (CBI) festgelegt wurden. Die CBI ist eine internationale, gemeinnützige Organisation, die sich auf die Förderung von Investitionen in den Klimaschutz konzentriert.

Die Kriterien für Climate Bonds umfassen unter anderem:

Verwendungszweck: Die Mittel aus Climate Bonds müssen für Projekte verwendet werden, die einen positiven Einfluss auf den Klimawandel haben, wie erneuerbare Energien, Energieeffizienz, saubere Verkehrsmittel und Anpassungsmaßnahmen.

Kriterien: Climate Bonds müssen bestimmte Kriterien erfüllen, um als solche klassifiziert zu werden, wie bspw. das Verbot der Finanzierung von Kohle oder Öl und Gas.

Transparenz: Emittenten von Climate Bonds müssen oft über ihre Verwendung der Mittel und den Fortschritt bei der Erreichung der Ziele berichten.

Die nachfolgende Übersicht stellt anhand zentraler Kriterien die wesentlichen Merkmale und damit auch die Unterschiede der Standards für Green Bonds und Climate Bonds dar.

	Green Bond Principles (GBP)	Climate Bond Standards (CBS)	Enwurf der European Green Bond Standards (EUGBS)
Geltungsbereich und Anwendbarkeit	Global, freiwillig	Weltweit, freiwillig	EU-weit, freiwillig
Informationen vor Vertragsabschluß	keine expliziten Informationen	Emittenten müssen vor Vertragsabschluss verpflichtend über diverse Punkte berichten wie z. B. über die geplanten Projekte	Pflicht zur Ausgabe eines Factsheets
Green Bond Rahmenwert	Erstellung eines Rahmenwerkes ist Kernempfehlung	Erstellung eines Rahmenwerkes ist Verfpflichtung	Erstellung eines Rahmenwerkes ist Verfpflichtung
Erlösverwendung	Erlösverwendung in 10 festgelegte Oberkategorien	Erlösverwendung zu 100% in benannten Projekte und Vermögenswerte der CBS-Taxonomie	Erlösverwendung zu 100% für bezeichnete grüne Anlagegüter, Investition- und Betriebsausgaben
Taxonomie-Quote und Konformität mit der EU-Verordnung	Nicht vorgegeben, abhängig von Investition und Emittent wird Offenlegung empfohlen	Nicht vorgegeben, durch die Ausrichtung der EU-Taxonomie abhängigg von der Investition	100% Taxonomie-Quote durch vollständige Ausrichtung an EU-Taxonomie
Externer Bewerter	Nein	Müssen als zugelassen Prüfer auf der CBI-Website gelistet sein	Müssen bei der ESMA registriert sein
Externe Bewertung vor und nach Emission	Empfohlene externe Bewertung des Green Bond Rahmenswerks vor Emission sowie des Überprüfung der Erlösverwendung und des Managements nach Emission	Verpflichtende Überprüfung vor Emission und obligatorische Überprüfung mindestens einmal nach Emission	Verpflichtende Überprüfung vor Veröffentlichung und obligatorische Überprüfung des Erlösverwendungsberichtes Emission
Nachemissionsbewertung	GBP-Empfehlung einer jährlichen Verwendungsberichtserstattung	Umfangreiche und verpflichtende Verwendungsberichtserstatttung durch CBS	Verpflichtende ausführliche jährliche Berichterstattung
Wirkungsbericht (Impact Reporting)	Jährlich empfohlen inkl. der Übernahme eines Templates	Jährlich empfohlen	Verpflichtung nach vollständiger Erlösverwendung (mindestens einmal)

Tabelle: Wesentliche Unterschiede der GBP, des CBS und des Entwurfs des EUGBS

Social Bonds sind desweiteren Anleihen, die speziell für die Finanzierung von Projekten ausgegeben werden, die einen positiven sozialen Einfluss haben. Diese Anleihen werden oft von Regierungen, staatlichen Einrichtungen und gemeinnützigen Organisationen ausgegeben.

Social Bonds sind dabei nicht mit Social Impact Bonds zu verwechseln.[111,112]

Einige Merkmale von Social Bonds können sein:

Verwendungszweck: Die Mittel aus Social Bonds müssen für Projekte verwendet werden, die einen positiven sozialen Einfluss haben, wie bspw. die Förderung der Gleichstellung, die Unterstützung von Menschen mit Behinderungen oder die Verbesserung der Gesundheitsversorgung.

Kriterien: Social Bonds müssen bestimmte Kriterien erfüllen, um als solche klassifiziert zu werden, wie bspw. die Verpflichtung zur Einstellung von Arbeitskräften aus benachteiligten Gemeinschaften.

Transparenz: Emittenten von Social Bonds müssen oft über ihre Verwendung der Mittel und den Fortschritt bei der Erreichung der Ziele berichten.

Im folgenden werden klassische Kreditfinanzierungen, die speziell grüne und damit nachhaltige Zielsetzungen verfolgen, vorgestellt.

4.2.2 Nachhaltige Kredite

Ein weiteres, sehr gebräuchliches Green-Financing-Instrument sind nachhaltige Kredite. Die bekanntesten Formen sind dabei das grüne Schuldscheindarlehen sowie grüne Bankkredite.

---

[111] Vgl. Weber, M./Petrick, S. (2014), S. 2 ff. sowie vgl. La Torre, M./ Chiappini, H. (Contemporary Issues in Sustainable Finance, 2021), S. 287 ff.

[112] Ein Social Impact Bonds ist keine Anleihe, sondern eine (mindestens) dreiseitige Vertragsbeziehung zwischen (1) einer (zumeist öffentlichen) Stelle, welche eine sozialgemeinnützige Leistung nachfragt und hierfür in Abhängigkeit von deren Ergebnissen bezahlt, (2) einer (oft gemeinnützigen) Organisation, die die Leistung erbringt und (3) einem social investor, der ganz oder teilweise das Risiko übernimmt, indem er die Leistungserbringung vorfinanziert und dafür im Erfolgsfall eine Zahlung erhält, entweder vom Leistungserbringer (Leistungsmodell) oder von der öffentlichen Stelle/outcome funder (Effizienzmodell). Der Grad des Erfolgseintritts wird von einem unabhängigen Prüfer überprüft. Vgl. Clifford, J./Jung, T. (2016), S. 161 ff. sowie Sinclair, S./McHugh, N./Roy, M.J. (2021), S. 11 f.

4.2.2.1 Grüne Schuldscheindarlehen

Grundsätzlich sind Schuldscheindarlehen standardisiertere Kredite. Sie können als alternatives Kapitalmarktprodukt zur Refinanzierung eingesetzt werden und dienen unter anderem der Erweiterung der Investorenbasis. Schuldscheindarlehen sind eine Form der Unternehmensfinanzierung, bei der ein Unternehmen ein Darlehen von Investoren aufnimmt. Im Gegensatz zu traditionellen Bankdarlehen wird das Schuldscheindarlehen direkt von institutionellen Investoren wie Versicherungsgesellschaften, Pensionsfonds oder Investmentfonds bereitgestellt. Während allerdings bei Anleihen und Aktien meist spezielle Fonds als Investoren auftreten, ist dies bei grünen Schuldscheindarlehen nicht der Fall.

Insgesamt ist das Schuldscheindarlehen ein Instrument der Unternehmensfinanzierung, das Unternehmen eine zusätzliche Finanzierungsoption bietet, wenn sie sich nicht ausschließlich auf traditionelle Bankdarlehen verlassen möchten.

Die **Funktionsweise** von Schuldscheindarlehen ist relativ leicht nachvollziehbar. Das Unternehmen, das das Darlehen aufnehmen möchte, stellt ein Angebot für das Schuldscheindarlehen zusammen, in dem es den Zinssatz, die Laufzeit und andere Konditionen festlegt. Das Angebot wird dann an potenzielle Investoren verteilt, die ihre Teilnahme am Schuldscheindarlehen ausdrücken können.

Wenn das Schuldscheindarlehen ausreichend Nachfrage bei Investoren findet, wird es platziert und das Unternehmen erhält das Kapital. Das Unternehmen zahlt dann regelmäßige Zinszahlungen an die Investoren und zahlt das Darlehen am Ende der Laufzeit zurück.

Schuldscheindarlehen können verschiedene **Vorteile** für Unternehmen bieten, darunter eine höhere Flexibilität bei der Konditionengestaltung im Vergleich zu traditionellen Bankdarlehen.

Somit zählen zu den wichtigsten Vorteilen von Schuldscheindarlehen:

Flexible Struktur: Elemente wie Laufzeit, Verzinsung oder Rückzahlungsbedingungen sind im Vertrag frei verhandelbar.

Effiziente Transaktion: Dank der schlanken Dokumentation dauert die Begebung eines Schuldscheindarlehens i. d. R. nur acht bis zehn Wochen.

Hohe Vertraulichkeit: Der Investorenkreis ist auf einen kleinen handverlesenen Kreis beschränkt. Kein externes Rating und keine aufwendigen Berichtspflichten erforderlich.

Erweiterung der Investorenbasis: Minderung der Abhängigkeit von Bankdarlehen.

Stabile Sockelfinanzierung: insb. für langfristige Investitionsgüter

Allerdings gibt es auch einige **Nachteile** von Schuldscheindarlehen. Zum einen sind sie oft teurer als Bankdarlehen, da die Investoren höhere Risiken eingehen und dadurch eine höhere Rendite erwarten.[113] Zum anderen müssen Unternehmen oft einen größeren Verwaltungsaufwand betreiben, um Schuldscheindarlehen auszugeben und regelmäßige Zinszahlungen zu leisten.

Nachhaltige, grüne Schuldscheindarlehen sind Finanzierungsinstrumente, die von Unternehmen und Institutionen ausgegeben werden, um Kapital von Investoren zu beschaffen, während im Gegensatz zu traditionellen Schuldscheindarlehen ein besonderer Wert auf ökologische, soziale und governance-bezogene Aspekte gelegt wird. Das bedeutet, dass die Unternehmen oder Institutionen, die nachhaltige Schuldscheindarlehen ausgeben, sich verpflichten, bestimmte Umwelt- und Sozialstandards einzuhalten und zu fördern. Die Mittel, die durch die Ausgabe von nachhaltigen Schuldscheindarlehen aufgenommen werden, werden typischerweise für umweltfreundliche oder soziale Projekte verwendet, wie zum Beispiel erneuerbare Energien, Energieeffizienzmaßnahmen, Wasser- und Abfallwirtschaft, soziale Infrastrukturprojekte, usw.

Die Emission von nachhaltigen Schuldscheindarlehen hat in den letzten Jahren an Bedeutung gewonnen, da immer mehr Investoren und Kreditgeber ein wachsendes Interesse an Investitionen in Unternehmen und Institutionen

---

[113] Schuldscheindarlehen werden typischerweise von institutionellen Investoren wie Versicherungen, Pensionsfonds und Investmentfonds bereitgestellt und sind i. d. R. auf große Unternehmen mit einem etablierten Ruf und hohen Kreditwürdigkeitsratings ausgerichtet. Diese Investoren verlangen in der Regel höhere Zinssätze als Banken, um das höhere Risiko, das mit der Investition in Schuldscheindarlehen verbunden ist, auszugleichen. Traditionelle Bankkredite hingegen werden von Banken bereitgestellt, die in der Regel niedrigere Zinssätze anbieten, um Unternehmen zu gewinnen und langfristige Beziehungen aufzubauen. Banken können jedoch strengere Anforderungen an die Kreditwürdigkeit und Sicherheiten des Unternehmens stellen und höhere Gebühren und Strafen bei verspäteten Zahlungen erheben.

haben, die sich für Nachhaltigkeit und Umweltverträglichkeit engagieren. Wie bei einem Green Bond gibt es keine festgeschriebenen Regeln, wie ein grüner Schuldschein genau ausgestaltet sein muss. Auch hier halten sich die Unternehmen an den an Green Bonds angelehnten Marktstandard (siehe Vorkapitel).

Den ersten Green Schuldschein überhaupt platzierte 2016 der Hamburger Windkraftanlagenbauer Nordex. In den vergangenen Jahren folgten Unternehmen wie der Automobilzulieferer Mann + Hummel, der Automobilkonzern Porsche oder der Zulieferer Schaeffler. Im Jahr 2022 platzierten bspw. die Nassauischen Heimstätten einen Green bzw. Sustainablity und Social Schuldschein.

Im folgenden Unterkapitel wird als weiteres Instrument der "grünen" Unternehmensfinanzierung der Green Loan beschrieben. Wie grenzt sich dieser vom grünen Schuldscheindarlehen ab?

Ein Green Loan und ein grünes Schuldscheindarlehen sind beide Finanzierungsinstrumente, die auf die Finanzierung von nachhaltigen und umweltfreundlichen Projekten abzielen. Der Hauptunterschied zwischen beiden besteht in der Art und Weise, wie sie emittiert werden und wer sie ausgibt.

4.2.2.2 Grüne Bankkredite

Die zuvorbeschriebenen grünen Schuldscheindarlehen machen, global betrachtet, nur einen sehr kleinen Teil des grünen Finanzierungsuniversums aus, da es ein spezifisch deutsches Instrument ist. International spielen sog. **Green Loans** bzw. grüne Bankkredite eine deutlich größere Rolle. Diese Kredite werden zur Finanzierung bestimmter nachhaltiger Projekte abgeschlossen und funktionieren nach demselben Prinzip wie Green Bonds und grüne Schuldscheindarlehen.

Grundsätzlich wird dabei ein Green Loan von einem Finanzinstitut an ein Unternehmen vergeben, während ein grünes Schuldscheindarlehen von einem Unternehmen direkt an Investoren ausgegeben wird. Beide Instrumente haben das Ziel, die Finanzierung von umweltfreundlichen Investitionen zu erleichtern und damit die Nachhaltigkeit zu fördern.

Ein Green Loan wird von Banken oder Finanzinstituten an Unternehmen oder Organisationen vergeben, die umweltfreundliche Investitionen tätigen möchten. Die Mittel des Darlehens sind gezielt für den Zweck der umweltfreundlichen Investition, wie zum Beispiel erneuerbare Energien oder Energieeffizienzmaßnahmen, bestimmt. Die Kreditbedingungen sind so gestaltet, dass sie den Investitionszweck unterstützen. Dies gilt für sowohl bilaterale Kredite als auch für syndizierte Kredite, die von mehreren Banken gemeinsam bereitgestellt werden (sog. Konsortialkredite).

Da diese Konsortialkredite häufig der Liquiditätssicherung des Unternehmens dienen, wird ein Kreditrahmen festgelegt, der über die Kreditlaufzeit variabel in Anspruch genommen werden kann (revolvierend). In der Konsequenz wird – im Gegensatz zu Anleihen und Schuldscheindarlehen – kein fester Zinskupon ermittelt, sondern eine Kreditmarge, die im Falle einer Inanspruchnahme dem Referenzzins für die Ziehungsperiode hinzuaddiert wird.

Üblicherweise sind die Kreditmargen bei revolvierenden Kreditrahmen nicht für die gesamte Laufzeit festgelegt und können sich entsprechend der Bonität des Unternehmens ändern. Hierbei können Kennzahlen wie der dynamische Verschuldungsgrad, der das Verhältnis von Nettoverschuldung (Net Debt) zu EBITDA misst, oder das externe Rating des Unternehmens verwendet werden. Dieser Preisfindungsmechanismus wird auch unter Berücksichtigung von Nachhaltigkeitsaspekten genutzt, wenn es um die Bestimmung von Kreditmargen für nachhaltige Kreditrahmen geht. In diesem Fall wird nicht die Bonität des Unternehmens bewertet, sondern seine Nachhaltigkeitsleistung. Ein sog. Margengitter (Margin Grid) wird hierbei als Bewertungsinstrument eingesetzt.

Dafür werden in den Kreditverträgen bestimmte Kriterien (Veränderung der Nachhaltigkeitsleistung) oder konkrete Nachhaltigkeitsziele wie CO2-Emissionen definiert, bei deren Erreichen die Kreditmarge angepasst wird.

Da die Kreditgeber im Sinne des Gläubigerschutzes (Schutz der Einlagen der Bankkunden) unverändert an Bonitätskriterien festhalten müssen, werden in der Praxis häufig Bonitäts- und Nachhaltigkeits-Margengitter miteinander verknüpft. Eine Spielart ist in diesem Zusammenhang der „Positive Incentive Loan“, also ein Bankkredit, der Zinsanreize setzt, damit sich das Nachhaltigkeit-Rating eines Unternehmens verbessert. Dafür wird der Kreditnehmer von einer unabhängigen Agentur bewertet. Wenn das Unternehmen sein Rating während der Laufzeit des Kredits verbessern kann, sinkt die Kreditmarge um ein paar Basispunkte – und vice versa. Dies soll dem Unternehmen einen Anreiz geben, seine Nachhaltigkeitsleistung zu verbessern und nicht zu verschlechtern. Die Regelungen hierfür werden in jedem Einzelfall individuell vereinbart, Standards hierfür bestehen nicht.

Auch kann in grüne revolvierende Bankkredite und nachhaltig revolvierende Bankkredite unterschieden werden, bzw. in Green Loans und in **Sustainable Loans**.

Grüne revolvierende Bankkredite und nachhaltig revolvierende Bankkredite sind ähnliche Finanzierungsinstrumente, aber mit unterschiedlichen Fokus auf Nachhaltigkeit. Grüne revolvierende Bankkredite sind Kredite, die speziell für die Finanzierung von umweltfreundlichen Projekten und Initiativen ausgelegt sind. Ein Green Loan wird speziell für Projekte oder Initiativen verwendet, die einen positiven Einfluss auf die Umwelt haben, wie z. B. erneuerbare Energien, Energieeffizienz, Abfallmanagement oder sauberes Wasser. Die Kreditvergabe wird anhand klar definierter Kriterien für die Umweltleistung des Projekts bewertet.

Nachhaltig revolvierende Bankkredite können auch zur Finanzierung von Projekten mit einem sozialen oder ökologischen Mehrwert eingesetzt werden, die aber nicht unbedingt einen klaren Fokus auf Umweltbelange haben. Diese Kredite können Projekte wie z. B. bezahlbaren Wohnraum, Bildung, Gesundheitswesen oder soziale Infrastruktur finanzieren, die für die langfristige Nachhaltigkeit einer Gemeinschaft oder Region von Bedeutung sind.

In beiden Fällen ist es wichtig, dass die Kredite den international anerkannten Nachhaltigkeitsstandards entsprechen und von unabhängigen Dritten überprüft werden, um sicherzustellen, dass sie tatsächlich positive Auswirkungen auf die Umwelt oder die Gesellschaft haben.

Im Gegensatz zu Green Bonds, bei denen Kreditnehmer „neue" Investoren ansprechen, ist dies bei grünen Bankkrediten bislang eher nicht der Fall; hier können mit Green Loans meist weder neue Banken angesprochen noch zusätzliche „Finanzierungstöpfe" angezapft werden: Die Gruppe der Kreditgeber ist gegenüber konventionellen Finanzierungen weitestgehend konstant.

Nachdem in den bisherigen Unterkapiteln zumeist reine Fremdkapitalinstrumente beschrieben worden sind, widmet sich das nächste Kapitel dem Mezzanine-Kapital, das sowohl Fremd- als auch Eigenkapitalelemente aufweist.

4.3 Mezzanine-Finanzierung

Die bisherigen in diesem Kapital diskutierten Finanzierungsinstrumente waren eindeutig dem Bereich des Fremdkapitals zuzuordnen. **Mezzanine-Finanzierung** weist demgegenüber als **hybride Finanzierungsform** sowohl Elemente des Eigen- als auch des Fremdkapitals aus. Der Begriff Mezzanine ist eine Anlehnung an die Bezeichnung aus der Architektur für Zwischengeschoss. Abhängig von der jeweils konkreten Ausgestaltung ist die jeweilige Mezzanine-Form mehr dem Eigen- oder Fremdkapital zurechenbar. Ein Vorteil der Mezzanine-Finanzierung ist die flexible Gestaltungsmöglichkeit orientiert an den Bedürfnissen der Kapitalgeber und -nehmer.

Bei aller Unterschiedlichkeit sind jedoch die vier folgenden Merkmale kennzeichnend für Mezzanine-Kapital:

- Nachrangigkeit gegenüber klassischem Fremdkapital und Vorrangigkeit gegenüber klassischem Eigenkapital,
- dementsprechend liegen die Verzinsungsansprüche auch zwischen denen des Fremdkapitals und des Eigenkapitals,
- zeitliche Befristung des Kapitals vergleichbar mit Fremdkapital sowie
- kein oder nur geringes Mitspracherecht der Kapitalgeber.

Insbesondere die letzten beiden Merkmale führen zu einer Eingruppierung in den Bereich Fremdkapital in diesem Lehrbuch. Mezzanine-Kapital weist im Idealfall die Vorteile von Eigen- und Fremdkapital auf. Denn es ist aus Kapitalnehmersicht gut, dass das Mezzanine-Kapital bilanziell dem Eigenkapital zuzurechnen, eine ergebnisorientierte Vergütung zu entrichten ist und trotzdem die damit verbundenen Zahlungen als Aufwand steuerlich geltend gemacht werden können.

Die Verzinsung des Mezzanine-Kapitals liegt zwischen den Verzinsungsansprüchen des Eigenkapitals und des Fremdkapitals. Sie ist aus Sicht des Kapitalgebers mit dem Risiko begründet, das höher ist als beim Fremdkapital, aber niedriger als bei der Überlassung von Eigenkapital. Zur Risikobegrenzung werden häufig sog. **Covenants** vereinbart, d. h. es werden bestimmte Vereinbarungen getroffen, wie z. B. Einhaltung bestimmter Kennzahlen (Financial Covenants) oder Zustimmungserfordernisse der Kapitalgeber zu bestimmten Aktivitäten des Unternehmens (Aufnahme von weiteren Krediten, Gesellschafterwechsel, Investitionsaktivitäten etc.). Bei Nicht-Einhaltung der Covenants kann der Kapitalgeber einen höheren Zins oder die Stellung von zusätzlichen Sicherheiten verlangen und darüber den Kreditnehmer sanktionieren. Die verschiedenen Formen des Mezzanine-Kapitals sowie die Einsatzmöglichkeiten werden in den folgenden Unterkapiteln vorgestellt.

4.3.1 Formen

Zentraler Aspekt bei der Betrachtung der Rendite von Mezzanine-Kapital ist neben der Verzinsung (wie bereits erwähnt i. d. R. zwischen Eigenkapital-Vergütung und dem Fremdkapitalzins) der sog. **Kicker**. Eine Übersicht über die Renditekomponenten leistet Abb. 60. Zum einen ist der **Equity Kicker** zu nennen, der eine Wandlung des Fremdkapitals zu Eigenkapital erlaubt und von der Ausgestaltung zumeist in Form einer Wandel- bzw. Optionsanleihe (vgl. Kapitel 4.1.4.3) erfolgt. Zum anderen gibt es den **Non Equity Kicker**, der auf anderem Wege die finanzielle Beteiligung des Kapitalgebers an dem Unternehmenserfolg ermöglicht. Der Non Equity Kicker kann ein virtueller Equity Kicker sein, der Zahlungen an den Kapitalgeber bestimmt, die ihm eigentlich nur zustehen würden, wenn er eine entsprechende Eigenkapitalbeteiligung halten würde, obwohl er eine solche nicht hat. Zur Verbesserung seiner Rendite kann ihm auch eine Abschlussprämie gezahlt werden. Diese ist vergleichbar mit einem Disagio bei einer reinen Fremdkapitalgewährung. Insbesondere bei Unternehmen in Krisensituationen wird als Non Equity Kicker auch ein Besserungsschein angewendet. Das Instrument **Besserungsschein** wird häufig angewendet, um einem Schuldner seine Verbindlichkeiten solange zu erlassen, bis er in einer besseren wirtschaftlichen Situation ist; erst dann lebt die Schuldverpflichtung wieder auf.

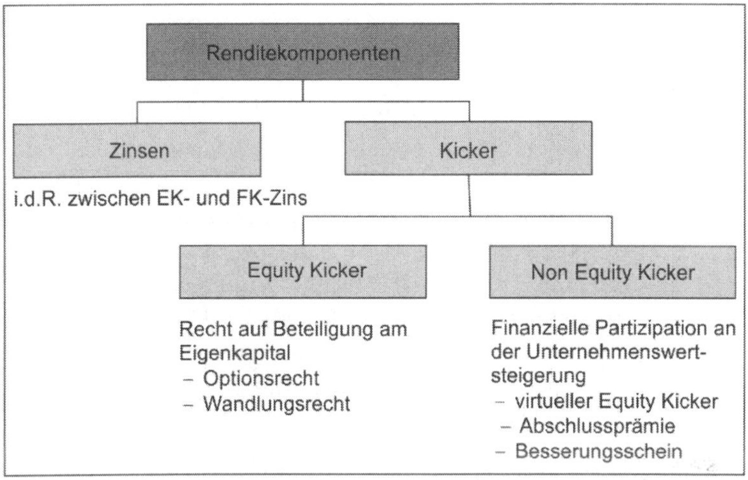

Abbildung 60: Renditekomponenten des Mezzanine-Kapitals
Quelle: Eigene Darstellung.

Ein weiteres Unterscheidungsmerkmal bei den Mezzanine-Formen ist die mögliche Verbriefung. Beispiele für verbriefte Mezzanine-Instrumente sind Genussscheine, nachrangige oder gewinnorientierte Schuldverschreibungen. Nicht-verbriefte Mezzanine-Instrumente sind stille Beteiligungen, partiarische oder reguläre Nachrangdarlehenarlehen.

Genussscheine sind verbriefte Genussrechte, die durch die Verbriefung in Wertpapieren zu Genussscheinen werden. Inhaber von Genussrechten können, obwohl sie keine Rechte im Sinne einer Mitbestimmung (z. B. Stimmrecht auf Gesellschafterversammlung) haben, Vermögensrechte wie z. B. Gewinnbeteiligung zugebilligt bekommen. Wenngleich bei der Begabe von Genussrechtskapital sehr großer rechtlicher Freiraum in der Gestaltung besteht, müssen die Genussrechte, sofern sie bilanziell zum Eigenkapital zählen sollen, bestimmte Voraussetzungen erfüllen.

Voraussetzungen von Genussrechten zur bilanziellen Behandlung als Eigenkapital:
- erfolgsabhängige Vergütung und vollumfängliche Teilnahme an Verlusten,
- langfristige (mindestens 5-jährige) Überlassung des Genussrechtskapitals sowie
- im Insolvenzfall nachrangige Befriedigung der Ansprüche der Genussrechtinhaber.

In der Regel sind Genussrechte auch ohne klassische Sicherheiten ausgestattet; gelegentlich dienen formulierte Covenants als Sicherheiten.

Nachrangige Darlehen haben als kennzeichnendes Merkmal, dass die Gläubiger dieser Darlehen im Insolvenzfall erst dann befriedigt werden, wenn die Ansprüche der nicht-nachrangigen Gläubiger vollumfänglich erfüllt sind. Das nachrangige Darlehen kann entweder einen einfachen oder einen qualifizierten Rangrücktritt beinhalten. Beim einfachen Rangrücktritt, der insb. bei Insolvenzverfahren Bedeutung hat, tritt der Kreditgeber im laufenden Insolvenzverfahren hinter die anderen Gläubiger zurück. Gläubiger, die keine Vereinbarung mit dem Nachrangdarlehensgeber geschlossen haben, finden keine Berücksichtigung. Der qualifizierte Rangrücktritt beinhaltet einen Rücktritt hinter allen aktuellen und zukünftigen Gläubigern und führt zu einer Gleichstellung des Kreditgebers mit den Eigenkapitalgebern.

Als Abgrenzung der nachrangigen Darlehen gegenüber den nicht-nachrangigen Darlehen werden die erstgenannten in der englischen Sprache auch als **Junior Debt** bezeichnet, während nicht nachrangige Darlehen auch **Senior Debt** heißen kann.

Wenn nachrangige Darlehen verbrieft werden, werden sie als nachrangige Schuldverschreibungen bezeichnet.

Die Gewinnschuldverschreibung ist ebenfalls ein verbrieftes Mezzanine-Instrument und hat als wesentliches Merkmal die zumindest parzielle gewinnorientierte Verzinsung des überlassenen Kapitals.

Das **partiarische Darlehen** wurde bereits in Kapitel 3.3.2 beschrieben, da es insb. im Umfeld von Crowdfunding-Finanzierungen eine große Bedeutung hat und bedarf somit an dieser Stelle keiner weiteren Erläuterung.

Die **stille Gesellschaft** ist in §§ 230 bis 236 HGB geregelt und beinhaltet die Beteiligung an einer anderen Gesellschaft (jegliche Rechtsform möglich), ohne dass dies von außen erkennbar ist. Aus diesem Grund spricht man häufig auch von einer Innengesellschaft. Der stille Gesellschafter ist nicht am Betriebsvermögen beteiligt, sondern seine Einlage wird dem Vermögen des Unternehmensinhabers zugrechnet. Die Laufzeit kann dabei sowohl befristet als auch unbefristet sein. Rechtlich ist die Stellung mit einem Fremdkapitalgeber identisch und somit kann der stille Gesellschafter seine Ansprüche als Gläubiger geltend machen. Die Haftung ist ebenfalls auf das Innenverhältnis in der Höhe der Einlage beschränkt. Während der stille Gesellschafter zwingend am Gewinn beteiligt sein muss, kann die Beteiligung am Verlust vertraglich ausgeschlossen werden. Während eine Übertragbarkeit der Beteiligung ausgeschlossen ist, zeichnet sich die stille Beteiligung ansonsten durch einen sehr hohen Flexibilisierungsgrad aus.

Bei der stillen Gesellschaft kann zudem in eine typische stille Beteiligung (wie vom Gesetzgeber vorgesehen) und die atypische stille Gesellschaft unterschieden werden. Bei der **typischen stillen Gesellschaft** ist eine Begrenzung auf den Geschäftsinhaber und eine weitere Person als stiller Gesellschafter gegeben, sollten weitere stille Gesellschafter hinzutreten wollen, so muss hierfür eine neue stille Gesellschaft gegründet werden. Die Rechte des stillen Gesellschafters dürfen nicht über die im Gesetz genannten hinausgehen. Bilanziell ist die Einlage als Kredit zu werten. Bei der **atypischen stillen Gesellschaft** hat der stille Gesellschafter erweiterte Mitwirkungsrechte und ist am Vermögen des Unternehmens beteiligt (profitiert somit auch von entsprechenden Wertsteigerungen). Folglich ist es geboten, die Einlage auch als Eigenkapital zu bilanzieren. Es lassen sich zudem mehrere stille Gesellschafter in einer Innengesellschaft zusammenfassen. Nachdem nun die vielfältigen Formen des Mezzanine-Kapitals beschrieben worden sind, werden im folgenden Kapitel mögliche Einsatzmöglichkeiten kurz diskutiert.

4.3.2 Einsatzmöglichkeiten

Aufgrund der hohen Flexibilität und der ausgeprägten Gestaltungsspielräume sind die Einsatzmöglichkeiten von Mezzanine-Kapital sehr vielfältig.

Junge Unternehmen (vgl. Kapitel 2.2) in ihrer Startphase nutzen Mezzanine-Kapital in verschiedenen Formen. So kann bei einzelnen oder wenigen Kapitalgebern die Bildung einer typisch stillen Gesellschaft sinnvoll sein. Sofern viele Kapitalgeber hierüber das Unternehmen finanzieren wollen, z. B. im Rahmen eines Crowdfunding-Projektes, kann eine atypisch stille Gesellschaft zweckmäßig sein. Nachrangige Darlehen (z. B. von Geschäftspartnern oder Personen aus dem privaten Umfeld der Unternehmer) werden ebenfalls zur Finanzierung von jungen Unternehmen verwendet. Im Kontext von Crowdfunding-Finanzierungen werden die nachrangigen Darlehen insb. als partiarische Darlehen verwendet. Genussrechte können ebenfalls von jungen Unternehmen ausgegeben werden, diese werden i. d. R. aber nur im Rahmen von Crowdfunding-Transaktion ausgegeben, da sie bei wenigen Kapitalgebern i. d. R. nicht zur Anwendung kommen. Schuldverschreibungen und die teilweise auch als Mezzanine-Kapital eingestuften Wandel- oder Optionsanleihen werden in der Praxis von jungen Unternehmen nicht eingesetzt. Dies ist über das i. d. R. nicht vorliegende Volumen zu erklären.

Bei **Wachstumsunternehmen** (vgl. Kapitel 2.3) und etablierten Unternehmen (vgl. Kapitel 2.4), die sich nicht in einer finanziellen Krise befinden, sondern bei denen ein Finanzbedarf bspw. aufgrund einer Expansion entsteht, sind abhängig von dem Finanzbedarf und den Kapitalgebern nahezu alle Mezzanine-Formen denkbar. Einschränkungen sind lediglich auch hier bei den Wandel- und Optionsanleihen, sofern das Unternehmen nicht börsennotiert ist, zu beachten. Im Bereich der Non Equity Kicker kommen hier häufig virtuelle Equity Kicker und Abschlussprämien zum Einsatz.

Für **Unternehmen in Krisensituationen** (vgl. Kapitel 2.5) kann Mezzanine-Kapital häufig die letzte Möglichkeit der Finanzierung darstellen. Aufgrund der sehr starken Ausgestaltungsmöglichkeiten kann hierüber auch das erhöhte Risiko für die Kapitalgeber beschränkt oder aber zumindest angemessen vergütet werden. Die verschiedenen Instrumente können je nach Finanzierungsbedarf und Grad der Krise individuell eingesetzt werden. Aus dem Bereich der Non Equity Kicker wird sehr häufig der Besserungsschein angewendet und ermöglicht dem Krisenunternehmen den Fortbestand und dem Kapitalgeber, von einem späteren Aufschwung des Unternehmens profitieren zu können.

Aufgaben

Aufgaben zu Kapitel 1

Aufgabe 1.1
Grenzen Sie Betrieb und Unternehmen voneinander ab.

Aufgabe 1.2
Kategorisieren Sie die nachfolgenden Geschäftsvorfälle in Einzahlungen/ Auszahlungen oder Einnahmen/Ausgaben:

	Einzahlung/ Auszahlung	Einnahme/ Ausgabe
Barkauf von Rohstoffen		
Zielkauf einer Maschine		
Barverkauf von Produkten		
Zahlung für Erzeugnisse, die in der Vorperiode an den Kunden abgegeben wurden		

Aufgabe 1.3
Grenzen Sie die Begriffe „Kapital" und „Liquidität" voneinander ab. Worin liegen die wesentlichen Unterschiede aus ökonomischer Perspektive?

Aufgabe 1.4
Was versteht man in der Investitionstheorie unter einer „Normalinvestition"?

Aufgabe 1.5
Nach welchen vier Kriterien können Finanzierungsformen systematisiert werden? Erläutern Sie die Kriterien.

Aufgabe 1.6
Welche Vorteile hat ein Unternehmen, das sich überwiegend mit Eigenkapital finanziert?

Aufgabe 1.7
Welche besonderen Risiken sehen Sie durch die Finanzierung mit Fremdkapital?

Aufgabe 1.8
Ist eine Finanzierung durch Eigen- oder durch Fremdkapital teurer? Erläutern Sie warum.

Aufgabe 1.9
Ordnen Sie die nachstehenden vier Finanzierungsmöglichkeiten den Schlüsselbegriffen A, B und C zu.

A Einlagen- bzw. Beteiligungsfinanzierung
B Selbstfinanzierung
C Fremdfinanzierung

Finanzierungsmöglichkeiten:
1) Eine Aktiengesellschaft erhöht ihr Grundkapital durch Ausgabe neuer Aktien.
2) Mit einem Teil des im vergangenen Geschäftsjahr erzielten Gewinns finanziert ein Einzelhändler in diesem Jahr die Modernisierung seines Verkaufsraumes.
3) Eine Einzelunternehmung wird aus Gründen der Kapitalbeschaffung in eine offene Handelsgesellschaft umgewandelt.
4) Ein Unternehmer überzieht das Kreditlimit seines Kontokorrentkontos.

Aufgabe 1.10
Ordnen Sie die nachfolgenden Begriffe den untenstehenden Finanzierungsarten zu!

[1] Eigenfinanzierung [2] Fremdfinanzierung
[3] Innenfinanzierung [4] Außenfinanzierung.

	Rechtsstellung des Kapitalgebers	Herkunft der Mittel
Investitionskredit der Hausbank		
Zahlungszielverlängerung eines Lieferanten		
Privateinlage des Unternehmers		
Nicht entnommener Gewinn des Unternehmers		

Aufgabe 1.11

Bitte prüfen Sie die nachfolgenden Aussagen zur Selbstfinanzierung. Welche sind richtig?

a) Die dem Unternehmen durch offene Selbstfinanzierung zufließenden Mittel entstehen mit der Gewinnfeststellung in der Jahresbilanz.
b) Im Regelfall werden die Gegenwerte der Gewinne im Laufe des Geschäftsjahres in liquider Form angesammelt, stehen also am Jahresende in bar der Unternehmung zur Verfügung.
c) Stille Selbstfinanzierung entsteht, wenn aufgrund bestimmter bilanzierungs- und bewertungspolitischer Maßnahmen faktische wirtschaftliche Gewinne nicht als Gewinne zum Ausweis kommen.
d) Stille Selbstfinanzierung kann u. a. als Folge der Unterbewertung (geringerer Betrag) von Rückstellungen entstehen.
e) Alle Aussagen (a bis d) sind falsch.

Aufgabe 1.12

Welchen Zusammenhang sehen Sie zwischen Selbstfinanzierung und Rentabilität?

Aufgabe 1.13

Bitte prüfen Sie die nachfolgenden Aussagen zur Außenfinanzierung. Welche sind richtig?

a) Außenfinanzierung ist die Finanzierung von Objekten außerhalb des Unternehmens.
b) Außenfinanzierung ist identisch mit Fremdfinanzierung.
c) Außenfinanzierung ist die Finanzierung aus Umsatzerlösen.
d) Außenfinanzierung ist ausschließlich die Finanzierung mit Kreditmitteln.
e) Beteiligungsfinanzierung ist eine Form der Eigenfinanzierung.
f) Beteiligungsfinanzierung ist eine Form der Außenfinanzierung.
g) Beteiligungsfinanzierung ist z. B. die Finanzierung einer GmbH durch Aufnahmen eines neuen Gesellschafters, dessen Einlage das Stammkapital erhöht.
h) Beteiligungsfinanzierung ist z. B. die Finanzierung durch Einbehaltung von Gewinnen, die den am Unternehmen beteiligten Personen zustehen.
i) Beteiligungsfinanzierung ist z. B. die Finanzierung durch Kredite der GmbH-Gesellschafter an der GmbH.
j) Alle Aussagen (a bis i) sind falsch.

Aufgabe 1.14

Bitte diskutieren Sie die Vor- und Nachteile einer Selbstfinanzierung als der Eigenkapitalbeschaffung „von innen“.

Aufgabe 1.15
Ihnen liegt die folgende Bilanz eines Unternehmens zu einem Stichtag vor.

Aktiva			Passiva
Anlagevermögen	720.000	**Eigenkapital**	526.000
Umlaufvermögen		**Fremdkapital**	
Vorräte	344.000	Rückstellungen	74.000
Langfristige Forderungen	43.000	Langfr. Verbindlichkeiten	700.000
Forderungen aus L+L	452.000	Verbindlichkeiten aus L+L	260.000
Kasse, Bank	41.000	Sonstige Passiva	40.000
	1.600.000		**1.600.000**

Bitte ermitteln Sie die drei Kapitalstrukturkennzahlen.

Aufgabe 1.16
Die Eigenkapitalquote und der Verschuldungsgrad sind Kapitalstrukturkennzahlen, die miteinander in Verbindung stehen. Wie hoch ist die Eigenkapitalquote eines Unternehmens, wenn dieses Unternehmen einen Verschuldungsgrad von 3 aufweist?

Aufgabe 1.17
Bitte prüfen Sie die folgenden Aussagen zu den finanzwirtschaftlichen Zielen. Welche Aussagen sind richtig?

a) Periodenliquidität kann definiert werden als Einzahlungen minus notwendige Auszahlungen in einer beliebigen Abrechnungsperiode.
b) Das Ziel der Liquidität besagt, dass zwingend sämtliche Zahlungsverpflichtungen sowohl betrags- als auch zeitgenau erfüllt werden müssen.
c) Das Ziel der Liquidität kann mit dem Gewinnziel (Rentabilitätsziel) des Unternehmens konkurrieren.
d) Die Liquiditätsgrade messen das Verhältnis bestimmter mehr oder weniger schnell liquidierbarer Vermögensgegenstände zur Höhe des kurzfristigen Fremdkapitals.
e) Die Erhöhung der Gesamtkapitalrentabilität kann kein finanzwirtschaftliches Ziel sein, weil es mit dem Liquiditätsziel konkurriert.

Aufgabe 1.18

Bitte prüfen Sie die folgenden Aussagen zur Aussagekraft der Liquiditätsgrade. Welche Aussagen sind richtig?

a) Die Aussagekraft der Liquiditätsgrade ….
b) … leidet unter der Tatsache, dass die Jahresabschlüsse, aus denen ihre Daten entnommen werden, oft erst mit Monaten Verzögerung zur Verfügung stehen.
c) … leidet darunter, dass für die Zähler und Nenner der Quotienten, die die Liquiditätsgrade definieren, nur sehr grob bestimmt ist, innerhalb welcher Zeit sie für Zahlungen zur Verfügung stehen bzw. Zum Zahlungszwang führen.
d) … profitiert davon, dass sämtliche kurzfristigen Zahlungserfordernisse des Unternehmens aus dem Jahresabschluss ersichtlich sind.
e) … profitiert davon, dass die in die Liquiditätsgrade eingehenden Bilanzpositionen bilanzpolitisch nicht beeinflussbar sind.

Aufgabe 1.19

Für die bekannte Unternehmung AMI CAT GmbH liegt Ihnen per 31.12.2022 die nachfolgende Bilanz vor.

Aktiva			Passiva
Anlagevermögen		**Eigenkapital**	90.000
Grundstücke	180.000		
Betriebs-Geschäfts-ausstattung	30.000		
Umlaufvermögen		**Fremdkapital**	
Vorräte	50.000	Rückstellungen	60.000
Langfristige Forderungen	70.000	Langfr. Verbind-lichkeiten	150.000
Forderungen aus L+L	40.000	kurzfr. Verbind-lichkeiten	70.000
Kasse, Bank	30.000	Verbindlich-keiten aus L+L	30.000
	400.000		**400.000**

a) Wie hoch ist die Liquidität 1., 2. und 3. Grades?
b) Was besagt eine Liquidität 3. Grades in Höhe von 120 %?
c) AMI CAT muss gleich zu Beginn des Jahres 2019 damit rechnen, dass
   - Löhne in Höhe von 25.000 € zu zahlen sind und
   - 20 % der langfristigen Darlehensverbindlichkeiten zur Rückzahlung fällig werden.

Sichert unter diesen Bedingungen eine Liquidität 3. Grades von 120 % die Zahlungsfähigkeit als finanzwirtschaftliches Ziel des Unternehmens AMI CAT im Jahr 2019?

Aufgabe 1.20
Das Unternehmen AMI CAT GmbH hat sich außerordentlich positiv im abgelaufenen Geschäftsjahr entwickelt. Der Umsatz ist aufgrund von innovativen, neuen Produkten um 8 % auf 1.080.000 € gestiegen. Der Gewinn vor Steuern stieg von 500.000 auf 550.000 €. Das Eigenkapital wurde weiter gestärkt und liegt bei 500.000 € (Vorjahr: 400.000 €). Das Fremdkapital konnten wir von 400.000 auf 300.000 € reduzieren, so dass unsere Zinsbelastung bei gleichbleibendem Fremdkapitalzinssatz von 10 % p. a. absolut gesunken ist.

Berechnen Sie die Rentabilitätskennziffern Eigenkapital-, Gesamtkapital-, Umsatzrentabilität für das aktuelle Geschäftsjahr und das Vorjahr. Wie erfolgreich war das Unternehmen, wenn man diese Kenngrößen zum Maßstab nimmt?

Aufgabe 1.21
Erläutern Sie bitte die Finanzierungseffekte überhöhter Abschreibungen.

Aufgabe 1.22
Für ein Unternehmen sind Ihnen die folgenden Angaben für das Jahr 2022 bekannt:

Durchschnittliches Eigenkapital	2.500.000 €
Durchschnittliches Fremdkapital	3.500.000 €
Gewinn	300.000 €
Umsatz	12.500.000 €
Fremdkapitalkostensatz	8 %

Bitte bestimmen Sie die Eigenkapitalrentabilität, die Gesamtkapitalrentabilität und die Umsatzrentabilität.

Aufgabe 1.23
Formulieren Sie allgemein! Wie wirkt eine Fremdfinanzierung auf die Rentabilität des Eigenkapitals?

Warum ist das so? Bitte begründen Sie.

Aufgabe 1.24
Ihr Unternehmen AMI CAT GmbH beabsichtigt, 10 Mio. € in eine Anlage zu investieren. Der jährlich zu erwartende Gewinn wird 800.000 € betragen.

Wie hoch ist jeweils die Eigenkapitalrentabilität, wenn AMI CAT die Investition

a) jeweils zu 100 % mit Eigenkapital finanziert,
b) zu 20 % mit Eigenkapital und 80 % mit Fremdkapital finanziert, wobei der Fremdkapitalzins bei 6 % p. a. liegt;
c) wie bei b) finanziert, jedoch der Fremdkapitalzins bei 12 % liegt.

Aufgabe 1.25
Für das Jahr 2022 sind Ihnen die folgenden Angaben von AMI CAT GmbH bekannt:

- Gesamtkapital: 100.000 €
- Gesamtkapitalrendite: 6 %
- Fremdkapitalzins: 9 %

Um wie viel Prozent vermindert sich die Eigenkapitalrendite von AMI CAT ceteris paribus, wenn der Eigenkapitalanteil am Gesamtkapital von 50 % auf 20 % sinkt, weil ein Teil des Eigenkapitals durch Fremdkapital ersetzt wird?

Welche der folgenden Aussagen a) bis e) sind richtig?

3 %
6 %
9 %
d) 12 %
e) 24 %

Aufgabe 1.26
Markieren Sie die jeweils zutreffende Aussage in der nachstehenden Tabelle mit einem Kreuz:
Der Leverage-Effekt ist umso grösser, je (1) höher/tiefer der FK-Zinssatz und je (2) höher/tiefer der Verschuldungsgrad ist.

Zudem zeigt sich, dass die Risiken, die mit dem Leverage-Effekt verbunden sind, umso geringer sind, je (3) höher/tiefer der FK-Zinssatz und je (4) größer/kleiner der Verschuldungsgrad ist.

1)	höher	tiefer
2)	höher	tiefer
3)	höher	tiefer
4)	größer	kleiner

Aufgabe 1.27

Gegeben sei Ihnen erneut die folgende Bilanz eines Unternehmens zu einem Stichtag.

Aktiva			Passiva
Anlagevermögen	720.000	**Eigenkapital**	526.000
Umlaufvermögen		**Fremdkapital**	
Vorräte	344.000	Rückstellungen	74.000
Langfristige Forderungen	43.000	Langfristige Verbindlichkeiten	700.000
Forderungen aus L+L	452.000	Verbindlichkeiten aus L+L	260.000
Kasse, Bank	41.000	Sonstige Passiva	40.000
	1.600.000		**1.600.000**

Bitte ermitteln Sie nun die drei Bilanzstrukturkennzahlen zur statischen Liquiditätsanalyse, also die Deckungsgrade.

Aufgaben zu Kapitel 2

Aufgabe 2.1
Bitte erläutern Sie den Unterschied zwischen Brutto- und Nettokapitalbedarf.

Aufgabe 2.2
Für Ihr Unternehmen ist Ihnen für das nächste Geschäftsjahr ein Umsatz von 750.000.000 € bekannt. Zudem erfahren Sie aus Ihrer Finanzabteilung, dass die Umschlagshäufigkeit des Warenlagers mit 3-mal im Jahr angesetzt werden kann. Wie hoch ist der Kapitalbedarf im kommenden Jahr?

Aufgabe 2.3
Was versteht man aus betriebswirtschaftlicher Sicht unter dem Unternehmenslebenszyklus?

Aufgabe 2.4
Was haben Unternehmenslebenszyklusmodelle mit der Finanzierung zu tun bzw. warum können sie bei Finanzierungsfragen helfen?

Aufgabe 2.5
Was nennt man die erste Finanzierungsphase von Unternehmen und wodurch zeichnet sich diese Phase im Besonderen aus?

Aufgabe 2.6
Welche Formen von Fremdfinanzierung sind neben der klassischen Fremdfinanzierung via Bankkredite oder Darlehen bei Start-up-Unternehmen denkbar und umsetzbar?

Aufgabe 2.7
Welche Ausgestaltungformen der externen Beteiligungsfinanzierung kommen bei Start-up-Unternehmen in Frage?

Aufgabe 2.8
Wie lassen sich Wachstumsunternehmen definieren, welche Besonderheiten weisen sie auf (bitte nutzen Sie für die Erklärung das bekannte Lebenszykluskonzept, das sich auch auf die Unternehmensphasen anwenden lässt)?

Aufgabe 2.9
Definieren Sie Anlage- und Umlaufkapitalbedarf. Wodurch unterscheiden sich beide?

Aufgabe 2.10
Was versteht man unter Projektfinanzierung und warum kann diese Finanzierungsform bei Wachstumsunternehmen interessant sein?

Aufgabe 2.11
Erläutern Sie im Kontext der Finanzierung das Wasserfallprinzip.

Aufgabe 2.12
Wie lassen sich Etablierte Unternehmen definieren, welche Besonderheiten weisen sie auf (bitte nutzen Sie für die Erklärung das bekannte Lebenszykluskonzept, das sich auch auf die Unternehmensphasen anwenden lässt)?

Aufgabe 2.13
Welche Möglichkeiten könnte ein Börsengang etablierten Unternehmen bieten?

Aufgabe 2.14
Worin liegt der Unterschied zwischen Aktien und Anleihen?

Aufgabe 2.15
Stellen Sie sich vor, unser AMI CAT Tiernahrungsunternehmen ist inzwischen eine AG und hat 1.000.000 ausstehende Aktien. Das Eigenkapital ist in der Bilanz mit 3.000.000 € ausgewiesen. Der aktuelle Börsenkurs beträgt 11 €. Berechnen Sie nun den Buchwert einer Aktie sowie den gesamten Börsenwert der Aktiengesellschaft.

Aufgabe 2.16
Wie lassen sich Krisenunternehmen definieren, welche Besonderheiten weisen sie auf (bitte nutzen Sie für die Erklärung das bekannte Lebenszykluskonzept, das sich auch auf die Unternehmensphasen anwenden lässt)?

Aufgabe 2.17
Worin liegt der Unterschied zwischen einer Sanierung und einer Restrukturierung?

Aufgabe 2.18
Welche Anspruchsgruppen (Stakeholder) von Krisenunternehmen werden üblicherweise in puncto Abhängigkeitsgrad unterschieden?

Aufgaben zu Kapitel 3

Aufgabe 3.1
Bitte erläutern Sie die verschiedenen Möglichkeiten der Einbringung des Eigenkapitals durch die Gesellschafter.

Aufgabe 3.2
Welche besondere Konstellation in der Haftung ergibt sich durch die Gründung einer Kommanditgesellschaft?

Aufgabe 3.3
Bitte nennen Sie verschiedene Gründe aus Sicht des Verkäufers für einen Unternehmensverkauf.

Aufgabe 3.4
Zeigen Sie auf, warum substanzwertorientierte Verfahren zumeist nicht für die Bewertung eines Unternehmens geeignet sind.

Aufgabe 3.5
Sie sollen die AMI CAT GmbH bewerten, die im letzten Jahr ein nachhaltiges EBIT von 1,5 Mio. € erzielt hat. Die vier einzigen börsennotierten Wettbewerber werden aktuell mit dem 8,5-fachen, dem 10,3-fachen, dem 9,6-fachen und dem 8,8-fachen des jeweiligen EBITs bewertet. Zudem gab es in den letzten zwölf Monaten zwei Übernahmen von Wettbewerbern, bei welchen der Kaufpreis einmal das 7-fache des EBIT erreichte. Bei der zweiten Transaktion lag der Kaufpreis bei dem 11-fachen des EBIT. Welchen konkreten Unternehmenswert können Sie mit der Multiplikatoren-Methode ermitteln?

Aufgabe 3.6
Bitte wenden Sie das WACC-Verfahren der Ertragswertmethode an und ermitteln darüber bitte den Unternehmenswert.

Folgende freie Kapitalflüsse (op Free Cash Flows) werden bei dem Unternehmen erwartet.
Jahr 0: - 500.000 €
Jahr 1: - 375.000 €
Jahr 2: + 50.000 €
Jahr 3: + 575.000 €
Jahr 4: + 625.000 €
Jahr 5: + 750.000 €

Der Kapitalfluss im 6. Jahr kann als unendlich fortschreibbar angesehen werden. Die Eigenkapitalquote beträgt zurzeit 20 %. Die zu zahlenden Zinsen des Unternehmens an Fremdkapitalgeber betragen 6,5 %, während risikofreie Kapitalanlagen 3 % Zinsen erreichen. Der Zins, den Unternehmen allgemein nach Marktforderungen erzielen müssen, beträgt 9 %. Der Risiko-Koeffizient Beta beträgt 1,1. Der Marktwert des Fremdkapitals wird mit

5.500.000 € bewertet. Der Ertragssteuersatz liegt bei 20 %.

Aufgabe 3.7
Wie würde sich der ermittelte Unternehmenswert aus der Aufgabe 3.6 verändern, wenn der Kapitalfluss des sechsten Jahres eine jährliche Steigerungsrate in der Zukunft von 4 % aufweisen würde?

Aufgabe 3.8
Welche beiden Werte sind i. d. R. bei der fundamentalen Unternehmensbewertung sehr maßgeblich für den ermittelten Unternehmenswert?

Aufgabe 3.9
Zeigen Sie bitte die Unterschiede der verschiedenen Formen des Crowdfunding auf!

Aufgabe 3.10
Welche Vorteile bietet Crowdinvesting den Kapitalnehmern?

Aufgabe 3.11
Sie investieren bei einem sehr vielversprechenden Start-up-Unternehmen 2.000 € über ein partiarisches Darlehen. Zu dieser Zeit wird das Unternehmen mit 350.000 € bewertet. Einige Jahre später wird das komplette Unternehmen von einem internationalen Konzern für 5,25 Mio. € erworben. Wie hoch ist der Anteil des Verkaufserlöses, der Ihnen zusteht und welche Rendite haben Sie mit dem Investment realisiert?

Aufgabe 3.12
Warum ist die Sicherstellung der Vertraulichkeit in einem M&A-Prozess wichtig und wie wird die Vertraulichkeit gewahrt?

Aufgabe 3.13
Zeigen Sie die wesentlichen Unterschiede zwischen einem Share- und einem Assetdeal auf.

Aufgabe 3.14
Über welche Wege generieren Private Equity-Gesellschaften für sich selbst Erträge?

Aufgabe 3.15
Was bedeutet im Kontext von Private Equity-Beteiligungen die „7 out of 1000“ Regel?

Aufgabe 3.16
Welche verschiedenen Exitoptionen gibt es für Private Equity-Beteiligungen?

Aufgabe 3.17
Wodurch unterscheiden sich MBO und MBI?

Aufgabe 3.18
Welche beiden Möglichkeiten der Aktienherkunft gibt es bei einem Börsengang und wie werden diese typischerweise durch potenzielle Investoren gesehen?

Aufgabe 3.19
Wodurch unterscheiden sich Stamm- und Vorzugsaktien?

Aufgabe 3.20
Wie erfolgt der Liquiditätszufluss bei den vier Formen der Kapitalerhöhung?

Aufgabe 3.21
Eine AG erhöht ihr Grundkapital von 15 Mio. € auf 20 Mio. €. Der Börsenkurs der alten Aktie beträgt 4,00 €, der Ausgabepreis der jungen Aktie beträgt 3,20 €. Wie hoch ist der rechnerische Wert des Bezugsrechts?

Aufgabe 3.22
Ein Aktionär hat in der in Aufgabe 3.21 beschriebenen Konstellation 1.000 Aktien und möchte nun die sog. Opération blanche durchführen. Was muss er tun?

Aufgabe 3.23
Welche Auswirkungen hat ein Aktienrückkauf durch die Aktiengesellschaft auf den einzelnen Aktionär und sein Vermögen?

Aufgaben zu Kapitel 4

Aufgabe 4.1
Bitte erläutern Sie kurz den Begriff Kredit im finanzwirtschaftlichen Kontext.

Aufgabe 4.2
Welches grundsätzliche Ziel verfolgt die Kreditwürdigkeitsprüfung?

Aufgabe 4.3
Welche Grenzen hat die Kreditwürdigkeitsprüfung?

Aufgabe 4.4
Bitte erläutern Sie die Unterschiede zwischen internem und externem Rating.

Aufgabe 4.5
Bitte skizzieren Sie die unterschiedlichen Personalsicherheiten im Kreditwesen.

Aufgabe 4.6
Was ist der wesentliche Unterschied zwischen einer Grundschuld und einer Hypothek?

Aufgabe 4.7
AMI CAT GmbH bezieht von einem Lieferanten Waren im Wert von 40.000 €. In den Zahlungsbedingungen steht: „Der Rechnungsbetrag ist sofort fällig und zahlbar innerhalb von 30 Tagen ohne Abzug von Skonto (netto). Bei Zahlung innerhalb von 5 Tagen gewähren wir Ihnen 3 % Skonto“. Bitte errechnen Sie den Jahreszins des Lieferantenkredites sowie die Summe des Finanzierungsgewinns bei der alternativen Inanspruchnahme des Kontokorrentkredites (Zinssatz 12 %).

Aufgabe 4.8
Tiernahrungshersteller AMI CAT GmbH hat für 20.000 € Tierfutter-Packungen bei einem Zulieferer aus Ludwigshafen bestellt. In den Zahlungsbedingungen des Zulieferers steht: „Zahlung innerhalb von 30 Tagen. Bei Zahlung innerhalb von 10 Tagen gewähren wir Ihnen 3 % Skonto.“ Das Konto von AMI CAT steht im Soll. Die Hausbank von AMI CAT berechnet aktuell einen Soll-Zins von 5 % p. a.

a) Bitte berechnen Sie den Jahreszins nach der Skontoformel.
b) Wie kommt es zu so großen Unterschieden in den Zinsen p. a.?
c) Was lässt sich grundsätzlich zum Lieferantenkredit (mit Skonto) sagen?

Aufgabe 4.9
Was ist die Motivation des Lieferanten, seinem Kunden einen Lieferantenkredit zu gewähren?

Aufgabe 4.10
Bitte beschreiben Sie die Unterschiede zwischen dem Kontokorrentkredit und der Kontoüberziehung.

Aufgabe 4.11
Bitte erläutern Sie kurz die Unterschiede zwischen Betriebsmittelkredit, Saisonkredit, Überbrückungskredit und Zwischenkredit.

Aufgabe 4.12
Welche Bedeutung hat beim Lombardkredit das Faustpfandprinzip?

Aufgabe 4.13
AMI CAT GmbH hat einen dreijährigen nachschüssigen Kredit (Zinssatz 3 %) in Höhe von 30.000 € aufgenommen. Bitte stellen Sie die jährlichen Zins- und Tilgungszahlungen für ein endfälliges Darlehen, ein Tilgungsdarlehen und ein Annuitätendarlehen dar.

Aufgabe 4.14
Wodurch unterscheidet sich die Kreditleihe von der Geldleihe?

Aufgabe 4.15
Warum ist eine Bankbürgschaft akzessorisch während die Bankgarantie fiduziarisch ist?

Aufgabe 4.16
Beschreiben Sie die wesentlichen Ausgestaltungsmerkmale einer Anleihe.

Aufgabe 4.17
Was sind die Unterschiede zwischen einer normalen Zinsstruktur, einer inversen Zinsstruktur und einer horizontalen Zinsstruktur?

Aufgabe 4.18
Bitte berechnen Sie den Dirty Price einer festverzinslichen Anleihe mit einer Laufzeit von drei Jahren und einer Verzinsung von 1,25 %. Der Zinssatz für 1 Jahr beträgt 1 %, für zwei Jahre 1,5 % und für drei Jahre 2,0 %.

Aufgabe 4.19
Bitte ermitteln Sie auf Basis der sonstigen Angaben in Aufgabe 4.17 auch die Duration nach Macaulay bei einer Laufzeitrendite von 2,00 %.

Aufgabe 4.20
Bitte beschreiben Sie den Unterschied zwischen einer Wandelanleihe und einer Optionsanleihe.

Aufgabe 4.21
Bitte erläutern Sie die vier kennzeichnenden Elemente von Mezzanine-Kapital.

Aufgabe 4.22
Warum werden im Kontext der Mezzanine-Finanzierung nachrangige Darlehen häufig verwendet?

Aufgabe 4.23
Bitte beschreiben Sie das Wesen und die verschiedenen Formen der stillen Gesellschaft.

Lösungen

Lösungen der Aufgaben zu Kapitel 1

Lösung Aufgabe 1.1
Zur Erreichung seines Unternehmenszwecks und seiner Unternehmensziele bedient sich das Unternehmen einem, mehrerer oder auch keiner Betriebe. Die zentralen Unterschiede sind:

Rechtsträgerschaft: Ein Betrieb ist immer einem Rechtsträger zugeordnet. Das ist i. d. R. ein Unternehmen. Hingegen kann ein Unternehmen aus mehreren bzw. keinem Betrieb bestehen. Das Unternehmen wird durch den Handelsnamen des Kaufmanns (Firma) und die Rechtsform charakterisiert.

Das Unternehmen ist eine nicht **örtlich gebundene Einheit**. Der Betrieb ist in jedem Falle eine örtlich gebundene Einheit.

Lösung Aufgabe 1.2
Kategorisierung der Geschäftsvorfälle in Einzahlungen/Auszahlungen und Einnahmen/Ausgaben:

	Einzahlung/ Auszahlung	Einnahme/ Ausgabe
Barkauf von Rohstoffen	Auszahlung	Ausgabe
Zielkauf einer Maschine	Einzahlung	Ausgabe
Barverkauf von Produkten	Einzahlung	Einnahme
Zahlung für Erzeugnisse, die in der Vorperiode an den Kunden abgegeben wurden	Einzahlung	–

Lösung Aufgabe 1.3
Liquidität beschreibt die Fähigkeit und Bereitschaft eines Unternehmens, seinen bestehenden Zahlungsverpflichtungen gegenüber Dritten ordnungsgemäß nachzukommen, d. h. termingerecht und betragsgenau. Demgegenüber zeigt Kapital die Herkunft des investierten Geldes im Unternehmen (klassischer Kapitalbegriff); es umfasst die Gesamtheit der Verpflichtungen gegenüber Eigentümern und Gläubigern. Nach dem monetären Kapitalbegriff umfasst Kapital alle im Unternehmen eingesetzten Geldmittel.

Lösung Aufgabe 1.4

Eine Normalinvestition ist eine Investition, die in der ersten Periode (bzw. in den ersten Perioden) Auszahlungsüberschüsse und anschließend nur noch Einzahlungsüberschüsse aufweist; deren Zahlungsreihe also nur einen einzigen Vorzeichenwechsel von - nach + besitzt.

Lösung Aufgabe 1.5

Rechtsstellung des Kapitalgebers

- Eigenkapital: Kapital, das dem Unternehmen von seinen Eigentümern zur Verfügung gestellt wird oder durch Einbehaltung (Thesaurierung) von Gewinnen im Unternehmen belassen wird.
- Fremdkapital: Kapital, das dem Unternehmen von seinen Kreditgebern (Gläubigern) ohne Eigentumsrechte zur Verfügung gestellt wird.

Herkunft des Kapitals

- Außenfinanzierung: Alle von außerhalb des Unternehmens zugeführten finanziellen Mittel.
- Innenfinanzierung: Mittelbeschaffung von innerhalb des Unternehmens, d. h. aus eigener Kraft heraus. Die finanziellen Mittel werden durch das Unternehmen selbst erwirtschaftet.

Fristigkeit der Kapitalbereitstellung

- Kurzfristig
- Mittelfristig
- Langfristig
- Unbefristet

Verwendung bzw. Nutzung des beschafften Kapitals, z. B.

- Gründung eines Unternehmens
- Wachstumsfinanzierung.

Lösung Aufgabe 1.6

Als Eigenkapital bezeichnet man die dem Unternehmen von seinen Eigentümern bzw. Anteilseignern zur Verfügung gestellten finanziellen Mittel (ohne zeitliche Begrenzung) oder aber die Nichtentnahme (Thesaurierung) von entstandenen Gewinnen. Diese grundsätzliche Unkündbarkeit von Eigenkapital und die damit auch langfristige Verfügbarkeit sichert dem Unternehmen eine hohe Unabhängigkeit und Dispositionsfreiheit der Unternehmensleitung. Gleichzeitig nimmt das Risiko der Zahlungsunfähigkeit ab, weil die Gewinnausschüttung an die Anteilseigner bzw. Eigentümer unterbleiben kann. Bei

Krediten fallen i. d. R. eine regelmäßige Tilgungsrate sowie regelmäßige Zinszahlungen an.

Lösung Aufgabe 1.7
Ein großes Risiko – und damit ein deutlicher **Nachteil** – der Fremdfinanzierung besteht hingegen in der Liquiditätsbelastung des Unternehmens, da regelmäßig Finanzmittel für Zinsen und Tilgung abfließen. Da die Laufzeit der Verträge grundsätzlich begrenzt ist und Zahlungen zu festen Terminen geleistet werden müssen, ist zudem eine mehr oder weniger aufwendige Liquiditätsplanung notwendig. Ein Eigentümer, der sein Kapital langfristig im Unternehmen einsetzt, kann hier mehr Planungssicherheit garantieren. Ferner kann eine zu hohe Verschuldung die finanzielle Stabilität des Unternehmens gefährden: In Krisenzeiten steigt bei hohen Zins- und Tilgungsverpflichtungen die Gefahr einer Insolvenz.

Darüber hinaus besteht eine Abhängigkeit von der Fremdkapitalgebern, da letztgenannte entscheiden können, dass ausstehende und auslaufende Kredite nicht verlängert werden und so eine Finanzierungslücke entsteht.

Lösung Aufgabe 1.8
Eigenkapitalgeber erwarten eine wesentlich höhere Verzinsung ihres Kapitals, da sie ein höheres finanzielles Risiko übernehmen als Fremdkapitalgeber, weil die Eigenkapitalgeber mit ihrem eingesetzten Kapital für das Unternehmen bzw. den Erfolg des Unternehmens haften. Daher liegen Eigenkapitalkosten meist über den Fremdkapitalkosten.

Lösung Aufgabe 1.9
Orden Sie die nachstehenden vier Finanzierungsmöglichkeiten den Schlüsselbegriffen A, B und C zu.
A Einlagen- bzw. Beteiligungsfinanzierung
B Selbstfinanzierung
C Fremdfinanzierung

Finanzierungsmöglichkeiten:
1) A
2) B
3) A
4) C

Lösung Aufgabe 1.10
Ordnen Sie die nachfolgenden Begriffe den untenstehenden Finanzierungsarten zu!

[1] Eigenfinanzierung [2] Fremdfinanzierung
[3] Innenfinanzierung [4] Außenfinanzierung.

	Rechtsstellung des Kapitalgebers	Herkunft der Mittel
Investitionskredit der Hausbank	2	4
Zahlungszielverlängerung eines Lieferanten	2	4
Privateinlage des Unternehmers	1	4
Nicht entnommener Gewinn des Unternehmers	1	3

Lösung Aufgabe 1.11
Bitte prüfen Sie die nachfolgenden Aussagen zur Selbstfinanzierung. Welche sind richtig? Aussage c) ist richtig.

Lösung Aufgabe 1.12
Je höher die Selbstfinanzierung, umso geringer fällt die Eigenkapitalrendite aus, da der Eigenkapitalanteil steigt. Eine Erhöhung der Selbstfinanzierung führt einerseits zu mehr Sicherheit und somit einer größeren Unabhängigkeit, andererseits wird die Eigenkapitalrendite dadurch geschmälert (unter der Bedingung, dass die Gesamtrendite des Unternehmens höher als der zu zahlende Fremdkapitalzins ist).

Lösung Aufgabe 1.13
Bitte prüfen Sie die nachfolgenden Aussagen zur Außenfinanzierung. Welche sind richtig? Aussage e), f) und g) sind richtig.

Lösung Aufgabe 1.14
Vorteile der Selbstfinanzierung:
- keine Beanspruchung des Privatvermögens der Gesellschafter,
- keine Aufnahme neuer Gesellschafter notwendig (damit verbunden ist eine Beibehaltung der bestehenden Macht- und Mitbestimmungsverteilung),
- leichter durchsetzbar als die Erhöhung des Eigenkapitals (insb. bei stiller Selbstfinanzierung),

- keine spätere, zusätzliche Liquiditätsbelastung (durch Ausschüttungen),
- Erhöhung der Kreditwürdigkeit des Unternehmens durch Erhöhung des Eigenkapitalanteils.

Nachteile der Selbstfinanzierung:
- abhängig von der jeweiligen Gewinnsituation des Unternehmens,
- bei generell hoher Selbstfinanzierung besteht langfristig die Gefahr, dass die Gesellschafter unzufrieden werden, da sie keine Ausschüttung erhalten,
- insgesamt besteht die Gefahr, dass die Rentabilitätssituation des Unternehmens falsch eingeschätzt wird, wenn eine stille Selbstfinanzierung durchgeführt wird.

Lösung Aufgabe 1.15
Mit diesen Angaben lässt sich die Fremdkapitalquote einfach ermitteln

$$Fremdkapitalquote = \frac{1.074.000\ €}{1.600.000\ €} \approx 0{,}671 \approx 67{,}1\ \%$$

Die korrespondierende Eigenkapitalquote ist dabei:

$$Eigenkapitalquote = \frac{526.000\ €}{1.600.000\ €} \approx 0{,}329 \approx 32{,}9\ \%$$

Ebenfalls lässt sich anhand dieses Zahlenbeispiels der Verschuldungsgrad bestimmen.

$$Verschuldungsgrad = \frac{1.074.000\ €}{526.000\ €} = \frac{67{,}1\ \%}{32{,}9\ \%} \approx 2{,}04$$

Lösung Aufgabe 1.16
Aus der Definition und Berechnungsformel des Verschuldungsgrads

$$Verschuldungsgrad = \frac{\text{Fremdkapital}}{\text{Eigenkapital}} = \frac{3}{1}$$

Folgt die Eigenkapitalquote

$$Eigenkapitalquote = \frac{Eigenkapital}{Eigenkapital + Fremdkapital} = \frac{1}{1+3} = 25\ \%$$

Aus den Angaben zum Verschuldungsgrad ergibt sich somit eine Eigenkapitalquote von 25 % des Unternehmens.

Lösung Aufgabe 1.17

Bitte prüfen Sie die folgenden Aussagen zu den finanzwirtschaftlichen Zielen. Welche Aussagen sind richtig? Aussagen b), c) und d) sind richtig.

Lösung Aufgabe 1.18

Bitte prüfen Sie die folgenden Aussagen zur Aussagekraft der Liquiditätsgrade. Welche Aussagen sind richtig? Aussagen a) und b) sind richtig.

Lösung Aufgabe 1.19

a) Die Liquidität 1. Grades (Barliquidität) errechnet sich wie folgt:

$$Liquidität\ 1.\ Grades = \frac{flüssige\ Mittel}{\text{kurzfristige Verbindlichkeiten}} = \frac{30.000\ €}{100.000\ €} = 30\ \%$$

Dabei gilt:

$kurzfristige\ Verbindlichkeiten = kurzfristige\ Darlehensverbindlichkeiten + Verbindlichkeiten\ L + L = 70.000\ € + 30.000\ €$

Die Liquidität 2. Grades (Liquidität auf kurze Sicht) errechnet sich wie folgt:

$$Liquidität\ 2. Grades = \frac{flüssige\ Mittel + kurzfristige\ \ Forderungen}{\text{kurzfristige Verbindlichkeiten}}$$

$$= \frac{30.000\ € + 40.000\ €}{100.000\ €} = 70\ \%$$

Dabei gilt:

$$kurzfristige\ Forderungen = Forderungen\ L + L$$

Die Liquidität 3. Grades (Liquidität auf mittlere Sicht) errechnet sich wie folgt:

$$Liquidität\ 3.\ Grades = \frac{flüssige\ Mittel + kurzfristige\ \ Forderungen + Vorräte}{\text{kurzfristige Verbindlichkeiten}}$$

$$= \frac{30.000\ € + 40.000\ € + 50.000\ €}{100.000\ €} = 120\ \%$$

b) Eine Liquidität in Höhe von 120 % sagt aus, dass die kurzfristigen Verbindlichkeiten (kurzfristige Darlehensverbindlichkeiten und Verbindlichkeiten L+L) zu 120 % durch Zahlungsmittel und kurzfristig liquidierbare Vermögensgegenstände (kurzfristige Forderungen und Vorräte) gedeckt sind. Aus der statischen, zeitpunktbezogenen Liquiditätsanalyse lassen sich jedoch keine (tragfähigen) Rückschlüsse auf die (zeitraumbezogene) zukünftige Zahlungsfähigkeit von AMI CAT ziehen.

c) Im vorliegenden Beispiel der AMI CAT sind zwar die zum 31.12.2018 ausgewiesenen kurzfristigen Verbindlichkeiten zu 120 % durch Liquidität (3. Grades) gedeckt. Berücksichtigt man jedoch, dass neben den kurzfristigen Verbindlichkeiten in Höhe von 100.000 € schon in naher Zukunft weitere Auszahlungen in Höhe von 25.000 € Löhne und 30.000 € (Kredittilgung) fällig werden, steht dem kurzfristigen Liquiditätspotenzial in Höhe von 120.000 € ein Auszahlungsvolumen in Höhe von 155.000 € gegenüber. Damit ist die zukünftige Zahlungsfähigkeit von AMI CAT gemessen an der Liquiditätskennzahl „Liquidität 3. Grades" eindeutig gefährdet.

Lösung Aufgabe 1.20

Jahr 1: Eigenkapitalrentabilität vor Steuern: 50.000/400.000 = 12,5 %
Jahr 2: Eigenkapitalrentabilität vor Steuern: 55.000/500.000 = 11,0 %

Jahr 1: Gesamtrentabilität vor Steuern: 50.000/800.000 = 6,25 %
Jahr 2: Gesamtrentabilität vor Steuern: 55.000/800.000 = 6,88 %

Jahr 1: Umsatzrentabilität: 50.000/1.000.000 = 5,0 %
Jahr 2: Umsatzrentabilität: 55.000/1.080.000 = 5,09 %

Lediglich die Eigenkapitalrentabilität ist gesunken. Sowohl die Gesamt- wie auch die Umsatzrentabilität sind höher als im Vorjahr.

Lösung Aufgabe 1.21

Bei überhöhten Abschreibungen sind zwei Finanzierungseffekte zu unterscheiden:

a) In Höhe der normalen, d. h. nicht überhöhten Abschreibung handelt es sich um eine Finanzierung aus Abschreibungsgegenwerten. Die Abschreibungen mindern als Aufwand den jeweiligen Gewinn des Unternehmens. Die über den Umsatzprozess generierten liquiden Mittel verbleiben im Unternehmen, da eine Gewinnausschüttung und Steuerzahlung vermieden wird.

b) In Höhe des Betrages, der die normale Abschreibung übersteigt, handelt es sich um eine stille Selbstfinanzierung. Es wird vorübergehend eine stille Reserve gebildet. Der überhöhte Abschreibungsanteil verringert zusätzlich zum regulären (normalen) Abschreibungsanteil in den ersten Jahren der Nutzungsdauer den Gewinn und folglich Gewinnausschüttungen und Steuerzahlungen des Unternehmens. Dieser Effekt wird in den späteren Jahren der Nutzungsdauer wieder rückgängig gemacht.

Lösung Aufgabe 1.22
Rentabilitätskennziffern:

$$Eigenkapitalrentabilität = \frac{300.000\ €}{2.500.000\ €} = 0{,}12 = 12\ \%$$

$$Gesamtkapitalrentabilität = \frac{300.000\ € + 280.000\ €}{2.500.000\ € + 3.500.000\ €} = 0{,}0967 = 9{,}67\ \%$$

$$Umsatzrentabilität = \frac{300.000\ €}{12.500.000\ €} = 0{,}024 = 2{,}4\ \%$$

Lösung Aufgabe 1.23
Der Leverage-Effekt beschreibt die Hebelwirkung des Fremdkapitals auf die Eigenkapitalrentabilität: Durch den Einsatz von Fremdkapital (anstelle von Eigenkapital) kann die Eigenkapitalrendite für die Eigentümer gesteigert werden.

Voraussetzung für einen positiven Leverage-Effekt ist, dass die Investitionsrendite (Gesamtkapitalrendite) des Unternehmens über dem Fremdkapitalzins liegt. Das heißt: Das Unternehmen erzielt mit seiner operativen Tätigkeit eine Rendite, die höher ist als der Fremdkapitalzins für die vom Unternehmen aufgenommenen Bankdarlehen. Je höher der Verschuldungsgrad, desto mehr steigt unter den genannten Bedingungen die Eigenkapitalrentabilität.

Dieser Effekt wird als Leverage-Effekt bezeichnet.

Lösung Aufgabe 1.24
Die sich für die einzelnen Fälle ergebende Eigenkapitalrentabilität errechnet sich wie folgt:

a) $Eigenkapitalrentabilität = \frac{800.000\ €}{10.000.000\ €} = 8\ \%$

Die Eigenkapitalrentabilität in a) bei vollständiger Finanzierung mit Eigenkapital entspricht der Gesamtkapitalrentabilität und beträgt bei dieser Investition 8 %.

b) $Eigenkapitalrentabilität = \frac{800.000\ €}{10.000.000\ €} = 8\ \%$

Wird zur Finanzierung dieser Investition Fremdkapital mit einer Verzinsung von 6 % aufgenommen, stellt sich in Kenntnis des

Ergebnisses aus a) ein positiver Leverage-Effekt ein. Bei 100 % Finanzierung war die Eigenkapitalrentabilität bei 8 % bei einem Verschuldungsgrad von 4 (80 % FK und 20 % EK) steigt die Eigenkapitalrentabilität auf 16 %.

c) $$Eigenkapitalrentabilität = 8\,\% + \frac{8.000.000\,€}{2.000.000\,€}(8\,\% - 6\,\%) = 16\,\%$$

Steht Fremdkapital jedoch nur zu einem Zins von 12 % zur Verfügung, stellt sich wegen $r_{GK} < i$ ein negativer Hebel-Effekt der Verschuldung, also negativer Leverage-Effekt bzw. Leverage-Risiko ein. Die Eigenkapitalrentabilität wird hier nun sogar negativ.

Lösung Aufgabe 1.25

Der Kapitalgewinn (Gesamtkapital-Nettoertrag) errechnet sich wie folgt:

$$Kapitalgewinn = 100.000\,€ * 6\,\% = 6.000\,€$$

Vorher: 50 % Fremdkapital = 50.000 €
Darauf entfallen 9 % Zinsen, das sind 4.500 €, der Rest von 1.500 € bleibt für Eigenkapital. Das ergibt folgende Eigenkapitalrentabilität:

$$Eigenkapitalrentabilität = \frac{1.500\,€}{50.000\,€} = 3\,\%$$

Nachher: 80 % Fremdkapital = 80.000 €
Darauf entfallen 9 % Zinsen, das sind 7.200 €, der Saldo von –1.200 € bleibt für Eigenkapital. Das ergibt folgende negative Eigenkapitalrentabilität:

$$Eigenkapitalrentabilität = \frac{-1.200\,€}{20.000\,€} = -6\,\%$$

Es resultiert eine Verschlechterung um 9 %. Die richtige Antwort ist folglich c).

Lösung Aufgabe 1.26

1)	höher	**X-tiefer**
2)	**X-höher**	tiefer
3)	höher	**X-tiefer**
4)	größer	**X-kleiner**

Lösung Aufgabe 1.27

Die geforderten Deckungsgrade ermitteln sich wie folgt:

$$Deckungsgrad\ A = \frac{526.000\ €}{720.000\ €} = 73{,}0\ \% < 100\ \%$$

$$Deckungsgrad\ B = \frac{526.000\ € + 774.000\ €}{720.000\ €} = 180{,}6\ \% > 100\ \%$$

$$Deckungsgrad\ C = \frac{526.000\ € + 774.000\ €}{720.000\ € + 43.000\ €} = 170{,}4\ \% > 100\ \%$$

Lösungen der Aufgaben zu Kapitel 2

Lösung Aufgabe 2.1
Während der Bruttokapitalbedarf den gesamten Kapitalbedarf ohne Rücksicht auf vorhandene Deckung widerspiegelt, ist im Nettokapitalbedarf bereits die vorhandene Finanzierung berücksichtigt.

Der Bruttokapitalbedarf versteht sich dabei als die zu einem bestimmten Zeitpunkt aufgelaufenen Auszahlungen. Ergänzt um die in den verschiedenen Monaten anfallenden Einzahlungen wird dann der Nettokapitalbedarf (verstanden als die zu einem bestimmten Zeitpunkt anfallende Differenz zwischen Auszahlungen und Einzahlungen) errechnet.

Lösung Aufgabe 2.2
Ihr Kapitalbedarf für das kommende Jahr errechnet sich wie folgt:

$$Kapitalbedarf = \frac{Umsatz\ p.a.}{Umschlagshäufigkeit\ p.a.} = \frac{750.000.000\ €}{3} = 250.000.000\ €$$

Lösung Aufgabe 2.3
Typischerweise wird der Lebenszyklus eines Unternehmens, verstanden als die dynamische wirtschaftliche Entwicklung eines Unternehmens von der Gründung über das Wachstum bis hin zur Reife und möglichen Krise, durch vier bzw. fünf Phasen charakterisiert. Diese sind:
- Phase 1: Gründung
- Phase 2: Wachstum
- Phase 3: Reifephase
- Phase 4: Degenerations- vs. Revitalisierungsphase.

Dabei beschreiben Lebenszyklusmodelle allgemein den Verlauf der Unternehmensentwicklung anhand einer biologischen Analogie.

Lösung Aufgabe 2.4
Das idealtypische Unternehmenslebenszyklusmodell kann sehr hilfreich sein für Überlegungen hinsichtlich der Unternehmensfinanzierung, da sich pro Lebensphase „typische" Vermögens-, Ertrags- und Finanzlagen der Unternehmen herausarbeiten lassen. Dies kann anhand der Kriterien Umsatz/Gewinn pro Phase, in der sich ein Unternehmen gerade befindet, systematisiert werden: In der Gründungsphase strebt ein junges Unternehmen an, eine überlebensfähige Organisation aufzubauen. In der Wachstumsphase geht es für Unternehmen in erster Linie darum, ihre Position am Markt zu festigen,

Markterfolge zu erzielen sowie Umsatz und Mitarbeiteranzahl zu steigern. In der Folge erreicht das Unternehmen eine Phase der Stabilität, die sog. Reifephase, die durch gute betriebswirtschaftliche Ergebnisse gekennzeichnet ist. Die Reifephase ist einerseits der Höhepunkt der Unternehmensentwicklung, gleichzeitig aber auch eine Umbruchsphase. Hier entscheidet sich, ob das Unternehmen durch gezielte Maßnahmen wieder zurück zu Wachstum kommt und dadurch in eine Revitalisierungsphase eintritt oder durch fehlende Innovationen und bzw. oder gesättigte Märkte in die Degenerationsphase gleitet, die zu einer anhaltenden Stagnation und im letztlich zur Schließung des Unternehmens führen kann.

Somit ergeben sich pro Lebensphase unterschiedliche, aber dennoch idealtypische Notwendigkeiten der Finanzierung, aber auch Risiken, die den Zugang zu Kapital mitunter erschweren.

Lösung Aufgabe 2.5

Die erste Finanzierungsphase bezeichnet man als Seed-Finanzierungsphase (häufig auch als Early Stage-Phase bezeichnet). Sie beginnt vor der eigentlichen Errichtung des Start-up-Unternehmens, also bevor das Unternehmen gegründet wird und ist damit sogar der eigentlichen Startup-Phase vorgelagert. In dieser Phase ist sog. Seed Capital zu beschaffen zur Finanzierung der Geschäftsidee inklusive Konzeptionsentwicklung, der Durchführung von Machbarkeitsstudien, der Erstellung eines sog. Business Plans und schließlich zur eigentlichen Errichtung des Unternehmens.

Lösung Aufgabe 2.6

Neben den klassischen Formen der Fremdfinanzierung, wie dem Bankkredit gibt es in Deutschland auch öffentliche Förderprogramme, die zinsgünstige Kredite, Bürgschaften etc. zur Verfügung stellen. Desweiteren sind zu nennen Darlehen in Form von sog. Nachrangdarlehen oder andere Produkte mit eigenkapitalähnlichen Elementen.

Lösung Aufgabe 2.7

Als Ausgestaltungsformen der externen Beteiligungsfinanzierung kommen insbes. bei Start-up-Unternehmen neben der Finanzierung aus dem bestehenden Gesellschafterkreis des oder der Gründer und seiner Familie weitere Möglichkeiten in Frage. Zu nennen sind die prominenten Möglichkeiten der Eigenkapitalfinanzierung durch vermögende Investoren, die sich direkt, d. h. ohne Mittler, an einem Unternehmen beteiligen und so Kapital einbringen, also die Eigenkapitalbereitstellung durch Business Angels. Eine weitere Möglichkeit ist die Nutzung öffentlicher Beteiligungsprogramme. Denn neben den privatwirtschaftlichen Anbietern von Beteiligungskapital gibt es v. a. im deutschen Beteiligungsmarkt ein recht großes Spektrum an Förderprogrammen der öffentlichen Hand.

Für Start-up-Unternehmen, wenn auch in der späteren Startup-Phase, kommt als weitere Ausgestaltungsmöglichkeit der externen Beteiligungsfinanzierung die Bereitstellung von Kapital über Venture Capital in Frage. Hierbei handelt es sich ebenfalls um die Hereinnahme von Eigenkapital, jedoch im Gegensatz zu der Kapitalerbringung durch einen Business Angel (Privatperson), wird Venture Capital in Zielunternehmen von professionellen Gesellschaften, sog. Venture Capital-Gesellschaften zur Verfügung gestellt. Mit dem Venture Capital wird das vorhandene Eigenkapital des Start-up-Unternehmens gestärkt im Austausch mit der Gewährung von Beteiligungsrechten.

Lösung Aufgabe 2.8

Unternehmen in ihrer Wachstums- oder Expansionsphase, d. h. sog. Wachstumsunternehmen durchdringen erstmalig ihren relevanten Markt. Wachstum betrifft dabei die Vergrößerung der Kapazitäten in allen Bereichen mit dem Ziel der Weiterentwicklung des Unternehmens hinsichtlich Verkaufszahlen, Marketing und etwaiger Produktionsstätten. Es gilt, formale Strukturen und Prozesse zu etablieren, um den reibungslosen Geschäftsbetrieb gewährleisten zu können. Die Umsätze (genauer: Umsatzerlöse) sind nun vergleichsweise hoch; diese können wiederum für die recht kostenintensive Expansion genutzt werden. Häufig erreichen Wachstumsunternehmen nun erstmalig die sog. Gewinnschwelle. Im Lebenszyklus gesprochen folgt die Wachstumsphase unmittelbar auf die Gründungsphase.

Lösung Aufgabe 2.9

Sowohl der Anlage- als auch der Umlaufkapitalbedarf gehören zum operativen Kapitalbedarf von Wachstumsunternehmen. Unter Anlagebedarf versteht man den Kapitalbedarf für Investitionen ins Anlagevermögen der Wachstumsunternehmen. Er dient etwa der Finanzierung von Grundstücken, grundstücksgleichen Rechten, Betriebsgebäuden, Unternehmenskäufen, Beteiligungen und der Finanzierung von Maschinen, aber auch der Wartung, Reparatur und der Tätigung von Ersatzinvestitionen. Demgegenüber versteht man unter Umlaufkapitalbedarf den Kapitalbedarf für Umlaufvermögen. Er beginnt mit dem zu finanzierenden Erwerb und der anschließenden Lagerdauer von Roh-, Hilfs- und Betriebsstoffen für den Produktionsprozess und endet mit der Lagerdauer der Fertigerzeugnisse.

Der Unterschied ist also geknüpft an das Ziel der Investition, also ob Anlage- oder Umlaufvermögen angesprochen werden.

Lösung Aufgabe 2.10
Unter Projektfinanzierung versteht man Finanzierungstechniken oder strukturierte Finanzierungsformen, die insb. bei volumenmäßig großen und innovativen Projekten zum Einsatz kommen. Als Form der Fremdfinanzierung und zugleich Außenfinanzierung erfolgt bei der Projektfinanzierung die Finanzierung über eine sich selbst tragende Wirtschaftseinheit, etwa ein Special Purpose Vehicle oder eine Projektgesellschaft. Die Besonderheit gegenüber anderen Finanzierungsformen ist, dass die Zins- und Tilgungszahlungen der aufgenommenen Finanzierungsmittel allein aus den künftigen Erträgen des zu finanzierenden Projekts selbst erfolgen sollen.

Lösung Aufgabe 2.11
Unter Wasserfallprinzip ist die Reihenfolge der Zuteilung von Kapital bzw. Zinsen auf Finanzierungsformen (bzw. -tranchen) gemeint. Das bedeutet, dass üblicherweise die eingehenden Zahlungen aus den Erträgen in einer festen Reihenfolge an die Kapitalgeber verteilt werden. Vorrangige Kapitalgeber bzw. Tranchen erhalten dabei als erste Zahlungen auf ihre Ansprüche auf Kapital und Zinsen bis zu deren vollständigen Befriedigung. Anschließend werden die nachrangigen Tranchen bzw. Kapitalgeber berücksichtigt.

Lösung Aufgabe 2.12
Etablierte Unternehmen befinden sich mit Erreichen ihres Reifezustandes am Ende der Wachstumsphase und haben sich bereits auf dem Markt positioniert. Die Wachstumsraten hinsichtlich Unternehmensgröße etc. nehmen bei Etablierten Unternehmen zunehmend ab und stagnieren auf einem gewissen, meist dennoch hohen Niveau.

Lösung Aufgabe 2.13
Über einen Börsengang kann ein etabliertes Unternehmen dem breiten Publikum am Kapitalmarkt Anteile anbieten und über die Emission dieses Kapitals für sich generieren. Der Börsengang stellt also eine Möglichkeit der Außenfinanzierung zur Beschaffung von Eigenkapital dar.

Lösung Aufgabe 2.14
Während eine Aktie einen Anteil an einem Unternehmen in Form einer Beteiligung verbrieft, stellt der Käufer einer Anleihe dem Schuldner Fremdkapital zur Verfügung. Der Aktionär wird zum Mitinhaber des Unternehmens und ist am Eigenkapital der Gesellschaft mitbeteiligt. Eine Anleihe ist eine

Schuldverschreibung. Der Fremdkapitalgeber stellt dem Unternehmen Geld zur Verfügung gegen einen Zins. Das Unternehmen leiht sich Fremdkapital.

Lösung Aufgabe 2.15

Unter dem Buchwert einer Aktie der AMI CAT AG versteht man das in der Bilanz des Unternehmens ausgewiesene Eigenkapital pro Aktie. Die Berechnung erfolgt nach der folgenden Formel:

$$Buchwert\ pro\ Aktie = \frac{3.000.000\ €}{1.000.000} = 3\ €$$

Der gesamte Börsenwert der AMI CAT AG errechnet sich aus:

$$Börsenwert = 1.000.000 * 11\ € = 11.000.000\ €$$

Lösung Aufgabe 2.16

Krisenunternehmen befinden sich in ihrer letzten Unternehmensphase. Krisenphasen folgen meist auf Reifephasen, wenn die Produkte bzw. Dienstleistungen des Unternehmens durch neue Produkte oder durch technologischen Fortschritt verdrängt werden und der Absatz sinkt. Auch in Phasen einer sich abschwächenden Konjunktur können Sanierungs- oder Restrukturierungsmaßnahmen notwendig werden, auch um die Kapazitäten der sich verschlechternden Wirtschaftslage anzupassen. Im Extrem kann die Krisenphase für das Unternehmen eine existenzbedrohende Situation darstellen.

Lösung Aufgabe 2.17

Unter einer Sanierung eines Krisenunternehmens versteht man vorrangig die finanzwirtschaftlichen Maßnahmen und Hilfen, die von den Stakeholdern (intern wie auch extern) geleistet werden. Die Maßnahmen und Hilfen dienen dazu, die Krisensituation des Unternehmens zu bewältigen. Demgegenüber wird eine Restrukturierung meist intern, d. h. ohne externe Stakeholder durchgeführt und auch ohne finanzielle Mittel von außen. Es wird also lediglich intern im Krisenunternehmen durch einen Maßnahmenkatalog versucht, die Erfolgsfaktoren des Unternehmens langfristig zu sichern. Dazu werden meist interne Umorganisationen, etwa der Prozesskette, vorgenommen oder etwa eine Aufteilung in neue Geschäftsfelder umgesetzt.

Lösung Aufgabe 2.18

Es lassen sich grundsätzlich drei Gruppen von Gläubigern mit unterschiedlich starkem Abhängigkeitsgrad unterscheiden. Diese sind:

Gläubiger mit **niedrigem** Abhängigkeitsgrad: Diese Stakeholder sind meist nicht eng mit dem Unternehmen verbunden.
Gläubiger mit **mittlerem** Abhängigkeitsgrad: Die Verbindung zum Unternehmen ist bei dieser Gruppe von Gläubigern nicht homogen, sondern kann stark variieren. Der Abhängigkeitsgrad liegt zwischen niedrig und hoch.
Gläubiger mit **hohem** Abhängigkeitsgrad: Diese Gläubiger sind sehr eng mit dem Krisenunternehmen verbunden und meist ist die Abhängigkeit gegenseitig.

Lösungen der Aufgaben zu Kapitel 3

Lösung Aufgabe 3.1

Grundsätzlich gibt es drei verschiedene Möglichkeiten, Eigenkapital durch die Gesellschafter einzubringen: Zahlungsmittel, Sacheinlage oder Rechte Die Einbringung von Zahlungsmitteln ist mit keinerlei Unsicherheiten bei der Bewertung der Einlage verbunden, da diese zum Nennbetrag erfolgt. Die Erbringung des Eigenkapitals durch eine Sacheinlage als auch durch die Einbringung von Rechten ist jeweils mit Unsicherheiten bzgl. der Bewertung ebendieser Sacheinlage oder der Rechte verbunden. Eine Sacheinlage kann z. B. die Einbringung einer Immobilie oder Maschine sein, die die Gesellschaft dann nutzen kann. Mögliche eingebrachte Rechte können Patente, Lizenzen oder aber auch sonstige Verträge sein, aus denen das Unternehmen einen Nutzen ziehen kann.

Lösung Aufgabe 3.2

Durch die Gründung einer Kommanditgesellschaft gibt es Komplementäre (Vollhafter) und Kommanditisten (Teilhafter). Der Unterschied zwischen den beiden Rollen ist v. a. in der unterschiedlichen Haftung begründet. Die Komplementäre haften sowohl mit ihrem privaten Vermögen als auch mit ihrer jeweiligen Gesellschaftseinlage, während die Haftung der Kommanditisten auf ihre Gesellschaftseinlage beschränkt ist. Aus dieser Konstellation können Interessenskonflikte zwischen den einzelnen Gesellschaftergruppen erwachsen, da das unternehmerische Risiko für die Komplementäre ungleich höher ist.

Lösung Aufgabe 3.3

Mögliche Gründe können sein:

- kein geeigneter Nachfolger existent
- Konflikte innerhalb des Gesellschafterkreises
- angestrebte Umschichtung der privaten Vermögensstruktur der Gesellschafter
- letzte verbleibende Finanzierungsquelle, da andere Kapitalbeschaffungsmaßnahmen nicht mehr möglich sind
- insb. bei diversifizierten Konzernen kann eine Fokussierung auf bestimmte Geschäftsbereiche zu einem Verkauf der anderen Geschäftsbereiche/Gesellschaften führen
- Markterfordernisse
- Angebot eines potenziellen Erwerbers

Häufig führt eine Kombination aus mehreren Gründen zu einer Verkaufsentscheidung.

Lösung Aufgabe 3.4
Bei der Anwendung von Substanzwertverfahren muss der Wert der Vermögenswerte des Unternehmens geschätzt werden. Dies bedingt einen großen Aufwand und zudem kann die Qualität der Schätzung nicht angemessen sein. Deswegen findet häufig eine Orientierung an den Buchwerten der Vermögensgegenstände statt, die häufig auch mit dem tatsächlichen Wert der Güter nicht identisch ist. Insgesamt muss festgehalten werden, dass die über die Substanzwertverfahren ermittelten Unternehmenswerte den tatsächlich erzielten Kaufpreisen nicht entsprechen.

Lösung Aufgabe 3.5
Der Mittelwert des EBIT-Multiplikators der vier börsennotierten Wettbewerber beträgt 9,3. Ein etwaiger Abschlag aufgrund einer geringen Größe und/oder mangelnder Börsennotierung sei hier nicht betrachtet. Der Mittelwert der beiden Transaktionen der Wettbewerber liegt beim 9,0-fachen des EBITs. Somit ist hier als Range der Bereich zwischen dem 9,0- und dem 9,3-fachen des EBITs anzusehen. Für das konkrete Unternehmen bedeutet dies eine Bewertung zwischen 13,5 Mio. € und 13,95 Mio. €.

Lösung Aufgabe 3.6
Zunächst wird der WACC berechnet gemäß der nachfolgenden Abb.:

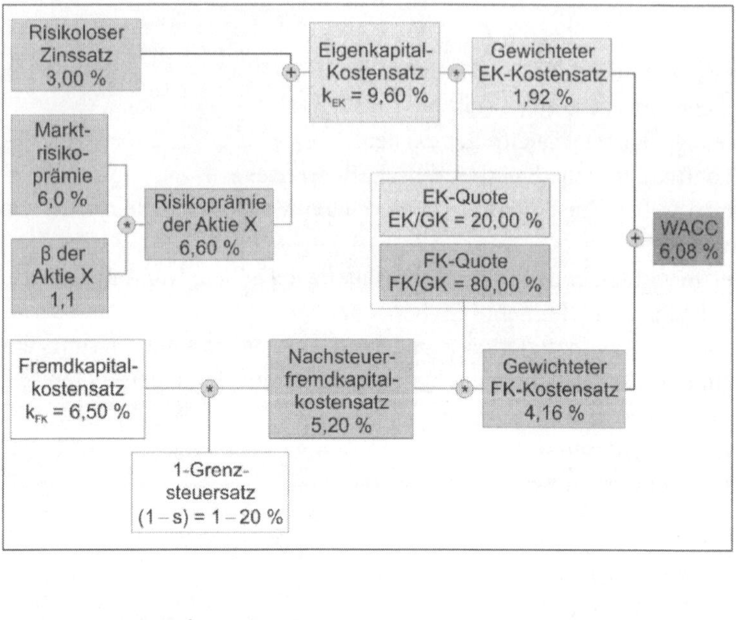

Die zugehörige Rechnung ergibt die folgenden Werte:

-500.000 - 375.000 / 1,0608 + 50.000 / $1{,}0608^2$ + 575.000 / $1{,}0608^3$ + 625.000 / $1{,}0608^4$ + 750.000 / $1{,}0608^5$ + (750.000 / (0,0608)) x (1/$1{,}0608^5$) = -500.000 - 353.506,79 + 44.432,73 + 481.689,65 + 493.566,84 + 558.333,53 + 9.183.117,24 = 9.907.633,19 €

Zieht man von diesem Betrag den Marktwert des Fremdkapitals in Höhe von 5.500.000 € ab, so ergibt sich für den Wert des Eigenkapitals ein Betrag von 4.407.633,19 €. Dies ist der gesuchte Wert.

Lösung Aufgabe 3.7

Eine Veränderung betrifft lediglich den Teil der ewigen Rente. Aus: (750.000 / (0,0608)) x (1/$1{,}0608^5$) wird (750.000 / (0,0608 – 0,04)) x (1/$1{,}0608^5$) = 26.842.958,08 €. Das Ergebnis der Abdiskontierung der zukünftigen freien Cash Flows inklusive der ewigen Rente ergibt somit: 27.567.474,03. Zieht man von diesem Betrag den Marktwert des Fremdkapitals in Höhe von 5.500.000 € ab, so ergibt sich für den Wert des Eigenkapitals ein Betrag von 22.067.474,03 €.

Lösung Aufgabe 3.8

Neben dem Abzinsungsfaktor (WACC), der für sämtliche Jahre relevant ist und somit die Abdiskontierung der zukünftigen freien Cash Flows bestimmt, ist insb. der Cash Flow des letzten Jahres der Detailplanungsphase relevant. Dieser ist maßgeblich für die Bestimmung der ewigen Rente, die i. d. R. einen Großteil des Kapitalwertes der gesamten Zahlungsreihe bestimmt.

Lösung Aufgabe 3.9

Es sind die nachfolgenden 4 Arten des Crowdfundings denkbar:

- Crowddonating ist die Kapitalüberlassung ohne die Absicht Rendite in Form von Zinsen o. ä. zu erzielen. Vielmehr entsteht bei dem Kapitalgeber eine emotionale Rendite aus der Realisierung des Projektes.
- Crowdlending ist ein klassisches Fremdkapitalinstrument, bei dem die Crowd als Fremdkapitalgeber (inkl. Rückzahlungs- und Zinsanspruch) aktiv wird.
- Crowdsponsoring bezieht i. d. R. keine finanzielle Rendite, allerdings erhalten die Kapitalgeber zumeist eine Vergütung in Naturalien, z. B. eine Gratis-CD bei der Umsetzung eines CD-Projektes.
- Crowdinvesting beinhaltet eine Teilhabe der Kapitalgeber sowohl an zukünftigen Zahlungsströmen als auch an Wertsteigerungen des Projektes/Unternehmens in der Zukunft.

Lösung Aufgabe 3.10
Crowdfunding ist eine sinnvolle Alternative/Ergänzung zu herkömmlichen Finanzierungsformen. Vorteilhaft für den Kapitalnehmer ist die vergleichsweise große Freiheit in der Ausgestaltung, so dass es im konkreten Fall maßgeschneidert auf die eigenen Bedürfnisse angepasst werden kann. Zumeist gibt der Kapitalnehmer keinerlei Kontrolle an den Kapitalgeber ab. Positiv ist ebenfalls die Möglichkeit der Kommunikation mit den Kapitalgebern, so dass diese z. B. als Vertriebsunterstützung genutzt werden können.

Lösung Aufgabe 3.11
2.000 €/350.000 € = 0,571429 %
5,25 Mio. € * 0,571429 % = 30.000 €
(30.000 € - 2.000 €) / 2.000 € = 1.400 %

Der Anteil des Verkaufserlöses ist somit 30.000 €, was einer Rendite von 1.400 % entspricht.

Lösung Aufgabe 3.12
Die Sicherstellung der Vertraulichkeit in einem M&A-Prozess ist sehr wichtig, um dem Standing insb. des zu übernehmenden Unternehmens bei Mitarbeitern, Lieferanten, Kunden und sonstigen Stakeholdern nicht zu schaden. Die Vertraulichkeit soll durch den Abschluss einer formellen Vertraulichkeitserklärung gewahrt werden, die z. B. auch eine Vertragsstrafe bei Nicht-Einhaltung beinhalten kann.

Lösung Aufgabe 3.13
Bei einem Sharedeal erwirbt der Käufer Anteile am gesamten Unternehmen und tritt somit in die Rolle des Gesellschafters ein. Bei einem Assetdeal hingegen erwirb der Käufer nur bestimmte definierte Vermögensgegenstände. Dies können z. B. das komplette Anlagevermögen des Unternehmens und/ oder Kunden- und Lieferantenverträge sowie bestehende Arbeitsverträge sein.

Lösung Aufgabe 3.14
Die Private Equity-Gesellschaft ist zum einen als Komplementär am Private Equity Fonds (sofern dieser als GmbH&Co. KG firmiert) beteiligt und erhält hierüber einen Anteil am Gewinn des Fonds (z. T. sogar prozentual deutlich höher als der Kapitaleinsatz). Für das Managen des Private Equity Fonds erhält die Gesellschaft auch noch eine Management Fee. Zudem beraten die Private Equity-Gesellschaften ihre Portfoliounternehmen und erhalten dafür von den Unternehmen entsprechende Beratungshonorare.

Lösung Aufgabe 3.15

Die „7 out of 1.000“ Regel besagt, dass von 1.000 Beteiligungsopportunitäten, die sich eine Private Equity-Gesellschaft anschaut, lediglich 7 zu einem Investment führen. Bei den anderen 993 Opportunitäten entscheidet sich entweder der Verkäufer für einen anderen Erwerber, bricht die Transaktion ab oder die Private Equity-Gesellschaft nimmt von der Transaktion Abstand. Dies kann z. B. aufgrund etwaiger Risiken, mangelnder Perspektiven oder unterschiedlicher Preisvorstellungen geschehen.

Lösung Aufgabe 3.16

Die grundsätzlichen Exitoptionen für eine Private Equity-Gesellschaft sind:

- Going Public (Börsengang)
- Trade Sale (Verkauf an einen strategischen Investor)
- Secondary Sale (Weiterverkauf an eine andere Private Equity-Gesellschaft)
- Company Buy-Back (Rückverkauf an den/die Verkäufer, der das Unternehmen an die Private Equity-Gesellschaft ursprünglich veräußert hat)
- Liquidation/Abschreibung (Unternehmen wird geschlossen oder wird insolvent)

Lösung Aufgabe 3.17

Bei einem MBO (Management-Buy-out) beteiligt sich das bereits vor der Transaktion im Unternehmen tätige Management am Unternehmen. Bei einem MBI (Management-Buy-in) war das Management vor der Transaktion nicht im Unternehmen tätig. Zumeist war das Management vor der Transaktion bei einem Wettbewerber, Kunden oder Lieferanten tätig. Sowohl beim MBI als auch beim MBO beteiligt sich das Management häufig mit Unterstützung einer Private Equity-Gesellschaft am Unternehmen.

Lösung Aufgabe 3.18

Bei einem Börsengang können die Aktien entweder durch eine Abgabe der Altgesellschafter oder über eine Kapitalerhöhung generiert werden. Eine Kapitalerhöhung wird grundsätzlich von Investorenseite positiver betrachtet, da der bezahlte Preis der Aktien dem Unternehmen zufließt und dort verwendet werden kann. Bei einer Abgabe der Altgesellschafter fließt der Aktienpreis den Altgesellschaftern zu und steht folglich dem Unternehmen für seine weitere Entwicklung nicht zur Verfügung. Zudem interpretieren Investoren die Abgabe von Anteilen durch die Altgesellschafter häufig auch als mangelndes Vertrauen der Altgesellschafter in die zukünftige Entwicklung des Unternehmens.

Lösung Aufgabe 3.19

Aktien allgemein beinhalten ein Recht auf Information, auf einen Anteil am Gewinn (i. d. R. in Form der Dividende), auf die Teilnahme an der Hauptversammlung und im Insolvenzfall auf einen Anteil am Liquidationserlös. Ein Stimmrecht an der Hauptversammlung haben aber nur die Stammaktien. Vorzugsaktien haben kein Stimmrecht bei der Hauptversammlung, werden dafür aber bei der Dividende bevorzugt behandelt. So kann z. B. den Inhabern der Vorzugsaktien eine höhere Dividende ausgezahlt werden.

Lösung Aufgabe 3.20

Bei einer ordentlichen Kapitalerhöhung findet ein Liquiditätszufluss statt. Die Aktien werden zumeist über dem Nennwert ausgegeben. Auf der Passivseite findet eine Zweiteilung des Betrages statt. Der Betrag je Aktie, der dem Nennwert entspricht, fließt dem Grundkapital zu und erhöht dieses. Der Betrag je Aktie, der den Nennwert übersteigt, wird als Agio (Aufgeld) bezeichnet und wird in die Kapitalrücklage eingestellt. Auf der Aktivseite wird der Komplettbetrag (Nennwert + Agio) ins Umlaufvermögen verbucht.

Die bedingte Kapitalerhöhung und der damit einhergehende Mittelzufluss sind abhängig von der Anzahl der verwendeten Umtausch- und Bezugsrechte der zugrundeliegenden Wandelschuldverschreibungen oder Optionsanleihen. Die Aufteilung des tatsächlichen Mittelzuflusses ist analog zu der ordentlichen Kapitalerhöhung.

Die genehmigte Kapitalerhöhung ermächtigt den Vorstand einer Aktiengesellschaft, innerhalb eines Zeitraums von fünf Jahren nach eigenem Ermessen (ohne Einberufung einer Hauptversammlung) eine Kapitalerhöhung durchzuführen. Der Mittelzufluss findet erst bei der tatsächlichen Durchführung der Kapitalmaßnahme statt und wird nach den gleichen Grundsätzen wie bei der ordentlichen Kapitalerhöhung verbucht.

Ohne Liquiditätszufluss von außen findet die Kapitalerhöhung aus Gesellschaftsmitteln statt. Bilanziell stellt dies ein Passivtausch dar, bei dem Teile der Kapitalrücklage und der Gewinnrücklage in Grundkapital gewandelt werden.

Lösung Aufgabe 3.21

$\text{Kurs}_{\text{neu}} = (15 \text{ Mio} * 4\,€ + 5 \text{ Mio.} * 3{,}20\,€) / 20 \text{ Mio} = 3{,}80\,€$

$\text{Wert}_{\text{BR}} = 4{,}00\,€ - 3{,}80\,€ = 0{,}20\,€$

Damit beträgt der rechnerische Wert des Bezugsrechts 0,20 €.

Lösung Aufgabe 3.22

Für die Berechnung der Opération blanche verkauft der Aktionär alle Bezugsrechte. 1.000 * 0,20 € und erlöst somit 200 €. Um eine junge Aktie zu erwerben, benötigt er drei Bezugsrechte und muss außerdem noch den Preis (3,20 €) für eine junge Aktie bezahlen. Somit kostet ihn eine junge Aktie 3,80 €. Mit seinem Erlös aus dem Verkauf seiner Bezugsrechte von 200 €, kann er folglich 52 Aktien erwerben (200 € / 3,80 € = 52,632). Beim Erwerb von 52 Aktien bleibt ihm noch ein Rest von 2,40 €, den er anderweitig verwenden kann.

Lösung Aufgabe 3.23

Ein Aktienrückkauf hat für das Vermögen des einzelnen Aktionärs zunächst positive Implikationen. Durch den Aktienrückkauf steigt die Nachfrage nach der Aktie, was insgesamt grundsätzlich positiv für die Kursentwicklung ist. Zudem steigen sein prozentualer Anteil am Grundkapital der AG und damit auch sein prozentualer Anteil am Gewinn. Kritisch anzumerken ist allerdings, dass das durch die AG für den Aktienrückkauf verwendete Kapital dem Unternehmen für Investitionen etc. nicht mehr zur Verfügung steht und dies negative Auswirkungen auf die zukünftige Unternehmensentwicklung haben kann.

Lösungen der Aufgaben zu Kapitel 4

Lösung Aufgabe 4.1
Als Kredit wird im finanzwirtschaftlichen Sinne die Überlassung von Kapital bzw. Kaufkraft auf Zeit verstanden im Vertrauen auf die Fähigkeit und Bereitschaft des Schuldners, den Schuldverpflichtungen nachzukommen.

Lösung Aufgabe 4.2
Die Kreditwürdigkeitsprüfung hat das Ziel, das Risiko des Kreditausfalls zu minimieren. Das Ausfallrisiko kommt in den drei Varianten Totalausfall, Teilausfall und verspätete Rückzahlung vor. Beim Totalausfall hat der Kreditnehmer weder Zins und Tilgung geleistet, noch liegen verwertbare Sicherheiten vor. Somit kann hierbei der Schaden, der durch den Kreditausfall entsteht, höher sein als die ursprüngliche Kreditsumme. Ein Teilausfall bedeutet, dass der Kreditnehmer Zins und Tilgung nur teilweise geleistet hat bzw. die Sicherheiten nur einen Teil der ausstehenden Forderung abdecken. Zu einer verspäteten Rückzahlung kommt es, wenn der Kreditnehmer die vereinbarten Zahlungstermine für Zins und Tilgung nicht einhält und ein Rückstand im Kapitaldienst entsteht.

Lösung Aufgabe 4.3
Die Grenzen der Kreditwürdigkeitsprüfung sind durch die drei Kernfelder Prognoseprobleme, Defraudationsprobleme und betriebswirtschaftlich unkalkulierbare Risiken beschreibbar. Das Prognoseproblem entsteht, weil die meisten Daten der Kreditwürdigkeitsprüfung der Vergangenheit entstammen und nicht beliebig in die Zukunft übertragbar sind. Das Defraudationsrisiko beschreibt den Betrug durch den Kreditnehmer, d. h. dieser erlangt den Kredit unter Vorspiegelung falscher Tatsachen. Betriebswirtschaftlich unkalkulierbare Risiken sind sehr unterschiedlich, entstehen durch Änderungen im Umfeld des Unternehmens und können nur schwerlich prognostiziert werden.

Lösung Aufgabe 4.4
Die Unterschiede zwischen dem internen und externen Rating sind vielfältig. Während das externe Rating durch Agenturen zumeist im Auftrag des beurteilten Unternehmens erfolgt, wird das interne Rating durch Banken zur Einschätzung ihrer Kunden durchgeführt. Das externe Rating wird meist offen kommuniziert und somit sind alle Stakeholder potenzielle Adressaten des Ratings. Interne Ratingergebnisse der Banken werden nicht öffentlich gemacht und werden somit nur innerhalb der Bank kommuniziert. Sie werden insb. zur internen Entscheidungsfindung herangezogen. Während das exter-

ne Rating ein kontinuierlicher Prozess ist, bei dem Veränderungen der Unternehmenssituation zu einer Anpassung des Ratings führen, ist das interne Rating zumeist stichtagsbezogen zu einem bestimmten Ereignis (z. B. Kreditentscheidung).

Lösung Aufgabe 4.5

Personalsicherheiten kommen zumeist in Form von Bürgschaften, Garantien oder Patronatserklärungen vor. Bei einer Bürgschaft steht der Bürge für die Verpflichtung des Hauptschuldners ein, sofern dieser seiner Verpflichtung nicht nachkommt. Zwingend für die Existenz der Bürgschaft ist der Bestand einer Forderung des Gläubigers an den Schuldner. Bei der gewöhnlichen Bürgschaft kann der Bürge verlangen, dass der Gläubiger zunächst die Zwangsvollstreckung gegen den Schuldner betreibt, bevor der Bürge zahlen muss. Bei der selbstschuldnerischen Bürgschaft verzichtet der Bürge auf dieses Recht.

Die Garantie ist unabhängig vom Bestand einer Hauptforderung und der Garantiegeber verpflichtet sich gegenüber dem Garantienehmer für den Eintritt eines bestimmten Erfolgs oder für die Beseitigung eines Schadens aufzukommen.

Patronatserklärungen werden häufig innerhalb eines Konzerns vergeben, so erklärt z. B. die Muttergesellschaft gegenüber den Kreditgebern der Tochtergesellschaft, dass die Muttergesellschaft für die Verbindlichkeiten der Tochtergesellschaft mithaftet.

Lösung Aufgabe 4.6

Die Grundschuld ist unabhängig vom Bestand einer Forderung und deswegen als fiduziarische Sicherheit zu bezeichnen. Die Hypothek ist abhängig von der Existenz und der Höhe einer Forderung und wird somit den akzessorischen Sicherheiten zugerechnet.

Lösung Aufgabe 4.7

Der Jahreszins wird mit der unten dargestellten Formel berechnet und führt zu dem Ergebnis von 43,2 %.

$$Jahreszins\ i = \frac{3\,\%}{30-5} * 360 = 43{,}2\,\%$$

Auch die Gegenüberstellung mit dem Zins des Kontokorrentkredites zeigt, wie teuer der Lieferantenkredit ist.

Die Inanspruchnahme des Lieferantekredites und damit der Verzicht auf Skonto kostet 1.200 € (3 % * 40.000 €).

Demgegenüber würde ein Bankkredit für 25 Tage mit einem Zinssatz von 12 %, den der Kunde ggf. benötigt, um die vorzeitige Zahlung unter Abzug von Skonto zu ermöglichen, folgende Kosten verursachen:

$$Zinszahlung = \frac{\text{Kreditsumme} * \text{Zins} * \text{Tage}}{100 * 360} * 360 = \frac{40.000 * 12 * 25}{100 * 360} = 333{,}33\ €$$

Der Finanzierungsgewinn bei Ausnutzung der Skontomöglichkeit bei gleichzeitiger Aufnahme eines entsprechenden Bankkredits beträgt also 866,67 € (1.200 € - 333,33 €). Damit lohnen sich die Ausnutzung des Skontos und die vorzeitige Zahlung.

Lösung Aufgabe 4.8

Der Jahreszins lässt sich nach der Skontoformel wie folgt ermitteln:

$$Jahreszins\ i = \frac{3\ \%}{30 - 10} * 360 = 54\ \%$$

Die großen Unterschiede in den Zinssätzen sind in den deutlich unterschiedlichen Laufzeiten begründet. Während der Bankkredit einen Jahreszins von 5 % veranschlagt, der auf einen Zeitraum von 360 Tagen berechnet wird, bezieht sich der Skontosatz von 3 % auf einen sehr kurzen Zeitraum der Skontofrist von wenigen Tagen.

Der Lieferant gewährt für die Tilgung der Schuld innerhalb einer Frist einen Abschlag auf den Kaufpreis, das sog. Skonto. Erst bei Überschreitung dieses Zeitraums muss der volle Preis beglichen werden. Somit bestehen die Kosten einer verspäteten Rückzahlung aus Sicht des Unternehmens im entgangenen Skonto. Wegen ihrer Flexibilität und vertraglichen Formlosigkeit nehmen viele Unternehmen Lieferantenkredite gerne in Anspruch. Dabei unterschätzen sie jedoch die tatsächlichen Kosten: Rechnet man die entgangenen Skonti bei verspäteten Rückzahlungen auf ein komplettes Jahr hoch (die Skontofrist dauert i. d. R. nur wenige Wochen), zeigt sich, dass die Kosten deutlich höher sind, als z. B. die jährlichen Zinsen auf einen Bankkredit, den das Unternehmen zur fristgerechten Tilgung des Lieferantenkredits aufnehmen könnte.

Lösung Aufgabe 4.9

Lieferanten möchten durch die Gewährung eines Lieferantenkredites ihren Vertrieb unterstützen und hierüber bestehende Kunden weiter binden bzw.

neue Kunden gewinnen. Abgesichert wird der Lieferantenkredit i. d. R. durch den Eigentumsvorbehalt.

Lösung Aufgabe 4.10

Einen Kontokorrentkredit können Banken ihren Kunden, die ein Kontokorrent führen, einräumen. Die Abrechnung des Kontokorrentkredites erfolgt taggenau. Der Kontokorrentkredit ist ein eingeräumter Kreditrahmen, den der Kunde über das Konto erhält. Der Kunde muss nur für die tatsächliche Inanspruchnahme zahlen. Führt der Kontoinhaber über den vereinbarten Kreditrahmen das Konto im Soll, so wird dies als Kontoüberziehung bezeichnet. Für den die Kontoüberziehung betreffenden Betrag wird zusätzlich zu den Kreditzinsen des Kontokorrentkredites noch eine Überziehungsprovision vereinbart.

Lösung Aufgabe 4.11

Ein Betriebsmittelkredit dient der Finanzierung des Umlaufvermögens oder der laufenden Aufwendungen des Unternehmens. Die Inanspruchnahme orientiert sich am Betriebsprozess des Unternehmens und kann in jeglicher Form besichert sein.

Der Saisonkredit kann ebenfalls durch jede Art der Sicherheit besichert sein und richtet sich an Kreditnehmer mit einem saisonalen Geschäft. Aufgrund der Saisonalität ist die Laufzeit dieses Kredites kürzer als ein Jahr.

Beim Überbrückungskredit können auch alle Formen der Kreditsicherheit verwendet werden und er dient der Finanzierung eines zeitlich (i. d. R. weniger als ein Jahr) und betragsmäßig begrenztem Liquiditätsengpass.

Der Zwischenkredit finanziert längerfristiger (bis zu 5 Jahre) bis zur Auszahlung eines langfristigen Darlehens vor. Die Besicherung erfolgt häufig über den Auszahlungsanspruch aus dem späteren langfristigen Darlehen aber auch mit jeder anderen Kreditsicherheit.

Lösung Aufgabe 4.12

Grundlage des Lombardkredites ist die Verpfändung von beweglichen Sachen oder Rechten als Kreditsicherheit. Das Faustpfandprinzip bedeutet in diesem Zusammenhang, dass der verpfändete Gegenstand dem Pfandgläubiger physisch ausgehändigt werden muss, damit die Verpfändung rechtsgültig ist.

Lösung Aufgabe 4.13

Das endfällige Darlehen wird im Jahr 0 ausgezahlt (daher + 30.000 €), in den Jahren 1 und 2 werden lediglich die Zinsen (in Höhe von 3 % der Kreditsumme) gezahlt und im Jahr 3 wird neben den Zinsen auch das Darlehen vollständig in einer Summe getilgt. Der Anfangsbestand (AB), die Zins- und Tilgungszahlung, die sich zur Gesamtzahlung aufaddiert, sowie der Endbestand (EB) sind nachfolgend aufgeführt.

	AB Kredit	Zins	Tilgung	Gesamtzahlung	EB Kredit
Jahr 1	30.000,00	900,00	0	900,00	30.000,00
Jahr 2	30.000,00	900,00	0	900,00	30.000,00
Jahr 3	30.000,00	900,00	30.000,00	30.900,00	0

Das Tilgungsdarlehen zeichnet sich durch eine gleichbleibende Tilgung, im konkreten Fall 10.000 € im Jahr, und eine sich durch die fortgesetzte Tilgung kontinuierliche Reduktion der Zinszahlungen aus. Somit sinkt die Gesamtzahlung ebenfalls im Zeitablauf. Der zugehörige Zins- und Tilgungsplan ist nachfolgend aufgeführt.

	AB Kredit	Zins	Tilgung	Gesamtzahlung	EB Kredit
Jahr 1	30.000,00	900,00	10.000,00	10.900,00	20.000,00
Jahr 2	20.000,00	600,00	10.000,00	10.600,00	10.000,00
Jahr 3	10.000,00	300,00	10.000,00	10.300,00	0

Zur Darstellung der Zahlungen des Annuitätendarlehens muss zunächst die Annuität berechnet werden:

$$Annuität = 30.000\ € * \frac{0{,}03 * (1 + 0{,}03)^3}{(1 + 0{,}03)^3 - 1} = 10.605{,}91\ €$$

Die Annuität bildet die jährlich gleichbleibende Zahlung während der Laufzeit. Da der Kreditbetrag kontinuierlich getilgt wird, sinkt der Zinsanteil und steigt der Tilgungsanteil der gleichbleibenden Zahlung während der Laufzeit von Periode zu Periode. Die Darstellung im konkreten Fallbeispiel leistet die folgende Übersicht.

	AB Kredit	Zins	Tilgung	Gesamtzahlung	EB Kredit
Jahr 1	30.000,00	900,00	9.705,91	10.605,91	20.294,09
Jahr 2	20.294,09	608,82	9.997,09	10.605,91	10.297,00
Jahr 3	10.297,00	308,91	10.297,00	10.605,91	0

Lösung Aufgabe 4.14

Während bei der Geldleihe dem Kreditnehmer Liquidität zur Verfügung gestellt wird, wird bei der Kreditleihe (i. d. R. durch Banken) dem Kunden die eigene zumeist einwandfreie Bonität überlassen. Dies kann über das Eingehen einer bedingten oder unbedingten Zahlungsverpflichtung zugunsten des Kunden erfolgen. Die Bank muss für den Kunden Zahlungen leisten, wenn der Kunde seinen Zahlungsverpflichtungen nicht mehr nachkommen kann. Der Kunde muss für diese Übernahme dieser Zahlungsverpflichtung eine Provision an die Bank zahlen.

Lösung Aufgabe 4.15

Die Bankbürgschaft, die im BGB und HGB geregelt ist, wird als akzessorisch verstanden, da die Kreditsicherheit nur solange Bestand hat, wie die entsprechende Forderung existiert. Demgegenüber ist die Bankgarantie, die keiner gesetzlichen Regelung unterliegt und deshalb privat-rechtlich geregelt werden muss, als fiduziarisch zu bezeichnen, da sie unabhängig von der Existenz einer korrespondierenden Forderung besteht.

Lösung Aufgabe 4.16

Ein zentrales Ausstattungsmerkmal ist der Emittent, also wer die Anleihe begibt und somit das Geld der Anleihekäufer erhält. Als Gegenleistung muss der Emittent während der Laufzeit Zinsen zahlen und am Ende der Laufzeit den Nominalbetrag der Anleihe zurückzahlen.

Die Verzinsung ist auch ein sehr wichtiges Ausstattungsmerkmal. Neben der festen Verzinsung ist noch eine variable Verzinsung oder der Verzicht auf die Verzinsung bei der Nullkuponanleihe (hier erfolgt der Ertrag für den Gläubiger aus der Differenz zwischen Ausgabe- und Rückzahlungskurs) möglich.Die Laufzeit ist insb. für den Kapitalgeber von großer Bedeutung, da er i. d. R. während der Laufzeit keine Kündigungsmöglichkeiten hat und erst am Ende der Laufzeit die Anleihe zu 100 % zurückgezahlt bekommt. Während der Laufzeit kann der Gläubiger zwar die Anleihe, sofern diese börsennotiert ist, veräußern, aber dies kann er möglichweise nur zu einem Kurs unterhalb des regulären Rückzahlungskurses. Dem Schuldner werden je nach Ausgestaltung demgegenüber teilweise Kündigungsmöglichkeiten eingeräumt.

Die Währung, in der die Anleihe emittiert, die Zinszahlungen und die Rückzahlung erfolgt, ist auch zu beachten, da bei Anleihen in einer für den Gläubiger fremden Währung bei der Zins- und Rückzahlung Währungsgewinne oder -verluste entstehen können. Möglich ist es auch, dass Erwerb, Zinszahlung und Rückzahlung der Anleihe in unterschiedlichen Währungen erfolgen.

Mögliche Sicherheiten, die jedoch sehr unterschiedlich ausgestaltet sein können, sind ebenso wie das Rating als Bonitätsbeurteilung von zentraler Bedeutung.

Lösung Aufgabe 4.17
Eine normale Zinsstruktur liegt vor, wenn mit zunehmender Zinsbindungsfrist der Zinssatz steigt. Bei der inversen Zinsstruktur als Sonderfall sinkt mit zunehmender Zinsbindungsfrist der Zinssatz. Eine horizontale Zinsstruktur beschreibt einen konstanten Zinssatz unabhängig von der Zinsbindungsfrist.

Lösung Aufgabe 4.18
Die Berechnung des Dirty Prices als des theoretisch richtigen Preises einer Anleihe erfolgt durch die Berechnung der Forward Rates und darauf aufbauend der Ermittlung der Zerobondrenditen. Abschließend werden die Cash Flows der Anleihe mit den Zerobondrenditen abgezinst und die entsprechenden Barwerte zum Dirty Price aufaddiert.

Nachfolgend ist die Ermittlung der Forward Rates aufgeführt.

	t_0	t_1	t_2	t_3
Für t_1 bis t_2				
Zins in %		1,00	1,50	2,00
2-jähriger Kredit	100	-1,5	-101,5	
1-jährige Geldanlage	-100	101		
Σ in t_1		99,5		
Forward Rate für t_1 bis t_2			2,0100	
Für t_2 bis t_3				
Zins in %		1,00	1,50	2,00
3-jähriger Kredit	100	-2	-2	-102
2-jährige Geldanlage	-100	1,5	101,5	
Σ in t_1		-0,5		
Kredittilgung in t_2			-0,5101	
Σ in t_2			98,9899	
Forward Rate für t_1 bis t_2				3,0408

Die Zerobondrenditen ergeben sich aus dem geometrischen Mittel aus der Spot und der Forward Rate. Die Berechnung in der konkreten Anwendung wird im Folgenden aufgezeigt.

t_0 bis t_1

$$1 - 1{,}01 = \mathbf{0{,}01}$$

t_0 bis t_2

$$\sqrt[2]{1{,}01 * 1{,}0201} = \mathbf{0{,}0150}$$

t_0 bis t_3

$$\sqrt[3]{1{,}01 * 1{,}0201 * 1{,}0304} = \mathbf{0{,}0201}$$

Hieran anschließend erfolgt die Abzinsung der Cash Flows mittels der Zerobondrenditen zu den Barwerten der Zahlungsströme. Diese Summe der Barwerte ergibt den theoretisch richtigen Preis der Anleihe. Die folgende Darstellung zeigt im konkreten Fall als Dirty Price 96,5954.

Zahlungszeitpunkte	Cash Flow	Zerobondrendite	Barwert
t_1	1,25	0,01	1,2376
t_2	1,25	0,0150	1,2133
t_3	101,25	0,0201	95,3821
			Σ = 96,5954

Lösung Aufgabe 4.19

Die Berechnung der Duration nach Macaulay, dem Zeitpunkt, an dem sich das Marktpreisänderungsrisiko und das Endwertänderungsrisiko ausgleichen, geschieht durch die Division der mit den Zahlungszeitpunkten gewichteten Cash Flows durch den Dirty Price der Anleihe. Die Darstellung zeigt, dass sich im konkreten Fall nach 2,9627 Jahren das Marktwertänderungsrisiko und das Endwertänderungsrisiko ausgleichen.

Zahlungszeitpunkte	Cash Flow	Barwerte in %	mit Zahlungszeitpunkten gewichte Barwerte	Laufzeitrendite in %	Diskontierungsfaktor
t_1	1,25	1,2255	1,2255	2,00	1,02
t_2	1,25	1,2015	2,4030		
t_3	101,25	95,4101	286,2303		
		97,8371	289,8588		Σ =
D_{MAC} = 2,9627 Jahre					

Lösung Aufgabe 4.20

Die Wandelanleihe erlaubt es dem Erwerber, das überlassene Fremdkapital zu einem bestimmten Datum oder während einer Frist in Eigenkapital (zumeist in Form von Aktien) zu einem vorher festgelegten Kurs zu wandeln. Dies bedeutet, dass er somit vom Gläubiger zum (Mit-)eigentümer seines ehemaligen Schuldners wird. Die Optionsanleihe gewährt dem Gläubiger unabhängig von der Rückzahlung der Anleihe die Möglichkeit Anteile am Unternehmen zu erwerben. Die Optionsbedingungen legen die genauen Erwerbsmöglichkeiten hierbei fest. Außerdem können Optionsschein und Anleihe bei der Optionsanleihe auch getrennt werden, getrennt gehandelt und ausgeübt werden.

Lösung Aufgabe 4.21

Mezzanine-Kapital zeichnet sich durch Nachrangigkeit gegenüber klassischem Fremdkapital und Vorrangigkeit vor herkömmlichem Eigenkapital aus. Analog dazu ist auch die Verzinsung zwischen der typischen Fremdkapitalverzinsung und den Renditeanforderungen von Eigenkapitalgebern angesiedelt. Sowohl die zeitliche begrenzte Kapitalüberlassung sowie das geringe bis nicht existente Mitspracherecht der Kapitalgeber sind eher Merkmale, die dem Fremdkapital zuzurechnen sind.

Lösung Aufgabe 4.22

Nachrangige Darlehen werden im Insolvenzfall erst dann befriedigt, wenn die erstrangigen Darlehen komplett zurückbezahlt worden sind. Somit sind diese Darlehen für den Kapitalgeber mit einem höheren Risiko und folglich einer höheren Verzinsung ausgestattet.

Lösung Aufgabe 4.23

Bei einer stillen Gesellschaft beteiligt sich ein Dritter an einem Unternehmen, ohne dass dies von außen sichtbar ist. Dabei ist der stille Gesellschafter nicht unmittelbar an der Gesellschaft beteiligt, sonders seine Einlage wird dem Unternehmer zugerechnet. Stille Gesellschaften können dabei sowohl eine Befristung aufweisen als auch unbefristet gelten. Während die stille Beteiligung der rechtlichen Stellung des Fremdkapitals nahe kommt und der stille Gesellschafter somit Gläubiger ist, unterliegt er i. d. R. der Haftung eines Eigenkapitalgebers, dessen Haftung allerdings auf seine Einlage begrenzt ist. Eine Beteiligung des stillen Gesellschafters am Gewinn ist zwingend erforderlich, während eine Beteiligung am Verlust vertraglich ausgeschlossen werden kann. Die Übertragung der stillen Beteiligung ist zwar ausgeschlossen, ansonsten weist die stille Beteiligung aber eine hohe Flexibilität in der Ausgestaltung aus.

Abkürzungsverzeichnis

AB	Anfangsbestand
Abb.	Abbildung
AfA	Absetzung für Abnutzung
AG	Aktiengesellschaft
AktG	Aktiengesetz
BaFin	Bundesanstalt für Finanzdienstleistungsaufsicht
BGB	Bürgerliches Gesetzbuch
bspw.	beispielsweise
bzw.	beziehungsweise
CAPM	Capital Asset Pricing Model
CSDDD	Corporate Sustainability Due Diligence Directive
CSR	Corporate Sustainability Reporting
CSRD	Corporate Sustainability Reporting Directive
d. h.	das heißt
DCF	Discounted Cash Flow
DAX	Deutscher Aktienindex
DJIA	Dow Jones Industrial Average
DNK	Deutscher Nachhaltigkeitskodex
DVFA	Deutsche Vereinigung für Finanzanalyse und Asset Management
e. K.	eingetragener Kaufmann
EB	Endbestand
EBIT	Earnings before interest and taxes
EBITDA	Earnings before interest, taxes, depreciation and amortisation EBTEarings before taxes
EFFAS	European Federation of Financial Analysts
ESG	Environmental, Social, Governance EUEuropäische Union EURIBOREuro Interbank Offered Rate
EWIV	Europäische Wirtschaftliche Interessenvereinigung
EZÜ	Einzahlungsüberschüsse
f.	folgende
ff.	fortfolgende
GBP	Green Bonds Principles
ggf.	gegebenenfalls
GmbH	Gesellschaft mit beschränkter Haftung GmbH&Co. KGGesellschaft mit beschränkter Haftung Co. KA GuVGewinn- und Verlustrechnung
HGB	Handelsgesetzbuch
ICMA	International Capital Market Accociation
i. d. R.	in der Regel
IFC	International Finance Corporation
insb.	insbesondere
InsO	Insolvenzordnung
IPCC	Intergovernmental Panel on Climate Changefipp
ICO	Initial Coin Offering

IPO	Initial Public Offering
KBV	Kurs-Buch-Verhältnis
KfW	Kreditanstalt für Wiederaufbau
KG	Kommanditgesellschaft
KGaA	Kommanditgesellschaft auf Aktien
L+L	Lieferung und Leistung
LIBOR	London Interbank Offered Rate
LOI	Letter of Intent
MaRisk	Mindestanforderungen an das Risikomanagement
M&A	Mergers & Acquisitions
MBI	Management-Buy-in
MBO	Management-Buy-out
MDAX	Mid-Cap DAX
MiFID	Markets in Financial Instruments Directive
Mio.	Million
Mrd.	Milliarde
NFRD	Non-Financial Reporting Directive
NOPAT	Net Operating Profit After Taxes
OHG	offene Handelsgesellschaft
PartG	Partnerschaftsgesellschaft
PRB	Principles for Responsible Banking
PRI	Principles for Responsible Investment
ROI	Return on Investment
RW	Restwert
sog.	sogenannt
S&P	Standard & Poor's
SDAX	Small-Cap DAX
SDG	Sustainable Development Goals
SFDR	Sustainable Finance Disclosure Regulation
SE	Societas Europaea
SRI	Sustainable Responsible Investment
TAM	Technische Ausstattung und Maschinen
TECDAX	Technology DAX
TOD	Token Offering Document
Tsd.	Tausend
u. a.	unter anderem
UG	Unternehmergesellschaft
UNEP FI	United Nations Environment Programme Finance Initiative
vgl.	vergleiche
VVaG	Versicherungsverein auf Gegenseitigkeit
WACC	Weighted Average Cost of Capital
WpHG	Wertpapierhandelsgesetz
XETRA	Exchange Electronic Trading
z. B.	zum Beispiel

Abbildungsverzeichnis

Literaturverzeichnis

Abdel-Karim, B. M./Kollmer, F. X. (2022): Sustainable Finance – Herausforderungen und technologische Lösungen für Banken und Finanzdienstleister, Wiesbaden 2022.

Assenmacher, K. (2017): Crowdfunding als kommunale Finanzierungs-alternative, Wiesbaden 2017.

Baetge, J./Kirsch, H. -J./Thiele, S. (2017): Bilanzen, Düsseldorf 2017.

Becker, H.P./Peppmeier, A. (2018): Investition und Finanzierung – Grundlagen der betrieblichen Finanzwirtschaft, Wiesbaden 2018.

Bieg, H./Kußmaul, H./Waschbusch, G. (2023): Finanzierung, München 2023.

Bösch, M. (2022): Finanzwirtschaft – Investion, Finanzierung, Finanzmärkte und Steuerung, München 2022.

Bredek, T. (2002): Private Equity im Firmenkundengeschäft regionaler Kreditinstitute. Eine geschäftspolitische Analyse, Basel 2002.

Bueren, E. (2019): Sustainable Finance, in: Zeitschrift für Unternehmens- und Gesellschaftsrecht, 2019, S. 813–875.

Clifford, J./Jung, T. (2016): Social Impact Bonds: Exploring and Understanding an Emerging Funding Approach, in: Othmar M. Lehner, O. M. (Hrsg.): The Routledge Handbook of Social and Sustainable Finance, S. 161–176, London 2016.

Eitelwein, O./Bender, M./Gerstberger, O./Messing, J./Ritter, R. (2008): Private Equity Controlling. Beteiligungsmanagement und -controlling in Private Equity Gesellschaften, Vallendar 2008.

Franke, G./Hax, H. (2009): Finanzwirtschaft des Unternehmens und Kapitalmarkt, Heidelberg 2009.

Flebbe, M. (2016): Crowdfunding als alternative Finanzierungsform: Durch die Methode der Schwarmfinanzierung von der Idee zum Massenprodukt. Hamburg 2016.

Gassmann, O./Frankenberger, K./Choudury, M. (2020): Geschäftsmodelle entwickeln: 55 innovative Konzepte mit dem St. Galler Business Modell Navigator, München 2020.

Hahn, C./Wons, A. (2018): Initial Coin Offering (ICO). Unternehmensfinanzierung auf Basis der Block-chain-Technologie, Wiesbaden 2018.

Heesen, B. (2020): Beteiligungsmanagement und Bewertung für Praktiker, Wiesbaden 2020.

Hehn, M./Ulrich, S. (2012): Due Diligence und ihre potenziellen Auswirkungen auf den Unternehmenskauf, in: GmbH Report 19/2012.

Hönig, M. (2020): ICO und Kryptowährungen – Neue digitale Formen der Kapitalbeschaffung, Wiesbaden 2020.

Hutzschenreuter, T (2022): Allgemeine Betriebswirtschaftslehre. Grundlagen mit zahlreichen Praxisbeispielen, Wiesbaden 2022.

https://de.statista.com/statistik/daten/studie/237346/umfrage/unternehmen-in-deutschland-nach-rechtsform-und-anzahl-der-beschaeftigten/, eingesehen am 05.04.2023.

https://eurlex.europa.eu/legal-contenUDE/TXT/?uri=CELEX:52021 PC0391, eingesehen am 22.03.2023.

https://eur-lex.europa.eu/legal-content/DE/ TXT/?uri=CELEX%3A52018DC0097, eingesehen am 15.03.2023.

https://high-tech-gruenderfonds.de/de/. https://www.crowdinvest.de/markt, eingesehen am 05.04.2023.

https://masterthecrypto.com/tokenization-tokens-create-liquid-world/, eingesehen am 14.03.2023.

https://www.google.de/search?source=hp&ei=4ycIXKXiHLCKlwTEhb3ABg&q=crowdfunding&btnK=Google-Suche&oq=crowdfunding&gs_l=psy-ab.3..0l10.731.3816..4294...0.0..0.74.804.12......0....1..gws-wiz.0..0i131.BOVwDdk3ftA, eingesehen am 05.04.2023.

https://www.bafin.de/DE/Verbraucher/GeldanlageWertpapiere/MiFID_II/MiFID_II_node.html, eingesehen am 06.03.2023.

https://www.bafin.de/SharedDocs/Downloads/DE/Merkblatt/WA/dl_wa_merkblatt_ICOs.pdf;jsessionid=D9945CB3EF0E238785FBAE01BDEC84A8.1_cid501?__blob=publicationFile&v=1, eingesehen am 15.03.2023.

https://www.bundesfinanzministerium.de/Monatsberichte/2021/06/Inhalte/Kapitel-3-Analysen/3-4-gruene-finanzierung-und-gruene-staatsanleihen.html, eingesehen am 07.03.2023.

https://www.bundesfinanzministerium.de/Content/DE/Downloads/Broschueren_Bestellservice/deutsche-sustainable-finance-strategie.pdf?__blob=publicationFile&v=6, eingesehen vom 05.04.2023.

https://www.forum-ng.org/fileadmin/Marktbericht/2022/FNG-Marktbericht_NG_2022-online.pdf, Abruf vom 06.04.2023.

https://www.icmagroup.org/assets/documents/Sustainable-finance/Translations/German_GBP-06-2021-301221.pdf, eingesehen am 06.03.2023.

https://www.overshootday.org/2022-calculation/, eingesehen am 27.02.2023.

https://www.private-banking-magazin.de/initial-coin-offerings-und-venture-capital-im-vergleich-investments/, eingesehen am 14.03.2023.

https://www.un.org/depts/german/de/gv70 c1 .html, eingesehen am 28.02.2023.

https://report.ipcc.ch/ar6syr/pdf/IPCC_AR6_SYR_LongerReport.pdf, eingesehen am 05.04.2023.

https://www.unepfi.org/fileadmin/statements/fi/fi_statement_de.pdf, eingesehen am 27.02.2023.

Kaserer, C./Achleitner, A.K./Schiereck, D./v. Einem, C. (2007): Private Equity in Deutschland, München 2007.

Kay, R./Suprinovic, O./Schlömer-Laufen, N./Rauch, A. (2018): Unternehmensnachfolgen in Deutschland 2018 bis 2022, Bonn 2018.

Kraft, V. (2001): Private Equity für Turnaround-Investitionen. Erfolgsfaktoren in der Managementpraxis, Frankfurt am Main 2001.

La Torre, M./Chiappini, H. (2021): Contemporary Issues in Sustainable Finance. Financial Products and Financial Institutions, Charn 2021.

Luhmann, N. (1993): Die Moral des Risikos und das Risiko der Moral, in: Bechmann,G. (Hrsg.): Risiko und Gesellschaft – Grundlagen und Ergebnisse interdisziplinärer Risikoforschung, S. 327–338, Opladen, 1993.

Olfert, K. (2017): Finanzierung, Herne 2017.

Park, S. K. (2018): Investors as Regulators: Green Bonds and the Governance Challenges of the Sustainable Finance Revolution, in Stanford Journal of International Law, Vol. 54, No. 1, Connecticut 2018, S. 1-47.

Perridon, L./Steiner, M./Rathgeber, A. (2022): Finanzwirtschaft der Unternehmung, München 2022.

Pfeifle, K. (2020): PMI und die Frage nach dem Erfolg. Eine schematheoretische Perspektive, Wiesbaden 2020.

Schramm, D.M./Carstens, J. (2014): Startup-Crowfunding und Crowdinvesting, Wiesbaden 2014.

Sinclair, S./McHugh, N./Roy, M.J. (2021): Social innovation, financialization and commodification: a critique of social impact bonds, in: Journal of Economic Policy Reform, Vol. 24, No. 1, Glasgow 2021, S. 11–27.

Tolkmitt, V./Wittrin, R. (2021): Virtuelle Währungen und das Finanzsystem, Wiesbaden 2021.

Umlauf, S. (2013): 82 Millionen Business Angel, Berlin 2013.

Weber, M./Petrick, S. (2014): Was sind Social Impact Bonds? – Definition, Strukturen, Marktentwicklung, Gütersloh 2014.

Waschbusch, G./Kiszka, S./Strauß, P. (2021): Nachhaltigkeit in der Bankenbranche. Ansätze zur Integration des Nachhaltigkeitsgedankens in die bank-betriebliche Praxis, Baden-Baden 2021.

Wöhe, G./Döring, U./Brösel, G. (2016): Einführung in die Allgemeine Betriebswirtschaftslehre, München 2016.

Zantow, R./Dinauer, J./Schäffler, C. (2016): Finanzwirtschaft des Unternehmens.
Grundlagen des modernen Finanzmanagments, München 2016.

Stichwortverzeichnis